2판

TEXTILE
SCIENCE

Merchandiser
에게 꼭 필요한
섬유지식

서·언

아무도 말리지 못한 오만한 이름의 '섬유 지식'이라는 책이 결국 출간에 이르고 말았다. 그저 '섬유 잡담' 또는 '섬유 한담'이라고 해야 좋을 그러한 내용들에 감히 '智識(지식)' 자를 붙이게 된 것은 철이 덜 들었던 시절의 나의 稚氣(치기)였다는 것을 독자들이 관용해주리라 멋대로 기대하면서 4년 동안 매주 써 왔던 칼럼들 중 좋은 내용만을 정리하여 한권의 책으로 엮어본다.

안타깝게도 업계의 고수들조차도 자신의 전문 지식을 글로 표현한다는 단순한 착상을 하지 못해서인지 아직 아무도 나와 같은 시도를 하는 사람이 없었고, 따라서 비교 대상이 전무한 내 글들이, 무지와 경박함 그리고 교만으로 일관하고 있음에도 불구하고 머천다이서들로부터 배척을 당하지 않고 지금까지 이르고 있음은 행운이라 할 수 있을 것이다.

지난 32년간의 해외 세일즈를 통하여 직접 몸으로 체득한 소중한 경험들과 바이어들의 금과옥조 같은 충고, 동료 전문가들의 번득이는 재치를 통해 많은 것들을 배워왔고 이제 그 귀중한 교훈들을 젊고 열정적인 후진들을 위하여 기꺼이 공유하고자 한다.

섬유와 소재는 과학이다. 따라서 이 글들은 대부분 과학적인 사고와 통찰력을 배경으로 쓰였다. 이 글들은 확인되지 않은 사실이나 명확하지 않은 증거, 구전으로 내려오는 소문 따위를 엄격하게 배제하고 오로지 과학적인 사실이나 기반을 기초로 써 내려간 일종의 작은 과학 논문들이다. 이들은 단순한 지식이나 정보의 나열이 아니며 환원 주의의 과학을 기초로 분석하고 연구하여 나름의 명쾌한 결론을 유도한 것들이다. 그럼에도 불구하고 단지 중 고교의 과학적 소양만 갖추고 있으면 누구나 이해할 수 있도록 쉽게 썼다.

졸저를 내 놓는 이 순간에도 매주 어김없이 섬유에 대한 글을 쓰고 있다.

날이 갈수록 무뎌져 가는 聰氣(총기)와 흐릿해져 가는 통찰력에도 불구하고 불굴의 노력과 프로 정신으로 이 작업을 멈추지 않으려고 한다. 하루에도 10만 개씩 죽어가는 뇌세포로 인하여 기억력은 쇠퇴하고 있지만 잊혀져 사라지는 것보다 더 많은 것들을 입력함으로써 내 두뇌의 지식 탱크를 Optimal로 유지하려고 안간힘을 쓰고 있다.

어줍잖은 이 글들을 쓰느라고 반납한 수 많은 주말들을 말 없이 함께하며, 쓰디 쓴 叱責(질책)을 마다하지 않고 균형적인 사고와 감각을 잊지 않도록 나에게 끊임없는 용기와 격려를 아끼지 않았던 아내 백미경에게 늘 고마워하고 있다. 또 이글들을 쓰는데 여러가지로 도움이 되어준 태광산업의 김시준 부장님과 FiTi의 이규상 본부장님에게도 감사의 뜻을 전하며 졸저가 세상에 나올 수 있도록 도와준 한올출판사에도 감사를 드린다. 이 책에서 발견되는 모든 오류와 착오는 순전히 저자의 책임이다.

시작하기 전에…

■ **용어사용**

되도록 현장감을 살리기 위하여 머천다이서들이 주로 사용하는 용어를 인용하였다. 예컨대 하의 보다는 Bottom, 공유보다는 share라는 단어를 사용하고 있다.

■ **반 복**

이 글들은 매주 하나씩 쓰여서 머천다이서들에게 보내진 칼럼들이다. 따라서 중요한 내용들에 대해서는 강조를 위해 여러 차례 반복이 나타날 수 있다. 아무래도 책에서는 그러한 반복들이 눈에 거슬리지만, 이 점에 대해 독자들의 관용을 바란다.

■ **고딕부분**

이 글들은 대화체로 쓰였다. 친근감을 유도하기 위한 목적이다. 그러므로 글의 내용과 별로 상관이 없는 잡담들도 상당 부분 들어가 있다. 그런 부분들은 글의 문맥을 흐리지 않게 하기 위해서 굵은 볼드로 처리하였다. 시간이 없는 독자는 무시하여도 글을 이해하는 데 전혀 문제가 없다.

■ **특정인물의 이름에 대하여**

이 책에 등장하는 인물들에 대한 이름은 본명일 때도 있고 가명일 때도 있다. 저자는 본인들의 요청에 의하여 본명 또는 가명을 사용했음을 알린다.

■ 특정 이론의 지지 또는 옹호

이 책에 무수히 등장하는 과학 이론들은 대부분 확인된 진리들이지만 때로는 저자의 사적인 견해나 저자가 존경하는 학자에 대한 주관적인 지지나 옹호가 있음을 알린다.

■ Validity와 순서

이 책은 과거 약 3년간 써 왔던 칼럼을 기초로 하고 있으므로 과거의 특정 내용이 현재의 사실과 일치하지 않을 수도 있다. 또 글이 실제로 쓰여진 순서와 현재 책에 기록된 순서는 편집 상의 분류로 인하여 일치하지 않을 수도 있다.

■ 사진들

여기 인용된 사진들은 직접 찍은 것들도 있지만 그 외는 대부분 Google에서 차용되었음을 알린다.

차 · 례

06 Further Issues

07 Fabric Sales Tour

01

Intro

천연 섬유와 합성 섬유의 이해

자동차가 달리려면 연료가 필요하다.

마찬가지로 동물이든 식물이든 살아남으려면 연료에 해당하는 에너지
가 필요한 것은 두 말할 나위
가 없다. 사람도 살기 위한
연료를 확보하기 위해 세끼
밥을 먹는다. 소는 엄청난 몸
무게를 유지하기 위해 하루
종일 쉬지 않고 먹어야 한다.
우리에게 필요한 연료는 바
로 당(糖)이다. 포도당이라고 부르는 '그것' 이 바로 인체의 연료이며 살
아있는 모든 동물이나 식물의 공통된 연료이기도 하다. 그런데 그 연료
는 어디로부터 올까?

모든 것은 태양으로부터 시작하였다.

태양은 1초에 5억9천7백만 톤의 수소를 5억9천3백만 톤의 헬륨으로
바꾸는 핵융합 반응을 통해 발생하는 400만 톤의 질량 손실 에너지로 1
억5천만 km나 떨어져있는 지구 전체의 생물을 먹여 살리고 있다. 지구
상에 존재하는 5천만 종의 생물들이 살아가는 에너지의 원천은 바로 태
양이다. 20세기에 들어서야 인간은 태양 에너지를 이용해 전기를 발생시
키고 자동차를 움직여보려고 하지만 식물들은 이미 36억년 전, 광합성이

라는 정교한 태양에너지* 변환장치를 개발하였다. 물론 그것은 진화의 힘이다.

하루 종일 내리 쪼이는 소중한 태양에너지는 언뜻 버려지고 있는 것 같지만 지구 상의 수 많은 식물들이 그 에너지를 쉴 새 없이 비축하고, 쓸 수 있도록 통조림을 만들어서 저장하고 있다. 식물은 태양으로부터 688kcal의 에너지와 6몰**의 이산화탄소 분자 그리고 6몰의 물 분자로 포도당 180g을 생산해낼 수 있다. 그리고 부산물로 6몰의 산소를 방출한다. 포도당은 탄소 수소 그리고 산소로 이루어져 있고, 따라서 이런 물질을 우리는 탄수화물이라고 한다.

식물이 만들어낸 포도당의 일부는 바로 쓸 수 있는 상태의 영양분인 전분으로 그리고 나머지는 장기간 저장을 위해 쉽게 녹거나 끊어지지 않는 질긴 상태로 만든다. 그런 목적을 위해 포도당 분자를 일렬로 쇠사슬처럼 길게 연결하면 물에 녹지 않고 질긴 새로운 분자가 된다.

섬유상을 이루고 있는 길고 가는 형태의 물질들은 하나의 분자들(Monomer)이 길게 연결된 것이다. 따라서 그것들은 고분자(Polymer)라고 불린다. 그것을 우리는 섬유라고 한다. 하나의 단 분자들을 길게 연결하는 화학적 변환을 '중합(Polymerization)' 이라고 한다. 이처럼 포도당 한 가지 종류만을 길게 연결하는 경우도 있지만 여러 가지를 연결하는 중합도 있다. 예컨대 인간의 DNA는 아데닌(adenine), 티민(thymine), 구아닌(guanine), 시토신(cytosine)의 네 분자가 연결된 중합체이다. 단백질의 경우는 20종류의 아미노산이 연결된 중합체인 것이다.

식물들이 포도당 분자를 중합하여 만든 고분자를 셀룰로오스(Cellu

---

* 태양에너지: 에너지뿐만 아니라 지구 상에 존재하는 92개의 천연원소와 동 식물을 이루고 있는 유기물의 원소인 탄소와 수소 산소 등은 모두 태양과 같은 항성으로부터 비롯된 것이다.
** 몰(Mole): 아보가드로 수(6×10^{23})

lose)라고 부른다. 단백질이 동물의 몸체를 구성하는 대부분의 물질인 것처럼 셀룰로오스는 식물의 몸체를 이루는 대부분의 물질이 된다. 목화의 솜은 순도 98%의 셀룰로오스로 이루어져 있다. 이것을 우리는 면이라고 부른다. 즉, 면은 태양에너지의 저장고이자 통조림인 것이다.

사람과 같은 '동물'의 연료도 포도당이다. 그런데 동물이나 사람은 광합성을 할 수 없으므로 식물이 생산한 포도당을 약탈하여야 한다. 하지만 동물은 셀룰로오스를 소화시킬 수 없다. 소나 염소 같은 반추동물은 예외일까? 반추동물은 미생물인 트리코델마*의 도움을 받아 셀룰로오스를 분해할 수 있다. 식물이 자신을 지키기 위한 진화의 결과일 것이다. 포도당은 식물의 몸체를 이루는 셀룰로오스 외에도 전분이라는 형태로 저장된다.

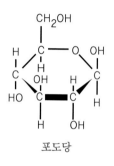

포도당

전분 역시 포도당 그 자체가 아닌, 포도당들이 쇠사슬처럼 연결된 고분자이지만 다행히 소화시킬 수 있다. 전분은 우리 입 속에서 침의 효소인 프티알린에 의해 쇠사슬들이 일부 끊어져서 이당류인 엿당으로 변하고 위 속에서 완전히 끊어져 단당류인 포도당이 된다. 셀룰로오스는 포도당 분자가 무려 2,500개에서 10,000개까지 연결된 고분자이다. 이러한 물질을 다당류라고 부른다. 다당류는 같은 당이라도 단 맛이 없으며 과당이나 설탕인 자당처럼 당의 개수가 2개 이하가 되어야 단 맛이 나게 된다.

즉, 셀룰로오스나 녹말은 같은 포도당의 집합체이다.

따라서 면은 포도당과 같이 탄소와 수소 그리고 산소로 되어있는 탄수화물이라고 할 수 있다. 면을 태우면 종이 타는 냄새가 난다. 그리고 끝에 까맣게 탄 자국을 남긴다. 그것이 타고 남은 탄소이다. 셀룰로오스는

* 트리코델마(Trichoderma): 곰팡이로 분류되는 미생물

연결 과정에서 '결정영역'*과 '비결정영역'이 생기는데 비결정영역이 많으므로 잘 구겨지는 원인이 된다. 폴리에스터(Polyester)같은 합성 섬유가 잘 구겨지지 않는 이유는 결정영역이 많기 때문이다.

마(麻)는 포도당이 3000개에서 36000개나 모여 이루어진 셀룰로오스와 펙틴의 중합체이다. 그래서 면보다 2배나 더 질기지만 비결정영역이 면보다 더 많아서 훨씬 더 잘 구겨진다. 마의 특징은 열전도율이 높다는 것이다. 따라서 시원하여 여름용 소재에 적합하다.

면은 경작하기 까다로운 1년생 관목이다. 이에 따라 모든 식물들이 셀룰로오스로 만들어져 있다는 사실에 착안하여 흔한 나무로부터 면 섬유를 얻으려는 시도**가 영국에서 비롯되었다. 나무 역시 셀룰로오스가 주성분이며 강도를 유지하기 위하여 리그닌이라는 수지 성분이 채워져 있다. 따라서 나무를 갈아 리그닌과 불순물을 빼고 셀룰로오스만을 추출할 수 있다. 이것을 펄프라고 한다. 펄프를 평평하게 펴서 말린 것이 종이이다. 하지만 이렇게 추출한 셀룰로오스는 복잡하게 뒤엉켜 있어서 섬유 상태가 되지 못한다. 이렇게 분쇄된 상태의 셀룰로오스를 섬유 상태로 만들기 위해서는 일단 녹여야 한다. 그 결과로 셀룰로오스를 녹이기 위한 용제가 연구되었고 영국의 코톨즈(Courtaulds)에서 가성소다와 이황화탄소를 이용하여 셀룰로오스를 갈색의 걸쭉한 용액으로 만들어 노즐을 통해 뽑을 수 있게 되었다. 이것이 바로 비스코스 레이온(viscose rayon)이다. 이 용액을 종이처럼 평평하게 뽑으면 셀로판이 되고 공 모양으로 만들면 탁구공이 된다. 비스코스는 면과 같은 성분이므로 타면 같은 냄새가 나지만 면과 다른 점은 결정영역이 적어 구김이 잘 타고 강도가 면보다 약하다는 것이다.

비스코스는 필라멘트(Filament)로 만들 수 있어서 실크와 비슷한 촉감

---

* 섬유의 결정영역과 비결정영역 340쪽 참고
** 최초의 아이디어는 프랑스의 샤르도네 백작

MODAL

과 Drape성을 가져, 한때 대단한 인기를 누렸지만 생산 과정에서 이황화탄소(CS_2)로 인하여 발생하는 공해 때문에 퇴조하였다. 이후, 레이온의 단점인 약한 강도와 수축을 보완한 강력 레이온인 폴리노직이 출시되었고 같은 성분인 오스트리아의 Lenzing이 개발한 Modal은 Sand wash라는 기발한 가공에 힘입어 최근까지 살아남았다. 하지만 공해 산업이라는 치명적인 약점을 그대로 지니고 있었던 일본의 폴리노직(polynosic)은 역사속으로 사라졌고 모달만이 남아있다. 결국 제조과정에서 공해를 발생하지 않는 텐셀(Tencel)과 라이오셀(Lyocell)이 개발되어 오늘에 이르고 있다.

나무의 펄프가 아닌 목화씨의 잔털인 린터(Linter)를 모아 구리 암모니아 용액에 녹여서 만든 섬유를 큐프라 암모늄레이온(Cupra ammonium rayon)이라고 하고 만든 회사의 이름을 따 '벰베르크'(Bemberg)라고도 한다. 최초의 레이온이 바로 이것이다.

아세테이트 레이온(Acetate rayon)은 펄프를 비스코스처럼 초산 화합물의 용제에 녹이는 과정은 비슷하지만 셀룰로오스의 성질이 그대로 살아 있는 비스코스와 달리, 완전히 물리적 성질이 달라져 합성섬유화 해버렸다. 아세테이트는 탈 때 폴리에스터처럼 검은 연기를 내면서 탄다. 그런데 아세테이트는 '비누화'* 라는 과정을 거쳐서 비스코스로 바뀌는 경우가 가끔 나타난다. (아세테이트가 비스코스로 바뀌었다. 참조)

단백질은 아미노산이라는 작은 분자들이 모여서 만들어진 고분자이다. 세상에는 20여가지 아미노산이 존재하는데 그것들을 조합하여 고분자를 이룬 물질을 우리는 단백질이라고 한다. 아미노산은 가장 간단한 글

---

* 아세테이트가 비스코스로 변했다 399쪽 참조

리신(Glycine)부터 맛을 내는 글루타
민산(Glotamicacid), 쥬라기 공원에
나오는 라이신(Lycine)에 이르기까지
우리가 주위에서 접할 수 있는 것들
이 다수 있다. 인체에서 산소를 나르
는 헤모글로빈도 580개의 아미노산
으로 조합된 단백질이다. 인체는 뼈

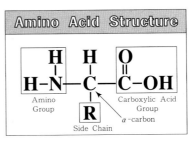

아미노산의 구조

와 물을 제외하고는 대부분 단백질로 이루어져 있으며 손톱이나 머리카락
도 단백질이다. 따라서 양의 털인 Wool도 단백질이다. 단백질은 아미노산
들의 조합이므로 탄소 수소 산소 외에 황이나 질소 등이 들어 있어서 태우
면 특유의 냄새가 난다. 같은 단백질인 실크도 마찬가지이다.

　인간의 욕심은 자연이 만든 중합을 직접 실험실에서 시도해보려는 욕
망으로 발전하였다. 레이온은 단순히 셀룰로오스를 녹여 다른 형태로 재
조합한 것에 불과하므로 물리적인 변환에 가깝다고 할 수 있다. 천재화
학자 캐로더스는 지금으로부터 70년 전인 1935년, 아디프산(Adipic
acid)과 이름도 끔찍한 헥사메틸렌 디아민(Hexa-methylene diamine)이
라는 두 가지의 분자를 중합하여 하나의 멋진 고분자를 만드는데 성공한
다. 그것이 바로 '나일론' 이다. 나일론은 단백질의 중합인 펩타이드 결
합과 닮아서 아마이드(Amide)라고 부르고 그것들이 중합하여 모인 고분
자이므로 정식명칭은 '폴리아미드(Polyamide)' 이다. 이 최초의 Nylon
은 각각의 분자인 아디프 산과 헥사메틸렌 디아민이 6개의 탄소로 구성
되어 있어서 66nylon이라고 부르게 된다. 이후, '카프로락탐' 이라는 한
가지 분자를 중합하여 만든 새로운 나일론이 독일에서 개발되었는데 이
나일론을 'nylon 6' 라고 부른다. 나일론에는 면에는 존재하지 않는 질소
가 들어있고 아미노산의 아민기를 포함하고 있어서 굳이 말하자면 단백

질 쪽에 가까운 섬유라고 할 수 있다. 나일론은 열전도성이 커서 차가운 느낌을 준다. 따라서 그런 단점을 보완하기 위한 면과의 N/C교직물이 다양성을 증가시키게 되었다.

합성섬유 생산 중, 65%를 차지하는 폴리에스터는 에틸렌 글리콜(Ethylene Glycol)이라는 2가의 알코올과 테레프탈산(terephthalic acid)이라는 유기산이 중합하여 만들어진 합성 고분자이다. 알코올과 산의 결합을 에스테르(Ester) 반응이라고 하므로 폴리에스터라고 불리게 되었다. 폴리에스터가 나일론과 다른 점은 프린트가 쉽고 감량이 가능하다는 것이다. 그것이 나일론이 대부분 산업용으로, 그것도 전체의 15% 정도만 제한적인 수요를 나타내고 있다는 사실과 비교되는 점이다.

폴리에스터 역시 탄소와 수소 그리고 산소의 화합물로 면의 구성성분과 다를 것이 없다. 다만 박테리아의 먹이가 되기 어려워, 분해되는데 500년이 걸리고, 면이 친수성이어서 흡습성이 좋은데 비해, 소수성이며 친유성이어서 흡습성이 나쁘고 때가 잘 탄다는 단점이 있다. 폴리에스터가 타면서 검은 연기를 내 뿜는 이유는 산소부족으로 인한 불완전한 연소 때문이다.(양초가 탈 때 내는 검은 연기와 마찬가지이다.)

대부분의 합성섬유가 Silk를 모방하기 위해서 태어난 것과 달리 아크릴(Acrylic)은 Wool의 대체품이다. 나일론이 실크와 닮았다면 아크릴은 Wool을 닮았다. 따라서 합성섬유임에도 불구하고 필라멘트 보다는 단섬유(staple fiber)로 대부분 생산된다. 아크릴은 비닐계 합성섬유이다. 즉, 우리에게 친근한 PVC나 PVA의 친척인 것이다. 역시 질소가 포함되어 있으며 따라서 동물성 섬유의 특징을 가진다. 시안화 비닐(Acrylonitrile)이라고도 하는데 따라서 캐로더스가 오렌지 주스에 넣어 마시고 죽은 청산가리, 즉 시안화 칼륨(KCN)과 친척간이 된다. 그렇다고 아크릴이 몸에 나쁘다는 소리는 아니니 걱정할 필요는 없다.

원단의 분류 (Ⅰ)

바잉 오피스인 K사의 신입 머천다이서(Merchandiser) J양은 며칠 전 뉴욕본사의 바이어로부터 수십 개의 Original Swatch를 접수하였다. 그것들을 참고하여 비슷하거나 똑같은 원단을 찾아야 하는 카운터 소싱(Counter sourcing) 임무가 생긴 것이다. 하지만 회사에 들어온 지 얼마 안 되는 J양은 이 원단들을 어디에서 찾아야 할지 몰랐다. 원단들에 정확한 규격(Specification)이 있다면 한결 일이 쉬웠겠지만, 바이어들이 이태리나 파리에서 산 옷들에서 잘랐을 원단에 그런 것이 있을 리가 만무하다. 회사가 보유하고 있는 원단 Mill*들은 50군데가 넘었지만 이 조그만 스와치(Swatch)들을 그들 모두에게 줄 수는 없는 일이다. 또 소재가 각각 다른 원단들을 어느 한 군데에만 모두 줄 수도 없다. 도대체 어느 소재를 어느 공장(Mill)에 줘야 할지 난감했다.

머천다이서들이 일을 하면서 가장 먼저 부딪히게 되는 곤혹스러운 상황이 바로 바이어로부터 스와치(Swatch)를 받는 Sourcing업무이다. 그 일을 어디서부터 시작해야 할지 쉽지 않기 때문이고 최소한 그런 일을 제대로 하려면 몇 년 정도는 시행착오를 거치면서 공력을 쌓아야 하기 때문이기도 하다. 그리고 경륜이 쌓이면 이제는 스와치를 받는대로 적당한 Mill들에게 연락할 수 있게 된다.

하지만 그렇게 해서 세월이 흐르고 대리가 되고 과장이 되고 부장이

---

* Mill: 소재공급 업체

되었어도 여전히 이 일은 별로 진전이 되지 않고 어렵기만 하다. 이 일에서 가장 어려운 것은 '그것을 도대체 누구에게 줘야 가장 적합한 소재를 가장 경쟁적인 가격으로 가장 빨리 찾아오는 가' 하는 것이 될 것이다. 백화점처럼 모든 원단을 다 취급하는 Mill은 드물기 때문이다. 일례로 100% 면직물이라고 밝혀진 원단이라고 해도 그것을 모두 한 공장에서 구할 수는 없다. 선염(Yarn dyed)인 경우는 공장이 다르며 데님(Denim) 또한 전문 공장이 따로 있고, 코듀로이(Corduroy)는 코듀로이대로 전문으로 취급하는 공장이 있게 마련이다. 또 스트레치(Stretch)는 그것대로 잘 하는 공장과 잘 못하는 공장이 있다. 예컨대 역사적으로 유명한 '방림'은 누가 뭐래도 최고의 면직물 가공 공장이었지만 스트레치가 들어간 원단의 염색에는 별로 노하우가 없다. Original swatch를 누구에게 줘야 하는 지를 알려면 먼저 그 원단이 어떤 소속인지를 잘 알아야 한다. 그런데 그 일은 섬유를 전공으로 한 전공자라고 해도 쉽지 않은 일이며 더구나 인문계 출신의 머천다이서에게는 실로 벅찬 일이 된다. 사실 그 일은 원단만 수십 년 동안 만져온 베테랑이 해야 마땅한 일이다. 왜냐하면 수십, 수백 가지 정도만 섭렵하면 되는 다른 상품과는 달리, 원단은 수 백만 가지의 다른 종류가 존재하기 때문이다. 또한 그런 전문인력을 보유하고 있지 못한 대부분의 바잉 오피스들은 이토록 중요한 일을 그 동안 대충 해왔다. 아니 대충 해올 수밖에 없었을 것이다. 당연히 무수한 업무의 공백과 금전의 낭비와 시행착오가 이어져 왔을 것이다.

사실 이런 당혹스러운 일은 원단 Mill에서도 예외가 아니다. 원단Mill들은 수십 년간 자신들이 공급해오고 있는 바이어라인 중의 하나인 봉제 벤더(Vendor)들의 구조와 생리를 잘 모른다. 만약 그 쪽의 출신이 단 한 명이라도 회사에 있다면 그토록 그 쪽의 사정에 어둡지는 않을 것이다. 그리고 그런 인력이 있다면 현재 부딪히고 있는 많은 문제들을 손 쉽게 해결해 줄 수 있는 실마리를 제공할지도 모른다. 하지만 원단 업계에서는 그 쪽 사람들을 스카우트 해오려는 그 어떤 시도도 하지 않고 있다. 원단과 봉제는 불가분의 관계이고 상호 유기적인 교류를 하고 있음에도 불구하고 인력의 상호이동이 전혀 없다는 것이 매우 이상한 현상이기는 하다. (원단에서 봉제로 옮기기는 쉬워도 그 반대는 어렵기 때문일 것이다.) 소재와 봉제 사이에는 결코 건널 수 없는 깊고 푸른 단절의 강이 가로막고 있다.

머천다이서가 Swatch를 접수 했을 때의 상황으로 돌아가 본다. 사실 원단의 종류는 너무나도 방대하기 때문에 그것을 받는 즉시 그것이 어떤 원단이고 따라서 어느 곳을 접촉 해봐야 하는 지에 대한 사전 지식이 충분한 MR(머천다이서)은 거의 없다고 해도 과언이 아닐 것이다. 이제부터 전문가의 작업을 따라가 보겠다.

먼저 원단을 분류한다. 대부분의 섬유 책에는 원단에 대한 분류가 나와 있고 그것을 외우거나 공부한 사람들도 많을 것이지만, 그것을 현실에 적용하기는 사실 만만치 않다.

소재의 50%가 넘는 수요를 형성하는, 가장 빈도가 높은 면직물부터 시작해 보겠다. 면직물은 실 생활에서도 워낙 많이 접하기 때문에 그것이 면직물이라는 사실을 금방 알 수 있다. 하지만 최근은 면과 비슷한 가공을 하는 화학섬유가 많기 때문에 그 또한 정확하게 구분하기가 쉬운일은 아니다. 면직물처럼 생긴 원단을 받았을 때는 먼저 그것이 100%면인지 아니면 혼방인지 그것도 아니면 교직물인지부터 알아보는 것이 가장 중요한 일이 된다.

원단을 분석하는 일은 상당히 어려운 일처럼 보이지만 사실은 초등학생도 할 수 있는 쉬운 일이다. 다만 시도 자체를 해 보려고 하지 않기 때문에 어렵게 생각되고, 주위에 누가 가르쳐 줄 사람도 없기 때문이다.

'눈'처럼 게으른 것은 없다. 막상 해 보면 별게 아니라는 사실을 알게 된다.

일단 스와치를 받아 들면 경사와 위사를 한 올씩 뽑아본다. 더 꼬불꼬불한 쪽이 위사이다. 그리고 그것들을 각자 태워본다. MR*에게 라이터는 필수이다. 만약 종이를 태운 것처럼 별로 연기를 내지 않고 빠르게 불꽃을 일으키며 타 들어가고 하얗게 부스러지는 재를 남기면 그것은 면이다. 하지만 면과 같은 셀룰로오스 성분인 레이온이나 모달도 면과 똑같이 타며 구분하기 어렵다. 아니 사실 불가능하다. 그 때는 원단에 Drape성**이 있느냐 없느냐로 판별한다. 당연히 레이온이나 모달 쪽이 Drape성이 있다. 폴리에스터처럼 Drape성이 좋은데 타기는 면처럼 탄다. 그것이 바로 레이온이다. 하지만 같은 레이온이라도 아세테이트(Acetate)는 화학섬유처럼 검은 연기를 내고 까맣고 딱딱한 재를 남긴다. 단 신 냄새를 풍긴다는 것이 화학섬유와 다르다.

만약 위사나 경사 어느 한 쪽이 검은 연기를 뿜으며 빠른 속도로 녹으면서 타 들어가는 것이 생긴다면 그것은 교직물이다. 면처럼 보이지만 양쪽 다 화학섬유처럼 타 들어가면 그것은 혼방직물이다. 면직물의 혼방은 대부분이 Poly 65% cotton 35%이고 나머지는 50/50, 40/60 등이다. 불꽃이 나는 모양을 보고 혼용률을 짐작할 수는 있겠지만 결코 쉽지 않다.

실을 뽑아 놓고 다음에 할 수 있는 일은 경사나 위사가 합사인지 알아보는 일이다. 꼬여 있는 실을 풀어보면 단사인지 합사인지 알 수 있다. 요즘은 미케니컬 스트레치(Mechanical stretch)가 많기 때문에 위사 안에 Spandex가 들어있는지 확인하는 일을 잊으면 안된다. 만약 합사라면

---

* MR: Merchandiser, 내수에서는 MD라고 부름
** Drape(드레이프)성: 찰랑거리는 특성, 커텐처럼 늘어 뜨려진다는 의미로 커텐(Drapery)에서 옴

고급품이라고 할 수 있으며 따라서 일단은 가격이 비쌀 거라고 각오해야 한다. 최근에는 3합도 나온다. 꼬인 실을 풀었는데 3가닥이 나오는 수도 있을 것이다. 그럴 때는 '지독하게 비싸겠구나' 라고 생각하면 된다. 하지만 합사로 만든 원단 그 자체는 상당히 곱고 때깔도 기름지고 풍부한 표면을 보인다. 만약 중국산을 선택하면 3합이라고 해도 그렇게 끔찍하게 비싸지는 않다. 60/3으로 된 아름다운 중국산 카발리 트윌(Cavalry Twill)을 최근에는 어렵지 않게 볼 수 있다.

실의 번수까지 확인하는 일도 그다지 까다롭지 않은 일이다. 원래 번수를 확인하려면 굉장히 정밀한 저울이 필요하다. 번수라는 것이 중량 대비한 길이의 단위이므로 자와 저울만 있으면 된다. 직경을 재는 마이크로미터나 버어니어 캘리퍼스 같은 것은 필요 없다. 예컨대 40수 실은 840×40y의 길이를 가진 실 타래가 1파운드의 무게를 가졌을 때이다. 따라서 길이와 무게만 알면 번수는 쉽게 알 수 있다. 다만 오차를 줄이기 위해서 각각 다른 sample을 10회 정도 실시하는 것이 좋다. FITI*에서도 그렇게 번수를 잰다. 만약 저울이 없다면 각 번수의 실을 검은 판 위에 늘어 놓고 현미경으로 비교하는 법이 있다. 이 역시 장비가 필요하다. 가장 쉬운 방법은 상대 비교하는 것이다. 먼저 이미 번수가 알려진 원단의 실을 뽑은 뒤 그것과 같다고 생각되는 원사와 십자 형태로 교차시킨 뒤, 두 겹으로 잡아당기면 어느 쪽이 더 굵은지 알 수 있게 된다. 굵기의 차이를 극대화 하려면 여러 가닥의 실을 겹치면 된다.

이렇게 해서 확인된 원단이 100%면이거나 T/C혼방이라면 면방직회사를 찾아야 할 것이다. cotton/nylon이나 cotton/poly의 교직물이라면 교직물 전문업체를 찾아야 하지만 경사가 면이라면(예컨대 C/N같은) 원래 면방에서 취급하는 품목이 되며 따라서 이런 원단은 교직업체에서도

---

* FITI: 원사직물 시험 검사소

방직회사에서 생지를 구매해야 한다. 경사가 화섬이면 화섬업체에서 제직하는 원단이 된다.

그렇다면 어떤 것이 교직물인지 직접 알아보자.

먼저 경사를 풀어서 본다. 만약 경사와 위사가 모두 꼬여있는 실이고 태워서 종이처럼 탄다면 그 직물은 면이다. 만약 위사가 꼬임이 없고 흩어지며 검은 연기를 내면서 탄다면 그건 C/N이나 C/P 또는 R/P가 된다. 반대의 경우는 N/C, P/C 또는 T/R이 될 것이다.

물론 교직물이라고 해서 천연섬유와 화섬의 교직으로만 된 것은 아니다. 때로는 Linen / Rayon의 교직이나 Cotton / Rayon 같은, 화섬이 없는 교직도 있을 수 있다. 예컨대 Linen / Rayon은 혼방도 있고 교직도 있지만 두 물건은 완전히 달라 보인다. 교직이 가격도 더 비싸고 더 좋아보임은 당연한 일일 것이다.

그런데 드문 일이기는 하지만 만약 wool/cotton 같은 서로 연관이 없는 이상한 혼방이라면 어떻게 해야 할까. 모직물과 면직물 어느 공장에 알아봐야 할지 알쏭달쏭하다. Wool이 30% 이상이라면 답은 모직공장이다. 면방직회사에서는 절대로 wool을 쓰지 않고 가공시설도 되어 있지 않으므로 그 때는 wool이나 아크릴을 취급하는 회사로 가야 한다.

하지만 모직회사는 Wool 30% 미만의 원단은 취급하려고 하지 않으므로 그런 원단일 경우는 아크릴 공장쪽을 찾는 것이 더 빠를 것이다. 실제로 Wool이 10%만 들어 있는 APW같은 원단을 모직공장에 알아보면 별로 환영 받지 못할 것이다. 그런 원단은 아크릴 공장으로 가야 한다.

면의 원사에서 알 수 있는 정보는 그것이 Combed냐 Carded냐 또는 Open End냐 하는 것이다. 그런데 Combed와 Carded는 외관만 보고는 알기 어렵다. 추측하건대 30수 이상은 Combed(이하 CM)이고 그 이하는 Carded(이하 CD)일 확률이 많다. 다만 40수까지는 생산 단가를 낮추기 위해 CD를 사용하는 직물이 있을 수도 있다. 거꾸로 20수 같은 태번수를 CM를 사용하는 경우도 있는데 그런 원단은 Slub이나 Nep가 적어서 상당히 Fine한 외관을 나타낼 것이다.

20수 미만, 즉 16수 이하의 원사는 대부분 OE, 즉 Open End라고 보면 틀림 없다. Open End사는 연조와 조방을 거치지 않고 슬라이버(Sliver)가 바로 실이 되는 단순 공정을 거쳐서 나온 실이다. 원단을 척 보고 때깔이 곱고 윤기가 흐르면 그건 CM이다. 거칠고 불균일하면 CD라고 보면 된다. 같은 번수일 때 더 좋은 소재를 만들고 싶다면 합사를 하면 된다. 즉, CD20 → CM20 → CD40/2 → CM40/2 순으로 품질이 더 좋은 것이다. 단, CD40/2같은 애매한 수준의 것을 선택하는 사람은 별로 없는 것 같다. 따라서 공급도 제한적이다.

이제 가공 쪽을 살펴 본다.

먼저 면직물의 가장 단순한 기초 공정인 W/R(Water repellent)을 알아본다. 면직물에 W/R이 되어있는지 알아보려면 원단 위에 물을 떨어뜨려 보면 된다. 물이 스며들지 않고 연잎 위에 떨어진 맑은 이슬방울처럼 크고 작은 공들을 형성하고 있으면 W/R가공을 한 원단이다. 하지만 처음에는 방울을 형성했다가도 몇 십 초쯤 후에 물이 스며들어 버리면 W/R 가공이 약한 원단이다. 굳이 테스트를 해 본다면 70 정도 밖에 나오지 않을 것이다. (최고 수준은 100) 또 코팅(Coating)이 되어 있는지 알아보려면 입으로 원단 표면을 풍선 불듯 불어보면 된다. 이 때 뒤쪽으로 바람이 새지 않아서 삐익 하는 피리 소리가 나면 코팅이 된 것이다. 또 지우개로 코팅면을 찍어서 끈적하게 달라 붙으면 코팅이 된 것이다. 하지만 반대의 경우라도 반드시 Non coating은 아니다. 끈적거리지 않는 코팅도 있다.

그런데 W/R가공은 코팅과 달라서 한 쪽면만을 나이프로 바르는 가공이 아니고 푹 담그는 식*(Dipping)이 되므로 앞 뒤 모두에 가공이 들어간 다는 사실을 잊지 말기 바란다. 즉, 뒷면에도 가공이 된다는 것이다. 그리고 원단 표면이 젖은 듯 미끌미끌한 느낌이 있으면 그건 실리콘 (Silicone)으로 가공한 것이다. 이런 느낌은 원단에 Peach나 버핑(Buffing)이 되어 있으면 극대화된다. 젖은 느낌이 확연하게 느껴지지만 실제로 손에 묻는 것은 아무것도 없는 상태가 된다. 이런 느낌은 마이크로 (Micro)나 실크같은 극세사에서 느껴지는 촉감과 비슷하므로 고급스러운 착각을 가져온다.

중국에서는 이런 효과를 보기 위해 원단에 실리콘 와싱(Silicone washing)을 하기도 한다. 다만 면직물은 washing공정을 추가하면 수축률에도 도움되고 자연스러운 맛을 살릴 수 있는 반면, washing lot별로 컬러가 조금씩 달라지므로 원단 Mill에서 추후에 발생할 분규를 생각해서 별로 선호하지 않으며 봉제공장에서도 상당히 주의를 기울여서 작업해야 한다.

染原(염원)이 본염(Dyestuff)인지 피그먼트(Pigment)인지 구분하는 방법은 원단 표면을 흰 종이나 원단에 문질러 보는 것이다. 원단의 컬러가 묻어나는 것이 Pigment이다. 이 때 조금 더럽지만 침을 바르면 더욱 효과가 있다. (물론 그 자리에 물이 없을 경우를 말한다) 실제로 그렇게 하는 것이 Wet crocking을 테스트하는 방법이다.

습마찰견뢰도(Wet crocking)가 Dry보다 항상 나쁘기 때문이다. Denim의 경우 인디고(Indigo)인지 아니면 그냥 반응성(Reactive)염료인지 확인하는 방법도 마찬가지이다.

---

* W/R을 한쪽면만 가공하는 것도 있는데 스위스 쉘러가 개발한 3×DRY이다. 편발수라고 한다.

원단의 분류 (II)

5월의 첫날이다.

이곳 종로와 시청 앞은 갖가지 행사로 시끄럽다. 봄이 조금 쌀쌀하다 싶더니 이제 훌쩍 여름이 와버린 것 같다. 아침운동 시간에 급조로 몸을 만들어보려는 철새들이 어김없이 북적대는 계절이다. 이들은 헬스비를 1년치 내고 실제로 운동은 겨우 1~2달만 나오고 사라져주는, 클럽의 재정을 도와주는 고마운 사람들이다. 나처럼 1년 내내 빠지지 않고 나오는 사람들만 있다면 헬스클럽은 아마 모두 운영난에 부딪힐 것이다.

조직에 따른 분류를 살펴보겠다.

면직물의 이름은 요즘 많이 쓰는 것들로 따지면 Canvas, Bedford cord, Sheeting, Shirting, Bengaline, Oxford, Drill, Poplin, Piquet 등이 있다. Canvas는 화가들이 그림 그릴 때 쓰는 바로 그 캔버스이다. 보통 10's×10's, 65×42를 쓰는 데 요즘 중국에서 나오는 제품은 약간 변형되어 경사밀도를 조금 추가한 것이 나온다. 그것이 70×42이다. 그런데 경위사에 사용되는 10수 대신에 20/2을 쓰면 먼저 말했듯이 2합사 이므로 훨씬 고급이 된다. 요즘은 캔버스가 한창 인기여서, 실제는 캔버스가 아니고 포플린에 해당 하는 직물들이 20수 직물, 심지어는 30수 직물도 Light canvas라는 이름으로 팔리고 있기도 하다. 일종의 상술이 되는 것이다. 따라서 사실상 이름으로 구분되는 분류법은 갈수록 의미가 없어지는 듯한 느낌이다. 이제는 면직물에 조금 두껍다 싶은 평직은 모조리 캔버스라고 부르는 것 같다. 전형적인 마케팅 전략이다. 잘 팔리는 물건의 이름을 갖다 붙이는 것은 섬유 만의 일은 아니다. 나노 테크닉(Nano Technic)이 첨단의 좋은 기술이라고 하니 실제로 10^{-9}승인 나노 사이즈도 아니면서 10나노 또는 100나노로 소비자를 기만하는 경우가 많은 것 같다. 내 손가락의 직경은 천만 나노 정도 된다.

따라서 이름에 의한 분류에 너무 집착하지 말기 바란다. Buyer들도 잘 모르고 쓰는 경우가 태반이므로 잘못하면 서로 전혀 다른 물건을 찾으며 시간을 낭비하는 경우가 있다.

베드포드 코드(Bedford cord)는 코듀로이 처럼 생긴 두둑이 있는 직물이다. 다만 Corduroy처럼 실제로 파일(Pile)이 있는 것은 아니다. 16wale 정도의 Size가 많다. 16wale(골)은 1인치 안에 들어있는 골의 갯수이다. 2.54cm 를 자로 재어서 그 안에 들어있는 골 수를 세면 된다. 단 베드포드 코드를 몇 wale이라고 구분하거나 부르지는 않는다. 피케(Piquet)와 혼동해서 쓰이기도 하는데 둘은 엄밀히 말하면 다른 직물이지만 이것을 바이어들도 구분해서 쓰는 경우가 드물기 때문에 그냥 같이 써도 무방할 것 같다.

Bedford cord

쉬팅(Sheeting)은 요즘은 잘 안 쓰는 원단인데 과거에는 면직물 수요의 절반을 차지했을 정도로 인기가 좋았다.' 'Calico' 라고도 하는데 20 ×20, 60×60 평직물이다. 과거 미국의 원조 밀가루를 담았던 포대가 바로 이 원단이다. 세계적으로 100년 넘게 써온 역사적인 소재이다. 국가 재정이 궁핍해서 미국의 원조를 받아야 했던 나라의 국민들에게는 익숙한 물건이다. 여기에 프린트를 해서 많이 사용했다. 이 원단이 조금 두껍다는 생각이 들 때 그 보다 얇은 버전(Version)으로 사용한 원단이 바로 서팅(Shirting)으로 불리는 30×30, 68×68이다. 두 원단은 중량에서 차이가 나기는 하지만 늘 비슷한 가격대를 유지 하며 높은 인기를 끌어 왔으며 Shirting은 지금도 저가의 면직물 Print에는 가장 많이 사용되는 소재이다. 밀도도 성기고 Combed cotton도 아니지만 프린트된 이 원단에 슈라이너(Schreiner)라고 불리는 친즈(Chintz)의 일종인 광택가공을 하면 정말 때깔이 좋아 보인다. 이불이나 베드시트(Bed sheet)에도 많이 사용된다. 동대문 시장에 가서 방림이나 대한방직의 프린트된 이불보를 사면 대부분 이 원단이라고 생각하면 된다.

Poplin은 Shirts 소재로 많이 쓰이는 40×40, 133×72이다. 실제로 가장 많이 사용되는 면직물 shirts의 대표 주자이다. Spandex가 나온 이후로 여성용은 Stretch를 많이 쓴다.

프린트를 위한 소재로도 좋다. 80년대의 Men's Dress Shirts용 원단은 면이 아닌 186T라고 불리는(45×45,110×76) T/C 원단을 썼다. 20년 전 남자들의 드레스 셔츠 원단은 80%가 186T라고 해도 과언이 아니었지만 면이 아무리 다림질이 까다로워도 T/C로 된 Shirts를 입는 사람은 지금은 거의 없다. 하지만 이 원단은 이산화황 매연이 서울시내에 가득 차 있을 때만 해도 최고의 소재였다. 당시 하얀 드레스 셔츠는 단 하루만 입어도 목 부근이 새카맣게 되었었다. 사람들은 그것이 매연 때문인지 모르고 세수할 때 목에 열심히 비누질을 하고는 했다.

옥스포드(Oxford)는 경 위사가 패러렐(Parallel)로 들어가 있는 고급의 Shirting원단이지만 요즘은 그 영역이 넓어져 Heavy하게 제직하여 Outerwear의 소재로 쓰기도 한다. 원래 Oxford는 경 위사가 모두 Parallel*이어야 하지만 경사 한 쪽만 그렇게 되어있는 범포(Duck)와 혼

---

* Parallel: 원사 두 가닥이 나란히 들어가 제작됨. 20//×30// 등으로 표기한다.

동해서 사용하기도 한다. Polo의 Oxford가 유명하다.

드릴(Drill)은 두꺼운 Twill이다. Polo바지에 많이 쓰이는 Chino는 20×16, 128×56직물인데 그것보다 더 두꺼운 10수 이상의 굵은 원사를 사용한 Twill을 말한다. 또 최근에는 Twill에 식상한 소비자들을 위해서 Broken Twill이 유행하고 있다. 이 유행은 계속 로테이션 된다. Broken Twill은 Denim에도 많은 조직인데 HBT(Herring Bone Twill)가 되려다 만 조직처럼 보인다. HBT는 군복의 조직으로 유명해진 조직이다. 기본적으로 스트라이프 모양이 나지만 생선 뼈의 모양을 하고 있어서 그런 재미있는 이름이 붙은 것이다. Herring은 생선 중에서도 청어를 말하는데 전어처럼 가시 많은 생선이다.

최근 Satin이 선풍적인 인기를 끌고 있는 데 새틴은 위사는 뒤쪽에 숨어있고 경사만 Face에 나와있기 때문에 긁히기 쉬워서 Brush를 해서 많이 쓰인다. 특히 몰스킨*(Mole skin)이나 스웨이드(Suede)를 만들고 싶으면 조직이 반드시 새틴이어야 한다. 몰스킨이나 스웨이드는 그냥 보기에는 만만해 보이고 중국에서도 얼마든지 생산 가능한 Quality로 보이지만 실제로는 굉장히 까다로운 아이템으로, 국내에서도 이를 제대로 생산할 수 있는 공장이 몇 군데 되지 않고 따라서 가격도 비싸다. 가격 싼 맛에 이 아이템을 경험없는 공장에서 진행하면 비싼 수업료를 치러야 할지도 모른다.

피케(Piquet)는 라코스테 니트(Lacoste Knit)의 그 피케를 말하는 것이지만 우븐(Woven)에서는 Bedford cord와 같은 말로 쓰이는 경우가 많다. 와플(Waffle)처럼 생긴 하니콤(Honeycomb)조직도 피케의 일종이다. 앞 뒷면이 완전히 다르게 생긴 것이 특징이다.

---

* 몰스킨과 스웨이드: 둘의 차이는 바닥 조직이 보이는 것은 몰스킨, 그렇지 않은 것은 스웨이드로 구분한다.

버즈아이(Bird' s eye)라는 재미있는 이름을 가진 원단이 있는데 네비게이터의 일종인 Bird' s View와 아무 상관없다. 마치 바스켓(Basket)조직처럼 생겼지만 자세히 보면 경사는 4가닥이고 위사는 1가닥 만으로 되어있는 평직의 변형 조직이다. 바구니의 표면처럼 생긴 것이 특징이다.

Bird' s Eye

벵갈린(Bengaline)은 위사 쪽으로 10수나 7수 정도의 굵은 실이 들어가서 위사 쪽으로 두둑을 형성한 두꺼운 원단인데, 따라서 경사는 거의 보이지 않는 평직원단을 말한다. 오토만(Ottoman)과 혼동하기도 하는데 Ottoman은 한 줄씩 교대로 두둑을 형성한 원단이다. 하지만 최근에는 같이 쓰는 바이어들이 많으므로 굳이 구분하지 않아도 된다.

크레폰(Crepon)이라는 것이 있는데 요류(Yoryu)를 말한다. Yoryu는 위사에 꼬임을 많이 준 직물이다. 따라서 경사 방향으로 굴곡을 형성한다. 원래 레이온에 많지만 면직물에서도 가끔 볼 수 있다. 30×24, 68×44가 고유의 규격(Spec)이다.

Yoryu

Velveteen과 Velvet은 보기에는 비슷하게 보이지만 태생은 완전히 다르다. Velveteen은 Corduroy공장에서 생산 가능한 기본 품목이지만 Velvet은 Corduroy공장에서는 생산이 불가능한, 전혀 다른 설비에서 생산된다는 것을 잊지 말기 바란다.(Velvet과 Velveteen 참조)

이런 혼동은 선염(Yarn dyed)에서도 생기는데 선염 공장에서는 주로 면이나 T/C 또는 최근 교직물까지 취급하는 것이 다이지만 코듀로이는 전문공장이 따로 있으므로 만약 선염 코듀로이(Yarn dyed corduroy)를 찾으면 어디를 알아봐야 하는지 답답해진다. 하지만 그래도 결국 코듀로이 공장이 정답이다. 물론 이런 원단을 취급하는 코듀로이 공장이 많지는 않다. 코듀로이 공장에는 Yarn dyed 시설이 없기 때문에 색사를 선염공장에서 따로 구입해 와야 한다. 따라서 이런 아이템은 문제가 생겼을 때 적절한 조치가 어렵기 때문에 되도록 피하는 것이 상책이다.

마직물의 경우, Yarn dyed 아이템이 나오면 일반 면을 생산하는 선염 공장에서는 불가능하므로 Linen Yarn dyed만 취급하는 공장을 찾아야 하지만 솔리드(solid)*인 경우 대부분의 면직물 염색 공장에서도 취급하는 경우가 많다. 같은 셀룰로오스 섬유로써 반응성 염색을 하기 때문이다.

자카드(Jacquard)가 요즘 많은 인기를 끌고 있는데 원단 상의 작은 무늬, 예컨대 Piquet같은 아이템은 Dobby직기로 해결할 수 있지만 보다 큰 무늬는 자카드직기를 사용해야만 하므로 이 때는 면직물이든 화섬이든 자카드전문 공장을 찾아야 한다. 최근 국내의 면 자카드공장은 내수를 제외하고는 거의 씨가 말랐고 중국에서도 찾기가 쉽지 않다. 다만 화섬 자카드는 폴리에스터이든 교직이든 국내나 중국에서 그리 어렵지 않게 구할 수 있다. 도비와 자카드를 가르는 경계선은 무늬를 만드는 경사의 수가 8매냐 그 이상이냐 이다.(최근의 Dobby 직기는 8매 이상의 종광을 가진 것도 있다)

다음은 Wool을 한번 만나 보자.

Wool은 먼저 방모(Woolen)인지 소모(Worsted)인지부터 구분해야 한다. 소모는 정장에 쓰이는 원단이므로 방모와 쉽게 구분된다. 트위드(Tweed)처럼 방모같이 보이는 소모도 가끔 있기는 하다. 하지만 소모의

---

* Solid: Piece dye로 염색된 단색의 염색물 Yarn dyed와 비교하여 Solid라고 표현한다.

99%는 남녀 모두 양복지(Suiting)로 사용된다. 소모나 방모는 원단 위에 후가공을 하는 경우가 드물기 때문에 분류가 상당히 간단하다고 할 수 있다.

다만 소모는 혼방과 순모 그리고 최근 거의 소모와 비슷한 외관을 가진 T/R*제품과 잘 구분해야 한다. (T/R suiting이 얼마나 훌륭한지 태워보기 전에는 전문가도 구분하기 힘들다.) 방법은 이 역시 태워보는 수밖에 없다. 순모는 머리카락 타는 냄새가 나고 딱딱한 부스러기가 남지 않는 것이 특징이다. 둘 다 Silk처럼 단백질이기 때문이다. 혼방은 머리카락 타는 냄새가 나기는 하지만 부스러지지 않는 잔해를 남긴다. 하지만 T/R은 머리카락 타는 냄새가 전혀 나지 않는다. 또 둘의 차이점은 소모는 구김이 간다고 해도 하루 저녁이면 다시 원상태로 돌아오지만 T/R은 구김이 잘 가면서 원 상태로의 복귀도 잘 되지 않는다. 따라서 레이온은 되도록 적게, 폴리에스터는 되도록 많이 혼방하는 것이 구김을 막을 수 있는 방법이 된다. T/R 80/20의 바지는 일주일 동안 매일 입어도 구김이 생기지 않는 막강한 방추성을 가지고 있다.

겨울 코트지로 많이 쓰이는 방모는 몇 가지 타입이 있다. 가공타입과 중량 그리고 혼용률만 알면 밀도와 번수를 알아야 하는 면직물과는 달리 쉽게 가격을 받을 수 있다.

방모의 타입은 털의 길이와 모양으로 결정된다. 대부분 그라운드 조직이 보이지 않게 털을 일으켜 세운

멜톤 야구 점퍼

---

* T/R: Polyester와 Rayon의 혼방직물로 주로 Polyester 65%, Rayon 35%

것을 볼 수 있다. 야구 잠바로 많이 쓰이는 가장 흔한 멜톤(Melton)은 펠트(Felt)같은 Non woven*처럼 꽉 눌러놓은 것이 특징이다. 따라서 두께에 비해 중량이 많이 나간다. 중량대비로 가장 저렴한 타입이다. 얇으면서도 중량은 많이 나가므로 혼용률을 낮게 가져 갈 때가 많다.

그것과는 반대로 털을 짧게 일으켜 세워 놓은 것이 모사(Mossa)로 가장 흔한 타입이다. Mossa보다 털을 조금 더 길게 해서 눕도록 만든 것이 비버(Beaver)이다. 수달처럼 생긴 동물의 털이 물에 젖었을 때를 연상하면 된다.

하지만 Beaver보다 더 긴 털이 있다. 그것이 바로 '캐시미어(Cashmere type)' 이다. 상당히 고급스러운 직물이며 대부분 80% wool 이상이다. 물론 진짜 캐시미어는 아니다. 캐시미어처럼 생겼다는 것이다. 비버는 사실 조금은 드문 형태이다. 캐시미어 가격보다 조금 더 싼 것을 요구할 때 찾으면 된다.

그런데 Mossa의 변형제품이 한가지 있다. Mossa보다 털을 조금 더 짧게 깎은 타입인데 아주 고급품에 해당한다. 이 타입을 벨루어(Velour)라고 부른다. 대부분 90% 이상의 혼용률을 자랑하는, 내수에서 많이 사용하는 고급원단이다. Knit의 velvet인 Velour와 혼동하지 말기 바란다.

가장 얇고 싼 제품이 플란넬(Flannel)이다. 방모제품 중 유일한 Shirts용 원단이다. 최근에는 하이미어(Highmere)라는 제품이 더 높은 품질의 버전으로 나오고 있다.

최근에 와서는 캐시미어타입보

---

* Non woven: 부직포, 경위사 없이 섬유를 포개서 압착하여 만든 원단

24

다 더 털이 길고 고급스러운 제품이 나오고 있는데 바로 알파카(Alpaca Type)이다. 진짜 알파카는 15~30% 정도만 들어간다. 비싸기 때문이다. 한때 대단한 유행을 만들어내기도 했다.

모헤어(Mohair)는 푸들처럼 길고 컬(Curl)이 있는 광택 있는 모 섬유이다.

Alpaca

알파카와 모헤어만 진짜 원료가 포함되며 나머지는 가공에 의한 타입이다.

앞 뒤가 다른 모양의 방모는 당연히 이중지이며 모두 두 장으로 분리할 수 있다. 대부분 20oz가 넘는 두꺼운 코트용이다.

주로 흑백으로 구성되어 회색으로 보이는 샴브레이(Chambray)타입의 클래식(Classic)한 평직 원단이 홈스펀*(Homespun)방모이다. 원단 위에 설탕가루를 뿌려놓은 듯 넵(Nep)이 많이 있는 원단인데 Nep들을 Multi color로 표현하는 경우도 있다. HBT와 함께 지난해의 중요한 트렌드 중의 하나였다.

한때 선풍적인 인기를 구가한 적이 있는 앙고라(Angora)는 다른 모 섬유가 양이나 염소 또는 라마계통의 털인데 반해 토끼의 털이라는 것이 특이하다. 중국에서 많이 생산되지만 미국 바이어가 선택하는 경우는 드물다.

방모의 Wool Portion은 두 가지 타입이 있다. Virgin wool과 재생모** 이다. Virgin wool은 양모에서 최초 생산된 제품으로 재생과 반대되는 개념을 의미한다. Wool의 혼용률이 높고 고급제품일 때는 대부분

---

* 홈스펀: Donegal(도네갈)이라고도 부른다.
** 재생모(Recycled wool): 주로 스웨터에서 다시 원사를 분리하여 섬유로 만든 wool

Virgin wool을 사용하지만 50% 이하의 Wool 그 중에서도 싼 Melton같은 제품은 재생모가 많이 사용될 확률이 크다.

보통 방모의 Others로 표시되는 부분은 Acrylic이나 Nylon 또는 Polyester를 사용하는데, color에 따라서 적절하게 배합을 하게 된다. 따라서 각각의 혼용률을 따로 표시하지 않고 모두 싸잡아서 Others로 표시하는 것이 상례이다. 하지만 화섬 원료가 부족한 중국에서는 Others부분을 모두 Rayon으로 채우는 경우가 많다. 이렇게 했을 때의 문제점은 보통의 방모보다 구김이 더 잘 간다는 것인데, 실제 소비자들이 알아차릴 만한 정도의 수준은 아닌 것 같다. 재생모와 Virgin wool의 구분은 원칙적으로 불가능하다. 다만 재생모의 관리가 허술한 중국이나 인도 등지의 방모는 혼용률이 정확하지 않을 수도 있다. 재생모 사이에 섞일지도 모르는 화섬 원료 때문이다.

소모와 T/R처럼 방모와 아크릴의 관계도 T/R과는 달리 아크릴을 방모로 속을 사람은 별로 없다. 아크릴은 대한항공의 기내 담요에서 경험하듯이 정전기가 많이 생기는 것이 특징이며 Pilling*이 잘 생기는 아이템이다. 아크릴은 Brush가 많이 되어 털이 길수록 Pilling을 조심해야 한다. 아크릴은 간단하게 태워서 방모와 구분한다. 지글지글 끓으면서 녹아 떨어지며 그을음이 난다. 딱딱한 재를 남긴다. 아크릴은 Knit나 Sweater에서는 Wool과 비슷하게 사용되어서 혼동되는 경우가 많지만 Woven에서는 용도가 제한되어 있으므로 별로 구분할 일이 없다.

마이크로를 살펴보자.

마이크로는 섬유의 섬도로 등급을 평가할 수 있다. 당연히 섬도가 가는 것이 좋고 비싼 것이다. 과거에는 섬도에 따라서 가격이 몇 배씩이나 차이가 나기도 했지만, 지금은 별 차이가 나지 않고 있다. 만져봐서 특

---

* Pilling: 보풀이 공처럼 형성된 불량의 일종

유의 고운 Buffing* 느낌이
많이 나는 것이 가는 섬도를
가진 것이다. 보통 저급의
0.8d에서 시작하여 0.1d의 것
이 좋은 것이다.

마이크로는 혼용률을 주의
깊게 보면 품질을 알 수 있는
경우가 있다. 왜냐하면 마이

Acrylic

크로의 섬도를 0.3d 미만으로 유지하기 위해서는 분할사를 만들어야 하
는 데 100% 폴리에스터**로는 그렇게 만들 수 없기 때문이다. 따라서
Nylon이 약간 섞여있는 것이 좋은 마이크로가 된다. 하지만 그런 사실을
이용해서 경사와 위사를 N/P로 만들어서 마치 진짜 마이크로처럼 만든
것들이 돌아다니기도 한다. 진짜는 Nylon이 15% 정도만 있는 것이다.

최근에 가장 좋은 느낌을 주는 마이크로는 N/P/C*** 같은 3종의 복합
교직물 마이크로이다. 현재 가장 비싼 마이크로이다. 축축한 듯하면서
감기는 맛이 있는 특별한 촉감(Hand feel)을 가지고 있다.

사실 Micro touch는 Silk sand wash라는, 그 전까지 지구상에서 아무
도 만져본 적 없는 전혀 새로운 Hand feel로부터 비롯되었다. 누군가 물
로 빨아서는 안 된다는 실크의 공식을 깨고 물에 빨았고 실크의 표면이
Sanding되면서 만들어진 희한한 감촉은 사람들을 단번에 매료시키기에
충분하였다. 그 새로운 역사가 시작 된지 15년이 가까운 지금도 극세사
의 Buffing된 느낌은 사람들의 감성을 자극하고 있다. 아크릴 보아

* Buffing: 곱게 Brush하여 털을 일으키는 가공, Peach라고도 한다.
** 100% polyster 해도사는 매우 가늘지만 주로 suede으로 사용된다.
*** N/P/C micro: Triblend라고 한다. Dark color에서 마찰/세탁 견뢰도가 나쁘다.

(Acrylic Boa)로 만들어진 곰 인형이 마이크로 보아(Micro Boa)로 대체되면서 곰 인형의 털 감촉은 실제의 곰보다, 때로는 밍크의 그것보다 더 부드러운 촉감을 가지게 되었다. 이런 추세는 당분간 계속되리라 생각된다.

직물의 밀도 이야기

　달콤한 3일 연휴 끝의 화요일이다.

　일산의 아파트에는 지금 장미가 만발해 있다. 5월의 장미라고 하는데 다른 때보다는 조금 더 늦게 핀 것 같다. 아파트의 담장마다, 꽃밭마다 탐스러운 꽃망울을 터뜨린 붉은 장미들의 향연이 금주까지도 계속될 것이다. 올해는 Pink가 유행이라 그런지 유독 분홍색 장미가 다른 것들보다 더 아름답게 보인다. 그것이 보이지 않는 유행의 힘이다.

　밀도(Density)는 직물의 경사나 위사의 개수를 나타내는 척도이다.

　각각 1 인치당 들어가는 원사의 수로 나타낸다. 때로 미터법을 강력하게 시행하는 어느 나라에서는 cm당으로 표시하는 곳들이 있으므로 그 경우는 밀도에 2.54를 곱해주면 될 것이다. 하지만 다른 단위들은 미터법으로 바꾼 나라들도 밀도만은 그대로 인치당으로 유지하고 있는 경우가 대부분이다. 그래야 다른 나라 사람들과의 의사소통에서 오해를 불러일으키는 일이 없기 때문이다.

　그런데 밀도가 의미하는 바는 어떤 것이 있을까? 우리가 피상적으로 알고 있는 사실들은 밀도가 많으면 원단이 더 두껍다는 것 정도일 것이다. 하지만 사실 밀도는 우리 눈에 잘 보이지 않는 많은 함축적인 의미를 가지고 있다. 이에 대해서 조금만 깊이 들어가 보기로 하겠다.

경사밀도와 위사밀도

경사밀도는 항상 위사밀도보다 많은 것 같다. 대부분의 모든 직물들이 그렇다. 위사는 아무리 많아야 경사와 같은 정도이다. 왜 그럴까? 직물을 구성하는 원사는 왜 하필 경사가 위사보다 더 많이 들어가게 제직 되었을까? 상당히 원초적인 질문이지만 평소에 잘 생각해 보지 않았던 문제이다. 그 이유는 바로 경제성이다.

경제성 중에서도 제직성과 그에 따른 비용 때문이다. 직물은 경사와 위사로 만들어져 있는데 경사를 집어넣는 데는 원료 그 자체의 비용 밖에 들어가지 않지만 위사는 다르다. 왜냐하면 위사는 원료의 값에 제직료가 추가되기 때문이다. 경사는 아무리 많아져도 제직 원가에 미치는 영향이 거의 없지만, 위사는 하나 하나의 올 수마다 제직료가 직접적으로 반영된다.

경사밀도는 커다란 정경빔(Warp beam)에 감기는 총경사 수에서 비롯된다. 그런데 정경빔에 감기는 경사의 수는 어마어마하다. 보통 경사밀도가 180이라고 했을 때 67인치 생지를 짜려면 총 경사 수는 12,069개이다. 경사밀도가 1인치에 들어가는 경사의 수이기 때문에 폭을 곱해야 하기 때문이다. 따라서 67×180이 총 경사 수가 된다. 경사빔을 만들기 위해서는 무려 12,000가닥이 넘는 실을 빔에 감아야 한다. 12,000가닥은 어마어마한 수이다. 그래서 공장에서는 이것을 여러 개로 쪼개서 만든다. 정경빔보다 더 작은 빔을 놓고 여기에 크릴(Creel)이라는 것을 이용해서 경사들을 감은 실패를 꽂고 이것들을 하나하나 빔에 연결한다. 이 작은 빔들을 나중에 합치면 하나의 정경 빔이 완성 된다.

제직공장에 가서 보면 이런 정경 크릴이 잔뜩 꽂혀 있는 시설을 공장 한 컨에서 볼 수 있다. 이 작은 빔들을 하나로 합치는 과정에서 제직과정의 혹독한 물리적 충격을 견딜 수 있도록, 그래서 경사가 끊어지지 않도

정경 크릴

록 풀을 먹이는 공정인 호부(Sizing) 또는 가호가 이루어진다. 따라서 경사의 밀도는 단지 정경 크릴 하나만 더 꽂으면 되는 일이므로 사실상 추가로 들어가는 원가가 미미하다고 볼 수 있다.

하지만 위사의 통입은 매번 위사가 원단의 양쪽을 왕복해야 하는 기계적인 과정을 거쳐야 하기 때문에 필연적으로 시간과 돈이 들어가게 된다. 사실 우리가 공장으로부터 받는 납기의 절반은 제직 과정이며 제직과정의 대부분이 바로 위사가 왕복운동하는 시간인 것이다. 제직에서 위사의 왕복운동이라는 물리적 과정은 도저히 배제할 수 없으므로 오로지 위사가 왕복운동하는 속도를 높이는 것이 직기의 성능을 올리는 유일한 길이 된다. 그에 따라 위사가 직기 위에서 움직이는 속도를 RPM 즉, 분당 회전 속도로 표시하고 이것이 자동차의 마력이나 배기량처럼 직기의 성능을 나타내는 척도가 된다.

위사가 직기 위에서 왕복 운동을 하려면 스스로 발이 달리지 않은 이상, 이동 수단이 필요하다. 공기역학을 고려한 첨단의 유선형 보트처럼 생긴 셔틀(Shuttle)이 달려있는 과거의 직기는 RPM이 200 정도가 고작이다. 그런데 크고 무거운 셔틀대신 작고 가벼운 갈고리나 공기, 또는 물

을 이용한 방법으로 왕복운동을 하는 셔틀 없는 현대의 Shuttless 직기는 보통 1분당 회전속도(RPM)가 600에서 800 정도되는 고성능이다.

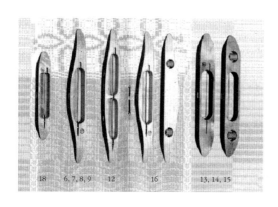

따라서 이런 직기는 셔틀직기에 비해 같은 시간 동안 3~4배의 생산량이 나오기 때문에 그만큼 생산기간을 단축할 수 있다. 이는 곧바로 납기와 제직비용에 영향을 미치게 된다. 최근의 패션 경향은 다양성의 추구이므로 미리 짜놓고 기다리는 원단의 수요는 점점 줄고 바로 짜서 염색해야 하는 아이템들이 대부분이다. 이 경우 시간이 대단히 중대한 요소가 되므로 고성능 직기가 그만큼 중요해지는 것이다. 위사의 밀도는 곧바로 납기와 생산량에 직접적으로 영향을 미치기 때문에 위사밀도는 적을수록, 직기의 RPM은 높을수록 유리해진다. 원단을 두껍게 만들기 위해서는 밸런스(Balance)를 해치지 않는 범위 내에서 가급적 위사 보다는 경사를 더 많이 집어넣어야 생산 측이나 구매 측 쌍방이 모두 유리해진다. 이것이 대부분 모든 원단의 경사밀도가 위사밀도보다 많은 직접적인 이유이다.

다만 예외가 있는데, 바로 Corduroy나 Velveteen같은 위 파일(Weft pile) 직물의 경우이다. 위 Pile직물은 Ground를 형성하는 위사 외에 별도의 위사가 들어가서 Pile을 형성해야 하기 때문에 경사보다 위사의 밀도가 더 많아지게 된다. 물론 실제로 Pile이 아닌, Ground를 형성하는 원래의 위사 수는 경사 보다는 더 적다.

생지밀도 / 가공지 밀도

밀도를 확인해보면 어떤 Mill은 생지밀도, 어떤 Mill은 가공지 밀도를 표시한다. 각각의 Description에 적혀있는 밀도가 어떤 경우인지 알 수 없기 때문에 공장에 어느 쪽인지 물어봐야 한다. 하지만 물어보기보다는 그 자체로 오해하는 경우가 대부분이다. 도대체 공장은 어떤 때는 생지 밀도를 사용하고 어떤 때는 가공지 밀도를 사용할까? 그것은 원단마다 다르다.

면직물 Solid*의 경우, 반드시 생지밀도로 표기해야 옳다. 그리고 반드시 생지 폭을 알아야 한다. 물론 그렇게 되면 실제 가공되어 나온 원단의 밀도와는 차이가 나겠지만 그렇게 해야 한다. 왜냐하면 만약 가공지 밀도를 표시하게 되면 상당한 혼란이 뒤따르게 되기 때문이다.

같은 규격으로 제직된 생지라도 가공되어 나오는 동안 폭이 조금씩 달라지게 된다. 가공공장에서는 가공지의 폭을 정확하게 일률적으로 만들 수 없기 때문이다. 그것이 우리가 가공 폭을 표시할 때 44/5 또는 58/60으로 표시하는 이유이다. 따라서 44인치일 때와 45인치일 때의 가공지 밀도는 달라지게 된다. 45인치는 44인치보다 1인치만큼 더 당겨져 있으므로 당겨진 2.2%만큼 밀도가 빠져있을 것이다. 44/5가 나와야 하는 원단이 46/7이 나왔다고 좋아 춤출 성질이 아니라는 것이다. 이런 원단은 뚫어서 중량을 재면 밀도뿐 아니라 반드시 중량도 빠져 있다. 그러므로 같은 규격으로 짠 생지는 반드시 생지밀도를 표시해야 가공 후 다른 밀도가 되더라도 원래 같은 족보라는 것을 알 수 있고, 각각 다른 공장에서 짠 원단이라도 같은 규격(Spec)으로써의 비교 대상이 될 수 있는 것이다.

하지만 Mill의 입장에서는 되도록 원단의 밀도가 더 많아 보이는 것

---

* Solid: 후염인 Piece dye로 염색된 단색 컬러의 원단

이 자신들에게 유리하므로 그것이 허위가 아닌 한, 일부 Mill에서는 마케팅 차원에서 가공지 밀도를 표기하려고 할 것이다. 또한 실제로 가공되어 나온 원단 그 자체의 밀도이기 때문에 일견 문제가 없어 보이기도 하다. 하지만 그건 사실 과대포장일 뿐더러 소비자를 기만하는 행위이기도 하다.

만약 가공지 밀도를 꼭 쓰고 싶다면 반드시 폭을 거기에 맞춰서 44면 44 혹은 46이면 46으로 Roll마다 다르게 표시해야 한다. 그렇지 않고 44/5 같은 표시를 했다면 그것은 바이어를 속일 의도가 있는 것이다. 예컨대 60×60, 90×88 44/5″ Lawn원단은 생지밀도이며 가공지 밀도가 어떻게 나오던 누구나 그렇게 사용한다. 하지만 누군가 가공지 밀도를 표기하여 103×88 44″라고 썼다면 소비자의 입장에서는 그것이 다른 공장제품들과는 달리 조금 더 밀도가 많은 원단이라고 오해하게 될 것이다. 더구나 경사가 다른 공장의 제품보다 13개 더 많다는 것을 이유로 위사에서 그만큼 밀도를 빼서 103×75로 한다면 그것은 경위사 합쳐 178의 밀도인 같은 원단으로 보이지만 실상은 앞의 90×88보다 더 싼 원단이므로 소비자를 기만한 것이다. 더 큰 문제는 이렇게 밀도를 빼 먹었을 때는 기존의 90×88이라는, 긴 제직역사를 통해서 임상적으로 문제가 없다는 것이 증명된 최적의 밀도(Optimal)에서 벗어난 기형적인 원단이 생김으로써 예측하기 어려운 다른 문제가 생길 수도 있다는 것이다.

또 하나의 중요한 사실은 생지밀도와 가공지밀도의 차이는 경사뿐이라는 것이다. 경사는 생지와 가공지에 따라서 폭이 달라지면서 밀도가 달라지지만(100% 커진다.) 위사는 다르다.

위사는 Input과 Output의 숫자를 장력으로 조정할 수 있고 장력이 없을 수도 없기 때문에 단순히 폭이 달라지는 것과는 다른 양상을 나타낸다. 만약 원단을 가공하면서 장력을 크게 해서 당긴다면 그만큼 Input된 생지보다 Output이 커지게 되므로 단순히 폭이 늘어 나는 것과는 다른 중대한 차이가 생긴다. 생산량의 크기가 달라지기 때문이다. (예컨대 1000y생지를 집어넣고 가공지로는 1100y를 뽑아내는 것 같은 것 말이다.) 그리고 과거 일부 면방은 대량 생산 과정에서 이런 식으로 생산량을 늘려, 보이지 않는 막대한 이익을 취함은 물론, 이로 인한 비자금 조성도 가능할 수 있었다. 물론 그들이 취득한 이익은 바이어들로부터, 최종적으로는 소비자들로부터 사취한 것이다. 하지만 바이어들이 자신들이 구매한 원단의 밀도를 확인하는 과정을 거치지 않음으로써 이런 일이 관행화 되고 결국 대부분의 원단 밀도가 실제 Spec*과는 다른데도 불구하고 그것이 보편화되어 바이어들도 확인과정에서 사실이 드러나도 별로 문제 삼지 않게 되었다.

물론 요즘 우리나라에서는 그런 짓을 하는 Mill들이 거의 없어졌지만 이제 후발주자인 중국이나 인도 등 기타 후진국들은 아직도 그런 수법을 써 먹는 사람들이 있을지도 모른다. 하지만 예외가 있다.

면직물이라도 생지밀도를 표시하지 못하는 경우가 있기는 하다. 그것은 바로 선염직물이다. 선염직물은 바이어가 원하는 특정 Pattern이 존재하기 때문에 가공 후 반드시 원하는 패턴이 나와야 하며 따라서 가공 후에 폭이 줄어듦으로써 패턴의 사이즈가 작아지는 일이 생기면 안된다. 그러므로 처음부터 가공 후

선염 직물

에 나타나게 될 패턴을 예상하여 생지를 설계해야 하며, 그에 따른 가공지 밀도를 만들어 내야 하는 것이다. 따라서 Yarn Dyed 패턴물에서의

---

* Spec: Specification의 약자로 업계에서는 스펙이라고 말하며 즐겨 사용한다.

밀도는 생지밀도가 아닌 가공지 밀도로 표기해야 한다. 그러니 내 글을 읽고 밀도 빼먹었다며 y/d mill을 잡지는 말기 바란다.

이처럼 면직물은 정확한 규격으로 제작하고 가공해야 하며 그에 따른 Spec을 정확하게 기재하기 때문에 밀도가 상당히 중요한 요소가 된다. 면직물은 번수와 밀도를 완벽하게 표시해야 하며 중량은 번수와 밀도만 있으면 계산이 가능하므로 다른 원단들처럼 크게 중요한 요소는 아니다. 즉, 번수와 밀도가 정확하면 면직물의 중량은 상당히 정확하게 계산된다는 말이다.

하지만 폴리에스터 감량물 같은 직물은 면직물처럼 밀도가 중요하지 않다. 밀도보다는 번수와 중량 그리고 가공 quality를 구분하는 것이 더 낫다. 왜냐하면 폴리에스터직물은 가공과정에서 축(Loss)을 많이 집어넣고 또한 감량가공도 하기 때문이다. 축이란 Output보다 Input을 더 많이 넣는 과정을 얘기하는 데 이렇게 함으로써 폴리에스터는 생지 때보다 가공 후 훨씬 더 무겁고 밀도도 많아지게 된다. 이것이 20%를 넘어 가는 때도 있기 때문에 밀도를 중요하게 따질 수 없다. 밀도와 중량이 반드시 비례하는 것이 아니기 때문이다. 다만 기존의 특정제품이 있고 그것에 대한 Lighter version이나 Heavier version이 나올 경우, 몇 T라고 하면서 밀도로 구분하는 경우가 있기는 하다.

Knit도 마찬가지이다. 당기면 끝도 없이 늘어나는 knit는 Yardage나 폭을 자유자재로 만들 수 있으므로 밀도는 의미가 없고 번수와 중량으로 크기를 척도 하게 된다.

원료 값이 대단히 비싼 모직물의 경우도 밀도를 표시하는 경우가 없다. 혼용률과 중량만으로 충분하기 때문이다. 표면을 대부분 기모(Raise)시켜서 그라운드가 보이지 않는 방모는 번수마저도 별로 중요한 요소가 아니다. 하지만 중량은 원료비용에 비례하기 때문에 반드시 챙겨야 하는 중요한 요소이다. 방모직물에서의 중량은 밀도보다 더 예민한 단위이다.

반면에 같은 모직물이라도 소모는 번수가 Quality를 가늠하는 중대한 척도가 되므로 반드시 번수가 표시되지만 역시 두께에 관한 한, 밀도보다 예민한 중량으로만 표시된다. 따라서 모직물의 spec에서 밀도를 발견한다는 것은 불가능한 일이다. Silk처럼 원료가 비싼 원단도 MM*같은 중량으로 표시된다.

---

* MM: Momme(몸메) 금의 중량 단위로 '돈'의 일본어 표기, 1MM = 3.75g

실의 굵기에 대한 이해 (I)

2005년 새해 1월 2일 아침이다.

영하 9도의 추위에 춥다고 질겁하는 아들 놈을 꼬셔서 끌고와 사무실에 앉았다. 시린 공기가 코끝에 맴돌면서 바로 재채기를 유발한다. 유전적으로 약한 내 기관지는 차가운 공기가 싫다며 아우성이지만 반대로 머리는 청명함을 유지하고 있다. 글 쓰기에는 최적인 조건이다. 오늘은 늘 35데시벨(db)의 음량을 유지하고 있는 데모 대의 노동가도 들리지 않는다. 데모도 쉬는 날인 모양이다.

머천다이서인 A대리는 바이어로부터 어떤 원단을 찾아달라는 요청을 받았다. 그 원단은 시중에 흔해 널브러진 직물로 Spec은 다음과 같다.

Cotton Chino CM20×CD16, 120×68 58″

하지만 A 대리는 조금 난처했다. 받아든 Spec으로부터 알아낼 수 있는 정보가 별로 없었기 때문이다. Chino니 CM이니 CD니 하는 것들이야 주위의 선배들로부터 알아낼 수 있는 수준이고 숫자들이 의미하는 것은 실의 굵기와 밀도에 관한 것이라는 사실은 알지만 그것이 얼마나 굵은 실로 이루어진 것인지, 그래서 두께는 얼마나 되는 것인지 등 정확하게 그 숫자들이 의미하는 3차원적인 영상을 머리 속에서 재현할 수는 없었다.

이래서야 MR로서 바이어가 요구하는 사항을 제대로 수행할 수가 없다. 따라서 A대리는 할 수 없이 Mill에 연락해서 해당원단에 대한 분석과 가격 Offer를 해달라고 요청할 수밖에 없다. 하지만 그 Mill이 offer할 물건에 대해 바이어의 요구를 제대로 수용했는지 아닌지는 본인이 알 길이 없다. 공장을 믿는 수밖에 없을 것이다. 그 Mill이 일을 제대로 했는지 아닌지는 다른 공장과 그 결과를 비교해 보든지 아니면 바이어에게 보내서 반응을 살펴보는 수밖에 없을 것 같다.(이런 짓은 최악이다) 우리는 지금까지 그런식으로 일을 해왔다.

오늘은 정말 기본적이고도 원초적인 의문에 대한 고찰을 해보고자 한다. 우리는 매일 수십 가지의 원단을 다루고 있지만 정작 그 원단을 나타내는 규격에 대한 정보에 어두운 경우가 많다. 특히 원단을 구성하는 실의 굵기를 나타내는 척도인 번수에 대해 그것이 얼마나 굵은 것을 의미하는 것인지, 얼마나 강한 것인지 또는 약한 것인지 등, 그 숫자들이 내포하고 있는 의미에 대해 무지한 경우가 많다. 우리가 지금 그런 정보에 어두운 이유는 아무도 그런 것들에 대해서 잘 말해주지 않았기 때문이다. 이제부터 내가 그런 궁금증을 풀 수 있도록 도와주겠다.

이번 가을에 미국 출장을 갔을 때 일정 중 일요일이 걸리게 되었다. 사실 출장 중 노는 날이 걸리게 되면 골프를 별로 좋아하지 않는 나는 조금 괴롭게 된다. 그렇다고 죄 없는 주재원을 괴롭힐 수도 없고 해서 쇼핑이라도 하기 위해 뉴저지의 유명한 패션 아울렛몰인 우드버리(Woodbury)라는 곳을 가게 되었다. 이 곳은 뉴욕에서 차로 약 45분 정도의 거리에 있는 미국 최대의 Outlet 중의 하나인데 프라다(Prada)나 페레가모(Ferragamo)는 물론 구찌(Gucci), 알마니(Armani) 등의 디자이너 브랜드(Designer Brand) 매장까지도 갖추고 있는 대단히 인기 있는 Premium Outlet이다.

이 아울렛에는 300개가 넘는 스토어가 있지만 동서 양인을 막론하고 그 중에서도 가장 인기 있는 매장은 역시 'Polo'이다. 아직도 우리나라에서는 'Polo'가 선뜻 쉽게 구매의사를 결정할 수 있는 가격대는 아니기 때문에 미국에 가는 사람들은 항상 쇼핑 목록에 'Polo'를 빼놓지 않는다. 나 또한 그런 사람들과 별로 다르지 않기 때문에 제일 먼저 'Polo' 매장부터 가게 된다. Polo매장에서 가장 많이 팔리는 옷은 2가지인데 첫째는 역시 20년 넘게 화려한 명성을 유지하고 있는 polo의 선염 샴브레이 옥스포드 셔츠(Yarn dyed Chambray oxford shirts)이고 다른 하나는 면 치노(Chino) 바지이다.

미국에서 살다 보면 치노라는 말을 많이 듣는데 그것이 의미하는 것은 면 Twill의 바지이다. Polo 면바지를 갖고 있는 사람은 엉덩이에 붙어있는 Off white 바탕에 Navy로 자수된 작은 라벨을 확인해 보면 된다. 원래 치노는 스페인어로 중국 사람인 Chinese를 뜻하는 말이다. (사실 이 말은 동양 사람을 비하하는 뜻으로 부르는 스페인어이기도 하다. 멕시코에 갔는데 누가 치노라고 부르면 그 친구의 턱에 한방 먹여주어야 한다.) 치노는 영국에서 인도를 거쳐 중국으로 수출되던 면 Twill원단이었는데 그것을 제1차 세계대전 때 미군이 군복으로 채택하게 되면서 유명해졌다. 그런데 왜 치노라는 이상한 이름을 붙이게 되었을까?

이름을 붙이는 것에는 늘 뭐 그렇게 대단한 이유가 있는 것은 아니다. 대부분 사소한 것에서 비롯된다. 부르기 불편하면 얼마 못 가 그런 이름은 사멸한다. 하지만 부르기 편하고 재미있는 이름은 그것이 사람들의 입을 타고 전해져서 고유명사로 변하게 되는 것이다. 내가 초등학교를 다니던 때인 60년 대에는 지금의 청바지를 해작이라고 불렀다. 海作(해

작) 무슨 말일까? 어떻게 보면 멋있게 들리기도 하지만 그것은 '해군 작업복' 앞 두 글자를 딴 말이다. 당시 미군의 해군 작업복이 청바지인 것은 아니었을 것이다. 하지만 해군의 군복인 푸른색 옥스퍼드 셔츠가 Denim과 많이 닮아 있어서

그렇게 부른 것 같다.

원래의 오리지널 치노는 합사였던 모양이다. 오늘날 치노는 Polo로 인해 다시 유명해졌으며 그것의 현재 규격은 CM20×CD16, 120×68이다(그 동안의 변형으로 실제 Polo는 이것과 다를 수 있다.) Cotton Chino CM20×OE CD16, 120×68 58″이 간단하고도 명료한 제원(Specification)이 함축하고 있는 실제 정보를 한번 알아보겠다.

일단 CM과 CD가 뭔지는 대부분 알고 있겠지만 다시 한번 설명하겠다. CM은 Combed의 약어이고 CD는 Carded의 약어이다. 두 가지의 차이는 딱 하나이다. 얼마나 더 많이 빗질되어 있느냐 하는 것이다. 느닷없이 나오는 빗질이란? Carded나 Combed나 빗질한다는 의미에서는 같다. 하지만 Combed는 한번 더! 빗질한 실이다.

빗질이 왜 중요할까? 원래 면 같은, 목화송이에서 뽑아낸 2.5cm남짓의 짧은 섬유, 이른바 단섬유로부터 길고 가는 실을 뽑으려면 그것들을 밧줄처럼 꼬아야 할 것이다. 그런데 섬유를 밧줄처럼 꼬기 전에 먼저 해야 할 일이 바로 빗질이다.

면사는 그 가느다란 실 한 가닥을 뽑기 위해서 처음에는 담요 형태의 솜부터 시작하게 된다. 처음 목화에서 가져온 면섬유는 솜의 형태를 띠고 있다. 이것을 방직 공장에서는 일단 담요처럼 평평하게 펴는 작업을 한다. 이 담요같이 생긴 녀석을 'Lap'이라고 부른다. 그리고 담요처럼 생긴 Lap을 굵은 떡국같은 형태로 만든다. 떡국 형태의 솜 사탕 이것이 'Sliver'이다. 그리고 다시 이 슬라이버를 통통 불은 우동줄기 같은 로빙(Roving)으로 만든다. 마지막으로 Roving은 최종적으로 직물을 짤 수 있는 실이 된다.

즉, '솜 → 담요 → 떡국가래 → 우동 → 실'의 형태로 진화하는 것이 바로 면 방적 공정이다. 이 과정을 진행하는 데 있어서 가장 중요한 공정이 바로 빗질이다. 면사의 공정은 바로 끊임없는 빗질이다. 왜냐하면 솜

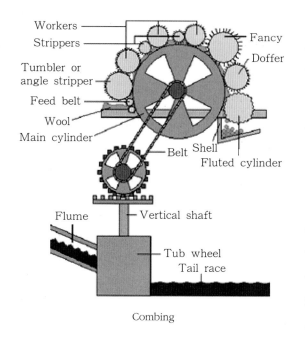

Workers
Strippers
Tumbler or
angle stripper
Feed belt
Wool
Main cylinder
Fancy
Doffer
Belt　Shell
Fluted cylinder
Flume
Vertical shaft
Tub wheel
Tail race

Combing

의 형태에서는 모든 섬유들이 제 각각의 방향으로 놓여져 있기 때문이다. 이 상태로는 면을 충전재인 이불 솜의 용도로 밖에는 사용할 수 없다. 이것을 우리가 원사로 사용하려면 빗질을 해서 각 섬유들이 동일한 방향을 향하게(Oriented) 만들어야 한다. 그것을 대충

한 것이 Carded(梳綿(소면), 이름 그대로 빗소(梳)자를 써서 '빗질한 면'이란 뜻이고 이 Carded 단계에서 정소면(Combing)이라는 과정을 한번 더 거쳐서 나온 실을 Combed(정소면)라고 한다. 그러니 Combed가 더 좋은 것이다.

　처음에는 면섬유들이 제 각각의 방향으로 자기들끼리 얽혀있다가 점점 가늘어지고 또 한 방향으로 정렬하게 됨에 따라 이제 각 섬유들끼리 붙들고 있던 힘, 이른바 마찰력이 줄어든다. 그렇게 되면 섬유들은 실이 되지 못하고 낱낱이 흩어지게 된다. 여기에서 각 섬유들에게 서로를 붙잡을 수 있는 상실된 마찰력을 부여하기 위한 공정이 바로 꼬임이다. 처음에는 각 섬유들이 제각각 다른 방향으로 향하고 있음에 따라 교차하는 부분이 많고 따라서 서로를 붙잡고 있는 마찰력 때문에 꼬임이 거의 필요 없지만 섬유가 점점 가늘어짐에 따라 마찰력이 줄어들게 되므로 꼬임이 점점 더 많이 필요하게 된다. 그리고 마지막에 실이 되어있는 상태는 섬유가닥들

이 모두 한 방향을 향하고 있기 때문에 실이 끊어지지 않게 버티는 마찰력을 가지기 위해서, 즉 일정량의 강도를 유지하기 위하여 상당히 많은 꼬임이 필요하게 된다. 당연히 실이 가늘어 질수록 더 많은 꼬임이 필요하게 될 것이다. 예컨대 꼬임 수는 번수의 제곱근에 비례해서 커진다. 즉, 번수가 4배로 가늘어지려면 꼬임 수는 2배로 늘어나야 한다. 9배로 가늘어지면 3배의 꼬임 수를 가지게 된다.

그런데 이 꼬임 수를 같은 번수에서 평상시보다 훨씬 더 많이 줄 수도 있다. 이렇게 하면 무슨 일이 일어날까? 우리가 겉으로 보기에는 2가지의 일이 일어난다. 하나는 크레이프(Crepe)이고 또 하나는 크리스피(Crispy)이다. 혹시 실이 한 가닥 있다면 그것을 한번 손으로 꼬임방향으로 더 꼬아 보면 꼴수록 실은 더 단단해지고 또 실의 형태는 짧아지면서 스프링처럼 꼬부라진다. 그것은 섬유가 같은 공간 내에서 더 많은 밀도를 유지하기 위한 물리의 법칙이다. 우리의 세포 안에 들어 있는 30억 쌍이나 되는 DNA의 뉴클레오티드 가 바로 이런 형태를 유지하고 있다. 이 압축은 무려 1만 배나 된다. 섬유가 아니라 DNA가 말이다.

따라서 실은 더 딱딱해지고 형태는 Crepe로 나타나게 된다. 이런 실을 사용해서 원단을 만들면 그 원단은 까실까실해 지면서 꼬부라지는 Crepe 원단이 되는 것이다. (Crepe Shantung이나 Moss Crepe 같은 원단을 상상하면 된다)

DNA

그렇다면 OECD는 뭘까? CD앞에 OE가 들어가 있다. 경제협력개발기구인 OECD는 아니다. 여기서 말하는 OE는 Open End의 약자인데 이것은 실을 뽑아내는, 이른바 방적의 한 방법이다. 이것과 대비되는 개념이 Ring Spun이다. 여기서 각 System의 공정을 설명하면 모두 하품을 하게 될 것이므로 간단하게 하겠다. OE는 위에서 얘기한 떡국가래 → 우동 →

실이 되는 과정에서 우동 부분, 즉 Roving과정을 생략한 것이다. 즉 떡국 가래 → 실이 되는 것이다. 공정 하나*가 생략되니 생산량이 늘어나게 될 것이다. 사실 OE사는 슬라이버가 바로 실이 되어 나오는 혁신적인 공정이다. 방적공장은 이 신기술을 이용하여 막대한 생산증대를 이룰 수 있게 되었다.

하지만 이 기술을 사용하는 데에는 한계가 따른다. OE 방적은 굵은 실에만 적용할 수 있다. 20수가 한계이다. 실제로는 16수 이하만 사용되고 있다. 20수도 만들 수는 있지만 이 때는 오히려 Ring Spun** 보다 더 많은 경비가 들어서 수지타산이 맞지 않기 때문에 16수가 손익분기점(Break Even Point)이 된다.

Ring Spun과 Open End사는 Quality면에서 조금 차이를 보이는데 OE사가 조금 더 Bulky하고 조금 더 딱딱하다고들 한다. 물론 같은 16수에서는 OE사의 가격이 더 싸다. 따라서 16수 이하의 면사는 대부분 OE사라고 보면 큰 무리가 없다. 다만 일부 Premium Denim을 만드는 공장에서는 Ring Spun을 쓰기도 할 것이다.

그렇다면 CM와 CD의 번수와의 관계는? (씨엠과 씨디라고 읽으면 안된다. 코마나 카드라고 읽는 것이 옳은 것이다.)

OE와 링스펀(RS)처럼 그런 관계가 성립할 것이다. CM와 CD를 가로지르는 경계선은 바로 30수이다. CM는 당연히 더 비싼 공정을 수반하므로 더 비싸다. 따라서 고급의 가는 실에만 적용되어야 할 것이다. 반대로 20수 이하의 저급 실에 CM공정이 따라가는 일은 별로 없다. 그래 봐야 돈만 쓰고 눈에 보이는 효과는 별로이기 때문일 것이다.

30수는 그래도 CM 쪽이 더 많기는 하지만 CM도 쓰고 CD도 쓴다. 하

---

* 실은 연조와 로빙 그 공정이 생략된다.
** Ring Spun: 일반의 방적방법, OE와 대비되어 사용

지만 40수로 가면 CM : CD의 비율이 80 : 20 정도가 된다. 가끔 저급의 옷에 사용하는 원단을 제직 할 때 비용을 절감하기 위해서 CD40수를 쓰기도 한다. 하지만 50수 이상에서는 예외 없이 CM이다.

반대로 가끔 20수 같은 굵은 실에 CM를 쓰기도 한다. 굵은 실에서의 한계는 16수이다. 그 미만은 32년 동안 섬유를 하면서 한번도 보지 못했다.

여기서 한 가지 유의해야 할 것은 원면조합이다.

목화는 종류에 따라서 좋고 나쁜 등급이 있다. 그렇다면 좋다는 것이 의미하는 것이 뭘까? 목화는 섬유장이 긴 것이 좋은 것이다. 이집트 면* 같은 고급면은 우리가 많이 쓰는 미국 면에 비해서 섬유의 길이가 1cm 나 더 길다. 더 긴 섬유는 섬유끼리의 마찰력이 더 커지기 때문에 상대적으로 더 적은 꼬임을 주고도 더 가는 실을 뽑을 수 있다. 따라서 부드러워진다. 그러므로 굵은 실과 가는 실의 원면 종류는 달라야 한다.

그 때문에 긴 섬유와 짧은 섬유를 적절하게 조합하여 원하는 실을 뽑는 일은 상당히 중요한 일이 된다. 가장 싼 값에 품질을 유지해야 하는 적정선(Optimal)을 찾아내야 하기 때문이다. 이런 일을 원면조합이라고 한다. 40수와 30수의 원면조합은 거의 같지만 50수는 40수와 많이 달라진다. 그래서 원사의 가격이 30수나 40수 등 번수에 정확하게 비례하지

않는 것이다. 원사 값을 물어보면 번수에 제법 비례해서 올라가던 가격이 50수부터는 가파르게 상승한다. 그 이유가 바로 원면조합이다.

120×68이라는 것은 잘 알다시

---

* 이집트 면: 이집트면과 미면을 교배한 잡종을 Pima면이라고 하며 미국의 Pima 지방에서 재배한다. 가장 흔한 고급면

피 밀도를 뜻하는 규격이다. 하지만 그것이 의미하는 정확한 정보를 알고 있는가?

120이라는 숫자는 직물을 구성하는 경사의 숫자가 1인치, 즉 2.54cm 안에 120가닥이 들어 있다는 의미이다. 뒤의 것은 짐작하다시피 위사이다. 이 직물이 58인치 이므로 경사를 이루는 총 실의 가닥은(총경사본수라고 한다. 本數(본수)는 일본말이다.) 120×58 즉 6,960개가 된다. 위사의 개수는 1Y당이니 36을 곱해야 한다. 하지만 위사의 총본수를 따지는 일은 없다. (야드니 인치니 하는 단위들은 우리가 쓰기 몹시 괴롭다. 도대체 누가 이런 복잡한 단위들을 만들었을까? 우리는 10진수를 사용하는 미터법을 쓰기 때문에 늘 훨씬 간결하고 간단한 숫자들을 대하고 있지만 전 세계에서 미국을 비롯한 브루나이 미얀마 예멘 등 오로지 4개의 강대국들(?)만이 원조인 영국마저도 쓰기를 포기한 이 놀라울 정도로 복잡한 숫자가 난무하는 영국식 단위를 아직도 사용하고 있다. 피트, 마일, 배럴, 파인트, 부섬, 온스, 쿼트, 갤런 등의 얼빠진 단위들이 난무한다. 그런데도 이런 단위에 익숙해진 섬유를 하는 우리들은 이제는 막상 유럽바이어들이 가격을 미터로 달라고 하면 갑자기 불편해진다. 그래서 미국인들이 이 단위들을 쉽게 바꾸지 못하는 이유를 이해할 수 있을 것만 같다.)

간단한 한 줄의 정보로 이렇게 많은 수다를 떨 수 있었다.

도대체 얼마나 더 많은 이야기를 해야 할까? 이제부터 본론으로 들어간다.

실의 굵기에 대한 이해 (II)

 이 장의 주제는 실의 굵기인 번수가 의미하는 바를 고찰하는 것이다. 20수니 100수니 또는 70데니어나 300데니어는 얼마만큼이나 굵은, 혹은 가는 것일까. 번수라는 숫자가 가진 굵기에 대한 정보를 머리 속에서 정리하지 못하면 그 숫자들은 정말로 숫자 이상 아무 것도 아니다. 우리는 자신의 키를 생각할 때 177cm라는 숫자의 의미를 거의 정확하게 가늠할 수 있다. 또는 85kg이라는 무게에 대한 정보를 대충 짐작한다. 일산에서 서울 시청까지 33km라고 했을 때의 거리에 대한 개념도 그것이 얼마나 먼 거리인지에 대한 정확한 공간 지각력을 가지고 있다. 오늘 기온은 섭씨 영하 9도이다. 이 숫자가 의미하는 차가운 정도도 또한 우리 피부의 감각이 정확하게 인지하고 있다. 물론 우리 집에서 안드로메다 은하까지의 거리는 250만 광년이지만 그런 거리는 우리의 통상 이해 범위를 벗어나는 것이다.

 하지만 섬유를 취급하는 우리에게 번수라는 숫자는 어떨까? 사실 번수라는 개념은 굵기에 대한 것이고, 우리는 실생활에 그런 굵기에 대한 단위를 거의 쓰지 않고 있으므로 별로 익숙하지 않다. 우리가 민감하게 받아들이고 있는 굵기에 대한 정보는 인치이다. 바로 허리통의 굵기이다. 주위에서 많이 듣는 그 수치는 주로 24나 27 또는 36이라는 정보이다. 물론 실이라는 가는 물건의 굵기도 허리처럼 둘레나 직경으로 표시할 수도 있다. 하지만 그렇게 되면 그런 숫자는 소수점 이하가 되기 때문에 쓰기에 불편한 점이 많다. 따라서 이런 숫자를 정수로 표시할 수 있는 방법이 필요하다.

번수를 나타내는 방법에는 2가지가 있다. 첫째는 '항중식'이라는 방법이고 다른 하나는 '항장식'이다. 또 무슨 도깨비가 자일리톨 껌 씹는 소리냐고? 한번 들어보면 아주 쉬운 개념이다. '굵기'를 회색 빛 인지질로 만들어진 우리의 뇌세포가 손쉽게 이해할 수 있는 개념으로 설명 하려면 길이와 중량으로 나타내는 방법이 편하다. 예컨대 많이 사용하는 면사의 영국식 번수(English Count)는 840Y가 1 파운드(lb)일 때의 굵기를 나타내는 개념이다. 즉, '1수'라는 번수는 840y만큼의 길이를 가진 실의 중량이 1lb라는 것이다. 왜 하필 840y냐고 하면 그건 나도 모른다. 여러분도 알 필요 없다. 다만 그렇게 정한 것일 뿐이다.

영국식 번수는 정수 비이다. 즉, 2수라면 840×2y가 1lb일 때의 굵기이다. 정확하게 2배로 가는 굵기가 된다. 이렇게 해서 우리가 많이 쓰는 40수라는 실은 1파운드 실의 길이가 무려 33,600y나 되는 굵기를 의미한다. 33,600y는 일산에서 종로2가까지의 거리에 해당한다. 이런 식으로 중량을 고정하고 길이를 늘려서 굵기를 표시하는 방법을 글자 그대로의 의미인 恒重式(항중식)이라고 한다. 대부분의 번수 단위는 항중식이다. 특히, 면처럼 단 섬유를 꼬아서 만든 방적사들은 이렇게 항중식으로 표시한다.

항중식*에서의 번수는 커질수록 굵기는 가늘어진다. 다만 방적사가 아닌 긴 섬유들, 폴리에스터나 나일론같은 합성섬유들이나 Silk같은 필라멘트(filament)사(꼬아서 만든 방적사와 대비하여 사용되는 용어이다)의 굵기를 표시하는 것은 항장식(恒長式)을 사용한다. 예컨대 데니어(Denier)**라는 단위는 9000m가 1g일 때를 기준한다. 이 단위는 항장식이므로 길이가 고정되고 무게가 늘어나는 방식으로 변한다.

---

* 항장식과 항중식의 영어 표기는 Direct와 Indirect이다. 항장식은 숫자가 커질수록 굵은 실이다. 우리 직관과 같으므로 direct이다.

** 데니어: Denier, 이후 d로 표시

즉, 9000m의 길이가 1g 나가는 굵기의 실이라면 그것이 1d이다. 그리고 9000m가 2g 나가면 2d가 된다. 이것은 영국식번수와는 반대로 숫자가 커질수록 실의 굵기는 더 굵어진다. 이렇게 해서 70d라는 실의 굵기는 9000m인 실의 중량이 70g 나간다는 얘기가 성립된다. 따라서 이 정보를 가지고 있으면 실의 굵기뿐만 아니라 중량에 대한 정보도 알아낼 수 있는 것이다. 항장식에는 Denier를 미터식으로 표기한 Tex라는 굵기도 있는데 1,000m가 1g일 때 1Tex이다. 따라서 1Tex=9denier가 된다.

이제는 이 숫자들에 대한 현실세계에서의 적용범위를 알아보겠다. 우리는 40수라는 실이 1파운드의 무게로 일산에서 종로까지의 길이를 가진 실이라는 것은 알지만 그래서 어쨌다는 것인가. 그것이 얼마나 가는 실인지는 아직도 전혀 짐작도 할 수 없다. 따라서 사용빈도수가 높은 원단을 중심으로 그러한 굵기들에 대한 현실감을 잡아보도록 하겠다. 먼저 40수는 가장 많이 사용되는 면사이다. 이런 굵기의 실로 어떤 원단을 만들 수 있을까? 40수는 가는 실에 해당한다. 따라서 셔츠(shirts)용의 얇은 원단을 만드는데 가장 많이 쓰인다. 예컨대 밀도가 100×70 정도라면 봄 가을의 선선할 때 입을 수 있는 Shirts이다. 90×60이면 여름용의 성긴 원단이 된다. 1년 내내 입을 수 있는 Shirts용이라면 133×72 정도를 쓴다. 40수 직물에서는 이 밀도를 가장 많이 쓴다.

더 나아가서 평직으로서의 한계밀도에 가까운 120×110 정도라면 오리털이 사이로 빠져나가지 못하는, Down proof가 가능한 오리털 재킷을 만들 수 있는 상당히 치밀한 직물이 된다. 그러나 여전히 충분히 두껍지는 않다. 40수의 굵기로는 여름용 외는 'Bottom'*으로 적합한 직물을 만들기는 어렵다. 40수 직물은 또한 대부분 평직이 된다. 40수 Twill직물은 가끔가다 볼 수 있는데 여름 바지용으로 제한적으로 쓸 수 있다. 하지

---

* Bottom: 스커트나 바지 등 하의를 의미하는 패션 용어

만 상당한 위험을 감수해야 한다. *인열강도(Tearing Strength)가 약하기 때문에 Tight한 바지를 만들면 의자에 앉다가 망신을 당할 수가 있다.

반대로 30수로 올라가면 약간 두꺼운 shirts용이거나 대부분 얇은 Bottom용이다. 이 번수에서는 130×68이라는 밀도의 Twill을 가장 많이 사용한다. 또한 평직의 68×68은 일명 Print cloth로 불릴 만큼 면직물에 프린트하는 용도로 많이 사용된다. 이렇게 만든 원단을 Shirts로 사용하거나 침장류인 베딩(Bedding)용으로 사용하기도 한다.

이제 20수로 내려간다. 이제부터는 Bottom이다. 60×60이라는 과거 백여 년간 밀가루 포대로 사용한 성긴 평직원단을 빼고는 대부분 Twill로 바지 감이다. 위의 Chino도 20수를 경사로 사용하였다. 이 치노를 밀도와 번수를 조정하여 약간 더 저렴한 원단으로 개조한 유명한 원단이 있는데 그것이 바로 10858이라는 원단이다. 20×20, 108×58인 이 원단은 치노보다 약간 더 얇고 경 위사 모두 CM이 아닌 CD사를 사용한다. 80년대에 가장 많이 사용된 바지 감의 하나이다.

16수로 간다. 이제는 두꺼운 직물인 후직물이 시작된다. 보통 12수나 10수 또는 7수와 조합하여 굵은 Twill직물을 짠다. 밀도는 96×48, 112×54 등이 사용된다. 여기서부터는 주로 CD사를 사용해야 하기 때문에 원단이 거칠고 곱지 않아 High Fashion을 원하는 사람들에게는 부적합한 원단이 된다. 이것을 극복하려면 합사를 쓰면 된다. 즉, 16수 대신 32/2을 쓰면 마찬가지의 굵기가 되지만 품질은 훨씬 더 좋은 원단이 된다. 하지만 가격 또한 상당히 비싸진다는 것을 알아야 한다. 그리고 주의할 점은 합사를 하면 겉보기 번수는 계산보다 약간 더 굵게 되므로 실제로는 34/2을 사용한다. 위의 20수도 합사하여 고급의 High End용으로 40/2을 사용하는 경우가 상당히 빈번하다.

---

* 인열강도: 찢어지는 정도를 힘으로 표시한 수치

사실 60수 이상인 세번수로 가면 이제는 단사보다는 합사한 직물이 더 많이 나타난다. 최근에는 60/3직물 까지도 등장했다. 놀랄 만큼 Fine 하며, Hand feel은 마치 고운 밀가루를 만지는 듯하다. 굵기는 20수이지만 품질은 60수 그대로인 원단이다.

10수는 캔버스를 만드는 실이다. 중간에 14수나 12수가 있어서 경사에 16수를 사용한 직물에 위사로 집어넣는 경우가 있지만 주류에 속하지 않는다. 10수는 65×42라는 밀도로 화가들이 유화를 그리는 바로 그 캔버스이다. 요즘은 변형으로 70×42같은 것이 나오기는 하지만 어디까지나 원조는 65×42이다. 또 10수의 주요 용도는 Denim이다. Denim은 가장 많이 쓰이는 두 가지 종류가 있는데 14oz와 11oz가 그것이다. 14oz는 겨울용, 11oz는 여름용의 Standard이다. 11oz를 구성하는 원사가 10수이고 밀도는 80×50이다. 14oz의 경우는 7수를 쓰고 68×42의 밀도를 쓴다.

10수 이하의 실은 흔하지 않지만 9수나 8수는 보기 어렵고 7수 6수는 그다지 어렵지 않게 볼 수 있다. 모두 의류(Garment)용도 보다는 합사하여 천막의 용도나 자동차의 호로 또는 범선의 돛을 만드는 데 쓴다. 범선의 돛은 경사를 2올 평행하게(Parallel) 설계한 원단으로 범포(Duck)라고 부른다. 요즘은 범선이 없으므로 이 원단의 용도는 프린트하여 벽지나 소파 같은 퍼니싱(Furnishing)용도로 사용된다. 이때의 규격(Spec)은 16×12, 96×42 정도가 가장 일반적이다.

이제 다시 위 쪽으로 올라가보겠다. 50수는 40수 원단을 보다 더 고급스럽게 만들려는 용도로 사용된다. 아까도 말했듯이 약간의 변화라도 50수부터는 원면조합이 다르기 때문에 50수 직물은 40수의 직물보다 상당히 비싸진다. 요즘은 고급화된 선염직물에서 많이 발견할 수 있다. 60수는 가장 많이 사용되는 것이 그 유명한 론(Lawn)이다. 여름용의 얇은 블라우스 감이다. 90×88이라는 밀도는 패션의류를 하는 사람이라면 누구나 다 아는 잘 알려진 원단이다. 곧잘 보일(Voile)직물과 혼동하는 경우가 많은데 Voile은 부드러운 Lawn과는 달리 실에 꼬임을 많이 주어서 까실까실하게 만든 원단이다. 시장에서 '아사'라고 부르는 직물이 바로 그것이다. 보일 직물은 50×50/68×68이 많이 사용된다. 보일이나 Lawn의 고급 Version은 80수를 사용하는 데 밀도는 85×85이다. 60수 Lawn 보다 더 가늘고 고운 자태가 흐른다. 인도제품 중에는 100수 보일이나 Lawn을 흔하게 볼 수 있고 가격경쟁력도 뛰어나다.

면직물에서 가장 가는 실로 짠 직물은 대체로 100수나 100/2직물이다. 100수 단사일 경우는 시폰(Chiffon)처럼 얇은 Voile종류의 원단이거나 Lawn일 것이다. 만약 100수 합사라면 50수와 같은 굵기이므로 최고급의 Shirts용이다. 가끔 120/2직물이 나오기도 한다.

시중에 제법 알려진 회사의 브랜드중에 100수 메리라는 상표가 있다. 이 메리야스(Medias)는 정말로 100수로 짠 니트일까? 확인해 보니 番手(번수)의 수는 손 '手'를 쓰는 데 100수 메리의 수는 목숨 壽(수)를 씀으로써 소비자를 기만하고 있었다.(회사측은 마케팅이라고 주장하겠지만) 우리나라에는 없지만 일본에서는 200수 이상의 면으로 된 실과 직물들이 생산되고 있다. 한편, FITI같은 실험실(Teshing Lab)에서는 번수 측정을 어떻게 할까?

전문적인 Lab이라고 해도 번수 측정을 위해서 마이크로미터나 버어니어 캘리퍼스 같은 섬세한 장비를 사용하는 것은 아니다. 그저 정밀한 자와 저울이 있으면 그만이다. 따라서 우리도 같은 방식으로 정확한 번수를 측정할 수 있다.

실의 굵기에 대한 이해 (Ⅲ)

Wool에서는 어떤 번수를 사용하고 있을까? Wool에서 말하는 번수와 면 번수는 같은 것일까? 원래 방모와 소모는 같은 wool이라도 각각 다른 번수를 사용했다. 방모는 영국의 각 지방에 따라서 기준이 조금씩 달랐고, (예컨대 요크서 지방은 1lb가 256y일 때 1수, 미국의 필라델피아는 300y가 1lb 등) 소모는 공통적으로 560y가 1lb를 기준으로 사용하고 있다. 이렇게 지방마다 표현하는 번수의 의미가 달라서 많은 혼란이 있었다.

이를 계기로 영국에서 모든 복잡한 도량형 단위를 미터식으로 개혁한 이래, 지금은, 모두 공통식(NM metric count 미터식)번수를 사용한다. 미터식 번수는 당연하게도 1Kg이 1Km인 항중식이다. 따라서 면 번수처럼 숫자가 커질수록 가는 실이 된다. 우리는 지금까지 어렵게 영국식 번수에 대한 감을 잡았기 때문에 이제는 새로운 미터식 번수에 대한 공간 지각 감을 인식해야 한다.

가장 손 쉬운 방법은 미터식을 영국식으로 환산하는 것이다. 그 환산계수는 1.693이다. 이것이 의미하는 바는 Wool의 번수는 면 번수에 비해서 1.7배 정도 숫자가 크다는 것이다. 양복을 파는 사람들도 아까의 메리야스 공장과 비슷한 장난을 한다. 양복을 사러 가면 *120수니 170수니 하는 Tag들을 붙여 놓고 비싼 척 한다. 면 번수와 모 번수의 차이를 모르는 사람들은 그것이 100수가 넘기 때문에 상당히 가는 실인 것으로 착각

---

* wool의 120' s는 NM 120' s로 표기

한다. 하지만 사실은 그 번수를 1,693으로 나누어야 한다는 것이다. 매우 가는 실로 짠 것 같은 120수 양복은 면 번수로는 70수에 불과하다.

그렇다면 Wool과 비슷한 아크릴에서는 어떤 번수를 사용하고 있을까? 아크릴에서 가장 많이 사용되는 굵기는 36/2이다. 이 번수는 대체 어떤 정도의 굵기를 의미하고 있을까? 다행히 안 그래도 복잡한 머리에 또 하나의 새로운 단위를 보탤 필요는 없다. 아크릴도 Wool처럼 미터식을 사용하기 때문이다. 36/2은 면 번수로 따지면 21수이다. 그것의 2합이므로 면으로 따지자면 10수 정도라고 보면 된다.

화섬(Synthetic)으로 넘어가 본다. 면에서 가장 많이 쓰이는 40수에 대응하는 화섬의 데니어 수는 숫자 상으로는 133d이다. 실제로 133이 사용되는 일은 없으니 135 정도로 해둔다. 유명한 피치스킨(Peach skin)의 대명사인 ITY Faille(파일)이 바로 135d이다. 하지만 실제로 135d는 화섬에서는 40수의 위치에 있지 않다.

화섬에서 얘기하는 Peach skin은 면직물에서의 그것과 전혀 다르다. 화섬에서는 전혀 Peach나 Buffing가공이 들어가지 않는다. 다만 그런 가공을 한 것 같다는 뜻에서 만든 용어인데, 사실 전혀 Buffing한 것 같은 느낌도 들지 않는다. 순 허풍인 것이다. 다만 푹신한 스폰지효과는 난다. 그 이유는 원사를 Bulky하게 만들었기 때문이다. 그 원리는 아주 단순하다. 두 종류의 수축률이 다른 원사를 붙인다. 이 과정을 인터레이싱(Interlacing)이라고 하는데 얼마간의 간격으로 두 원사를 접착해주는 공정이다. 이렇게 되면 두 가지의 다른 성질을 가진 섬유가 하나의 실이 된다. 이 실을 물 속에 담그면 어떤 일이 일어날까? 한쪽은 많이 줄어들고 다른 한쪽은 거의 줄지 않게 된다. 하지만 두 섬유는 서로 붙어있기 때문에 다음의 그림처럼 결국 8자모양으로 변하게 된다.

그림에서 곡선을 그리고 있는 부분의 원사는 부채 살 모양으로 펼쳐지게 되고 따라서 직물 자체가 풍성하고 Bulky해지게 된다. 이 효과를 극대화 하고 싶으면 두 원사의 수축률 차이가 아주 큰 것들을 사용하면 된다.

ITY사의 원리

화섬에서 면의 40수 정도에 해당하는 용도는 바로 70d나 75d이다. 나일론에서는 70 그리고 폴리에스터에서는 75를 쓴다. 이것을 반대로 사용하는 경우는 절대로 없다. 따라서 거꾸로 추측하여 어떤 원사가 70d라면 그것은 반드시 나일론 원단이라고 생각해도 된다.

안감으로 많이 사용하는 다후다(Taffeta)가 바로 경위사 모두 70d를 쓴 직물이다. 폴리에스터에서는 경 위사 모두 75d를 쓴 직물이 블라우스를 만드는 CDC*, 티슈파일(Tissue Faille), 도비조제트**(Dobby GGT) 등이다.

화섬에서 75d 다음으로 많이 쓰이는 번수는 150d이다. 150d는 주로 위사에 사용된다. 만약 경사를 75d로 쓴 직물에 위사로 150이 사용되었다면 그 직물은 아마도 위사 쪽으로 약간 굵은 두둑이 보일 것이다. 그것이 바로 전형적인 Faille직물이다.

Dobby GGT보다 더 두꺼운 Crepe직물이 필요하다면 모스크렙(Moss crepe)을 짜면 된다. 이것의 구성은 150d×150d이다. 더 두꺼운 Moss Crepe은 300d×300d도 있다.

가는 실로 내려가자면 50d가 나온다. 폴리에스터에서는 그리 자주 나오는 번수는 아니지만 나일론에서는 밀도를 경위사 합하여 300개 정도 넣어서 고밀도의 Down Jacket용으로 많이 사용한다. 이것을 DuPont에서는 40d를 330개 집어넣어 완벽한 Down Jacket으로 만들었다. 사실 50d/300t***는 다운자켓(Down Proof)의 기능에 조금 문제가 있다. (t가

---

* CDC: Crepe de Chine

** GGT(Georgette): 꼬임을 많이준 원사를 사용한 강연직물

*** 300t의 t: 때로는 경위사의 합을, 어떤때는 위사의 수를 나타내기도 한다.

의미하는 것은 'Thread' 즉 경위사 밀도의 합이다.)

최근에는 Ultra light 원단이 Trend가 되면서 30d*직물이 나오고 있다. 현재 가장 가늘게 나오는 화섬 원사는 20d로 Mono fila로 사용된다. 즉, 여러 가닥을 합친 것이 아닌 단 한 가닥으로 구성된 실이다. 이런 원사로 만들어진 직물들이 모노레이(Monoray)**라고 불리는 잠자리 날개 같은 얇은 원단들이다. 이런 원단의 실을 뽑아서 자세히 보면 다른 실처럼 여러 가닥으로 이루어진 것이 아니라 낚싯줄처럼 오직 한 가닥으로 이루어져 있다는 것을 알 수 있다. 이런 원사를 분사라고도 한다.

이 모든 것들에 대한 실제감을 높이기 위해서는 반드시 실물의 원단들과 비교해 보면서 분석하는 것이 좋다. 선천적으로 공간지각력이 뛰어난 사람들은 여기까지 만으로도 대충 그 3차원 실체를 이해할 수 있지만 그렇지 못한 사람들은 반드시 실제 물건을 확인하는 것이 좋다.

---

* 최근 가장 가늘게 나오는 원사는 7d까지 있다.
** Organza는 그중 하나이다.

색 이야기

스펙트로포토미터(spectrophotometer)를 이해하기 위하여 꼭 필요한 내용이다.

色이란 무엇일까?

우리가 무심하게 보고 있는 색깔이라는 것은 일반인의 통념과는 다르게 섬유를 다루는 관련자들에게는 고도로 중요한 Issue이다. 즉, 색깔을 제대로 통제하는데 실패하면 패션기업을 유지해 나가는데 중대한 과실이 된다. 색이란 무엇일까? 왜 어떤 것은 빨갛게 보이고 어떤 것은 파랗게 보이는 것일까를 한번 생각해 볼 필요가 있다.

색을 인지하는 것은 눈이다. 눈으로 색을 본다는 것은 대단히 복잡한 대뇌피질과 눈의 신경계의 해부학적인 메카니즘(mechanism)이 있지만 여기서는 간단히 생각해보기로 한다. 눈은 빛을 받음으로써 망막에 가해진 자극을 시신경을 통하여 뇌에 전달하고 뇌는 이의 이미지를 해석한다. 그런데 이 생물학적인 작용은 사람의 두뇌와 눈의 구조가 저마다 조금씩 다르기 때문에 (DNA가 다르기 때문이다.) 각자의 뇌가 만들어내는 영상, 즉 이미지도 똑같을 수는 없다는 것이다. DNA가 정확하게 같은 일란성 쌍둥이 조차도 100% 똑같은 이미지를 볼 수 없다. 따라서 우리는 같은 색을 본다고 생각하지만 저마다가 느끼는 색깔은 약간씩 차이가 있다는 사실을 알 필요가 있다.

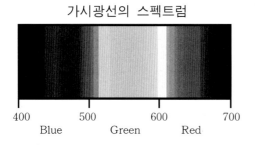

가시광선의 스펙트럼

400　　500　　600　　700
Blue　　Green　　Red

그렇다면 색깔이 다르게 보이는 원리는 무엇일까?

태양광이나 인공적으로 빛을 내는 전자복사파는 여러 가지로 이루어져있다. 그것들은 파장이 길거나 짧은 것으로 구분되어서 전파 혹은 전자파와 적외선, 가시광선, 자외선, X선 그리고 감마선으로 구성된다. 전자파는 라디오를 들을 때 사용하는 중파, 단파 등이 있고 레이다에 쓰는 초단파 그리고 전자레인지에 쓰이는 2450 Mhz의 마이크로 파(micro wave)가 있다. 이 중 눈으로 감지할 수 있는 파장은 400~700nm(Nano Meter는 10^9 meter)사이로 이것을 가시광선이라고 한다.

400nm보다 작은 파장은 눈이 감지할 수 없으며 700nm 이상은 에너지가 너무 작아 눈의 수광부를 활성화 시킬 수 없기 때문에 보이지 않는다.

파장이 짧을수록 에너지가 크다. 그래서 가시광선 보다는 자외선이 몸에 미치는 영향이 크다. X선은 몸의 일부를 통과하고 감마선은 모두 통과한다. 감마선은 몸에 몹시 해롭다. 에너지 값이 크기 때문에 인체의 분자 구조를 뒤흔들 수 있기 때문이다. 태양광 중에 뉴트리노라고 불리는 중성미자가 있는데 이 미립자는 우리가 태양을 쳐다볼 때 1초에 약 10억 개가 눈을 뚫고, 머리를 뚫고 지나서 지구마저 뚫고 지구 뒤쪽으로 나가버린다. 만약 해가 진 다음에도 해가 있는 쪽으로 얼굴을 돌리면 그 때도 뉴트리노는 지구 반대편을 뚫고 들어와 내 눈과 머리를 통과하여 우주 바깥으로 날아간다. 다행히 뉴트리노의 에너지 값은 너무 적어 인체에 영향을 미치지 않는다.

그런데 가시광선은 스펙트럼을 통과시켜 보면 알 수 있듯이 각 파장에 따라서 7가지의 대표색을 가지고 있다. 그래서 각 색깔의 파장이 눈에 들어오면 이를 시신경이 감지해서 뇌로 보내게 되는 것이다. 가시광선 중 가장 파장이 짧은 것은 보라색이며 반대로 가장 긴 것은 빨강이다. 그래서 보라색 바깥쪽의 우리가 볼 수 없는 복사

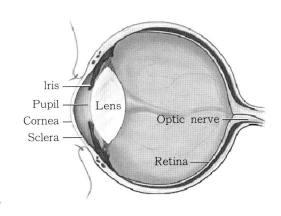

선을 이름 그대로 紫外線(ultra violet) 빨간색 바깥쪽의 복사선을 赤外線(infra red)이라고 부른다.

　가시광선은 대략 1초에 약 600조개의 파동으로 우리의 안구를 때린다. 빛의 속도는 초속 30만km, 즉 300억cm이기 때문에 가시광선의 파장은 500nm가 된다. 빨간색의 진동수는 초당 약 460조이고 보라색은 약 710조 정도이다. 이렇게 각각의 색은 고유의 파장과 진동수를 가진다. 그러면 선천적인 시각 장애자에게 색이 갖는 의미는 어떤 것일까? 대답은 고유 진동수이다. 시각 장애자가 고유 진동수를 감지할 수 있으면 색을 느낄 수 있다.

　그럼 우리 눈은 왜 가시광선만 볼 수 있도록 진화되었을까? 다른 전자 복사파들도 볼 수 있으면 더 좋지 않았을까? 각각의 물질들은 선호하는 빛의 진동수와 파장이 각각 다르다. 그래서 다른 색깔을 가진다. 그런데 지구상에 있는 대부분의 물질들은 가시광선을 잘 흡수하지 못한다. 그러나 감마선 같은 파장이 짧은 복사선은 어떤 물질이든지 무차별 흡수한다. 심지어는 공기도 흡수해 버린다. 따라서 감마선은 지상에 도달하기 전에 대기에 흡수되어 사라져 버린다. (얼마나 다행인가) 만약 우리가 감마선을 볼 수 있는 눈이 있다면 그리고 감마선이 지상에 도달할 수 있다면 우리가 보는 모든 물체들이 검은색으로 보일 것이다. 한편, 태양 광선

의 구성은 어떨까? 태양의 복사선은 대부분 가시광선으로 되어 있다. 아주 뜨거운 별은 대부분의 빛을 자외선으로 방출한다. 아주 차가운 별은 적외선을 방출할 것이다. (Black hole은 X선을 방출한다. 그것이 우리가 간접적으로나마 Black hole의 존재를 확인할 수 있는 이유이다.)

어떤 물체가 어떤 특정한 색을 가진다는 것은 어떤 의미일까?

모든 물체는 빛으로부터 각각 흡수할 수 있는 가시광선 에너지의 파장 대역이 존재한다. 그것이 그 물체의 색을 결정하는 것이다. 우리가 볼 수 있는 물체의 색은 그 물체가 흡수하는 광의 보색이다. 다시 말하면 그 물체가 반사하는 색의 조합을 본다는 것이다. 예를 들면 빨간 토마토는 500nm 부근의 파장을 흡수한다. 즉, 초록과 파랑에 해당하는 가시광선이다. 그러므로 그 보색 관계인 빨강으로 보이는 것이다. 쉽게 말하면 빨강은 반사해버리고 파랑과 초록은 흡수한다. 그러면 눈은 토마토가 반사하는 빨간색을 보고 인지하는 것이다.

빛의 삼원색은 빨간색과 초록 그리고 파랑이다. 이 3가지 색만 있으면 자연에 존재하는 어떤 색도 만들어 낼 수 있다. 그래서 컬러 TV도 RGB 3가지 광원으로 이루어져 있다. TV의 수십만 컬러는 매우 작은 수천 개의 빨강과 초록 그리고 파랑의 반짝이는 점들이 모여 이루어진다. 빨강과 초록이 섞이면 노란색이 되고 빨간색과 파란색이 만나면 보라색이, 파란색과 초록색이 만나면 청록색이 된다. 식물들이 주로 초록색인 이유는 식물 내에 일어나는 화학작용인 광합성이 주로 빨간색을 필요로 하기 때문이다. 식물의 잎이나 줄기에 있는 엽록소라는 색소를 통해서 태양광의 빨간색을 흡수하고 나머지는 반사해 버린다.

그런데 어떤 물체는 전혀 가시광선을 흡수하지 않고 모두 반사해버린다. 그런 물체는 우리 눈에는 흰색으로 보이는 것이다. 반대로 가시광선 대역의 파장을 모두 다 흡수해 버리는 물체가 있다. 이것은 검은 색으로 보일 것이다. 어떤 검은 물체가 다른 검은 것보다 더 검다는 것은 그 물체가 가시광선의 그 어떤 파장도 반사하지 않기 때문이다. 즉, 흡수율이 높을수록 더 검게 보인다. 이 세상에서 가장 까만 물질은 바로 검은 벨벳이다. 벨벳은 표면에 형성된 긴 pile 때문에 빛을 단지 몇 퍼센트만이 반사한다. 검은 색이라도 표면이 평활 하면 일부의 색을 더 조금 반사시켜서 덜 검게

보일 수 있다. 그러나 표면이 거칠면 거칠수록 빛의 반사는 적어지고 따라서 그런 검은 색은 더 검게 되는 것이다. 검은색과 흰색의 차이는 색깔의 문제가 아니라 얼마나 많은 양의 빛을 반사 하는 가의 문제이다. 상대적인 개념인 것이다. 아마도 자연에서 가장 밝은 물질은 방금 내린 눈일 것이다. 그러나 그 눈 조차도 사실 가시광선의 75%만 반사한다.

하늘이 푸르게 보이는 이유는 대기, 즉 공기가 가시광선 중 주로 파란색을 산란시키기 때문이다. 이는 바다가 푸른 이유와 마찬가지이다. 나머지 색은 대부분 그냥 통과해서 지표면에 도달한다. 따라서 대기가 없는 달과 같은 천체는 하늘이 검게 보인다. 지구보다 얇은 대기를 가지는 화성은 하늘

이 붉게 보인다. 지구의 90배나 되는 대기를 가진 금성의 하늘은 아주 파랄 것이다. 지상에는 비록 황산의 비가 내리고 지표면의 기온이 섭씨 480도에 달하지만….

색을 나타내는 데는 채도와 명도가 있다.

채도는 색의 순도이다. 즉, 색상이 얼마나 순수한가를 나타내는 척도인데 물체에서 반사되어 나오는 빛 중 보색의 세기가 적을수록 채도가 높다고 할 수 있다. 예를 들면 순도가 높은 빨강에는 파랑 부분의 빛이 없어야 한다. 빨간색에 청록색이 섞이면 빨강의 순도가 떨어져 회색 빛을 띠게 된다. 순도가 높은 색은 밝게 보이며 순도가 낮은 색은 어둡게* 보인다. 명도는 반사되어 우리 눈에 도달하는 빛의 세기의 척도이며 0에서 10까지의 수치로 나타낸다. 따라서 흰색은 명도가 10이며 검은색은 0이다. 만약 색상과 채도가 결정되어 있다고 할 때 명도가 커지면 연한 색으로 보이고 명도가 작아지면 그 색은 진해지고 동시에 생동감이 적어진다.

염료가 특정한 색을 낼 수 있는 이유는 염료 분자가 가지고 있는 발색단(發色團) 때문이다. 발색단은 스펙트럼 중 특정한 파장의 빛을 흡수하고 나머지는 반사하게 만든다. 발색단이 가지고 있는 불포화 이중결합이 광자의 흡수와 관련이 있다. 대표적인 발색단은 Azo, Azoxy, Nitroso, Quinoid가 있다. 또한 염료의 색을 더 선명하게 하거나 섬유와의 결합을 촉진시키는 역할을 하는 조색단(助色團)이 있다. 때로는 조색단으로 인하여 색상이 변하기도 한다. 대표적인 조색단은 아민, 알콕시, 수산기, 슬폰기가 있다.

---

* 채도가 낮은 색에는 명도가 높은 색이 있고 낮은 색이 있다. 명도가 낮으면 검정색쪽으로, 높으면 흰색쪽으로 수렴한다. 즉, 흰색과 검정색은 채도가 0이다. 이를 무채색이라 한다.

섬유의 연소에 의한 감별법

가장 많이 쓰이고 있는 기본적인 섬유의 감별법이며 가장 간편하고 터무니없이 쉬운 이 감별법이 몇몇 적극적인 사고를 하는 MR들만의 전유물이 되고 있다는 사실은 평소 공부를 게을리하는 우리 업계의 어두운 그림자를 그대로 반영하고 있다. 마치 인터넷에 전혀 무지한 할아버지들이 단 몇 시간의 교육으로 자유롭게 인터넷의 바다를 항해할 수 있듯이, 일단 시작해보면 그것은 실로 '땅 짚고 헤엄치기' 라는 것을 알 수 있다. 이 감별법은 5분간만 제대로 교육받고 내용을 숙지하고 있으면, 먹고 살기 위해 이 일을 계속하는 한, 가장 유용한 지식 중의 하나이다. 단, 이론으로 끝내지 말고 반드시 실제로 태우는 실험을 해 봐야만 온전히 자신의 것이 될 수 있다.

무엇인가가 탄다는 사실은 어떤 물질이 산소와 급격한 반응을 하는 것이다. 즉, 연소란 급격한 산화 반응이다. 철이 녹스는 것도 산화 반응인데 연소에 비해 훨씬 더 천천히 이루어 진다는 것이 다를 뿐이다. 인체가 숨 쉬는 것도 사실은 산소를 이용한 연소 반응이다. 산소를 마시고 포도당을 태워서 부산물로 이산화탄소와 물을 내 놓는다는 것도 같다.

각각의 섬유는 그 분자구조와 성분의 차이로 연소되면서 각각 다른 냄새와 불꽃 그리고 재를 남기게 된다. 그렇다고 세상에 존재하는 수 많은 섬유의 성질을 모두 외울 필요는 없다. 우리가 확인하고자 하는 섬유의 범위를 두 세가지로 좁혀서 그 차이점만 숙지하고 있으면 된다. 단, 연소

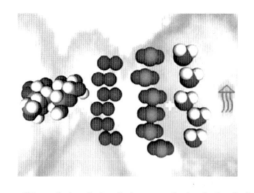

법이라고 하지만 타는 모습과 더불어 연소하면서 발생하는 냄새도 대단히 중요한 참고 자료가 된다. 따라서 각 섬유의 타는 냄새를 미리 알아둘 필요가 있다.

가장 많은 빈도수를 나타내는 것이 역시 면이므로 면에 대한 성질은 확실히 숙지하고 넘어가야 한다. 면은 셀룰로오스로 되어 있다. 즉, 탄소와 수소 그리고 산소로 되어 있는 물질이다. 우리가 섭취하는 영양분이자 인체 에너지의 원동력인 포도당과 같다. 곧 풀이나 나무도 같은 성분이라고 생각하면 된다. 따라서 탈 때 비슷한 모양을 나타낸다. 면은 타기 쉽고 작은 불꽃을 튀기면서 빨리 탄다. 물론 냄새도 종이 타는 냄새처럼 매캐한 냄새가 난다. 나무가 타는 냄새와도 같다. 하지만 타고나면 나무처럼 까만 숯을 남기는 것이 아니고 흰 재를 남긴다는 것이 다르다. 사실 나무도 처음에는 숯이 되는 과정이 있지만 숯을 태우면 그것마저도 나중에는 하얗게 재가 된다는 것을 볼 수 있다. 나무를 태워서 까만 숯이 되는 것은 일부러 탄소만 남아 있도록 조절해서 태우기 때문이다. 순수한 탄소만 남아있는 상태에서 산소만 공급해 주면 그 다음에는 연기 없이도 잘 타기 때문이다.

나무는 셀룰로오스와 리그닌이라는 성분이 있어서 처음에는 숯이 되는 것이다. 나무가 타고나면 나무를 구성하는 탄소와 산소 그리고 수소 중 탄소만 남기고 대부분의 수소와 산소는 타버린다. 그것이 숯이다. 나무 사이 사이에 있는 수소와 산소가 연소해 버린 자리는 구멍으로 남아있는데 이런 구멍들이 숯에는 수없이 많이 있어서 그 체표면적이 숯 1g당 100평이나 된다. 그래서 숯에 오염된 물을 부으면 작은 수많은 구멍으로 인하여 이물질들을 걸러낼 수 있고 따라서 물을 정화할 수 있게 되는 것이다.

사실 면사도 잘 조절해서 태우면 숯을 만들 수 있다. 너무 급격하게 태우지만 않는다면 말이다. 알코올 램프의 실로 된 심지는 불을 붙이면 불이 붙은 부분은 숯이 되는 것을 볼 수 있다.

면직물에서 섬유 감별을 하는 이유는 그것이 순면인지 아니면 어떤 다른 원료와 혼방이 되었거나 교직이 되었나를 알아보기 위한 것이다.

일단 경사를 뽑아 본다. 그리고 그것을 태웠을 때 종이를 태운 것처럼 타면 경사는 면이다. 다음에는 위사를 태워본다. 만약 검은 연기를 뿜으며 빨리 타고 끝에 단단하고 둥근 모양의 흑갈색 구슬을 형성하면 폴리에스터이다. 만약 폴리에스터와 면이 혼방된 원사라면 양이 적을 뿐 역시 검은 연기를 뿜는다. 아쉽게도 불꽃이 타는 모양을 보고 혼용율을 짐작할 수는 없다. 하지만 조금이라도 검은 연기를 내 뿜는다면 화학섬유가 포함된 것이라고 생각하면 된다.

화학 섬유가 검은 연기를 뿜는 이유는 그것들이 탄소가 많은 고분자 화합물이라서 그런 것이다. 화섬도 역시 주로 탄소와 수소로 이루어진 화합물이지만 탄소 수가 많아 면과 달리 완전 연소하려면 엄청나게 많은 산소를 필요로 하므로 21%인 대기 중의 산소로는 부족하다. 따라서 미처 타지 못한 탄소 입자들이 대기 중으로 날아가는데 그것이 바로 검은 연기이다.

그런데 만약 레이온이 혼방되거나 교직된 것이라면 얘기가 달라진다.

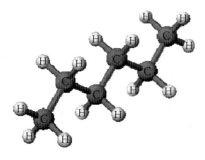

탄화수소 고분자

레이온도 면과 같은 셀룰로오스*이기 때문에 타는 모양과 남는 재가 같기 때문이다. 그런 경우 원단에 레이온이 포함되어 있는지의 여부를 연소법으로는 확인할 수 없고 Drape 성의 유무로 확인할 수밖에 없다. 가장 좋은 방법은 섬유장을 확인하는 것이다. 섬유장이 면보다 더 길고 광택이 나는 섬유가 있으면 그것이 레이온이다. 하지만 그것을 구분하는 일이 쉽지는 않다.

만약 나일론이 혼방/교직되어 있는 경우라면 조금은 다르다. Nylon은 용융하면서 타되 폴리에스터처럼 검은 연기가 나지는 않는다. 남은 재도 검기보다는 회색 빛을 띤다는 것이 다르다.

다음에는 모직물을 알아본다.

소모의 경우는 대부분 폴리에스터와 혼방하게 되므로 폴리에스터를 구분할 줄만 알면 된다. Wool은 케라틴 단백질이 주성분이므로 머리카락이 타는 것과 같은 양상을 보인다. 오그라들며 면보다는 천천히 타고 황 특유의 노린내 나는 냄새를 뿜어낸다. 실제로 Wool의 연소법은 냄새로 구분하는 것이 빠르다. 물론 의심의 여지없이, 같은 단백질인 Silk가 타는 냄새나 모양도 이와 같다.

그런데 방모는 어떨까?

방모는 소모와 달리 폴리에스터와만 혼방하는 경우가 드물고 교직도 많기 때문에 간단하지 않다. 방모는 주로 아크릴과 많이 혼방한다. 물론

---

* Rayon의 셀룰로오스는 면보다 중합도가 낮은 셀룰로오스이다.
  면은 2,500, Viscose Rayon은 중합도가 300이다.

폴리에스터나 나일론도 사용하기는 한다. 여기서 주목할 점은 아크릴이다. 대부분의 방모에 혼용되는 화섬은 아크릴이므로 그것이 타는 모양과 냄새를 Wool과 구분할 수 있으면 된다.

아크릴도 대부분의 화섬이 그렇듯이 녹으면서 탄다. 하지만 냄새는 고기 타는 것과 유사하기 때문에 머리카락이 타는 냄새와 혼동할 수도 있다. 따라서 이 경우 후각은 접어둔다. 차이점은 녹으면서 타느냐 아니냐이다. 그리고 남는 재를 손으로 문질러서 쉽게 부스러진다면 그건 Pure Wool이다. 하지만 아크릴이 들어있다면 남는 재가 단단해서 부스러지지 않을 것이다.

특이한 것은 Acetate이다. 아세테이트는 면이나 레이온처럼 셀룰로오스로부터 비롯된 것이어서 비슷하게 타야 할 것 같지만 신 냄새를 풍기며 화섬처럼 검은 연기를 뿜으며 탄다는 사실을 잊지 말아야 한다. 물론 트리아세테이트(Triacetate)도 마찬가지의 양상을 보인다. 마직물도 면과 같은 셀룰로오스이므로 같은 모양으로 탈 것이다. 그러므로 Linen과 Ramie 그리고 Hemp 종류는 연소법으로 구분이 불가능하다. 면이 섞여있거나 레이온이 섞여도 구분할 수 없다.

그 외에 PVC나 PU 또는 PE 등 다양한 합성 섬유가 있고 각각 타는 모양이 조금씩 다르지만 화섬이라는 큰 특징에서 벗어나지 않으므로 전문가가 아닌 이상 구별하기 힘들다.

02

Topic

Organic Cotton이란?

파타고니아의 면소재 의류는 1996년부터 유기면으로 제작되고 있다. 그들의 브랜드 철학은 "내 건강뿐 아니라 지구의 건강을 위해서도 좋은 아웃도어 웨어"이다.

면은 친환경 섬유일까?

Organic Cotton은 말 그대로 유기 면이다. 유기농 면이라고 하면 조금 더 친숙한 단어가 된다. 최근 미국의 Major buyer들이 관심을 가지고 문의해오고 있는, 굳이 분류하자면 신소재라고 할 수 있는 아이템이다. 하지만 유기면은 실제로 91년부터 이미 재배되고 있었으므로 신소재라는 말이 무색하기는 하다.

면은 현재 세상에서 가장 많이 사용되는 의류 소재이다. 얼마나 많이 쓰이냐면 50%이다. 무수히 반복해도 지나치지 않은 사실은 면은 탄소와 산소 그리고 수소로 구성된 셀룰로오스 천연 고분자 섬유라는 것이다.

Organic Cotton

신선한 산소를 뿜어내며 온 세상을 푸르게 뒤덮고 있는 나무와 동일한 성분인 Cellulose라는 친숙한 단어가 면을 우리의 생활과 가장 밀접한 소재로 만들어 주고 있다. 인도에서 태어나 전 세계로 퍼져나간 면은 5000년의 역사를 자랑한다.

면은 순백의 이미지와 부드럽고 좋은 감촉 그리고 극한 상태에서 25%에 달하는 놀라운 흡습성으로 인하여 전 인류의 사랑을 받고 있다.

하지만 과거 못살던 시절, 식당의 커튼 너머 지저분하고 비위생적인 주방처럼 아름답고 청결한 순백의 이미지 뒤에 숨어있는, 면을 재배하는 과정의 독소적인(Toxic) 농법은 우리를 공포에 떨게 하고도 남음이 있다.

안타깝게도 면은 사람뿐 아니라 벌레들에게도 좋은 먹이가 되기 때문에 인기가 있다. 따라서 인류가 면을 독차지하기 위해서는 경쟁자인 벌레들을 퇴치해야만 한다. 그런 당위성으로 농약을 살포하다 보니 어느새 세상에서 만들어지고 있는 농약(Pesticide)의 무려 4분의 1이 면을 재배하는데 사용되고 있다는 충격적인 보고가 나오고 있다. 유기 농법이란 농약을 사용하지 않고 짓는 농사로 알려지고 있다. 그렇다면 그것을 무농약 농법이라고 부르지 않는 이유가 뭘까?

작물을 재배하여 키우면 땅이 원래부터 갖고 있던 영양분이 소실되게 마련이다. 에너지 보존의 법칙에 따라서 땅의 영양분이 열매로 이동하기 때문이다. 그 열매가 죽어서 바로 그 자리에 떨어진다면 땅은 영양분을 되찾을 수 있다. 하지만 그 영양분을 인간이 수확하여 다른 곳으로 이동시키기 때문에 땅은 영양분을 소실하여 황폐하게 된다. 따라서 같은 땅에서 계속 작물을 생산하기 위해서는 영양분 즉, 비료를 투입해서 땅을 비옥하게 만들어야 한다. 그런데 비료 공장에서 나오는 화학 비료는 모두 무기 비료이다. 인산이니 칼륨이니 질소 비료니 하는 것들은 탄소가 결여된 무기질(Inorganic)이므로 무기 비료라고 부른다. 반면에 천연의 비료가 되는 퇴비나 두엄 같은 유기 비료는 생물을 구성하고 있는 탄소를 중심으로 하는 유기 물질이므로 생물학적으로 친근하다.

그런데 무기 비료를 쓰면 뭐가 문제라는 것일까?

무기 비료를 지속적으로 사용하면 그런 토양에서 자란 식물들은 비록 큰 열매를 맺더라도 근본적으로 병충해에 약해진다. 인간도 보약을 많이

먹으면 면역력이 저하되듯이 말이다. 따라서 해충들을 퇴치하기 위해서 농약을 써야 하는 것이다. 하지만 유기 비료를 사용한 농작물들은 병충해에 강하므로 비록 열매가 더 작기는 하지만 농약을 쓰지 않아도 튼실한 열매를 맺을 수 있다. 따라서 유기 농법은 땅을 황폐하게 만들지 않을 뿐만 아니라 독약이나 다름없는 농약을 무차별 살포하지 않음으로써 인류뿐 아니라 우리의 따스한 대지, 어머니 지구에게 이로운 농사가 되는 것이다.

미 농무성에 따르면, 한해 미국 전체의 면화 밭에 뿌리는 농약은 2천 5백만 kg이나 된다고 한다. 이 엄청난 농약이 우리의 하천과 땅을 오염시키고 있다는 것이다. 끔찍한 일이다. 유기 농법으로 농사를 지어야 하는 이유는 2가지이다.

첫째는 땅과 물을 보호하기 위해서이다. 이 일은 국가를 초월한 전 지구적인 일이 된다. 둘째는 혹시라도 농작물에 포함되어 있을지 모를 농약을 배제하기 위해서이다. 결국 자신의 건강을 지키기 위해서이다. 현재의 면을 재배하는 농법이 첫 번째의 사항을 위배하고 있다는 것은 확

실해 보인다. 그렇다면 두 번째의 이슈는 어떨까?

면을 재배할 때 사용하는 농약 성분들이 우리가 입고 자는 옷들에 포함되어 있을까?

우리는 자신도 모르는 사이에 엄청난 농약에 노출되어 있는 것일까? 과연 면직물은 농약투성이 일까?

물론 그럴리가 없다. 우리는 미국과 유럽에 수십 년 동안 직물을 수출하고 있지만 무서운 농약 성분이 원단에 포함되어 있는데 그걸 간과할 선진국의 Buyer는 절대로 없다는 것을 확신한다. 하지만 이런 중대한 사실은 논리적인 확인만으로는 부족하다. 그래서 직접 알아 봤다.

FITI에 따르면 면직물에서 잔류 농약이 검출될 확률은 0.1% 미만이라고 한다. 실제로 FITI에서 7년간 근무해 온 연구원은 아직까지 한번도 본적이 없다고 했다. 그가 0.1%라고 말한 것은 혹시라도 미래에 그런 일이 생길까 봐 미리 방어선을 친 것에 불과하다. 결국 두 번째 이슈는 걱정하지 않아도 된다는 말이다. 면을 가공할 때 쓰는 염료도 대부분 화학 물질이지만 발암 물질이나 몸에 나쁜 독소는 모두 제거되었다. 악명 높았던 Formalin이나 Azo염료 등은 역사 속의 이야기 거리로 사라지게 되었다. (포르말린은 지금도 존재하지만 허용치 이하일 뿐이다.) 최근 Buyer들이 요구하는 Organic cotton의 함량은 겨우 5~10% 정도이다. 그나마 현재 Organic cotton이 차지하고 있는 시장은 1%도 안된다. 가격이 몹시 비싸기 때문일 것이다. 하지만 비싼 가격을 지불한다고 해도 우리에게 피부적으로 느껴지는 효과는 전혀 없다. 안타깝게도 100% Organic cotton을 쓴다고 해도 결과는 마찬가지이다.

Organic cotton이라는 명예로운 칭호를 부여하려면 해당 밭에 최소한 3년 간은 농약을 뿌려서는 안 된다고 한다. 그런 까다로운 제한 요건에도 불구하고 우리의 오감이든, 실험실에서든 그것이 얼마만큼의 Organic cotton을 포함하고 있는지는 알 길이 없다. Organic이라는 성분은 존재하지 않기 때문이다. 일반면에서 잔류농약이 검출되지 않는 한, Organic cotton과 일반 Cotton*을 구분할 길은 없다. 사실 Buyer들이 Organic cotton을 요구하는 유일한 이유는 Tencel처럼 오로지 환경 친화, 우리의 대지 어머니 지구를 위해서이다. 따라서 Organic cotton을 쓴다고 해서 Allergy Free가 된다거나(특히 아토피 운운하는) 건강에 좋다거나 하는 수작은 순전히 허위이다.

다만, 실제로 건강에 좋은 영향을 주기 위해서는(정말 좋은지 확인할 길은 없지만) 면의 경작 과정에서 농약을 배제할 뿐만 아니라 면의 염색과 가공과정에서도 해가 되는 화학성분(chemical)을 제거하는 한차원 높은 단계의 Organic cotton도 있다. 이를 2차 유기면, Tier 2 Organic cotton이라고 한다.

---

* 일반 Cotton: Organic과 구분하여 Conventional Cotton이라고 한다.

Pesticide free원단(Organic Cotton 2)

요즘 아파트 상가마다 반드시 하나씩 생기는 가게가 하나 있는데 바로 유기 농산물을 판매하는 식품점이다. 살림이 풍족해짐에 따라 그 동안 소홀히 했던 건강을 챙기려는 요즘 사람들의 추세를 반영한 결과이다. 베이비붐 세대인 나도 집 앞에 있는 'Orga' 라는 러시아 여자 이름 같은 커다란 유기 농산물 가게에 가서 목장에서 직접 만들었다는 요구르트를 병으로 사다가 먹는다.

요구르트는 농작물이 아니므로 유기농 요구르트라는 것이 있을리 없건만 이 사람들은 버젓이 유기농이라는 고급품 이미지 뒤에 숨어 요구르트를 단지 조금 색다른 용기에 넣은 다음 비싼 값에 팔고 있다. 유기농이라는 아이콘 아래에서 팔면 모두 유기농이라는 이미지가 붙기 때문일 것이다.

소가 뜯어 먹는 풀*이 유기농으로 재배된 풀(풀을 경작할 리도 없지만)이 아닌 이상, 우유를 발효시킨 제품인 요구르트에 유기농이라는 라벨을 붙일 이유는 그 어디에도 없는데 말이다. 그런데 그 사실을 알고 있는 내가 그 요구르트를 자주 사는 이유는

---

* 소는 볏짚도 먹기 때문에 유기농 볏짚을 먹은 소의 젖을 그렇게 부를 수 있다.

맛이 있기 때문이다. 사실 나는 순전히 맛 때문에 그걸 사 먹는다.

우리는 단순히 벌레 먹은 흔적이 있고 크기가 작은 농산물은 유기농 제품이라고 믿고 있다. 물론 진짜 유기농 제품이라면 잔류 농약도 존재하지 않을 것이다. 하지만 대부분의 무기 농작물에서도 농약은 허용치 이상 검출되지 않는다. 따라서 둘 사이의 차이점은 벌레 먹은 흔적과 사이즈가 작다는 추상적인 사실뿐이다. 이렇게 객관적으로 차별화가 어려운 상품은 요즘처럼 이성적이고 정보에 밝은 소비자들에게 어필하기가 매우 힘들어진다.

원단도 마찬가지이다.

최종 제품을 가지고는 실험실에서 어떤 것이 유기농 섬유인지 어떤 것은 아닌지 확인이 불가능하다. 그렇다고 해서 유기농 면화로 만든 면직물이 실제로 똥이나 두엄으로 재배된 것인지 아니면 인산 카리 비료로 재배된 것인지는 면화밭에 천막치고 24시간 감시하지 않는 한 절대로 알수가 없다. 따라서 Organic cotton을 제품으로 만들어서 팔려고 하는 브랜드는 Marketing차원에서 거대한 문제에 부딪힌다. 바로 두 제품을 명확하게 차별화 하는 것이 불가능 하기 때문이다. 그런 결과로 등장한 마케팅 전략이 바로 Colored cotton*과 비표백(Non Bleaching), 비염색(Non dyeing)이라는 묘수이다.

그것들은 실제로 Organic과 아무 상관이 없는 것들이지만 사람들로 하여금 무공해라는 착각을 불러일으킬 수 있는 이미지 전략의 좋은 재료가되는 것이다. 물론 Colored cotton을 사용하고 염색과 표백 과정을 없애면 돈은 많이 들겠지만 그만큼 소비자들에게 허용되는 각종 케미칼(Chemical)들(발암 물질일지도 모르는)의 접근은 최소화 할 수 있을 것이다.

따라서 그런 원단이 건강에 더 좋다고 주장해도 사기는 아니다. 하지

---

* Colored cotton: 천연의 색깔을 띠고 있는 면, 초록색과 베이지색 등이 있다.

만 표백과 염색 과정에서 투입되는 Chemical들은 모두 FTC규격 허용치 안에 존재하는 것 들이므로 식품이 아닌 이상, 둘 사이의 차이점은 단지 플라시보(Placebo)효과 정도에 불과할 것이라고 생각한다. 물론 어린아이들은 어른들보다는 면역력이 약하므로 유아(Infant)용은 실질적으로 도움이 될지도 모른다. 그런 취지로 Organic cotton매장의 제품들은 모두 생지 색깔을 띠고, Color가 있어봐야 Colored cotton에서 공급 가능한 3가지 색깔로 단조로운 구성을 하고 있다. 이러한 비주얼(Visual)은 기실 대단한 효

아기용 Organic cotton 제품

과가 있다. 염색되지 않은 천연 원단이라는 특별함이 무공해 무농약이라는 이미지를 강력하게 소비자들의 대뇌 피질에 각인시킬 수 있기 때문이다. 하지만 그 비주얼 효과를 내기 위해 사용된 비용은 실로 막대하다. 그로 인하여 매장에 걸린 단순한 디자인의 카디건 한 벌의 값은 무려 35만원이나 된다. 거기에는 끔찍하리만큼 비싼 Organic cotton의 비용과 더불어 Colored cotton의 높은 비용까지 청구되기 때문일 것이다. 결국 Organic cotton= Colored Cotton이 되어야만 비주얼로 인한 차별화를 이룩할 수 있게 될 것이고 그로 인하여 일반 면제품과의 가격 차이는 실제보다 훨씬 더 크게 벌어지게 된다. 하지만 문제는 소비자들이 그런 높은 비용을 지불한다고 하더라도 눈에 보이는 만큼의 건강에 대한 기대효과는 거두기 힘들다는 사실이다. 결국 Organic cotton은 마케팅 전략에 의한 비주얼에 불과하기 때문이다.(친환경 세금을 내는 것과 마찬가지이므로)

Colored Cotton 타월

그런 배경으로 우리는 Inorganic cotton 제품으로 'Seed' 가공*을 하여 Organic 제품과 똑같은 모양을 한 제품을 개발할 수 있다.

물론 둘은 외관만 같은 것이 아니고 잔류농약도 전혀 없는, 실질적으로 건강에 미치는 영향이 Tier 2 Organic과 차이가 없는 제품이다.

다만 유기농법으로 재배한 작물은 아니므로 Organic이라는 라벨을 달 수는 없다는 것이 약점이다. 대신에 무농약(Pesticide free), 비표백(Non Bleached), 비염색(Non Dyed)라는 제법 특별해 보이는 라벨을 달 수 있다.

---

* Seed 가공: 정련 표백과 염색 가공을 하지 않아 생지고유의 색과 불순물을 그대로 보여주는 가공

Compact cotton yarn이란?

 필라멘트(Filament)사는 방적사(Spun)에 비해 상당한 광택이 난다. 그 이유는 표면에 섬유 부스러기인 모우가 없기 때문이다. 따라서 빛의 산란이 줄어들어 많은 광택이 나타난다.

 면은 섬유 자체가 단섬유로 구성되어 있으므로 모두 방적사이다. 방적사는 불가피하게 실을 만드는 과정에서 잔털들이 실의 외부로 비집어 나오게 되고 그것들이 빛의 정반사를 방해한다. 그러므로 면은 광택을 내기 어렵고 광택이 있는 면은 희귀하며 고급스러운 느낌을 받게 된다. 따라서 여러 가지로 면에 광택을 낼 수 있는 가공들이 예전부터 개발되어 왔다. 면에 광택을 내는 가공은 Mercerizing, Chintz, Calender, Schreiner 등이 있는데 Mercerizing처럼 가성소다를 이용하여 면의 루멘(Lumen)을 팽윤시킨 화학적인 처리가 있고 친즈(Chintz)나 캘린더(Calender)가공처럼 열을 이용하여 표면을 평활하게 만들어 빛의 정반사량을 증가시킨 물리적인 가공이 있다. 그 밖에 Woven에서는 보기 어렵지만 니트에서는 널리 알려진 가공인 실켓(Silket)이 있다. Silket은 이름 그대로 Silk같은 느낌을 갖게 해준다는 가공이지만 역시 목표는 광택이다. 면 Knit의 silket가공은 바로 '신징(Singeing)'*, 즉 털 태우기이다. 이 가공의 목적은 면사의 표면에 솟아나있는 작은 모우들을 가스불로 태워버리는 것이다. 따라서 털 부스러기들로 인한 빛의 산란으로 Dull한 느

---

* Singeing: 모소라고 하며 염색가공의 첫 공정

낌을 갖던 면은 표면이 평활해지면서 광택이 나게 된다. 그런데 그 광택은 생각보다 상당히 극적인 효과를 보여준다. 폴리에스터나 나일론같은 합섬이 광택이 나는 이유는 표면에 모우가 없고 평활하기 때문이다. 면에 Silket을 하게 되면 바로 그런 상태에 가깝게 된다. 물론 이런 효과는 CM40수 이상의 세번수에서만 가능하다. 폴리에스터다운 폴리에스터는 싸구려 취급을 받지만 폴리에스터처럼 보이는 면직물은 아주 비싼 값을 받을 수 있다는 아이러니가 재미있다.

화섬은 이미 자연 광택이 있으므로 광택 가공이 필요 없지만 그럼에도 불구하고 Cire(씨레)같은 가공을 통하여 광택을 증진시키기도 한다. 더 나아가서 불꽃처럼 빛나는 극단적인 광택*을 위해 단면을 삼각으로 만드는 방법을 동원하기도 한다. 이런 원사를 이름 그대로 'Spark' 라고 하고 'Bright yarn' 이라고도 부른다. 최초로 이 원사를 만든 Dupont에서는 삼각 단면이라는 의미로 '트라이로발(Trilobal)' 이라는 멋진 이름을 부여하였고 지금도 팔리고 있다. 반대로 이산화티탄**을 원사에 집어넣어 빛의 산란을 유도, 자연 광택을 죽여버린 원사를 Full dull이라고 한다.

한편 Mercerizing은 면의 내부에 비어있는 부분인 Lumen이 평소에는 찌그러져 있다는 사실에 착안한 가공이다. 찌그러져 있던 루멘이 부풀어 오르면 당연히 면 섬유의 표면은 팽팽해져 광택이 나게 된다. 그 상태에서 강한 모소를 해주면 놀라운 광택이 발생한다. 하지만 이런 방법은 여러 가지의 문제점을 내포하고 있다. 일단 불에 약한 면사를 불에 노출시키고 일부를 태워 손상시킴으로써 강력의 저하를 가져온다. 때로는 가공 공장을 위험에 빠뜨리기도 한다. 염색 공장의 화재는 대부분 모소기에서

---

* 광택과 단면: 단면의 형태와 광택은 매우 긴밀한 상관관계가 있다. 예컨대 6각형은 4각형보다 광택이 더 적다. 단면이 넓을수록 더 많은 정반사가 유도되어 더 많은 광택이 날 수 있다. 따라서 가장 광택이 많은 섬유의 단면은 삼각형이다.
** TiO₂ 이산화 티탄: 소광제로 사용된다.

일어난다. Mercerizing역시 면의 분자 구조에 변성을 가져와 강력에 손상을 줄 수 있는 가공이 된다. 면과 똑 같은 성분인 셀룰로오스를 노성 해서 비스코스를 만든다는 사실을 상기해야 한다. 또 이 가공은 면사의 부피를 적게 함으로써 원단을 얇아보이게 만든다.

이러한 단점들을 극복하기 위해서 개발된 것이 바로 Compact Cotton yarn이다(이후 CCY). CCY는 방적을 할 때 실을 꼬면서 발생하는 털 부스러기들인 모우들을 공기의 힘을 이용하여 실의 내부로 집약시켜 줌으로써 일반 Ring spun사보다 강력을 오히려 더 증가시키면서 광택도 증진시켜주는 혁신적인 방적사이다. 모우가 거의 없는 표면은 마치 강한

Conventional   Compact Yarn

모소를 한 것처럼 매끈하게 유지되면서도 강력은 무려 20%나 증가된 놀라운 실이다. 원래 Silket 가공은 가는 세번수의 고급 직물에만 적용해왔다. 따라서 늘 강력의 문제가 발생하기 쉬운 상태였다. 하지만 CCY는 오히려 강력을 증가시켜 줌으로써 Silket의 단점을 강력하게 보완하게 되었다. 또 털 부스러기들이 제거되는 대신 원사의 내부로 함입되면서 원사의 중량이 증가하고 전체적으로 두꺼운 볼륨감을 가질 수 있게 되었다. 제직성도 좋아진다. 경사에 풀을 먹이는 가호 공정이 짧아지고 풀의 사용량도 현저하게 줄어든다. 모우들이 적으므로 염색성도 좋아지고 전체적으로 균질한 염색을 유도할 수 있다. 실제로

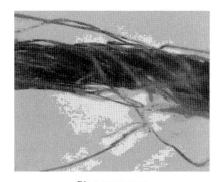

Ring spun yarn

CCY를 사용한 직물의 외관은 마치 합섬을 사용한 것처럼 광택이 난다. 최근 중국에서는 shirts용의 세번수 원단을 중심으로 CCY를 많이 사용하고 있지만 아직은 가격이 3~4불대로 비싸다는 단점이 있다.

발수의 과학

혹시 비 오는 날 연잎을 본 적이 있는가?

크기만 거대할 뿐, 그냥 초록색의 여느 잎사귀와 다를 바 없는 이 연잎에 빗방울이 떨어지면 놀라운 일이 생긴다. 빗방울은 연잎에 전혀 스며들지 못하고 그대로 또르르 굴러 떨어지고 만다. 물방울은 마치 연잎에 접촉할 수조차 없는 것처럼 보인다. 호수 위를 유유히 헤엄치는 오리들에게 물을 끼얹으면 역시 물은 오리를 적시지 못하고 그대로 매끄러운 깃털 위로 굴러 떨어져 버린다. 어떻게 이런 일이 있을 수 있을까?

우리는 테프론(Teflon)이나 지펠(Zipel) 또는 3M의 스카치가드(Scotch gard) 같은, 사람이 만든 발수제를 뿌려야만 그런 놀라운 발수현상을 체험할 수 있는 것으로 알았지만 자연 속에서도 얼마든지 발수의 현장을 확인할 수 있다. 어떻게 연잎이나 오리들은 발수제도 없이 그처럼 강력한 발수현상을 보일 수 있는 것일까? 도대체 발수는 왜, 어떻게 일어나는 걸까?

발수는 어떤 물체가 물을 밀어내는 것을 말한다. 방수와는 전혀 다른 개념이다. 우리가 발수를 이해하려면 먼저 표면장력(Surface Tension)이라는 물리적 개념부터 소화해야만 한다. 표면장력은 액체

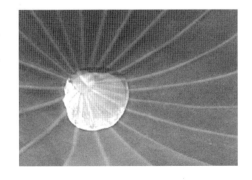

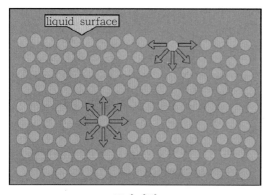

표면 장력

가 최소한의 표면적을 유지하려고 하는 힘이다. 왜 그런 힘이 생기게 될까? 모든 액체의 표면은 늘 팽팽하게 당겨져 있는 긴장 상태를 유지한다. 이유는 액체 표면 아래의 다른 분자들은 모두 서로 끌어당기는 힘을 받고 있어서 아무런 변화가 없지만 표면의 분자들은 표면 위쪽으로는 다른 분자들이 없어 인력이 존재하지 않기 때문에 안쪽으로 끌어당기는 힘만 작용하여 균형이 깨지게 된다. 따라서 위쪽으로는 최소한의 표면적을 유지하려는 힘이 작용한다. 이것이 바로 표면장력이다.

또한 액체가 최소한의 표면적을 유지할 수 있는 형태가 바로 구이기 때문에 물방울은 구의 형태를 가지고 있는 것이다. 즉, 표면장력이 크면 클수록 더 완벽한 구형이 되고 표면장력이 작으면 납작하게 퍼지는 형태가 될 것이다. 그런데 두 가지의 서로 다른 표면장력을 가진 물체가 만나면 어떻게 될까?

초발수 현상

표면장력이 작은 물체 위에 표면장력이 더 큰 물체가 놓이면 표면장력이 더 큰 물체는 표면장력이 작은 물체 속에 침투하지 못하고 밀려나게 된다. 반대로 표면장력이 큰 물체 위에 표면장력이 작은 물체가 놓이면 흡수가 되어버리거나 납작하게 퍼져버리게 된다. 이런 현상은 우주전체의 모든 물질에 적용되는 힘이며 놀라운 물리 법칙인 것이다.

우리 조상들은 이러한 물리의 법칙을 잘 이해하고 있었으며 따라서 그 법칙을 이용한 물건들을 만들어 냈다. 그 중 하나가 바로 기름 종이이다. 옛날, 어떤 물건이 물에 적셔지는 것을 원하지 않았을 때 바로 기름 종이를 사용했다. 기름이 적셔진 종이는 물을 흡수하지 않고 밀어낸다는 사실을 알았기 때문이다. 그 이유는 말할 것도 없이 기름이 물보다 표면장력이 작기 때문이다.

두 물체 사이의 표면장력의 차이가 크면 클수록 발수효과는 커진다. 따라서 사람들은 보다 강력한 발수효과를 위해 기름보다 표면장력이 더욱 작은 물건들을 찾아 내기에 이른다. 그것들은 실리콘이나 파라핀유 같은 것들이다.

그런데 실리콘이나 파라핀유 같은 발수제는 물은 강력하게 튕겨내지만 안타깝게도 같은 성분인 기름은 튕겨내지 못한다. 왜냐하면 둘 사이의 표면장력이 비슷하기 때문이다. 따라서 발수는 쉽지만 발유는 매우 어려운 일이었다.

그리고 1938년 테프론(Teflon)이 등장한다. 불소원자로 둘러싸인 탄소와 불소의 화합물인 테프론은 강력한 화학적 결합을 통해 기름보다도 더 작은 표면장력을 형성하기에 이른다. 테프론은 표면장력이 상당히 큰, 면직물 같은 원단 위에 불소막을 만들어 물이나 기름 등의 오염에서 벗어나게 해준다. 불소화합물의 입자가 작으면 작을수록, 그리고 입자의 수가 많으면 많을수록 불소막은 강력해지고 발수성은 좋아진다.

나노케어(Nanocare)를 생산하는 나노텍스(Nanotex)는 자신들의 불소화합물 입자가 나노 사이즈라고 주장하며 따라서 세탁에 대한 강력한 내

구성과 뛰어난 발수성을 나타낼 수 있다고 주장한다. 물론 그 나노 사이즈라고 주장하는 입자의 크기는 실제로는 100 나노 수준이므로 사실 나노 사이즈는 아니라고 테프론을 만드는 'Invista'에서 또한 주장하고 있으므로 엄밀히 얘기하면 'Nanocare'는 Non nanocare라는 말인데 내 실험실은 그 불소화합물의 크기를 확인해 볼 수 있는 여건을 갖추고 있지 못하므로 즉시 사실여부를 확인해 줄 수는 없다.

수은은 세상에서 표면장력이 가장 큰 물질이다. 따라서 그 어떤 표면 위에 올려놓아도 그 아래에 있는 물질의 표면장력이 더 작으므로 수은은 표면에서 밀려나 둥그렇게 구를 형성한다.

물의 표면장력은 72이다. (표면장력의 단위는 dyne/cm인데 이런 골치 아픈 단위는 전혀 몰라도 된다.) 면의 표면장력도 같은 크기인 72이므로 면은 물을 밀어내지 못한다. 따라서 비 맞은 면 바지는 금새 축축하게 젖어 든다. 하지만 면직물 위에 표면장력이 32인 올리브기름을 바르면 물은 방울을 형성하면서 면을 투과하지 못하게 된다. 물론 나일론(46)이나 폴리에스터(43) 같은, 물보다 표면장력이 작은 화섬 원단들은 물을 만나면 밀어내기 때문에 태생적으로 발수성을 가지고 있다.

수영복이 대부분 화섬인 까닭은 바로 그 때문이다. 만약 올리브 기름 같은 것이 하얀 면 바지 위에 묻지 않게 하려면 올리브 기름보다 표면장력이 더 작은 파라핀 유(26)나 실리콘(24) 같은 액체를 면 바지 위에 바르면 된다. 이것이 Outerwear에 왁스 코팅(Wax coating)이나 실리콘 코팅(Silicone coating)을 하는 이유이다.

하지만 역시 표면장력의 제왕은 단연 '불소 화합물'이다. 지금까지는 불소 화합물보다 더 작은 표면장력을 가진 물질이 나타나지 않았다. 불소 화합물인 테프론의 표면장력은 15이므로 물은 물론, 그 어떤 종류의 기름조차도 다 튕겨낸다. 따라서 무적이 되는 것이다.

이제 다시 연잎으로 돌아가 본다. 연잎은 물을 밀어낼 뿐만 아니라 아예 물이 묻지도 않는 것 같다. 연잎 위의 물방울은 아래로 연잎의 초록색이 비치지 않고 하얀 색으로 보인다. 그 이유는 물과 연잎이 평탄하게 닿아있지 않아서 전반사가 일어나기 때문이다.

전반사는 밀한 매질에서(즉 여기서는 물) 소한 매질로(여기서는 공기) 임계각 이상으로 빛이 진행할 때, 빛을 모두 반사시켜버리는 현상이다.

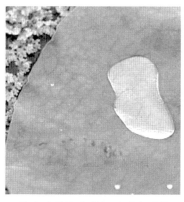

물이 아예 묻지 않는 신기한 연잎

연잎이 물을 밀어내는 이유는 연잎의 기름진 표면이 물보다 더 작은 표면장력을 가지고 있기 때문이다. 재보지는 않았지만 연잎의 표면장력은 아마도 식물성 기름인 올리브기름 정도일 것이다. 즉, 32 내외라고 생각된다. 따라서 72인 물을 가볍게 퉁겨낸다. 그런데 연잎이 물을 밀어낼 뿐 아니라 물방울이 연잎 위에 살포시 떠 있을 수 있게 하는 것은 어떤 이유 때문일까?

그것은 바로 연잎 위에 형성된 극미한 돌기들 때문이다. 이 돌기들은 약 10마이크로미터 크기인데 물은 표면장력의 차이로 인하여 연잎의

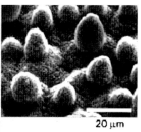

연잎의 돌기

표면에서 물방울을 형성하고 물방울의 입자보다 훨씬 더 작은 그 돌기들 위에 떠 있게 된다. 따라서 물방울과 연잎 사이에는 빈 공간이 생기게 되고, 전반사가 일어나게 되며 그 때문에 연잎은 물방울이 아예 묻지도 않는 것처럼 보이는 것이다.

실제로 연잎과 물방울의 접촉 면적은 겨우 2~3%에 불과하다. 또한 연잎의 돌기는 물방울이 표면에 그대로 정착할 수 없도록 한다. 즉, 미끄러져 구르게 만든다. 움직이지 못하는 평탄한 면 위의 물방울과 달리, 연잎은 표면에 묻어있는 기존의 먼지 등, 오염 물질을 구르는 물방울이 포획하여 함께 밖으로 떨어진다. 따라서 자동적으로 오염 물질을 제거하는 自淨(자정) 역할을 하게 되는 것이다. 이것이 로터스 효과(Lotus Effect)이다.

먼지를 포획하여 구르는 물방울

Lotus Effect의 핵심은 표면장력과 더불어 컨베이어 벨트(Conveyer belt)의 작용을 하는 접촉면적의 최소화이다. 아무리 표면장력의 효과가 좋아도 오염 물질을 제거하는 기능이 없으면 자정 효과는 실제적인 효력이 없다.

일부 인터넷에서는 연잎의 돌기가 Lotus Effect의 모든 것인 것처럼 소개하고 있는데 그것은 잘못된 정보이다.

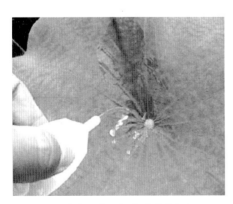

연잎은 알코올에 적셔진다

그런데 연잎 위에 물보다 표면장력이 훨씬 더 작은 알코올을 부으면 어떻게 될까? 알코올의 표면장력의 크기는 23이다. 만약 연잎의 표면장력이 예상대로 30 정도라면 알코올은 방울을 형성하지 못하고 연잎을 그냥 적시고 말 것이다. 옆의 그림은 연잎에 알코올을 붓고 있는 장면이다. 알코올이 전혀 방울지지 못하고 그냥 스며드는 듯 하다. 물과는 완전히 다른 상태를 보여 주고 있다. 신기한 것 같지만 바로 이런 것이 과학인 것이다. 만약 적셔진 알코올 위에 물을 부으면 물은 역시 자신보다 표면장력이 훨씬 더 작은 알코올 위를 통과하지 못하고 튕겨나가고 말 것이다.

표면장력은 온도에 따라 달라진다. 물론 온도가 낮을수록 표면 장력은 커질 것이다. 따라서 뜨거운 물은 25도의 물보다 표면장력이 작아져서 면 바지를 훨씬 더 잘 적시게 된다.

주) 대부분의 사진들은 박순백 박사의 박순백 칼럼에서 인용하였음.

세계 최고의 발수제

대한항공 승무원들의 복장이 바뀌었다.

역시 디자인의 힘은 놀랍다. 단지 유니폼의 디자인을 바꿨을 뿐인데, 그것으로 인해 사람이 달라 보이는 차원을 넘어 회사 자체의 이미지가 극적으로 바뀐 것 같다. 늘 고리타분하고 정체된 느낌의 대한항공이 갑자기 세련된 회사처럼 보이기까지 한다. 그 유니폼의 디자인은 가까이 다가가서 봉제 솜씨를 보면 더욱 더 멋지다. 벤츠 SL500의 가죽 시트 바느질에서 보여주는 것 같은 섬세한 작업이 돋보인다. 더욱 놀라운 것은

원단의 소재이다. 원래 승무원복은 전 세계 어느 항공사를 막론하고 대부분 Wool소재를 채택해 왔지만 이 첨단의 유니폼에 사용된 소재는 여 승무원들의 아름다운 몸매에 밀착되는, 꼭 끼는 Spandex 교직물 원단이다. 만져보지는 못했지만 나일론이 포함되어 있는 것처럼 보인다. 나일론은 오염에 강하고 방추성이 좋아 구김에도 강하므로 작업복에는 그만이다.

하지만 한가지 걱정되는 점이

있다. 그 유니폼이 흰색 위주로 되어있다는 사실이다. 보기와 달리 여객기의 승무원들은 십 수시간 동안 서서 일하는 중노동에 처해 있다. 그들은 승객들에게 식사와 음료를 제공해야 하는 주방 일도 비행 내내 쉬지 않고 해야 한다. 따라서 아름다움도 좋고 세련미도 좋지만 편하지 못한 옷은 그들에게는 악몽일 것이다. 눈 부신 하얀 색의 유니폼으로 갤리(Galley)에서 부딪히는 수 많은 오염의 위험에서 어떻게 살아남을 수 있을까? 그 비결은 바로 방오 가공이다.

연전에 미네아폴리스에서 열렸던 타켓 밀 엑스포(Target Mill Expo) 행사에 참여하였는데 유명한 'Nanotex' 가 자신들의 방오가공 상품들의 기능성을 디자이너들에게 시연해 보여주고 있었다. 그 시연회에 참석해 본 사람들은 누구나, 그 놀라운 방오 기능을 보고는 첫눈에 반해버리게 된다. 파란 눈의 키 큰, 스칸디나비아 계열의 금발 여성이 눈처럼 흰 블라우스에 갑자기 커피를 쏟는다. 구경꾼들은 경악한다. 하지만 커피는 블라우스에 전혀 스며들지 않고 그냥 기름종이 위에 부은 물마냥 흔적도 없이 흘러내려가 버리고 만다. 박수를 치고 싶지만 아무도 치는 사람이 없어서 민망해 손을 거둬야 했을 정도이다.

그 놀라운 기능을 가진 가공제의 이름은 바로 'Nanocare' 이다. 울트라(Ultra) 방오* 기능은 실 생활에서 그 어느 기능보다 더 중요한 핵심 기능이고, 편리함과 환경 보호를 위해 잦은 세탁을 지양하는 현재의 추세에 비추어 볼 때, 앞으로 가장 중요한 기능이 될 가능성이 높다.

원래 방오나 발수하면 듀폰의 'Teflon' 이었다. 그런데 혜성처럼 나타난 조그만 회사가 테프론을 능가하는 제품을 만들어서 사람들의 혼을 빼놓은 것이다. 회사의 이름에서 짐작하듯이 그들의 제품은 Nano 과학을

---

* 한 연구에 따르면 소비자들이 의류와 가정 용품에서 가장 원하는 성능 중 하나로 방오를 꼽았으며 조사에 참여한 소비자의 80%가 방오 기능이 있다면 제품 가격의 10% 이상도 기꺼이 지불하겠다고 응답했다.

이용한 것이다.(물론 그들의 주장이지만) 즉, 가공제를 나노 수준의 작은 입자로 만들었다는 것이다.

그것이 의미하는 바는 실로 대단하다. 표면에 엉성한 막을 형성하는 기존의 제품과는 차원이 다른, 분자 크기의 입자가 섬유 사이에 침투하여 '점착' 된 제품이라는 것이다.

PTTE

그들이 사용하는 가공제의 원료는 특별한 것이 아니고 실은 듀폰의 것과 같은 PTFE (PolyTetra Fluoro Ethylene)이다. 이름에서 알 수 있듯이 불소 화합물이다. 불소화합물은 다른 화합물과 화학반응을 잘 일으키지 않는 안정한 분자이므로 인체에도 무해하다. 즉, 불활성이라는 것이다. 인체에서 대사 작용의 찌꺼기로 발생하는 활성 산소는 몸을 노화 시키는 물질로 유명하다. 활성 산소가 나쁜 이유는 그것이 다른 원소들과 쉽게 화학 반응을 일으키기 때문이다. 즉, 만나는 원소마다 닥치는대로 산화시켜 버리는 것이다. 그래서 몸에 나쁘다는 것이다. 불소 화합물은 그 반대로 작용한다. (다만 최근 불소 중합체를 만들기 위해 사용되는 촉매제인 PFOA*의 위해성이 미국 환경 보호국인 EPA에서 제기되어 조사 중이다.) 불소 화합물을 원단에 침투시키면 이 화합물은 기름이든 물이든 커피든 모두 반응을 하지 않아서 밀어낸다. 그래서 우리가 원하는 바를 이루게 된다. 단, 불소 화합물은 원단에 점착 되었을 경우, 물과의 마찰에 의해서 쓸려나간다. 즉, 세탁에 의해서 기능이 점점 퇴행한다는 것이다. 그것이 과거의 테프론이나 3M의

---

* 2015년 현재, PFOA는 유럽에서 이미 사용금지 케미컬이 되었고 미국도 추세에 따라가는 중이다.

스카치가드가 갖고 있던 문제점이었다. 내구성(Durability)이 나빴던 것이다.

그것을 개선한 기술이 바로 나노테크닉(Nano Technique)이다. 입자를 나노 수준으로 작게 만들면 원단 속에 스며들기 좋고 물과의 마찰에서도 쉽게 씻겨나가지 않게 된다. 따라서 30회 이상의 세탁 후에도 원래의 기능을 90% 이상 유지할 수 있다. 그런데 최근의 연구는 이것 또한 문제가 있다고 지적한다.

불소 화합물은 원래 독성이 없는 것으로 판명되었지만 그것이 나노 입자로 작아질 때는 문제가 다르다고 주장하는 학설이 있다*.

하지만 고온에 노출되는 프라이팬의 코팅제로 사용되는 것과는 달리 옷에 묻어있는 정도로는 피부를 통해 우리 건강을 위협할 것 같지는 않다는 것이 내 생각이다. 식품과 옷은 다르다는 말이다.

한편 'Nanocare'의 성공에 자극 받은 듀폰에서는 그것에 필적하는 발수제를 개발하기에 이른다. 그 아이템은 'Advanced Dual Action'이라는 이름의 새로운 Teflon가공제이다.(2006년 7월 1일부터 새로운 이름으로 바뀌었다)

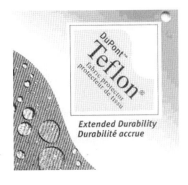

---

* 2004년 미국 로체스터 대의 귄터 오베르되스터 교수는 20㎚ 크기의 '폴리테트라플루오로에틸렌(PTFE)' 나노입자를 쥐에게 15분 동안 흡입시켰더니 4시간 만에 죽었다고 보고했다. 조선 일보에서 인용) 나노 입자의 위험성 참조.

나는 이번 시즌에 그 *두 가지 모두를 면직물에 가공하여 개발품으로 내 놓으려고 한다. 'Nanocare'는 이미 시작업을 하고 있으며 Teflon도 공장을 수배하여 시 작업을 하려고 준비하고 있다. 아직은 두 가공제 모두 60센트 이상으로 가격이 비싸다는 단점이 있지만, 조만간 대량생산을 통해 극복되리라고 생각한다.

---

* 2015년 현재, 유럽에서는 발수제에서 아예 불소화합물을 배제하는 PFCs Free 법안이 확정되어 2016년 이후 적용될 예정이므로 앞으로 불소화합물의 장래는 어둡다고 할 수 있다.

Moleskin 이야기

    아침에 운동을 마치고 바지를 입다가 젖은 발 때문에 하마터면 넘어질뻔했다. 바지를 제대로 입기 위해서는 먼저 바지에 한쪽 다리를 끼운 다음 한발로 중심을 잡을 수 있는 1~2초 내에 나머지 다리가 바지 속을 저항 없이 미끄러져 바지 밖으로 빠져 나온 다음 바닥을 디뎌야 한다. 하지만 젖은 발은 원래 예정했던 대로의 발의 진로를 방해한다. 젖은 발의 물기가 바지가랑이의 끝에서 원단과 강력한 마찰을 형성하여 마루에 내 딛으려는 한쪽 발의 자유를 빼앗아버리기 때문이다.

    이 때 우리는 양손으로 바지의 윗단을 단단하게 그러쥐고있기 때문에 한쪽 발은 무릎 위의 높이에 있고 다른 한쪽 발은 마루를 딛고있는 상태에서 무게중심이 너무 높아져 균형을 잃게 된다. 이런 자세로는 한발 딛기 전문인 학이라도 서있기 어렵다.

    따라서 중력을 지탱할 수 있는 다리가 두 개 뿐인 인간은 도리 없이 넘어져야 한다. 하지만 이때 넘어지면 양 손들이 바지를 잡고있기 때문에 순간적으로 주위의 벽이나 버팀대를 짚을 수 없게 되고 따라서 잘못하면 머리를 부딪혀 크게 다칠 수도 있다. 순간 등줄기에 식은 땀이 흘렀다.

    문득 우리는 아침마다 또는 저녁마다 바지를 입기 위해서는 반드시 새들처럼 한 다리로만 서 있어야 한다는 생각이 들었다. 2500년 전에 켈트인들이 바지를 발명한 이

래로 과학문명이 이토록 발달한 지금까지도 이 작은 문제가 해결되지 않고 있다는 사실이 놀랍다는 생각을 했다. 여자들의 치마는 이런 문제에서 자유롭다. 통이 넓기 때문이다. 전통 한복은 점잖은 체면의 양반규수가 아침 저녁마다 한다리로 껑충껑충 뛰는 불상사를 막기 위해 과학적으로 고안된 것처럼 보인다. 한복의 치마처럼 한발로 서지 않고도 입을 수 있는 바지. 그런 것을 만들어 파는 것이 봉제의 오션블루(Ocean Blue)가 아닐까?

F/W에 전개되는 중요한 트랜드의 하나로 Moleskin을 빼놓을 수 없다. Moleskin은 이미 역사가 십년이 넘는 오래된 아이템이지만 Poly moleskin이 개발된 이래, 최근 5년간 특히 강세를 이루고있는 아이템이다. 한때 최고의 인기를 누리던 Poly moleskin은 이제 과거의 영화를 그리워하는 버림받은 아이템으로 전락했지만 면 Moleskin은 새로운 시대의 새로운 강자로 나서고 있다. 하지만 면 Moleskin은 Poly처럼 만만한 아이템이 아니다.

Poly Moleskin은 비록 최초의 단가가 4불 중반 대이었지만 시장에서

Moleskin

사라지기 직전의 가격은 1불 초반대의 처참한 수준이었다. 물론 이런 참상이 벌어진 이유는 바이어의 압력 때문보다는 우리 자신의 이기심 때문이다. 업계에 만연된, 새로운 아이템을 개발하여 자신만의 Blue Ocean을 개척하려는 의지보다는 남들이 잘 파는 아이템을 경쟁적으로 생산하여 피 튀기는 Red Ocean의 가격 전쟁을 벌이려는 얄팍한 영업전략 말이다. 한편 Poly Moleskin의 원가가 그렇게까지 낮은 수준으로 내려갈 수 있었던 이유는 원가의 대부분을 차지하는 까다로운 버핑(Buffing)과정의 문제점

을 엄청난 양의 오더를 소화하면서 쌓은 많은 경험과 조직적인 관리로 극복하였기 때문이다. 그런데 외관상 비슷해 보이는 면 Moleskin이 Poly의 그것과 다른 이유는 Filament와 Spun yarn의 차이, 그리고 천연섬유와 합성섬유의 차이점 때문이다. 그렇기 때문에 이 쉬워보이는 아이템이 사실은 대단히 복잡한 여러 경로의 공정을 요구한다는 사실을 아는 사람은 그리 많지 않을 것이다. 나온 지 10년이 넘는 Cotton Moleskin 원단이 왜 아직도 그렇게 비싼지, 왜 그렇게 만들기 힘든 것일까?

나는 재 작년에 한 바이어로부터 Moleskin원단 개발을 의뢰 받아 중국에서 Dupes*를 진행한 적이 있었는데 많은 시행착오 끝에 참담한 실패로 끝나고 말았다. 지극한 치성과 노력에도 불구하고 최초의 sample 같은 물건이 나오지 않는 것이었다. 결국 우리는 한계를 절감하고 무릎을 꿇었다. 할 수없이 실력의 차이를 인정하고 국산과는 다른, down grade 버전의 Quality를 만드는 것으로 만족해야만 했다.

생지 및 전처리

Moleskin은 일단은 새틴(satin)조직으로 짜야만 한다. 이유는 털이 잘 일어서게 하기 위해서(이걸 기모**라고 한다)이다. Satin조직은 경사와 위사가 만나는 교차점이 적기 때문에 상대적으로 마찰에 약하며 따라서 brush를 하면 놀라울 정도로 털이 잘 일어서게 된다. 조직은 경주자 또는 위주자로 제작하면 된다. 전 처리는 직거(Jigger)에서 호발을 한 후 CPB(Cold Pad Batch)에서 하면 된다. 연속 염색기만큼은 아니지만 CPB에서 전처리를 함으로써 2000y 정도의 미니멈(Min)은 유지할 수 있다. 물론 Color별 수량이 작다면 Jigger에서 진행해도 된다.

---

* Dupes(Duplicates): original 원단과 똑같은 Quality를 만드는 작업.
** 영어로도 raise이다.

기모(起毛)

가장 중요한 핵심 공정인 Brush작업이 뒤따른다. 기모는 물론 염색을 하기 전, 전처리 직후에 실시한다. 후 기모는 줄이 생기거나 Color가 달라지는 문제가 생기기 때문이다. 기모 시설을 갖춘 염색공장이 거의 없으므로 전 처리가 끝난 원단은 트럭에 실어서 기모 공장으로 보낸다. 제직 공장에서 염색공장으로 원단을 보내서 전처리를 했으므로 이것으로 원단이 두 번째 이동하는 것이다.

주목할 사실은 기모가 한번만으로 끝나는 것이 아니라는 것이다. 기모 공장에서는 우리가 원하는 만큼의 털 길이를 확보하기 위해서 침포 브러시(Wire Brush)를 이용하여 최저 6회까지 기모를 해야 한다. 원단에 따라서 때로는 9회까지 실시하는 경우도 있다. 이때 미리 Peach를 해주면 본격적인 기모를 하는 데 많은 도움이 된다. 특히 상대적으로 표면이 매끄럽고 딱딱한 경 주자의 경우는 반드시 Peach를 해야 한다. 따라서 실제로 기모 회수는 최소 7회가 되는 것이다. 바로 피할 수 없는 이 공정이 원가 상승의 주범이다.

기모 공장에서는 그나마 시간을 절약하기 위해서 기모기 두 대를 연속

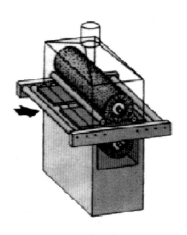

기모기

으로 붙여서 3회 기모하여 실제로 기모는 6회가 이루어지게 되는 시스템을 운용하고 있다. 그렇지 않으면 원가가 너무 높아진다. 털을 일으켜 세운 다음에는 표면을 고르고 예쁘게 깎아주는 쉐어링(Shearing)작업이 필요하다. 이 작업을 성공적으로 하지 못하면 털 길이가 일정하지 못해서 나중에 불균일한 염색이 되는 결과가 생길 수도 있으므로 많은 정성을 들여야 한다.

염 색

이제 원단은 다시 염색공장으로 돌아간다. 3번째 이동이다. 길에 많은 시간과 돈을 뿌리고 있다. 연한 색일 경우 오염도 많이 탈 것이다. 세심한 관리가 필요한 이유가 된다. CPB(Cold pad Batch)에서 염색을 한다. 연속 염색에서 하지 않는 이유는 국내에 연속 염색시설이 이제는 흔치 않아서 이다. 그리고 공간적인 제약도 이유 중의 하나이다.

원단은 제직 공장 → 염색공장 → 기모공장 → 염색공장 → 기모공장 으로 잦은 여행을 해야 하기 때문이다.

CPB에서 진한 색은 보통 하루 반, 즉 36시간 정도, 연한 색은 반나절 12시간 정도 숙성(Aging)해야 된다. 따라서 숙성 시간이 많이 걸리는 농색의 경우 연색의 배 이상 원가가 들어간다. 납기의 공백도 생긴다. 염색 후 수세도 연색은 1회로 충분하지만 농색은 2회를 하는 것도 모자라 또 다시 Jigger에서 2회 더 수세한다. 물에 여러 번 들어가므로 Color도 계속 변한다. 이것이 Moleskin의 컬러 매칭(Color matching)이 그렇게도 어려운 이유이다. 반응성 염료는 물에 들어갈 때마다 가수분해가 일어나서 조금씩 탈색이 진행된다. 그러나 물 속에 들어가는 것이 여기가 끝이 아니다. 건조 과정에서 유연제를 투여하기 위해서 나중에 다시 한번 더 물에 들어가야 한다.

마지막 공정

그리고 이제 건조에서 마무리가 되면 얼마나 좋을까. 그러나 이 상태에서의 원단은 수축률에 문제가 있고 터치(Touch)도 나쁘다. 염색하느라 어렵게 일으켜 세운 털들도 많이 누워버렸다. 이렇게 해서는 매끈하고 건강한 두더지 털이 아니라 지저분하고 병든 시궁쥐 털이 되어버린다. 이러한 문제를 해결하기 위해서 원단은 다시 기모 공장으로 간다. 4번째의 이동이다. 원단들이 이제 멀미하기 시작한다.

기모 공장에서는 여기 저기 누워버린 털들을 세우기 위해서 다시, 아주 살짝 기모를 한번 더 한 다음 Shearing을 해준다. 이른바 후처리가 되는 것이다. 그리고 유연제를 한번 더 투여한 다음 Air Tumbler에 들어가서 마무리 건조를 하게 된다. 이 과정에서 놀라운 일이 벌어진다. 딱딱하던 원단의 수축율이 잡히고 Hand feel도 소프트해 지면서 약간의 자연스러운 와셔 효과(Washer effect)도 생기게 된다. 그것이 우리가 보고 있는 아름다운 면 Moleskin의 모습이다.

그리고 마침내 외관 검사 후 CY(Container yard)를 향하여 마지막 5번째의 이동을 하게 되는 것이다. 참! 현지까지 배 멀미를 한번 더 해야 한다. 그리고 나서 현지에 도착하면 현지의 CY에서 봉제공장으로 또 한번의 차멀미를 더 해야하니 원단으로서는 정말 길고 긴 여정이 된다.

공정이 복잡하면 거기에 따르는 문제도 많다는 것은 불문가지이다. 안 그래도 복잡한 MR들의 정신세계에서 안식을 빼앗아가는 Moleskin의 문제점을 살펴본다. 문제점을 정확하게 알면 문제해결(Trouble shoot ing)도 가능해질 것이다. 먼저 얘기했듯이 Moleskin은 Color matching이 힘들다. 선 Brush에 후 Brush 그리고 유연제도 2회가 투여되며 텀블러(Tumbler)도 통과해야 한다. 매 공정을 통과할 때마다 Color가 달라지는 원인과 만나게 된다. Brush의 정도에 따라서 염착 상태가 달라져서 Color가 달라지는 것은 물론, 같은 color라도 Brush의 정도에 따라 다르게 보이므로 Color의 일관성(Continuity)을 지켜내는 일이 까다롭기 이루 말할 수가 없다.

일단 Brush한 물건에 염색이나 프린트는 상당히 어렵기 때문에 아주 신경을 많이 써야 한다. 아주 작은 변화로도 Color가 쉽게 돌아가버리기 때문이다. 심지어는 건조시간과 양에도 민감해서, 같은 건조 시간에 50y를 넣은 것과 70y를 넣는 것이 다른 Lot가 만들어지는 이유 중의 하나가 된다. 특히 CPB의 문제점인 말단석차(Ending)도 조심해야 한다. 좌우변

차(Listing)는 말할 것도 없다.

Listing을 피하기 위해 Moleskin은 아예 대폭을 생산하지 않는다. 다행이 보풀(Pilling)문제는 없는 것으로 알려져 있다. 면의 특성상 일단 Pilling이 형성되더라도 바로 탈락이 가능하기 때문이다.

면 Moleskin은 6회~9회에 걸쳐서 Brush와 Shearing을 거듭해야 하는 대단히 까다로운 물건으로 국내에서도 이 복잡한 작업을 제대로 컨트롤할 수 있는 공장이 손가락으로 꼽을 정도이다. 면 Moleskin은 가격이 매우 비싸다는 것이 최대의 단점인데 그 이유가 먼저 얘기했듯이 가공이 복잡하고 힘들기 때문이다.

그런데 면 Moleskin에서는 Stretch원단을 보기 힘들다. 그 이유는 침포 브러시가 Spandex를 절단해버리는 사고가 자주 발생하기 때문이다. Poly Moleskin은 침포가 아닌 사포질(Sanding)로 털을 일으켰기 때문에 문제가 없다. 하지만 바늘처럼 뾰족한 침포 브러시는 그것과는 양상이 다르다. 따라서 면 Moleskin의 Stretch는 그 동안 기피되어 왔지만 Moleskin의 Stretch Version을 원하는 강력한 바이어들의 욕구가 공장들로 하여금 문제를 해결하고 개선하려는 압력으로 작용하게 되었다. 그리고 최초로 Sanding을 이용하여 비슷하게 흉내낸 제품이 선보였고 마침내 제대로 된 6회의 침포 브러시를 진행한 물건이 나오고야 말았다.

이 quality는 침포로 인한 절단을 막기 위하여 도비(Dobby)로 제작되었으며 Spandex도 하나씩 건너 뛰어 제작되어 있다. 현재 일본에 선적되고 있으며 별 다른 문제는 일으키지 않는 것으로 보고되고 있다.

Wicking이 무엇인가?

면은 흡습성은 좋지만 그 때문에 건조가 느리다.
화섬은 반대로 흡습성이 불량하지만 건조는 빠르다.
어느 쪽을 흡한속건 기능소재로 개발해야 할까?

여름용의 기능성 원단이라고 하면 가장 먼저 거론되는 것이 바로 위킹 (wicking)이다. wicking은 쉽게 말하면 액체가 고체 사이로 퍼지는 속도이다. 물을 밀어내는 발수(w/r)와 반대의 개념이다. 다시 말하면 물을 얼마나 빨리 흡수하느냐에 대한 척도이다. 하지만 오로지 물을 흡수만 잘하는 것으로는 부족하다. 흡수한 후에 빠른 속도로 퍼져나가야 한다.

왜 섬유에서 이런 기능이 필요할까?

옷이 땀에 의해 젖으면 땀에 포함된 수분은 신속하게 원단의 틈새를 통해서 옷의 외부로 이동하고 외기에 접하게 된 수분은 따라서 외기와의 습도 차이로 증발이 일어나면서 대기 속으로 사라지는 것이 이상적이다. (여기에는 모세관 현상과 증산작용이라는 두 가지 힘이 작용한다) 이것

이 바람직한 Wicking기능이다. 만약 wicking이 나쁘면 땀은 외부로 나오지 못하고 계속 피부 표면에 남아 끈적끈적한 상태를 유지하면서 피부를 괴롭히게 되어 쾌적성을 떨어뜨린다. 즉, wicking성은 quick dry와 직접적인 관련이 있는 개념인 것이다.

이른바 쿨맥스(Coolmax)라는 듀폰이 만들어낸 신 소재는 wicking성이 뛰어난 화섬 소재이다.

면보다 4배나 흡습성이 좋으며 wicking성이 뛰어난 4채널 구조의 섬유로 땀을 외부로 배출하는 한편, 섬유의 표면적을 원래보다 20% 정도 늘려서 증발이 빠르게 일어나게 만든 구조가 바로 Coolmax이다.

그렇다면 wicking이 일어나는 이유가 뭘까? wicking은 친수성 표면과 모세관 현상(capillary action)에 의해서 일어난다. 물에 가느다란 유리관을 넣으면 유리관 벽을 따라 위로 물이 올라온다. 예컨대 안 지름이 0.5mm인 유리관을 물 속에 넣으면 안 지름의 10배인 5mm까지 물이 위로 올라온다. 관이 가늘면 가늘수록 물은 더 높이 올라간다. 물의 모세관 상승 높이는 관의 재료나 관의 직경 등에 의하여 결정된다. 관의 직경이 두 배가 되면 끌어올리는 힘도 두 배가 된다. 그러나 물의 무게는 직경의 제곱에 비례하므로 결국 모세관상승 높이는 관의 지름에 반비례한다.

이처럼 액체가 가는 관이나 공간을 통해 상승/이동하는 현상을 모세관 현상이라고 한다. 대부분의 고체는 물 속의 수소분자와 결합하려고 하므로 서로 접착하려고 하는 성질을 갖는다. 왜냐하면 지구상에 있는 대부분의 고체는 산소를 포함하고 있고 실제로 지구상에서 가장 흔한 원소가 바로 산소이기 때문이다. 지각의 46%가 산소라고 한다면 믿을 수 있을까? 바위도 많은 부분이 산소로 되어있다는 말이다. 고체 속의 산소는 언제나 수소와 결합하려고 한다. 이때 산소와 수소가 결합하는 성질을 수소결합이라고 한다.

그런데 같은 물질 사이의 인력을 '응집력' 그리고 다른 물질 사이와의 인력을 '접착력'이라고 한다. 유리관을 물 속에 넣으면 물은 유리와 결합하려는 접착력 때문에(유리 역시 규소와 산소가 결합된 이산화 규소라는 물질이다.) 바로 위의 유리와 결합하기 위해 위로 슬금슬금 기어 올라가려고 하며 물은 자신들끼리 뭉치는 응집력 때문에 앞에 끌려 올라간

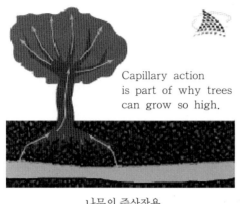

Capillary action is part of why trees can grow so high.

나무의 증산작용

물을 따라 올라가게 된다. 그 위에 또 접착력으로 그 위의 유리로 올라서고 다시 응집력으로 인하여 물은 또 따라 올라간다. 그러다가 물의 무게가 한계에 이르면 중력 때문에 더 이상 올라 갈 수 없는 평형상태에 도 달하게 되고 마침내 멈추게 되는 것이다.

모세관 현상 때문에 식물들은 양수기가 없이도 땅 속에서 몇 미터 높이의 나무 위까지 물을 끌어올릴 수 있다. 모세관 현상이 없었다면 지구상에 식물이 존재하지 못했고 식물로부터 영양분을 얻어야 살수 있는 동물도 당연히 존재할 수 없다. 땅 밑에서 뿌리를 통해 키가 85m나 되는 세콰이어 나무의 꼭대기까지 물이 올라갈 수 있는 힘이 바로 증산작용과 모세관 현상이다. 증산 작용은 대기와의 습도차이로 나무 잎에서 대기로 수분이 증발하는 현상이다. 만약 증발이 일어나지 않으면 모세관 현상이 지속적으로 일어날 수 없게 된다. 증산과 모세관 현상 이 두 가지의 물리적 힘이 바로 Wicking성능이다.

피가 온 몸을 순환할 수 있는 것도 모세관 현상의 힘을 빈 것이다. 원래 wicking은 양초의 심지를 의미한다. 양초가 타는 원리 또한 파라핀이 양초의 심지를 계속 따라 올라와서 양초를 태우는 모세관 현상 때문이다. 붓의 원리도 모세관 현상이다.

면은 흡습성은 좋지만 quick dry 성능이 나쁘기 때문에 쾌적성이 떨어진다. 면의 셀룰로오스 분자는 친수성이기 때문에 물의 흡수는 빠르지만 결국 같은 이유 때문에 증발도 느려진다. 증발하려는 물을 면이 잡아당기기 때문이다. 반대로 합성섬유는 소수성이기 때문에 흡수하는 성질은 나쁘지만 일단 흡수한 물에 대해서는 신속하게 물을 밀어내고 따라서 증발이 빨리 일어난다. 나일론 수영복이 잘 마르는 이유가 이것이다.

만약 마라토너의 양말을 면으로 만들면 문제가 생긴다. 면은 발에서 생긴 땀을 흡수는 잘 하겠지만 바깥으로 충분히 배출할 수 없기 때문에 즉, 증발속도가 느리므로 수분이 그대로 섬유 안에 쌓이게 된다. 한마디로 발의 안쪽은 젖었는데 바깥쪽은 오히려 뽀송뽀송한, 우리가 원하는 정 반대 현상이 일어나게 된다. 따라서 젖은 발은 무르게 되고 마찰에 약해져서 결국은 까지게 되는 것이다.

만약 Coolmax양말을 신었다면 발에 생긴 땀은 친수성 섬유에 의해 빨리 흡수되고 흡수된 땀은 신속하게 모세관 현상을 통해서 양말의 외부로 이동하게 되며 외부로 배출된 땀은 외기에 노출된 넓은 표면적 때문에 신속하게 증발된다. 결과적으로 양말은 내부는 마르고 외부가 약간 젖어있는 이상적인 상태가 된다. 이것이 흡한 속건(Wicking & Quick dry)이다.

Wicking을 객관적인 수치로 표현하려는 시도가 AATCC에는 아직 없다. 다만 일부 sports brand의 상표에서 이런 시도를 하고 있다. Eddie Bauer에서도 같은 standard를 갖고 있다. 예를 들면 'Reebok'에서는 다음과 같은 시험방법을 통해 평가하고 있다. 먼저, 시료(specimen)는 가로세로 7인치와 1인치이다. 이렇게 자른 시료를 약간의 염료를 탄 물 속에 집어넣는다. 그리고 5분과 30분 기준으로 물이 퍼져나간 거리를 측정한다. 5분일 때는 0cm이다. 30분일 때는 woven인 경우 10cm이다. knit는 15cm가 되어야 합격이다. Chemical을 제조하는 대표적인 기업인 스위스의 시바 가이기(Ciba Geigy)에서도 자체의 기준(Requirement)을 가지고 있고 행택(Hang tag)까지 공급하기도 한다. 그런데 섬유의 구조가 아닌 케미컬(Chemical)의 어떤 작용으로 Wicking이 일어나게 되는 것일까?

먼저, 합성섬유가 흡습률이 낮은 이유부터 알아보겠다. 그 이유는 합섬이 대부분 소수성의 고분자로 되어있기 때문이다. 즉, 물을 싫어하는 물질로 되어있다는 말이다. 이런 물질은 물을 만나면 밀어낸다. W/R을 연상하면 된다. 합섬의 이런 성질 때문에 일단 물이 묻더라도 증발 또한 빨리 일어나게 되는 것이다. 그러므로 합섬에 Wicking이 일어나게 하려면 일단은 흡습성이 좋아야 할 것이다. 이것을 도와주는 것이 바로 Wicking chemical의 역할이다.

Coolmax의 단면구조

Wicking약제는 원래 소수성인 폴리에스터나 나일론의 고분자를 친수성을 띠는 성질로 바꾸어 준다. 즉, 물을 만나면 결합하기 쉬운 성질로 바꿔주는 역할을 한다. 이로 인한 효과는 실로 놀라울 정도이다. Wicking가공을 한 폴리에스터는 수분율이 8.5%인 면보다 훨씬 더 빨리, 그리고 더 많이 수분을 흡수한다. 이해하기 쉽게 표현을 하자면 원단 위에 물을 1방울 떨어뜨렸을 때, 폴리에스터 위의 물방울은 직경 1cm의 원을 만든다. 그리고 면은 2cm, 마지막으로 Wicking처리한 poly는 3cm의 원을 만든다는 이야기이다.

물론 친수성이 됨으로써 달아나려고 하는 물 분자를 잡아당겨서 증발이 느려지는 것은 막을 수는 없다. 증발 속도는 분명히 느려진다. 하지만 대신에 흡수된 수분이 모세관 현상에 힘입어 넓은 범위에 걸쳐서 분포하게 되면 외기와 접하는 범위가 넓어지고 따라서 결국은 전체적으로 증발이 더 빨라진다. 단위 면적당 증발 속도는 느려지지만 단위 면적당 보유하는 수분이 그것보다 더 적기 때문에 속도가 느리더라도 전체적인 증발 시간은 더 짧아지게 된다.

Wicking을 원사 자체로 부여하는 방법이 바로 이형단면의 섬유(fiber)를 뽑는 것이다. 보통은 원통형으로 되어있는 합섬의 fiber를 만약 클로버 형태로 만들면 어떻게 될까?

즉, 길이 방향을 따라서 모세관 현상을 일으킬 수 있는 가느다란 홈을 판다면 어떨까? 물은 이런 홈이나 길을 따라서 훨씬 더 빨리, 멀리 퍼질 것이다. 그리고 원통형 보다는 클로버 모양 같은 단면의 체표면적이 훨씬 더 넓다는 것은 불문가지이다. 체표면적이 넓으면 물이 증발하기 쉬워진다.

증발이란 정확하게 어떤 뜻일까? 증발은 모든 액체에서 일어나고 있는 현상이다. 액체란 어떤 분자의 움직임이 빨라져서 분자들의 결합이 자유로워짐으로써 유동성을 갖게 되는 상태이다. 이 상태에서 분자들이 에너지를 더 많이 얻게되면

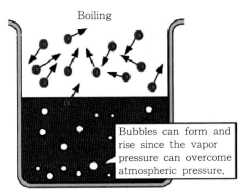

Boiling

Bubbles can form and rise since the vapor pressure can overcome atmospheric pressure.

증발은 표면에서만 일어난다.

그 에너지 때문에 속도를 더 얻게되면서 결합을 끊고 공중으로 날아올라 간다. 즉, 증기압이 대기압을 물리친 것이다라고 할 수 있다. 이 상태를 우리는 기체라고 한다. 그런데 물은 차가운 상태라도 증발이 일어난다. 당연히 에너지를 얻을 수 있는 물의 표면에서만 일어난다.

만약 따뜻한 물이라면 표면의 물 분자는 차가운 물보다는 더 많은 에너지를 갖게 되고 따라서 더 빠른 속도로 액체 상태에 결합되어 있던 동료 분자와의 결합을 끊고 하늘로 날아갈 수 있다. 그러다가 온도를 더 높이면 물은 표면뿐만 아니라 아래로부터 전체적으로 한꺼번에 폭발적으로 증발이 일어난다. 이것이 '끓는다' 는 현상이다.

여기에 지적했듯이 자연상태에서의 증발은 액체의 표면에서만 일어난 다는 사실이다. 따라서 체표면적이 넓을수록 표면에 노출되어 있는 분자가 많아지므로 증발이 빨리 일어나게 된다. 아이들은 목욕을 하고 밖에 나와 몸을 닦기 전에 춥다면서 몸을 몹시 옹성거린다. 어른들은 본인이 별로 춥지 않기 때문에 그것을 엄살이라고 생각한다. 그러나 어른보다 무게당 체표면적이 훨씬 더 큰, 아이들은 피부에서 일어나는 수분의 증발도 그만큼 빨리 일어나게 되어 체표면적이 상대적으로 작은 어른 보다 훨씬 더 많이 추위를 느끼게 된다.

예를 들면 아이들보다 체표면적이 더 큰, 포유동물 중에서 가장 작은 설치류인 뽀족뒤쥐는 끊임없이 먹지 않으면 죽어버린다. 이 쥐는 작은 덩치로 인하여 상대적으로 넓은 체표면적 때문에 계속해서 피부에서 수분의 증발이 일어나고 따라서 끊임없이 열량을 잃게 되며 잃은 열량을 보충해주기 위해서는 끊임없이 먹어야 한다. 그보다 작은 곤충은 표면에 증발이 일어나지 않는 구조로 되어 있다.

그런데 사실 증발은 액체에서만 일어나는 것이 아니라 고체에서도 일어난다. 다만 속도가 느릴 뿐이다. 전구를 오래 쓰다 보면 전구의 필라멘트인 텅스텐이 끊어져서 결국 못쓰게 된다. 이 때 전구 안을 들여다보면 새카맣게 그을린 곳이 있는 것을 알 수 있다. 이것이 바로 텅스텐이 증발하여 전구 안에 침착된 것이다. 어떤 물질이 기체로 변하는 경향을 과학에서는 증기압으로 표시한다.

고체는 액체보다는 증기압이 낮다. 그 중에서도 텅스텐은 금속원소 중에서도 가장 증기압이 낮은 금속이다. 녹는 점이 무려 3600도나 된다. 납이나 금 같이 무른 금속은 증기압이 상당히 높을 것이다. 그래서 금도 끊임없이 증발이 일어난다. 그러나 금 목걸이가 증발해서 없어질까 봐 걱정하지 않아도 된다. 초당 겨우 분자 몇 개씩만 증발할 뿐이다. 여러분의 손가락에 있는 결혼반지가 증발하여 없어지려면 십 만년은 걸릴 테니 빨리 팔지 않아도 된다. 아마도 마찰에 의해서 닳아지는 속도가 그보다는 훨씬 더 빠를 것이다.

Wicking 성능을 test하려면 어떻게 해야 할까? 3가지 방법이 있다.

먼저 흡수속도를 측정하는 방법을 알아 본다.

첫째는 적하법(Drop penetration test)이다. 원단의 표면 위에 물방울을 떨어뜨려서 물방울이 스며들었을 때의 시간을 초로 나타내는 방법이다. 아마도 면 같은 경우는 즉시이므로 1초 이내일 거라고 생각한다. 따라서 이 방법은 그렇게 정밀한 테스트가 아니다.

둘째는 침강법(Wetting-out test)인데, 원단을 통째로 집어넣어서 물 밑으로 가라앉는 시간을 확인하는 것이다. 역시 단위는 초이다.

마지막으로 요즘 가장 많이 쓰는 Bi-rack법이다.

원단을 경사 방향과 위사 방향으로 약 20cm 정도로 길게 잘라서 물 속에 끝을 담근 다음, 원단이 물을 빨아들여 원단을 타고 올라가도록 한 것이다. 이 때의 시간당 올라간 거리를 측정하는 것이다. 대부분 10분 안에 올라간 거리를 mm단위로 측정한다. 시간을 5분이나 30분으로 하는 경우도 있다. 그리고 건조속도는 % 또는 g으로 표시할 수 있다. 미국의 AATCC규격은 AATCC 70에 해당하는데 이 방법은 적하법이다.

다음의 내용은 현장에서 문제에 부딪혀서 직접 상황을 겪은 우리 회사 HK 지점의 A 차장이 추가한 내용이다. 원단상태에서는 문제없었던 Wicking성이 Garment봉제 후 문제가 생겨서 Ciba Geigy HK지점과 협조하여 해결한 사안이다. 문제는 Garment washing을 한 후에 발생되었는데 Garment washing후 마치 W/R을 한 것처럼 Garment의 표면이 발수성을 나타내는 바람에 문제가 되었다. 브랜드는 Eddie Bauer이다.

결론부터 얘기하면 이는 외부적인 요인 때문이다. 대부분의 Garment washing 과정에 투여되는 유연제는 Silicon 계열로 되어 있으며 Washing 중 실리콘이 garment의 표면에 coating된다. 그런데 실리콘은 소수성이기 때문에 원단 표면에서 강력한 발수성을 나타내게 된 것이 원인이었다.

Ciba(HK) Specialty에 의하면 Wicking Test는 원단의 조직에 상당히 의존을 많이 하는데, 이는 조직에 따라 달라지는 모세관 현상 때문이라고 한다. 그래서 니트원단(Knit Fabric)은 Wicking Test를 하지 않는다고 한다.(Wicking test is very depends on the construction of the fabric due to capillary effect. That's why we will not check wicking on knitted fabric.) 진행상황에 대한 담당의 보고이다.

그럼 우리가 지금 EB건으로 진행하고 있는 100% Nylon Fabric에 대해서 추가 설명을 하겠다. 두 가지 아이템에 Wicking Finish를 진행하고 있는데, 하나는 FD(full dull) 타슬란(Taslan)이고 다른 하나는 FD 립스탑(Rib Stop)이다. 이 두 가지 아이템에 대한 Wicking Finish는 Chemical을 이용하는 방법인데, 우리는 Ciba의 약제를 사용하고 있다. (100% Nylon용 Chemical은 "HSD" 이다) 공장에 의하면 폭출(Tentering)을 170'C 35 yds/min 스피드로 3회 실시 하는데 2회 때 약제를 사용한다고 한다. (Nylon Fabric에 대한 Ciba & EB Standard Ciba 5 cm/10 min, EB 2 inch/5 min)

EB에서는 Fabric에 Soft Touch를 얻기 위해서 Garment Wash를 하는데 이때, 위킹성(Wickability)에 문제가 생겼고, Ciba에서 친수성 유연제(Softener)인 "Sapamine HS"를 추천 받아 사용했으나 역시 결과가 좋지 않아 Ciba HK에 문의한 결과, Ciba에서는 Washing 공장의 Tumble Dryer에 기존 유연제가 남아 있어 원단에 영향을 끼치는 것으로 예상하고 Ciba에서 자체 Test한 것과 Washing 공장의 텀블건조기(Tumble Dryer)를 청소한 후, 실시한 Test에서 결과에 차이가 없어 자신들의 가설이 옳다는 것을 증명해 보였다.

AATCC Test방법은 AATCC 79 Water Drop Test 방법이 적용되었다.

Dope dyed Yarn에 대하여

Dope이란 말의 사전적 의미는 진한 풀 같은 液狀(액상)을 말하는 것으로 반죽의 총칭을 도우(dough)라고 부르는 것처럼(애들 갖고 노는 진흙놀이나 밀가루 반죽도 그렇게 부른다.) gel보다는 진하고 dough보다는 묽은 개념을 나타낸다. 합성섬유의 경우, 탄화수소 원료(에틸렌글리콜, TPA 등)의 중합을 통해서 chip을 만들어 그 chip을 녹인 다음, 용융액을 가느다란 노즐(nozzle)을 통해 방사해서 실을 만들며 이때의 용융액 또는 방사액을 dope이라고 부른다.

dope dyed란 바로 이 상태에서 염색을 하는 것을 말한다. 그래서 원액착사 즉 원착사라고도 부른다. 그러니 wool의 솜 덩어리를 염색하는 top dyed 보다는 훨씬 더 lot가 커진다. 여담으로 원래의 polyester는 낚싯줄처럼 무색이다. 이것을 백색으로 착색을 해서 raw 원사로 나오게 된다. 그래서 poly 생지는 흰색이다. top dyed도 너무 lot가 크기 때문에 20 color 미만만의 원색 기본 color를 염색해서 염색된 원모를 배합해서 사용한다. dope dyed도 동일한 개념이다. 그러나 melange와는 달리 Dope dyed는 겨우 30~40가지의 color만이 유통되고 있다. 최근 중국에서는 100개 이상의 다양한 color의 Dope dyed가 공급되고 있다.

물론 그 중에서도 black이 차지하는 비율이 90%가 넘는다. Black은 아무래도 재고의 부담이 적으므로 당연한 이야기가 될 것이다. 그리고 또 다른 중대한 이유가 나중에

나온다. 가격도 일반 color들은 일반 원사나 black dope dyed의 2~3배가 넘는다. 물론 보통의 stripe가 decoration 용도로 소량 쓰이기 때문에 큰 부담은 없다.

중요한 것은 이 용융 상태의 반죽에 가하는 염색이 실은 염색이 아니라는 것이다. 이유는 염료를 사용하지 않고 안료를 사용하기 때문이다. 용융상태의 dope이 300도 가까이 되기 때문에 일반 분산 염료로의 염색이 용이하지 않다. 하지만 안료라고 해도 일반의 인식처럼 견뢰도가 그렇게 나쁘지 않다. 빨간색 계통이 햇빛에서 승화되는 경향이 있어서 일광견뢰도가 나쁜 것을 제외하고는 대부분의 color가 4~5급은 된다. 원료 상태의 Dope에 안료를 첨가하여 용융 방사하기 때문에 세탁이나 마찰에 의해 퇴색되지 않으므로 오히려 정상 염색보다 견뢰도가 우수하고 안정된다. 분산염료로 염색된 것이 아니므로 일반적인 탈색 과정에서 색이 빠지지 않아 일반사와 구분된다. 생산과정에서 폐수를 방류하지 않기 때문에 최근의 트렌드인 친환경 생산이 된다. 다만 치명적인 문제는 Lot가 너무 크고 공급이 굼뜨기 때문에 다양한 패션 컬러를 연출하기 어렵다는 것이다.

특정 컬러가 필요한 경우 만약 재고로 가져가는 준비된 color 외에 buyer가 원하는 color를 작업한다면 min(최소 발주수량)이 3,000kg나 된다. 이는 염색처럼 탕 개념은 아니고 연속의 개념이므로 약 3일분의 작업량을 요구한다. 물론 그들에게도 pilot 탕이 있다. 이게 500kg이다. b/t만 하는데도 원료 약 200kg이 소요된다는 부담이 있다.

문제는 이염이다.

같은 polyester에서 dope dyed를 패턴을 위한 decoration으로 쓰려고 했을 때는 제약이 따른다. 만약 연한 color의 ground에 진한 색의 dope dyed를 썼을 경우는 ground에 이염이 되더라도 이는 염료의 화학적인 결합이 아닌 안료의 물리적인 이동이므로 washing으로 쉽게 해결

가능하다.

그러나 반대의 경우는 문제가 어렵다. 만약 진한 ground에 연한 색 계통의 dope dyed 를 집어넣어 stripe를 만들고자 했을 때는 ground의 염색 과정에서 dope dyed에 이염이 일어난다. 사실은 이염이 아니고 염색이 진행되어 버리는 것이다. 그래서 시중에 유통되는 dope dyed color의 90%가 black인 또 다른 이유가 된다.

여기서 Dope dyed에 사용되는 Black의 안료는 다름 아닌 Carbon, 즉 탄소이다. 심색을 내기 어려운 Micro 직물 같은 경우 Dope dyed yarn을 사용하면 적은 염료로 진한 Black color를 만들 수 있고 환경도 보호할 수 있으며 견뢰도도 증진된다.

Polyester 분산염료의 이염

Polyester는 결정을 이루는 분자구조가 아주 강하기 때문에(쉽게 말해서 딱딱하다는 소리이다.) 염색을 하기가 어렵다. 즉 Polyester 섬유는 결정화도가 높기 때문에 보통의 조건하에서는 아주 연한 color의 염색만 할 수 있다. 그런 문제를 극복하기 위해서는 온도나 압력이 평소보다 높아야 한다. 즉, 고온 고압을 이용하여 염색하기 어려운 polyester의 결정화 영역을 비결정화 시킨 다음, (즉 Loose하게 만든 다음) 그 사이에 분산염료를 침투시켜서 가두는 모양으로 염색을 하게 된다.

결정영역이란 금속처럼 분자구조가 치밀해서 아무것도 침투할 수 없는 상태를 말한다. 비결정영역이란 그 사이로 뭔가가 침투할 수 있는 허술한 구조를 의미한다. 섬유는 결정영역과 비결정영역이 섞여 있는 상태로 구성되어 있다.

그런 다음 cooling down하면 비결정영역이 다시 결정화되면서 분산염료가 내부에서 빠져 나오지 못하고 자리를 잡게 된다. 즉 염색이 되는 것이다.

그런데 염색 과정에서 발생한 미고착 염료나 잉여염료들이 섬유표면에 물리적으로 붙어있기 때문에 견뢰도를 나쁘게 한다. 따라서 이것들을 미리 없애줘야 한다. 이 작업을 환원세정(R/C)이라고 하며 물리 화학적인 이 수세가 분산염료가 다른 곳으로 이염되는 것을 막아주는 결정적인 역할을 한다. 그러나 환원세정 후에도 후가공인 대전방지 처리나 유연제가공, Coating 또는 Tentering을 하면서 온도가 다시 180도 정도의 고온으로 올라가면 비결정영역이 다시 생기면서 갇혀있던 분산염료가 이를 통하여 승화의 형태로 새나오게 된다. 승화는 고체가 액체를 거치지 않고 바로 기체가 되는 현상이다. 승화는 분산염료의 특징이다.

승화된 분산염료는 다시 원단 표면에 흡착하여 세탁했을 때 탈락되면서 견뢰도가 나빠지는 역할을 하게 된다. 그래서 바이어가 더 좋은 견뢰도를 요구할 때는 환원세정을 후가공 이후에 다시 한번 해주는 것이 좋다. 좋은 염색 공장은 이런 처리를 기본적으로 해 주는 곳이다. 당연히 가격이 비싸진다. 그러나 견뢰도에서는 차이가 나게 되어 있다.

그런데 분산염료에는 S type과 E type 또는 SE type으로 입자의 크기에 따른 3가지 종류가 있다. 각 염료는 입자의 크기에 따라 조금씩 다른 특징을 보이는데 입자가 큰 S type의 경우, 검은색이나 빨간색의 농도 짙은 심색을 만들기가 어렵고 균염도도 떨어지게 된다. 대신 입자의 크기가 크기 때문에 poly가 고온 상태에서 비결정화 영역이 생기는 일이 있더라도 분산염료가 탈락되는 확률이 작아지게 된다. 즉 입자가 커서 잘 못 빠져 나오는 것이다.

이와는 반대로 E type의 경우는 입자가 작으므로 아주 진한 색을 만들 때는 반드시 써야만 하는 염료이다. 하지만 E 타입과 반대로 이 경우는 poly가 고온상태에서 비결정화가 이루어졌을 때 입자가 작으므로 빠져 도망 나오기도 쉽게 된다. 따라서 승화가 쉽게 일어 나게 되어 견뢰도가 나쁘다. 진한색의 견뢰도가 낮은 이유를 여기서 짐작해 볼 수 있다. 입자 크기가 작은 이 염료는 130도가 아닌 100도 정도의 상대적으로 저온에서도 염색을 가능하게 해준다. 100도 정도의 저온에서는 poly의 비결정 영역이 별로 생기지 않은 상태이지만 팽윤제인 Career를 같이 투여함으로써 비결정영역을 극대화 시킬 수 있다. 이 틈을 타서 작은 size의 염료 분자가 틈을 비집고 들어가서 자리를 잡을 수 있게 된다. 그래서 고온 염색을 하기 어려운 wool이나 nylon의 혼방직물은 이런 식으로 염색을 할 수 있다. 물론 SE type은 이 둘의 중간이라고 보면 된다.

Poly원단에 유기용제를 가하는 경우 발생하는 이염도 마찬가지의 원리이다. 분산염료가 유기용제에 녹아 입자가 작아지고 이 작아진 입자가 탈락되는 것이다. 대표적인 예가 코팅이다. 그래서 만약 높은 견뢰도를 요구하는 물건이거나 혹은 진한 색과 연한 색을 combination하는 스타일의 봉제의 경우는 반드시 S type의 분산염료를 사용해야만 한다. 그러나 그러려면 깊은 농도의 심색을 내는 것도 따라서 포기해야만 한다. 이런 상식이 없는 바이어가 막무가내로 둘 다 요구한다면 그건 사고를 자초하는 일이 될 것이다.

더구나 만약 Polar Fleece를 Bonding이나 안감으로 사용하게 되는 경우는 훨씬 더 큰 문제에 봉착하게 된다. 원래 E type의 분산염료를 사용한다고 하더라도 같은 polyester에 대한 이염도는 관리 정도에 따라 4급 정도는 평균적으로 나올 수 있고 최악의 경우 3.5급 정도라고 볼 수 있다. 왜냐하면 설사 승화가 생겨 일부 염료가 탈락이 된다고 하더라도 다른 poly에 이염이 되려면 상대 poly가 분산염료를 받아들여야 하는데 세탁시의 낮은 온도에서는 비결정화가 일어나지 않으므로 쉽게 염착이 일어나지 않게 된다. 그러나 이것은 실험실에서 시험포가 tight하게 짜인 poly의 경우이고 polar fleece처럼 raise된 brush직물의 경우는 체표면적이 일반의 woven보다 수배에서 수십 배에 이를 정도로 넓기 때문에 흡착은 잘 되면서 탈락은 상대적으로 어렵게 되고 때문에 이때는 오염도가 심각해지게 된다.

만약 이런 문제가 생겼을 때는 poly를 팽윤제인 career를 이용하여 다시 탈색시키고 S type의 염료로 재염해야 한다. 탈색의 메커니즘은 작은 비결정영역을 Career를 이용하여 극대화시켜서 결정영역에 갇혀있던 염료분자를 모조리 빠져 나오게 하는 공정이다. 그러나 이 경우는 당연히

color의 농도가 달라지는 문제도 고려해야 할 것이다.

그렇게 할 수 없는 경우는 환원세정을 다시 한번 해주면 문제가 어느 정도 해결될 수 있다. 만약 운이 좋다면 극적인 효과도 볼 수 있으나 반대로 전혀 효과를 볼 수 없는 경우도 있다. 보통 환원 세정은 70도 정도의 온도로 해 주는 것이 일반적이나 이 경우는 온도를 90도나 100도까지 올려서 승화된 염료를 되도록 많이 탈락시킨 다음 cleaning 해 주는 것이 더 좋다. 온도가 높을수록 효과는 좋을 것이나 원래 원단의 색상 농도는 점점 떨어질 것이다.

환원세정(Reduction cleaning)은 다음과 같이 할 수 있다.

Hydrosulfite(하이드로설파이트)(NA₂S₂O₄) 2~4g/L 환원 표백제로 미염착 염료가 다시 달라붙지 않게 하는 역할을 한다.

NAOH(가성소다) 2cc/L 양잿물 대표적인 알칼리 용액이다.

계면활성제 1~2g/L로 (이건 합성세제이다.)

90도 정도에서 20분간 부드럽게 세탁한 다음 깨끗이 헹구고 그 때의 상태가 알칼리성이 되므로 중화를 위해서 마지막에 초산을 1,000분의 1 정도로 희석한 용액으로 씻어주면 pH 7의 중성을 유지할 수 있게 된다.

효과가 미진하면 위의 온도를 100도 정도로 올려주거나 환원세정을 두번 해주면 될 것이다. 마지막으로 Final setting의 온도는 되도록 낮추는 것이 좋다. 그렇지 않으면 다시 분산염료가 승화되어 나올 염려가 있다.

- 주의해야 할 사항은 환원세정의 효과는 Hydrosulfite의 질과 사용량에 크게 좌우되므로 다음의 점에 주의해야 한다.
  i. 승온은 되도록 빨리 할 것. 불가능할 때는 90℃까지 승온을 한 후 Hydrosulfite를 주입할 것.
  ii. 농색염이나 욕비가 작을때는 Hydrosulfite가 부족한 경우가 있으

므로 환원능력시험지(Indanthren Yellow paper)로 check해서
부족하면 추가 필요.

iii. 반드시 가성소다를 먼저 투입하여 용액을 알칼리성으로 만든
후, 하이드로 설파이트를 투입해야 한다.

염색물에 대한 환원세정 효과를 Soaping공정과 대비하여 염료탈락도,
마찰견뢰도 및 색상변화로 나타낸 것이 다음 표와 같다.

〈Soaping과 환원세정의 효과 비교〉

공 정	염료탈락도(Acetone)	마찰 견뢰도	색상변화
수세만	4.7%	1~2급	4W
Soaping(조제만)	3.1%	2급	3~4W
Soaping(조제+소다회)	2.5%	2~3급	2W
환원세정(기준법)	0.2%	4~5급	Standard
80℃×20분			

* 참고: 분산염료 10% 염색물

섬유의 나노가공

금년의 첫 일요일은 우리가 1년에 두 번씩, 각 지점의 주재원들 모두를 불러 들여하는 경영전략회의 때문에 한주 쉬었다. 이제 우리는 2005년 SS Collection 을 준비하고 있다. 2월 중순 경에 Collection을 완성하고 Presentation을 시작 할 예정이다.

내년의 SS는 오랜 불황 끝에 맞이하는 최초의 기분좋은 봄 여름 시즌이 될 것으로 많은 바이어들이 예상하는 가운데 새로운 원단들의 수요가 많이 요구되고 있다. 그 중에서도 신기술을 응용한 첨단의 기술(Technology)이 집약된 소재가 인기를 끌게 될 전망이다.

그런 배경으로 최근 많은 바이어들이 부쩍 나노테크(Nanotech)를 이용한 원단을 보여달라고 성화이다. Well being이라는 말이 유행이 되면

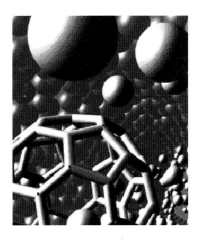

서 건강상의 차별화된 물건을 찾으려 고 하는 소비자들의 욕구를 충족시키 고자 하는 의도일 것이다.

그러나 우리는 이 부분에 이르면 답 답해진다. Mill에 물어봐도 시원한 대 답이 나올 리가 없다. 그들도 그것이 뭔지 잘 이해하고 있지 못하기 때문이 다. 나노 기술이 응용된 원단이 있기 나 한 걸까? 그것조차도 의심스럽다.

그렇다면 도대체 나노테크(Nanotech)가 뭔가? 그것부터 알아보기로 하겠다.

Nano란 아주 작은 크기의 단위라는 것만 우리는 어렴풋이 알고 있다. 나노 미터란 어떤 크기의 단위인지 다시 한번 상기해 본다. 1 나노 미터는 10^{-9}미터이다. 즉, 10억 분의 1 미터이다. 이것이 얼마나 작은 크기인지 한번 짐작을 해보자.

눈에 보이지 않는 극미의 세계를 우리는 상상하기 어렵다.

그들 작은 생물들에게 우리의 몸 하나는 또 하나의 우주이다. 약 1cm^{2}의 공간에 지구 인구인 60억 마리 이상의 극미 생물들이 살고 있다. 그들에게 있어서 인간은 지구라는 작은 태양계의 행성에서 살기에는 너무도 큰 존재인지도 모른다.

세상에서 가장 작다는 원자(물론 원자보다 10만 배나 작은 전자도 있고 그 보다 더 작은 쿼크(quark)도 있지만 복잡하니 그 이상은 생각하지 않기로 한다)의 반지름이 1옹스트롬 정도이다. 1 옹스트롬은 10^{-8}cm이므로 0.1nano meter이다.

원자가 모여서 된 보통의 분자 크기가 1 nano meter 정도 하는 것이다. 우리의 몸 속에 누구나 가지고 있는 30억 쌍의 아름다운 DNA 이중 나선의 크기는 폭이 2 nano meter 그리고 repeat가 3~4 nano meter이다. 그러니 10 나노미터는 원자의 반지름 보다 100배 정도 큰 것이라고 생각할 수 있겠다. 가시 광선의 파장이 450nm이므로 우리가 볼 수 있는 빛의 크기보다도 45배나 더 작다. 따라서 광학 현미경으로는 볼 수 없는 크기이다. 가시광선의 파장 보다 더 작은 물질은 보통 사용하고 있는 가시광선을 이용한 광학 현미경으로는 볼 수가 없다. 전자현미경을 동원해야 한다.

아직 감이 잘 안 잡힌다. 다른 예를 들어보겠다. 인체를 숙주로 살고 있는 수 많은 박테리아의 크기는 종류에 따라 다르지만 대략 1 마이크로 미터만 하다. 이 크기는 나노미터로 환산하면 1000나노미터이다. 즉, 아래 실리콘 입자의 크기는 박테리아 크기의 100분의 1이라는 뜻이 된다. 바이러스는 박테리아보다도 10배 정도 더 작으므로 바이러스의 10분의 1의 크기가 되는 것이다. 즉, 나노의 크기 라는 것은 바이러스보다 100배나 작고 박테리아 보다 1,000배나 작은 엄청나게 작은 사이즈이다.

이런 작은 단위를 응용한 기술이 나노 기술인데 따라서 나노 크기의 물질을 이용해서 섬유를 제조하거나 가공하면 그것이 나노테크 원단이 된다. 하지만 진짜 나노는 이런 것과는 사실 거리가 먼 꿈 같은 기술이다. 그에 대한 얘기는 나중에 다시 하겠지만 진짜 나노와 가짜 나노 그리고 사이비 나노는 확실히 구분될 것이다.

나노 기술을 응용한 다른 분야의 예는 원자까지도 볼 수 있는 주사 터널링 현미경인 STM(Scanning Tunneling Microscope)이며, 이걸 발명한 독일과 스위스의 두 학자는 노벨 물리학상을 받았지만 지금은 STM 보다 더 성능이 좋은 AFM이란 것이 나와있다. 이것으로 크세논(Xenon 미국 사람들은 제논 이라고 읽는다)의 원자를 움직여 IBM이란 글씨를 만들어 놓은 광경이 오른쪽의 그림이다.

원자로 쓴 글씨

또 단백질과 같은 유기 분자를 이용한 생체 컴퓨터라는 이른바 Bio computer 그리고 최근 선을 많이 보이고 있는 스마트 물질들도 나노 기술을 이용한 것들이다. 스마트(Smart)물질이란 주위 환경에 감지해 스스로 환경에 적응하는 물질이다. 주위 온도에 따라 색깔이 변하는 스마트 페인트(Smart Paint)는 이미 유명하지만 원단에도 이미 이런 것을 응용한 것이 나오기도 했다.

감온 섬유(Thermochromic Fabric)라는 이름의 카멜레온 원단이 그것이다. 원단에 아주 작은 미세한 입자의 구슬을 고착 시키는 것인데 구슬 안에 온도를 감지해서 칼라를 변하게 하는 물질이 들어 있다. 또한 나노테크를 이용한 의학기술은 따로 설명이 필요 없을 것이다. 이제 얼마 안 있으면 눈에도 보이지 않을 만큼 작은 로봇이 몸 속의 혈관을 돌아다니며 치료를 할 날도 머지 않았다.

섬유에 적용되는 나노테크는 사실 정말로 Nano크기의 물질을 응용했다기 보다는 그것에 근접한 크기로 만든 것들을 총칭한다고 생각하면 무리가 없을 듯하다. 그러나 터무니 없는, Nano 기술과는 전혀 상관없으면서도 나노테크를 자칭하는 사이비를 구분할 줄 아는 능력은 갖춰야 하겠다. 아래의 글은 나노테크를 이용한 섬유 가공의 한 예를 보여준 것이다.

○○ 신문에서 퍼온 글에 보충을 했다.

클라리언트 코리아(주) (Clarient Korea) www.clariant.com)는 부가가치를 높일 수 있는 자사의 후가공제로 나노 실리콘 유연제인 '산도펌(Sandoperm) SE liq'를 꼽는다. '산도펌 SE liq'는 유럽지역에서는 이미 판매가 되고 있고 호응도가 상승하고 있는 제품으로 국내에서는 홍보 단계에 있다. 기존 제품과 달리 나노 크기의 실리콘 입자로 기존 실리콘 유연제와 다른 특성을 가지고 있어 관련 업계로부터 관심이 높아지고 있는 추세라고 이 회사 관계자는 설명한다. 올해 초부터 국내에 소개되고 있는 '산도펌 SE liq'는 국내 환경청에 등록이 되는 즉시 본격적인 판매에 들어갈 계획이다. 최근 국내에 소개하고 있는 나노 실리콘 유연제는 기존 50~150㎚의 마이크로 입자나 150㎚ 이상의 매크로 입자 크기의 유연제보다 입자가 훨씬 작은 10㎚ 정도이다. 입자크기가 매우 작으므로 섬유 표면을 미끌미끌하게 하는 것이 아니라 섬유내부로 침투해 Drape성을 향상시켜준다.

앞에서 얘기했듯이 이 작은 실리콘 입자의 크기가 바이러스보다도 10

배나 작다고 한다. 이렇게 작은 입자가 섬유 내부로 침투해 Drape성을 향상시킨다는 말은 이 유연제의 입자가 섬유 내부로 침투하게 되면 각 fiber의 가닥 사이로 쉽게 침투할 수 있게 되고 그 사이에서 윤활제의 역할을 하여 각 섬유 간에 발생하게 될 마찰 계수를 현저하게 줄여준다는 것이다. 이런 Mechanism은 Polyester의 감량 가공과 같은 원리이다. 다만 Polyester에서는 마찰하는 부분 자체의 면적을 줄여서 마찰 계수를 줄이고 있지만 이 유연제의 입자는 윤활유의 역할을 해서 마찰 계수를 줄인다는 점이 다를 뿐이다.

이 제품은 자기유화형 친수성 실리콘 유연제로 97%의 활성기를 가지고 있다. 따라서 유화제 없이도 유화가 잘되며 흡습성이 뛰어나다.

자, 이게 무슨 소리일까?

이 기사를 쓴 기자는 이것이 무슨 말인지나 알고 이 글을 썼을까? 아니면 자기도 모르는 얘기를 보는 사람들도 알던 말던 그냥 남이 써 놓은 것을 베끼기만 했을까? 이래서야 어렵게 쓴 기사가 독자들에게 좋은 정보를 전달하기는 힘들 것이다. 유화제라는 것은 서로 혼합하지 않는 두 가지의 물질을 혼합할 수 있게 매개하는 일종의 용매이다. 예를 들면 친유성인 때는 기름종류 이므로 물에 녹지 않는다. 물에 대하여 소수성이기 때문이다. 이 때 물에 비누를 넣으면 비누가 가진 두 가지의 친유성과 친수성을 가진 독특한 성질로 친유성인 머리로는 때를 친수성인 꼬리로는 물을 붙들어서 때가 물에 녹게 해주는 역할을 한다. 이 때 비누가 바로 유화제가 되는 것이다.

그럼 친수성 실리콘 유연제는 또 무슨 소리일까?

원래 대부분의 실리콘 유연제는 소수성이다. 따라서 이런 유연제로 Garment를 Washing 하고 나면 옷에 저절로 발수기능이 생기게 된다. 실리콘이 물을 밀어 내기 때문이다. 따라서 물을 잘 흡수할 수 있도록

Wicking처리를 한 원단은 반드시 친수성의 유연제로 수세(Garment washing)해 줘야만 한다. 그렇지 않으면 기껏 해놓았던 Wicking가공이 후 washing에서 무위로 돌아가 버리고 원단상태에서는 문제 없었던 Wicking 능력이 수세후에 문제가 되어 여러 사람들을 곤혹스럽게 만드는 일이 발생할 수도 있고 실제로 그런 일이 일어났다.

활성기가 많다는 것은 다른 분자와 반응할 수 있는 분자가 많다는 뜻이다. 듀폰에서 만든 에어컨이나 냉장고에서 쓰는 냉매인 프레온 가스는 불활성이기 때문에 다른 분자와 결합하지 않아서 잘 없어지지도 않고 성층권에 모여 있으면서 오랜 시간 동안 오존을 깨뜨리는 역할을 한다. 활성기가 많다는 것은 천방지축 다른 화합물과 잘 결합한다는 소리이다. 내 발의 무좀균은 겨울에는 요령껏 잘 숨어있다가 여름이 오면 활성화한다. 여름철에 양말 신은 발 안의 습도가 얼마나 될까? 무려 99.5%이다. 그야말로 사우나요 적도의 열대 우림과 같은 습도이다. 사람의 피부는 보통 피부의 온도와 같은 32도 정도 그리고 습도는 50% 정도 되어야 쾌적함을 느낀다. 그런데 발은 좀 미련한 것 같다. 이 정도의 습도가 되어도 쉽사리 눈치채지 못한다.

이 정도의 극한의 습도에서 가장 좋은 흡습성을 발휘하는 것이 바로 Wool이다. 그래서 여름철에도 무지막지하게 행군을 해야 하는 군인들의 양말은 전부 모이다. 모는 앞에서 얘기한 것처럼 많은 물을 흡수하고도 면처럼 흡수한 물을 피부에 그대로 전달하지 않기 때문에 쾌적하다.

넓은 pH영역에서 안전하며 염색공정 중 어느 공정에서도 사용이 가능하며 다른 유화제와의 상용성이 우수한 제품이다.

넓은 pH영역에서 안전하다는 것은 약간의 산성이나 알칼리 성을 띤 염욕 안에서도 문제가 생기지 않는다는 것이다.

어느 화합물이든 산과 알칼리에 반응을 보이기 쉽다. 물론 금처럼 극도의 강산에도 녹지 않고 오로지 질산과 염산의 혼합물인 왕수에만 반응을 보이는 아름답고 강한 원소도 있지만 부가가치를 높일 수 있는 특수 제품인 만큼 일반 제품에 무작정 사용하는 것보다 좀더 효과를 볼 수 있는 제품에 적절히 사용하는 것이 효과적이라고 회사 관계자는 강조한다. 이 또한 가격이 만만치 않을 것이다 라는 것을 암시하고 있다.

이것은 확실하게 Nanotech를 이용한 섬유의 가공이라고 말할 수 있다. 물론 아직도 진정한 나노 기술은 아니지만 적어도 크기에 관한 한 사기는 아니다.

또 다른 가공의 예는 이른바 마이크로 캡슐(Micro Capsule)*을 이용한 섬유 가공 기술이다. 이 기술은 이미 국내의 여러 회사에 의해서 양산되고 있는데 선택적인 고분자 막을 이용하여 Capsule을 만드는 기술에 성공하여 카멜레온이라고 불리는, 주위의 온도에 따라 색깔이 달라지는 감온 마이크로 캡슐, 그리고 항균마이크로 캡슐을 비롯하여 향을 내는 Aroma Micro capsule 심지어는 모기를 퇴치할 수 있는 Anti-mosquito 원단 등, 그 응용 범위가 날로 새로워지고 있는 분야이다.

사실 아직까지 나노 기술을 응용한 섬유 분야에의 진출은 미미하기 그지 없다. 그런 것을 찾는 Buyer의 요구도 사실 유행에 따르는 Trend의 일종에 다름 아니다. 따라서 굳이 나노라는 말에 너무 집착할 필요는 없을 것 같다.

따가운 1월의 태양이 눈이 시리도록 부시다.
1월에 태양과 지구의 거리는 우리 생각과는 반대로 평균 거리보다 250만km나 더 가까워진다. 여름과 비교하면 500만km나 더 가까워진다. 지구 한 바

---

* PCM(Phase Change Material): NASA에서 개발한 상전이 원단도 마이크로 캡슐을 이용해 온도를 조절하는 기술이다.

퀴의 거리가 4만 km이니 지구 둘레를 125바퀴나 돌 수 있는 먼 거리이지만 실제로 태양까지의 평균 거리는 무려 1억 5천만 Km이기 때문에 500만 km라고 해 봐야 지척의 거리에 불과하다. 겨울에 추운 이유가 지구와 태양과의 거리가 멀어지기 때문이 아니라는 사실이 생소한가? 4계절이 있는 이유는 지구가 똑바로 서 있지 않고 23.5도로 기울어져 있기 때문이다. 그래서 남반구에 있는 호주와 북반구에 있는 우리나라와 여름과 겨울이 반대인 것이다.

옥수수 섬유라고?

세상에 있는 모든 동물과 식물들은 에너지원으로 'ATP'(Adenosine Tri phosphate)라는 똑같은 화폐를 사용한다. 그 ATP는 糖(당)으로부터 만들어진다. 따라서 모든 생물의 에너지원은 당인 셈이다. 그런데 당은 여러 가지 형태로 존재한다. 먹었을 때 달콤한 맛을 느끼는 단당류일 때의 포도당이나 과당, 여러 개의 포도당이 연결되어 만들어진 다당류의 당이 있다.

다당류의 당은 전혀 달지 않은데 그런 것들은 녹말, 전분 또는 셀룰로오스라는 형태로 존재한다. 그것이 만약 인체에 있다면 글리코겐이라고 부른다. 즉, 에너지원인 포도당을 보관하기 위한 형태가 바로 다당류인 것이다.

단당인 포도당을 사슬(Chain)처럼 여러 개로 연결하는 것을 중합(Polymerization)이라고 하는데 3,000개에서 1만개 정도 연결하면 질기고 강하며 물에도 녹지 않는 셀룰로오스가 된다. 98%의 셀룰로오스로 이루어진 천연의 중합물질이 바로 면이다.

발효가 무엇인지 알아볼 차례이다.

포도당을 분해하는 방법은 두 가지가 있는데 첫째는 산소를 이용하는 방법 그리고 둘째는 무산소 분해이다. 산소를 이용하는 방법을 우리는 호흡이라고 부른다. 그리고 그 반대의 경우를 발효라고 하는데 호흡이 발효보다 10배나 더 효율적인 시스템이다. 즉, 다시 말해 발효란 박테리아가 산소 없이 포도당을 분해하는 과정이다. 위에서 언급했듯이 포도당을 분해하는 호흡이나 발효의 목적은 바로 ATP를 얻기 위해서이다. 발효는 균의 종류에 따라 발생되는 물질이 수 십여 가지로 달라지는데 예를 들어 누룩균이 관계되면 바로 술, 즉 알코올이 만들어지고 유산균이 관여하면 젖산이 만들어진다.

젖산은 근육에서도 만들어지는데 육체미 운동(body building)같은 무산소 운동의 결과로 몸의 저장 포도당인 글리코겐이 에너지로 사용되고 젖산이 생성된다. 그것 때문에 운동 후 통증을 느끼게 되는 것이다. 무산소 운동은 숨을 쉬지 않고 하는 운동이 아니라 호흡으로부터 얻는 에너지가 불충분하므로 호흡 대신 산소를 쓰지 않는 당대사인 발효 과정이 개입되기 때문이다.

젖산은 김치를 발효시킬 때도 나타난다. 따라서 신 김치에는 젖산이 많이 포함되어 있다. 왜 이런 쓸데없는 생화학 이야기들을 늘어놓느냐고? 이것들은 고등학교 생물 시간에 우리가 다 배웠던 것들이다. 당시에는 우리들도 충분히 이해하고 있었다. (그렇지 않았으면 대학에 갈 수 없었을 것이다.) 옥수수 섬유를 설명하기 위해 우리의 장기 기억 세포 속에 잠자고 있는 먼지 덮인 오래된 지식들이 필요하기 때문에 잠깐 도움을 준 것이다. 젖산을 이해하기 위해 우리는 먼길을 돌아왔다.

PLA(Poly Lactic Acid)

1935년 나일론을 발명한 듀폰의 캐로더스는 젖산으로 플라스틱을 만들 수 있다는 사실을 발견했다. 즉 젖산을 중합하여 고분자 물질을 형성하면 그것으로 수지(Resin)을 만들 수 있다는 사실을 알아낸 것이다. 그것을 PLA, 즉 Poly Lactic Acid 고분자 젖산이라고 한다. PLA는 생분해성, 즉 박테리아의 먹이가 되므로 박테리아에 의해서 저절로 분해되어 사라지는 성질이 있어서 그것으로 수술시 봉합용 실이나 부러진 뼈를 보강하는 보강재료로 사용될 수 있었다. 하지만 당시는 최초의 Polyester가 그랬던 것처럼 생산 원가가 너무 비싸고 강도는 너무 약해서 실용화 되지 못했다.

그런데 최근 친환경소재를 찾던 듀폰, Toray를 비롯한 여러 다국적 화학기업들이 PLA에 눈을 돌리게 되었고 PLA의 원료로 옥수수의 전분을 사용하기에 이른 것이다. PLA는 원래 다당류에서 출발한 것이므로 옥수수의 전분은 좋은 원료가 될 수 있다. 한편, 같은 옥수수를 원료로 하고 있지만 전혀 다른 섬유도 있는데 바로 듀폰의 'Sorona' 이다. Sorona는 PTT* 섬유이다. 듀폰의 'Sorona' 는 자연적으로 stretch성이 있으며 soft하고 염색성과 견뢰도가 우수하고 자외선 차단(UV protection)기능이 있을 뿐만 아니라 천연의 방오기능도 갖추고 있다는 것이다.

더불어, 생산하는데 Polyester와 비교하여 40%의 에너지가 덜 투입되고 60%의 온실가스(이산화탄소 등)를 덜 발생시킨다고 주장한다. 'Sorona' 는 최초 석유에서 제조되었지만 지금은 옥수수의 전분으로부터 비롯된 PDO를 이용하고 있다.

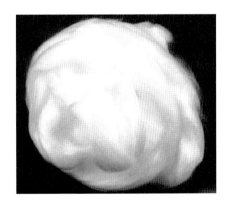

* PTT: Poly Trimethylene Terephthalate Polyester의 일종으로 Polyester가 PET 즉, Poly Ethylene Terephthalate인 것과 비교된다.

진짜 옥수수 PLA는 Cargill*과 Dow가 합작하여 만든 'Ingeo' 이다. 뛰어난 방취 성능과 용이한 세탁성으로 이미 국내에서는 상용화되어 팔리고 있다. 외관과 물성은 Polyester와 비슷하며 Wool이나 면과 같은 천연섬유들과의 혼방도 용이하다고 알려져 있다.

PLA섬유의 가장 큰 장점은 무엇보다도 환경친화(Eco-friendly) 섬유로써 흙 속에서 2년 이내에 분해되는 생분해성이라고 할 수 있다.

하지만 옥수수 섬유 그 자체는 친환경이라고 할 수 없으며 H&M은 2013년 옥수수로 비롯된 섬유를 친환경 소재에서 제외하였다. PLA의 단점은 2가지인데 첫째는 너무 고가인 가격(y당 4불 이상), 둘째는 열에 약하다는 것이다. 따라서 염색과 가공에 제약이 있어 개선이 요구된다.

---

* Cargill: 미국의 농산물 회사로 지금은 Natural works라는 이름으로 상호가 바뀌었다.

03

All that Textile

재미있는 면 이야기

꿈결 같이 길고 긴 5일 연휴의 마지막 날이 가고 있다.

그동안 지독하게도 추웠다. 일산의 아침 기온은 영하 18도까지 내려갔다. 내려가는 데만 목포까지 장장 18시간이 걸렸다는 공포의 서해안 고속도로를 타고 처가인 대천을 왕복 4시간에 주파하였다. 치밀한 전략과 정확한 정보의 수집 덕택이었을 것이다. 대천 근방은 한국의 시애틀이다. 아마도 강수량이 서울의 세 배는 될 것이다. 이번 연휴 때도 눈이 오지 않은 날이 없었다. 염화칼슘이 섞인 더러운 눈은 자동차의 앞 유리 창에 달라붙어서 아무리 와이퍼를 세게 작동해도 지워지지 않아 운전하는데 많은 애를 먹었다. 도로 변의 모든 차들이 유리창을 닦느라고 차들을 세워놓고 있었다. washer액은 얼어서 나오지 않고 앞 차는 계속 눈을 뒷바퀴로 뿌려대고 5분 만에 한번씩 차를 세워서는 유리창을 닦고, 그런 수난은 또 처음이었다. 현재 사무실의 온도가 겨우 10도이다. 콧물이 줄줄 내려오고 손가락이 곱아 말을 잘 듣지 않는다. 하지만 머리 속은 그 어느 때보다 눈부시게 맑고 조용하다.

면 이야기가 뭐가 재미있냐고? 재미있다. 그 동안 우리는 면에 대해서 제법 아는 줄 알았겠지만 내 이야기를 듣고 나면 그 동안 별로 알고 있었던 것이 없었다는 사실을 깨닫게 될 것이다. 섬유를 하는 우리는 일반인과는 차별화된, 그래도 약간은 더 나은 지식을 가지고 있어야 하지 않을까?

전세계 섬유 소비량의 50% 이상을 차지하고 있는 소재. 그것이 바로 면이다. 합성섬유가 출현 하기 전인 1935년 까지만 해도 이 숫자는

85%였다.

최근 면 가격이 중국을 중심으로 폭등하는 바람에 우리 모두는 혼란에 빠져 있다. 평소에 파운드 당 70센트가 안 되던 것이 요즘은 이제 9십 몇 센트를 호가하고 있다. 내년의 활황을 기대하며 적극적으로 드라이브 정책을 폈던 나도 당황하고 있다. 이미 저

렴한 의류 가격에 입맛을 들인 소비자들의 구매 행태를 단시일에 바꾸기는 쉽지 않을 터이므로, 소매업자(Retailer)들도 가격을 올리기가 어려울 것이다.

영화 '바람과 함께 사라지다'에서 흑인들의 면화 수확 장면이 우리에게 인상 깊게 남아있는 것처럼 1960년대까지는 흑인 노예의 노동력을 착취할 수 있었던 미국이 면이 주산지였으며 당시 전 세계 총 생산량의 3분의 1을 점하고 있었다. 지금은 중국이 그 패권을 빼앗아 온지 20년이 넘었다. 물론 아직도 미국이 세계 2위의 생산국이기는 하다.

현재 Big 5는 중국, 미국, 인도, 러시아, 파키스탄이다. 인도와 파키스탄도 주생산국이다? 여기에는 이유가 있다. 면은 인도에서 최초로 사용하기 시작했다고 알려져 있다. 지금으로부터 약 5,000년 전에 인도에서 면을 사용한 흔적이 있으니 인도가 원산지라고 봐도 무방할 것이다. 그후 동쪽으로는 중국, 서쪽으로는 페르시아와 이집트로 전해졌다. 그런데 남미의 페루에서도 4,500년 전에 사용된 흔적이 발견되었다. 잉카문명은 정말로 희한하다. 고대 문명 이야기가 나오면 좀처럼 빠지지 않는다. 두 대륙 간에 태평양이라는, 고대인으로서는 도저히 건널 수 없는 장벽이 있는데도 두 대륙의 문명에는 놀라울 정도로 많은 유사점이 발견된다. 페루의 마추픽추(Machu picchu)에는 꼭 한번 가보기 바란다. 우리나라

에는 문익점 선생*의 노고로 인하여 고려 말 공민왕 때인 지금으로부터 640년 전에 면이라는 것이 들어오게 되었다.

공민왕이라고 하면 끝에 '종' 이나 '조' 자가 없으니 고려가 징기스칸의 원나라에게 항복한 후의 왕이다. 치욕스럽게도 '충' 자로 시작되고 왕으로 끝나는 이와 같은 왕 이름을 썼다. '공민왕' 우리에게는 낯익은 사람이다. 바로 유명한 원나라 노국 공주의 남편이다. 처음에는 정치를 잘하다가 노국 공주가 죽은 후에 신돈 때문에 국사를 그르치게 되어 신하들에게 살해되었던 사실은 잘 알려져 있다. 아들인 우왕도 위화도에서 회군한 이성계에게 왕의 자리에서 쫓겨나게 된다. 비운의 왕 부자이다.

지금 우리나라에서도 그 때 전해진 면화가 생산된다. 해방 전까지만 해도 4만 5천 톤이 생산되었지만 지금은 몇 백톤 밖에 나오지 않는다. 면은 성숙 단계에서 뜨거운 태양빛을 필요로 한다. 따라서 열대나 아열대가 주 산지가 된다.

면은 1년생 관목이다. 씨를 뿌리고 목화를 걷는데 최소한 반년이 걸린다. 이 부분의 납기(delivery)가 가장 긴 셈이다. 면은 셀룰로오스(Cellulose)로 이루어진 섬유이다. 면뿐만 아니라 Linen이나 Rayon도 같은 Cellulose섬유이므로 이들끼리는 연관이 많다. 그런데 Cellulose가 뭘까? 뭐로 만들어진 물질일까?

그것은 다른 모든 유기물과 마찬가지로 탄소와 산소 그리고 수소로 되어있는 고분자 화합물의 하나이다. 태양 에너지와 이산화탄소 그리고 물만 있으면 면을 만들 수 있다. 그것이 바로 광합성(Photosynthesis)이다. 나일론이 처음 나왔을 때의 광고 Copy는 이랬다. '석탄과 물 그리고 공

---

*이 이야기는 유럽이 silk를 중국에서 처음 들여올 때의 스토리와 유사하다. 아우구스투스 대제는 3명의 수도사에게 밀명을 내려 이들이 목숨을 걸고 지팡이 속에 누에고치를 숨겨온 것이 유럽 silk의 시작이 되었다. 어느 쪽이 패러디일까?

기로부터 만들어낸 꿈의 섬유입니다'. 당시에는 대단히 신기하게 들렸지만 지금 생각해보면 별것도 아닌 이야기이다. 탄소가 석탄으로부터, 수소와 산소가 물로부터, 그리고 질소가 공기로부터 얻어졌다. 나일론*의 성분이 바로 그렇다. 여기에 황을 더하면 단백질이 되는데 Wool이 바로 그것이다. 양모나 머리카락이 탈 때 나는 누린내가 바로 이 케라틴에 포함되어있는 황의 냄새이다.

Nylon은 DuPont의 상품명이고 정식으로는 Polyamide라고 한다. 사실 동물성 섬유인 양모와 silk는 Nylon과 마찬가지로 질소를 포함한 아민기(NH_2)를 가진 Polyamide 종류이다. wool과 silk는 Nylon과 성질이 전혀 다르지만 어쨌든 천연의 Polyamide인 것이다.

세상의 모든 물질은 원자 단위로 가면 모두 친척간으로 만나게 된다. 셀룰로오스는 포도당(Glucose)이 수백 또는 수천 개 모여서 만들어졌다. 따라서 셀룰로오스도 고분자의 한 종류이다. 천연 고분자라는 말이다. 면은 나일론이나 폴리에스터 보다 15배에서 30배 정도가 더 큰 천연의

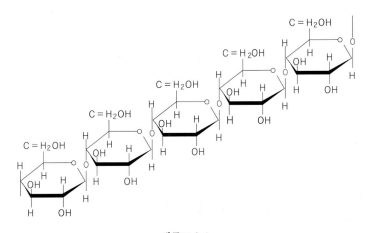

셀룰로오스

* 나일론은 헥사메틸렌 디아민과 아디프산의 중합체인데 이들 원료는 석탄을 건류하여 만들어졌다.

고분자이다. 살아있는 유기체는 모두 고분자로 이루어져있다.

그래서 글루코오스는 당이니까 달까? 포도당은 단당류이다. 포도당이나 과당 또는 설탕인 자당 같은 단당류는 달다. 그러나 고구마의 전분이나 면의 셀룰로오스는 다 같은 당이라도 다당류이기 때문에 달지 않다. 이것이 단당류로 분해되면 그 때는 단맛이 생긴다. 합성 섬유의 구성 성분이나 석탄, 물, 공기 또는 사람의 몸이 모두 같은 원소로 되어있다는 것이 신기하다. 결국 폴리에스터나 나일론도 셀룰로오스의 구성 성분과 크게 다르지 않다. 같은 재료로 사람이 합성한 것, 그리고 자연이 합성했다는 것만 차이가 날 뿐이다. 또 심지어는 지구 밖의 우주에 있는 천체들의 성분까지도 모두 지구상에 있는 것과 동일한 92가지의 원소로 이루어져 있다. 이 모든 것들은 모두 태초의 'Big bang' 으로부터 항성의 핵 융합을 통해 하나하나 생겨난 원소이기 때문이다.

면은 포도당 분자가 2,500개에서 10,000개 정도가 모여서 된 다당류이고 마는 3,000에서 36,000개의 면보다 더 많은 수의 포도당 분자가 모여서 된 섬유이다. 거기에 반해서 레이온은 겨우 250에서 450개 정도의 적은 분자가 모여서 만들어졌다. 그래서 레이온은 불안정하고 부드럽다. 사실 녹말도 면과 같은 다당류인 포도당의 집합이다. 그런데 면은 질기고 녹말은 그렇지 못하다. 그 이유는 녹말은 포도당의 결합력이 약해서 그 결과로 결정영역이 적어져 물에 쉽게 녹기 때문이다.

면의 종류를 알아 보자. 면의 품질*을 결정하는 것은 섬유장이다. 섬유장이 길어야 세번수의 면사를 뽑을 수 있기 때문이다. 가느다란 원사가 원단의 품질을 높이는 가장 중요한 포인트이므로 섬유장이 긴 면이 가장 비쌀 것이다. 방적이 가능한 가장 짧은 섬유의 섬유장은 대략 16mm 정도이다. 가장 좋은 면은 해도면(Sea island)이라고 하는 것으로 섬유장이

---

* 면은 섬유장, 마는 softness 그리고 wool은 섬유의 굵기가 품질을 결정하는 요소이다.

무려 44mm 정도나 한다. 이런 긴 섬유장으로는 120수 이상의 세번수를 뽑는데 사용되며 이론적으로 2,000수까지 방적이 가능하고 또한 부드럽고 광택이 있는 극상 품질의 면이다. 산지는 미국 남부 해안지대로 한정되어 있지만 요즘은 수요가 적어서 생산량이 극히 미미한 편이다. 해도면은 미국에서 나지만 미면이라고 하지는 않는다.

두 번째로 좋은 면은 우리가 가장 좋은 면이라고 잘못 알고 있는 이른바 이집트 면이다. 이집트 면은 섬유장이 32~41mm 정도로 50수 이상 100수까지의 면을 뽑는데 주로 사용된다. 최대 150수까지도 방적이 가능하다.

다음은 미면으로 섬유장이 22~32mm로 중간 정도의 품질이다. 우리나라의 수입 원면은 주로 미면이다. 대개 40수까지의 원사를 뽑는데 쓴다. 피마(Pima)면이라고 들어봤을 것이다. 피마면은 이집트 면과 미면을 교배하여 얻은 잡종으로 이집트 면 정도의 품질을 보이는 고급 면이다. 즉, 미국에서 나는 이집트 면이라고 생각하면 된다. 피마는 아리조나 주의 카운티(County) 중의 하나이다.

중국 면은 미면 다음의 품질로 치는데 섬유장이 25mm 정도로 최대 30수까지 뽑을 수 있다. 중국 면직물이 국산에 비해서 왜 그렇게 싼지 이제 이해가 될 것이다. 원료 자체가 다른 것이다. 따라서 중국의 30수 이상의 면은 다른 나라에서 수입했다고 볼 수도 있다. 그런데 중국의 신장에서는 좋은 면이 나고 있다. 신장은 무슬림인 위구르 족이 사는, 중국의 변경이다. 중국에서 터키 사람 비슷한 얼굴들을 가끔 볼 수 있는데 이들이 위구르 족이다.

가장 나쁜 면은 인도 면으로 5,000년의 역사를 자랑하지만 섬유장이 9~22mm에 불과하고 벵갈산 같은 것은 그 자체 만으로는 20수 정도를 뽑는 것도 미면을 일부 섞어 줘야 가능할 정도로 품질이 나쁘다. 물론 같은 지방의 면이라도 여러 가지의 품질이 있을 수 있으므로 산지에 의한 분류가 절대적이라고 볼 수는 없다. 일반적인 분류를 말하고 있는 것이다.

면의 품질은 중합도와 관계가 있는데 당연히 중합도가 높으면 섬유량이 길고 따라서 품질도 좋을 것이다. 예컨대 이집트 면의 중합도는 2,960이고 미면은 2,450 그리고 인도 면의 중합도는 1,800 정도이다.

면은 길이는 각각 다 다르지만 굵기는 모두 비슷하다.

면의 내부는 Lumen이라는 강낭콩 형태의, 원형질이 차 있던 구멍이 있어서 평소에는 찌그러져 있다가 물을 함유하면 팽창하게 된다. 마치 소방 호스처럼 생겼다. 이런 구조에 착안하여 영국의 John Mercer라는

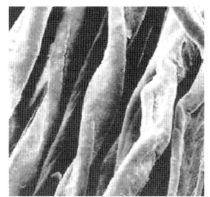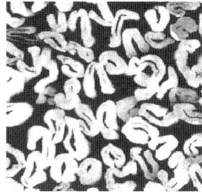

면섬유의 현미경 사진(머서화 전)

머서화 면의 현미경 사진

사람이 지금으로부터 150년 전에 면에 양잿물을 넣어서 가공하면 멋진 광택이 생기는 사실을 발견하여 머서라이징(Mercerizing)가공 및 구김 방지 가공을 발명하게 된다. 앞의 그림에서 Mercerizing된 면의 전 후 변화를 확인할 수 있다.

면직물에 수산화나트륨, 즉 양잿물을 저온에서 (약 15도 정도) 투입하는 것이 Mercerizing 가공이다. Mercerizing을 하면 광택이 좋아진다. 이유는 그림에서처럼 단면이 원형으로 변하기 때문이다. 단면이 원래의 면처럼 불규칙하면 빛이 난반사 하여 광택이 나기 어렵게 된다. 그러나 원형이 된다면 빛의 정반사면이 증가해 광택이 난다. 만약 광택을 극대화 하고 싶으면 더 많은 정반사가 일어날 수 있도록 면(面)을 넓게 만들어 주면 된다. 예컨대, 삼각형 모양의 단면을 만들어 주면 많은 빛이 정반사 하게 되어 광택이 극대화된다. Silk와 삼각형의 단면으로 방사한, Trilobal' 로 알려진 Nylon의 Spark yarn이 그런 구조이다.

단면이 원형으로 변하면 그 자체로 머리카락의 직모처럼 잘 구부러지지 않게 된다. 따라서 방추성(구겨지지 않는 성질)도 좋아진다. 앞의 그림을 다시 보면 머서 전의 면은 약간 꼬여있는 상태이나 머서 후 마치 스트레이트 퍼머를 한 것처럼 꼬임이 풀려있는 것을 알 수 있다. 이렇게 되면 동시에 길이 방향으로 수축이 일어나게 된다. 면이 전 처리 후 급격한 수축이 일어나는 이유가 바로 이것이다.

가장 중요한 면의 성질에 대해서 알아 보겠다.

실크의 단면

면사의 강도는 당연히 섬유장과 비례한다. 길수록 강도도 좋을 것이다. 이에 반해 굵기는 품종과 섬유장에 관계없이 거의 일정하다. 면은 젖으면 오히려 강도와 신도가 증가한다고 전에 언급한 적이 있다. 이유는 섬유내부에 물이 차서 팽윤하기 때문이다. 일반적으로 많은 양의 외부 물질 흡수는 내부 응력을 높여서 강도의 저하를 가져온다. 그런데 희한하게 면은 반대 현상이 일어난다. 그 이유는 면의 내부 구조에 있다. 면의 내부 벽이 서로 교차하는 두 가지의 다른 방향으로 형성되어 있는 구조 때문에 내부 응력을 약하게 만든다. 따라서 강도가 강해진다. 섬유장이 2배나 긴 해도면은 미면보다 강도도 2배나 높다.

면은 비중이 1.54로 제법 무거운 섬유에 속한다. 물에 가라앉을 것이다. 가장 가볍고 견고한 합금을 만드는 마그네슘의 비중이 1.7 정도이다. 요즘 인라인 스케이트의 Frame이 대부분 알루미늄 합금(Aluminum Alloy)인데 아주 고급품은 마그네슘 합금도 종종 쓰인다. 더 질기고 더 가볍다. 면이 마그네슘과 비슷한 비중이라니 놀랍지 않은가?

면은 내열성이 상당히 강한 편이다. 다리미의 다이얼에서 면은 가장 끝, 온도가 가장 높은 곳에 위치하는 것을 보았을 것이다. 나일론이 녹기 시작하는 약 220도 정도의 다림질에서도 면은 안전하다.

면의 수분율은 8.5%이고 극한 습도 상태(습도 100%)에서는 25% 까지

Mercerizing

도 올라간다. 우리 피부는 20%가 되어도 젖은 느낌을 받을 수 없기 때문에 면은 쾌적한 느낌을 준다. 그런데 Mercerizing을 한 면은 팽윤하여 수분율이 12%까지도 올라간다. Mercerizing을 하면 면 내부가 팽윤하여 루멘이 축소되어 면의 단면이 찌그러진

호스 형태에서 원통형으로 바뀌면서 부피가 커져 물을 흡수하기 쉬워지기 때문이다.

면은 산에는 약하고 알칼리에는 강하다. 면을 황산에 넣어두면 녹아서 포도당으로 변해 버린다. 그러면 달 것이다. 면을 식초에 오랫동안 넣어두면 단 맛이 날지도 모른다. 알칼리에는 강하지만 수산화나트륨에서 오랜 시간 반응시키면 녹아서 조청처럼 되는데 이것이 비스코(Viscose)*를 만드는 원료가 된다. 물론 오랜 시간이라는 의미처럼 노성(老成)이라는 정말로 긴 시간이 필요하기는 하다. 특히 면을 100도 이상에서의 조건에서 알칼리와 접촉하면 면 섬유가 파괴된다.

실을 생산하는 방적 공장에서는 대개 1년 단위로 원면을 수입하는데 이 때 수입하는 면의 등급을 잘 선택해야 한다. 이른바 원면 조합이라는 것은 각 섬유장에 따른 면의 등급을 고려하여 실을 뽑을 때 어떤 섬유장을 가진 원면을 얼마나 집어넣을 지에 대한 처방(Recipe)이다. 마치 특정 칼라를 내기 위해 실험실에서 염료를 처방하는 것과 마찬가지이다. 면사가 40수까지는 가격이 일정하게 올라가다가 50수부터는 급격하게 비싸지는 이유가 바로 50수 이상부터는 원면 조합이 바뀌기 때문이다. 원면의 등급은 20등급으로 나누는데 최고 등급이 SGM(strict good middling)이고 가장 낮은 등급이 GO(Good ordinary)로 되어 있다.

여담으로 면이 왜 구김이 잘 가는지에 대한 설명을 해 보려고 한다. 면을 이루는 셀룰로오스는 평소 잘 구부러지더라도 원상태로 복귀가 되지만 어떤 조건이 되면 구부러져서 다시는 돌아오지 않게 된다. 그 조건이 바로 온도와 습도이다. 습도가 낮을 때는, 즉 사람이 쾌적하다고 생각하는 피부의 습도인 50% 이하 정도가 되었을 때는 면은 49도 이상에서만 구부러진 상태에서 고정이 된다. 체온이 평균 37도이니 다행이라고 할

---

* 이 과정에 이황화탄소(CS₂)가 개입된다.

수 있겠다. 그러나 실내의 습도가 이 정도로 낮은 경우는 별로 없다.

습도가 올라갈수록 면은 낮은 온도에서도 구부러진다. 90% 이상의 습도에서는 겨우 21도 정도의 낮은 온도에서도 구부러져 버린다. 따라서 면을 다림질 할때는 습도를 높여서 하는 것이 효과적이라는 것을 알 수 있다. 그래서 스팀 다리미가 필요한 것이다. 다리미의 적당한 온도는 200도 정도이다. 맑고 습도가 낮은 날은 면 바지의 구김이 잘 안가고 흐리고 습도가 높은 더운 날은 면 바지의 구김이 심해질 것이다. 따라서 겨울에 입는 면바지가 구김이 잘 안 가지만 유감스럽게도 겨울 면 바지는 보온성이 떨어져서 입기 어렵다.

麻(마) 이야기

Spring Summer의 주요 테마 중 하나가 마이다.

한 겨울에 시원한 마 이야기를 하자니 몸이 저절로 움츠러 들지만 면이 공급되기 전까지는 유럽인들도 귀족이 아닌 평민들은 한 겨울에도 마직물 옷을 입었다. 얼마나 추웠을까? 북풍 한설의 차가운 바람이 그대로 몸을 관통하여 뼈 속까지 얼어붙었을 것이다.

마직물은 방추성이 나쁘다. 마직물 최대의 단점이다. 즉, '구김이 너무 많이 생겨서 소비자들이 다루기 힘들다' *는 치명적인 약점을 가지고 있고 따라서 여름 의복에 극히 좋은 소재 임에도 불구하고 때때로 외면되기도 한다. 그리고 보면 우리 한복은 구겨지기 쉬운 마직물의 옷이 별로 표시 나지 않는 스타일이라는 관점에서 매우 실용성이 높은 디자인이라고 평가할 수 있다. 마는 Trend에 따라 때로 폭발적인 인기를 누리거나 어떤 때는 완전히 '찬밥' 이 되기도 하는 희한한 소재이다. 하지만 Casual 이나 Career 양쪽에 사용할 수 있다는 양면성 때문에 대체로 디자이너들의 채택(Adoption)

마소재인 이집트 미이라의 수의

---

* Resilience가 좋지 않다 라고도 한다.

율이 높은 편이다.

세상에서 가장 오래된 의류 소재*는 뭘까?

바로 마이다. 마는 무려 7000년 전부터 이미 이집트에서 재배되고 있다고 알려져 있고 3000년 전의 미이라에서도 발견된 바 있다. 예수의 형상이 나타났다고 해서 논란이 많았던 저 유명한 토리노 성당**의 수의도 바로 아마포, 즉 마직물이다.

영국에 18세기말, 면 방직을 주축으로 하는 산업혁명이 시작되었지만 그 전까지만 해도 영국의 방적 공업은 바로 마였다. 물론 가내 공업 수준에 머무르고 있었다. 100% Linen은 지금도 비싼 직물이지만 당시에도 비싼 아이템이었다. 마는 면과 같은 식물성 섬유로써 셀룰로오스가 주성분이다. 면과 다른 점은 거의 100% 셀룰로오스인 면에 비해 마는 펙틴이라는 물질이 20%나 포함 되어 있다는 것이다.

펙틴은 식물 세포간의 물질로 동물성의 젤라틴처럼 말랑말랑한 젤을 구성하는 물질이다. 쉽게 얘기해서 잼의 주성분이다. 과일의 잼은 펙틴이 설탕과 반응하여 만들어지는 물질이다. 식물성 도가니(무릎 연골로 만든 도가니 탕의) 정도로 간주하면 된다. 나무도 면과 같은 셀룰로오스가 주성분이지만 리그닌 이라는 수지 성분이 많이 들어 있다. 펄프는 나무의 리그닌 성분을 제거한 것이다.

펙틴

마는 면과 같은 식물성 섬유이면서도 염색이 쉽지 않다. 마가 면보다 염색성이 나쁜 이유는 바로 이 펙틴 때문으로, 펙틴이 균염을 방해하는 요소이기 때문이다. 또 세포간의 결합이 면의 그것보다 강고하여 염료 분자와의 결합이 어려워지게 만든다. 마는 강력이 세고

---

* 실을 이용하여 직물로 만든 소재를 말한다.

** 토리노 성당의 수의는 탄소연대 방사성측정으로 14세기의 물건임이 밝혀졌다. 즉, 가짜라는 얘기이다.

Wicking성이 좋으며 열전도가 잘 되는 특징을 가지고 있다.

특히 Rayon과는 반대로 습윤강력이 좋다. 즉, 물에 젖을수록 강해진다는 것이다. Wicking성이 좋다는 사실은 마가 습기를 잘 흡수하며 또한 잘 발산한다는 것을 말해준다. 요즘 화섬 소재에서 뜨고 있는 Wicking기능은 원래 천연섬유에서 비롯된 것이다. 면은 친수성 소재로 습기를 잘 흡수하기는 하지만 같

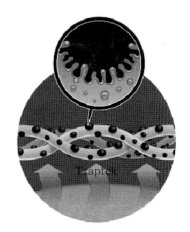

Traptek

은 이유로 습기를 떨쳐내지 못하기 때문에 흡한속건성이 있다고 할 수 없다. 하지만 마나 코코넛 섬유는 습기를 잘 발산할 수 있기 때문에 흡한속건성 섬유가 될 수 있는 것이다. 최근 코코넛 섬유에서 만들었다는 Burlington의 'Traptek'이라는 신 소재가 주목을 받고 있다는 소문이다. 또 열전도가 좋다는 사실은 체온으로부터 얻은 열을 외부로 잘 발산한다는 뜻이다. 열병 환자의 열을 낮추기 위해서 환자의 끓는 이마에 알루미늄으로 된 패널(Panel)을 붙이는 치료가 바로 알루미늄의 열전도성을 이용한 것이다. 따라서 마직물은 여름의류에 더할 나위 없이 잘 어울리는 소재라는 것을 알 수 있다. 마는 그 종류가 100가지가 넘지만 가장 많이 쓰는 FTC에 Generic term으로 등록된 3가지 정도만 다루도록 하겠다. 그 중 의류소재로 가장 중요한 亞麻(아마), 바로 Linen에 대한 이야기부터 시작한다.

Linen

Linen이 마 중 가장 비싼 소재인 이유는 Soft하여 의류 소재로 가장 적합하기 때문이다.

Flax

Linen을 플랙스(Flax)라고 부르기도 하는데 Flax는 Linen을 만드는 식물 그 자체의 이름이다. 따라서 둘을 같이 사용하여도 무방하다. 스코틀랜드나 아일랜드 등, 유럽산이 가장 품질이 좋으며 그 중에서도 벨기에산을 알아준다. Linen이라는 이름은 그리스어의 Linon에서 비롯된 것으로 안감을 Lining이라고 부르는 이유가 옛날 모직물의 안감으로 Linen을 많이 사용하였기 때문이다. 왜 그랬을까? 이유는 단순하다. 당시에는 Nylon이나 Acetate는 물론 면 조차도 없었기 때문이다.

아마는 침지, 쇄경, 타마 라는 별로 외울 필요 없는 여러 공정들을 거쳐서 생산된다. 아마는 강력이 매우 좋아서(4~6g/d) 면의 2배 정도가 된다. 중합도가 더 높기 때문이다. 또한 습윤 강도가 좋아서 물을 많이 머금을수록 강력이 증가한다. 희한할 것도 없다. 면도 마찬가지이다. 건조 시에는 강력이 310파운드에 불과하던 것이 물을 80% 머금게 되면 두 배 가까운 550파운드까지 나간다. 만약 마직물 바지로 고장 난 차를 끌어야 한다면 당연히 물에 푹 적셔야 할 것이다. 물에 젖은 마 바지는 마른 것보다 두 배나 더 무거운 자동차를 끌 수 있다.

신도와 탄성이 매우 적으며 그래서 면에 비해 부드럽지 못하다. 하지만 다른 마 종류보다는 아마가 절대적으로 soft하다. 아마는 흰색을 싫어한다. 즉, 표백에 약하다. 아마를 완전히 표백하면 중량이 30%나 감소하게 되며 강력도 그만큼 저하된다. 따라서 Linen은 1/4표백이나 반 표백을 하는 것이 좋다. Linen은 표면이 매끄럽고 섬유에 천연의 기름 성분인 왁스가 남아 있어서 상당한 광택을 보여준다.

한가지 재미 있는 사실은 석류에 많이 들어 있다는 여성 호르몬인 에스트로겐이 사실은 아마의 씨로 만든 불포화 지방인 아마유에 가장 많이 들어있다는 것이다. 아마유에는 에스트로겐의 전구물질인 이소플라본이 석류보다 무려 200배나 더 많이 들어 있다. (지난 글 석류와 에스트로겐을 참조.) "마는 입는 에스트로겐" 이라는 CF가 나올법도 하다.

Ramie

아마 다음으로 많이 사용되는 마가 바로 라미(Ramie), 즉 저마이다.

저마는 Ramie와는 엄밀히 다르지만 우리는 동일하게 생각해도 된다. 라미를 우리나라에서는 모시라고 부른다. 바로 까실까실한 한산 모시가 Ramie이다. Ramie는 주산지가 중국이므로 중국마라고도 부르는데 아마처럼 수 천년 전부터 사용되어 왔다. Ramie는 식물성 섬유 중 가장 강력이 큰 섬유이다(6.5~9.5g/d). Ramie의 장점은 습기에 강하다는 것이다. 물 속에 오래 두어도 쉽게 부식 되지 않는다. 따라서 습도가 높은 지역의 옷으로는 최적격이라고 할 수 있다. Ramie의 가장 큰 단점은 탄성이 부족하다는 것인데 이는 다른 마 섬유도 마찬가지이므로 큰 흠이 되지는 않는다. 하지만 표면이 평활하고 곧아 유연성이 부족하므로 Hand feel이 매우 Hard하여 Linen보다 싼 값에 거래된다.

Hemp

원래 3대 마섬유 하면 아마, 저마, 황마였지만 황마(Jute)는 실제로 의류(Garment) 용도로는 쓰이지 않으므로 대신 최근 Garment용도로 부각되는 대마(Hemp)를 알아본다.

대마는 환각제를 만들수 있으며 바로 그 이유 때문에 생산에 제약을 받아 왔다. 대마는 우리나라에서는 삼으로 불린다. 삼베 말이다. 한국 사람이라면 누구나 일생에 한번은 삼베 옷을 입게 되어 있다. 역시 러시아/

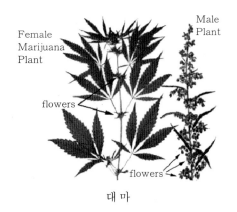

Female
Marijuana
Plant

Male
Plant

flowers

flowers

대 마

유럽이 강세이며 이태리 산이 가장 우수하다. 원래 대마는 매우 비싸게 거래되고 있지만 최근 저가의 중국산 대마가 시장에 많이 나오고 있다.

마직물의 굵기를 나타내는 단위는 두 가지이다.

첫째는 마번수이며 면의 영국식 번수처럼 항중식이다. 마번수는 300y가 1파운드일 때가 1수이다. 항중식이므로 600y가 1파운드이면 2수가 된다. 면과 비슷하게 나가지만 면은 840y가 1파운드 일 때 1수이므로 둘 사이의 관계는 2.8 : 1이 된다. 즉, 면 10수는 마번수로 28수가 되며 마는 수 대신 lea라는 단위를 쓴다. 하지만 최근에는 그냥 면 번수로 통일하여 사용하는 경우가 많다. 때로 Buyer들이 마 번수를 사용하기도 하므로 반드시 알아두어야 한다. 주로 순마일 경우 lea, 혼방일 경우 면번수를 쓴다.

마는 주로 면과 혼방하여 사용된다. 이른바 물타기이다. 가격을 싸게 하려는 목적이다. 마직물 특유의 뻣뻣함을 상쇄하기 위해 Rayon과 혼방하기도 한다. 드물지만 폴리에스터와 혼방하여 사용할 때도 있다. Linen과 Ramie를 혼방하는 경우도 있다.

마직물은 면에 비해 수축률(Shrinkage)이 별로 좋지 않아 문제가 된다. 특히 Linen rayon혼방직물은 8~10% 넘는 수축률(Shrinkage) 때문에 애를 먹는 경우가 많다. 최근에는 Aero washing 등과 같은 방축가공으로 이를 극복할 수 있다.

주로 많이 쓰는 마직물을 살펴 보기로 하겠다. 면 변수이다.

100% Linen	$14 \times 14/54 \times 54$, $9 \times 9/41 \times 35$, $8 \times 8/39 \times 35$
Linen/cotton (55/45)	$11 \times 11/51 \times 47$, $20 \times 13/54 \times 38$
Linen/rayon(55/45)	$10 \times 10/44 \times 38$, $20 \times 13/60 \times 52$

가격을 더 낮추기 위해 혼용률을 30/70으로 하는 경우도 있는데 차이는 10센트 미만이다. 혼방은 주로 Linen이 되는데 최근의 경향은 Ramie를 별로 쓰지 않는 추세이다. 가장 많이 쓰이는 Ramie/cotton직물은 21 ×19/51×58이다.

교직물은 상당히 비싼 편인데 최근 Linen/poly교직물이 방추성이 좋고 외관이 고급스러워 Career쪽에서 좋은 반응을 얻고 있다. 'Michael Kors'에서 이 원단을 발견하여 중국에서 개발을 시도하였으나 가공이 어려워* 아직까지 성공하지 못하고 있다. 대신 Textured Linen에 Pigment coating하여 Bio washing으로 fade out한 원단을 개발하여 이번 시즌에 선 보이고 있다. 외관이 아주 독특하다. 지금까지 누구도 시도해보지 않았던 가공이다. Pigment없이 그냥 Bio washing(Enzyme washing)한 것도 있는데 Hand feel이 믿을 수 없을 만큼 소프트하다. 중국 마는 하얼삔이 주산지이므로 대부분의 공장들이 겨울이면 영하 40도까지 내려가는 동토에 있다는 사실이 흥미롭다. 하지만 좋은 가공 공장들은 절강성인 소흥 지역에도 많고 좋은 공급 조건을 유지하고 있다.

---

* 교직은 중국에서는 아직도 쉽지 않다.

방모와 소모이야기

금년은 단연코 Wool이 유행인 것 같다.

몇년전까지만 해도 Micro suede에 아크릴 보아(Acrylic Boa)를 Bonding한, 이른바 가짜 무스탕이 유행을 했었고 작년은 방모 이중지의 더플 코트(Duffle coat)가 유행하더니 금년에는 작년에 이어 방모의 캐주얼 재 킷(Casual jacket)이 유행하고 있다. 이것이 다시 오리털로 그리고 가죽 으로 계속 돌아가면서 유행할 것이다. 한때 토스카나, 무스탕 등 진짜 가 죽 코트가 유행한 적도 있었다. 그 때 전 국민이 입고 다녔던 그 많던 까 만 색 무스탕과 누런 색 토스카나는 다 어디로 갔을까? 오늘은 2006년의 마지막 월요일 아침이다.

방모와 소모의 차이는 뭘까? 오늘은 Wool 이야기를 해 보려고 한다.

Duke
Breed: Cotswold

Wool은 양의 털이다. Wool로 만든 모직물의 역사 는 무려 6,000년 이상으로 거슬러 올라간다. 하지만 모 직물의 대량 생산은 3,000년 동안 가위의 발명을 기다려 야 했다. 양의 털을 채취하 기 위해서는 칼보다 가위가 훨씬 용이했기 때문이다.

지금의 양모는 대부분 '메

리노' (Merino)종이다. 그리고 대부분 호주산이다. 호주 양모의 75%가 메리노이고 메리노가 가장 좋은 품종이다. 물론 유럽에도 색소니(Saxony) 같은 독일산의 메리노가 있기는 하다. 그러나 역시 가장 질 좋은 양모는 호주산 메리노 종이다. 초기의 양털은 두 가지가 섞여있었다. 거친 바깥털과 부드러운 속 털이 그것이다. 그런데 옷감의 소재로 삼기 좋은, 속털이 많은 양을 우생학(Eugenics)을 이용하여 스페인에서 이종 교배하여 만든 양이 현재의 메리노이다. 지금도 메리노 종이 아닌 양에는 캠프(Kemp)라고 부르는 거친 털이 있다.

Lambs wool이라고 하는 것은 말 그대로 어린 양의 wool이며 8개월 미만된 양의 털을 말한다. 당연히 어른 양의 그것보다 비싸다. 어른의 그것은 hog wool이라고 한다.

Wool은 사람의 털처럼 단백질로 이루어져 있다. 단백질은 아미노산의 결합으로 만들어진 물질이다. 겨우 20여종의 아미노산으로 세상에 존재하는 수 백만 가지의 단백질을 만들어낸다. 피 속의 산소를 나르는 헤모글로빈도 580개의 아미노산으로 이루어진 단백질이다. 인체가 필요로 하는 아미노산은 22가지이다. 그 중 몸에서 만들지 못하는 8가지를 필수 아미노산이라고 한다. DNA가 하는 일이 아미노산들을 결합하여 특정 단백질을 만드는 명령을 내리는 것이다. 양의 wool에는 약 18가지의 아미노산이 발견되고 있다.

양털을 양으로부터 채취하는 방식은 TV에서 보듯이 양의 털을 바리깡으로 모두 밀어내서 무자비하게 알몸을 만들어 버리는 식이다. 이런 방식을 글자 그대로 전모라고 한다. 그러나 모든 wool을 그런 식으로 미는 것은 아니다. 캐시미어(Cashmere)같은 고급 wool은 참빗 같은 것으로 염소를 빗어 거기에 묻어 나오는 것으로 사용한다. 겨우 쓸만한 것으로 염소 한 마리에서 100g 정도가 묻어 나온다. 이렇게 해서 남자 자켓상의 한 벌을 만드는데 캐시미어 염소가 무려 30~40마리나 필요하다. 캐시미어

Cashmere

블레이저(Blazer) 한 벌에 150만원이 넘는 이유이다.

양모는 한 마리에서 전모하게 되면 무려 2~3kg이 얻어진다. 이것을 그리스 양모(Grease wool)라고 한다. 여기에서의 그리스는 아테네가 수도인 그리스가 아니고 기름이라는 뜻의 그리스이다. 존 트라볼타(John Travolta)가 25년 전 주연한 영화의 제목이기도 하고(얼마나 느끼했으면 이런 이름이 붙었을까.) 자동차의 차축 조인트(Joint) 부분에 넣는 굳은 기름도 그리스이다. 공장에서는 그것을 일본식 발음으로 구리스라고 한다. 물론 그대로 쓸 수는 없고 잡물과 기름을(엄청난 양의 기름이 나온다. 태어나서 한번도 목욕을 하지 않았으니 사람이라도 마찬가지일 것이다. 그야말로 전모한 양의 털은 떡 덩어리 그 자체이다.) 제거하고 난 정련 후의 순수한 양모는 이것의 반 정도 밖에 되지 않는다. 놀랄 일이다. 오랫동안 씻지 않으면 기름 때만 1~1.5kg씩 붙는다는 이 끔찍한 사실……

이렇게 살아있는 양으로부터 전모하여 얻은 플리스(Fleece)로부터 직접 얻은 순수한 양모를 버진 울(Virgin wool)이라고 한다.(숫양의 그것도 Virgin이다.) 그럼 죽은 양으로부터 전모한 것도 있을까? 당연히 있다. 그 것을 스킨 울(Skin wool)이라고 한다. 그 외에 실을 만들 때 아래로 떨어지는 낙물이나 한번 사용한 wool을 재생하여 사용한 wool을 재생모라고 한다. 재생모는 주로 저급품질의 방모에 들어가게 된다. 모는 하위품일수록 광택이 난다. 번쩍거리는 wool은 누구라도 싫어할 것이다. 우리가 가장 많이 볼 수 있는 Lambs wool은 보통 6~8개월 정도된 어린 양의 털을 말한다. 말할 것도 없이 부드럽고 품질이 좋다.

울 마크(wool mark)를 알아보자.

Wool mark는 모두 다 100% wool을 말하는 것일까?

IWS(국제양모사무국)에서 허가하고 있는 wool mark는 3가지가 있는데 Wool mark, Wool mark blend 그리고 Wool blend가 있다. Wool mark는 100% wool에만 부여하는 것이 아니다. 당연히 Wool mark는 100% virgin wool을 얘기하는 것이지만 Wool mark Blend는 virgin wool이 50% 이상, 그리고 Wool Blend는 virgin wool 30~49%까지의 제품을 말한다. 100% wool이라도 재생모가 들어간 것은 wool mark를 쓸 수 없다는 것이고 아래의 그림처럼 100% wool이 아니라도 Virgin wool을 일부라도 쓰는 한, wool mark 비슷한 것을 쓸 수도 있다는 것이다.

Wool에 대해서 얼마나 아는가?

Wool은 구김성*이 적다. 그렇다. 모직 옷은 하루 입고 저녁에 물을 약간 뿌려서 걸어두면 아침에 감쪽같이 주름이 없어진다.

Wool은 신축성이 뛰어나다. 사람의 머리칼처럼 케라틴(keratin)이라는 단백질로 되어 있으며 분자사슬이 나선형으로 생겼기 때문에 마치 스프링과 같은 역할을 하여 좋은 신축성을 가지고 있다. 이것이 구김을 적게 하는 역할도 한다. 길게 늘이면 영구 변형 없이 30%까지도 늘어난다. 대단한 신

WOOLMARK

울마크:
Wool 100% 함유
제품만 해당

WOOLMARK
BLEND

울마크블렌드:
Wool 50% 이상
함유 제품에 해당

WOOL BLEND

울 블렌드:
Wool 30-50% 함유
제품에 해당

---

* Resilience가 좋다라고 한다.

케라틴

축성이다. 이 놀라운 신축성은 젖었을 때 더 좋아진다. 따라서 양모로 된 옷을 물에 빨았을 때는 빨래 줄에 널지 말아야 한다. 지구의 중력이 옷을 보기 싫을 정도로 늘려버릴 것이다. 하지만 실제로 양모를 물에 빨면 엄청나게 줄어버린다. 그 이유는 양모 내부로 침투된 물이 양모의 비결정성 매트릭스 부분에 흡수되어 수소결합을 절단하고 양모 섬유를 팽윤 시키기 때문이다. 이런 현상이 양모의 축융을 일으키게 만든다. 다시 다림질을 하면 수분이 빠져나가면서 새로운 수소결합이 일어나고 이 상태에서 형태가 고정 되는 것이다. 하지만 한번 수축된 양모는 원상태로 돌아갈 수 없다. 그것은 양모표면에 형성되어 있는 스케일 때문이다. 따라서 스케일을 없애거나 덮어버리는 것이 'Washable wool' *을 만드는 원리이다.

털 뿐만 아니라 동물의 뿔이나 사람의 손톱, 발톱도 같은 케라틴이다. 그러니 손톱이 약하고 자주 부러진다고 칼슘제제를 먹지는 말아야 한다. 손톱은 뼈처럼 칼슘과는 전혀 다른 단백질의 일종이기 때문이다. 단백질이므로 면과는 반대로 산에는 강하고 알칼리에는 약하다. 그런데 곤충과 새우 같은 갑각류의 껍질은 키틴질이라고 하는데 이것은 놀랍게도 탄수화물과 단백질이 혼합된 집합체이다.

스케일로 인한 양모의 축융성은 내 글을 읽어온 독자는 누구나 아는 상식이다. 이에 대한 이야기는 wool과 포르말린(formalin)사건이야기를 참조하길 바란다.

---

* Washable wool: Dry cleaning 하지 않고 물빨래가 가능한 모직물

Wool은 강도가 약하다. 사실 천연섬유 중 가장 약하다. 젖으면 더 약해진다. 먼저 얘기했듯이 물이 흡수되면 수소결합이 깨져버리기 때문이다. 거의 절반 정도로 강도가 떨어진다. 그러나 실제로 우리가 입는 양모 의류가 그런가? 전혀 아니다. 양모 그 자체는 약하지만 그것으로 만든 모사는 상당히 강하다. 양모는 섬유장이 길고 천연 크림프 때문에(곱슬이라는 뜻이다) 마찰력이 강해서 소모사 같은 경우는 폴리에스터와 비슷한 내구성을 보이기도 한다.

그렇지만 양모는 일광에는 정말로 약하다. 면보다 훨씬 더 빨리 변색하고 손상된다. 같은 단백질인 피부를 생각해보면 상상이 간다. 단백질은 열에 약하고 자외선에도 약하다.

양모는 가벼울까? 아니면 무거울까?

양모는 비중이 1.32로 물보다는 무거워서 물에는 가라앉지만 면보다는 가볍다. 그래서 고급섬유인 것이다. 무거운 섬유는 안 그래도 가냘픈 우리의 약한 어깨를 짓누른다. 그래서 저렴하다.

양모의 유연성(Flexibility)은 대단하다. 레이온은 75번을 굽혔다 펴면 부러져버린다. 폴리에스터는 micro라고 해도 3000번을 굽혔다 펴면 절단되어 버린다. 그런데 양모는 무려 20,000번 까지도 견딘다. 놀랍다. wool의 가장 큰 경이는 흡습성이다. wool의 표준 수분율*은 무려 16%나 된다. 면의 2배에 해당한다. 평소의 습도에서 그렇다. 만약 습도가 포화 상태에 가까운 사우나에 들어가면 흡습률이 무려 30%까지도 나타난다. 그런데 왜 우리는 이런 사실을 잊고 사는 것일까? 이유가 있다. 면은 조금만 땀을 흡수해도 축축하게 쳐져 기분이 아주 나빠지는데 wool은 면보다 습기를 2배나 더 많이 흡수하는데도 별로 기분 나쁜 것을 느끼지 못한다. 그 이유는 wool표면의 scale이 Teflon처럼 발수성이 있어서 물

---

* 표준수분율: 공정수분율(Moisture regain)이라고도 한다. 13.5%라고 하는 곳도 있다.

을 튀겨내고 wool의 안쪽에 있는 내섬유에 물을 저장하고 있기 때문에 피부에 접촉하는 부분은 어느 정도 말라 있기 때문이다. 정말로 이상적인 Wicking 섬유라고 하지 않을 수 없다. wool의 이런 양호한 흡습성은 원단에 전기를 잘 통하게 하고 따라서 정전기가 잘 발생하지 않게 한다.

Washable wool을 만들기 위해서는 스케일(scale)을 깎아내거나 코팅제나 수지로 도포를 해야 한다. 그러면 스케일이 없어져 버려 땀에 젖었을 경우 발수성을 잃어버리고 축축한 느낌이 날 것이다. 가공을 하기 전에 이런 얘기를 반드시 바이어에게 미리 이야기해야 한다.

Wool을 확대한 그림이다. 스케일이 잘 보인다. 사람의 머리카락과 별로 다르지 않다.

이제 방모 소모가 나온다. 방모와 소모의 구분은 섬유장이다. 긴 것은 소모, 짧은 것은 방모사를 만든다. 그 기준이 되는 길이는 75mm이다. 여성 운전자들이 난폭하게 운전하는 못된 남성 운전자에게 욕할 때 쓰는 여성의 가운데 손가락 길이 정도이다. 그것보다 더 길면 소모이다. 더 짧은 쪽은 방모로 간다. 이제는 손가락 하나로 소모와 방모를 구분할 수 있게 되었다.

그러나 서양의 바이어 앞에서는 되도록 삼가야 한다. 그들은 대화할 때 가운데 손가락을 사용하는 것을 별로 좋아하지 않는다. 콧잔등에서 안경을 밀어 올릴 때에도 가운데 손가락을 사용하면 느닷없이 재앙을 만날 수도 있다.

Scale

Wool을 실로 만드는 과정은 면의 그것과 비슷하다.

정련 → carding → gilling → combing → washing → roving → spinning

Wool의 공정중 면과 다른 것은 염색공

156

정의 하나인 정련이 포함되고 carding과 combing사이에 길링(Gilling)이라는 공정이 하나 더 있으며 이른바 Back washing이라고 불리는 washing공정이 포함된다는 것이다.

Gilling이라는 것은 Gill box라고 부르는 바늘방석 같이 생긴 곳을 sliver가 지나가면서 빗질 하는 공정이다. 방적은 면처럼 뮬(Mule)정방기나 링(Ring)정방기이다.

여기에서 방모사는 gilling과 combing을 하지 않고 Washing마저 생략한 채 carding만 한 후 바로 roving과 spinning공정을 거쳐 실이 되는 경우이다. virgin wool에서 섬유장이 가운데 손가락 길이보다 짧은 것과 소모사의 combing공정에서 떨어지는 낙물 그리고 재생모 등을 섞어서 방모사를 만들게 된다.

그래서 방모는 이론적으로는 면의 OE사처럼 20수(물론 면 번수가 아닌 NM count* 이다.)가 일반적으로 가장 가는 번수이다.

방모사는 당연히 소모사에 비해 섬유의 배향도가 떨어지고 섬유장이 짧으므로 강도가 약하고 거칠다. 하지만 꼬임이 적고 공기를 많이 함유하고 있어서 따뜻하다. 그래서 겨울 코트로는 적격이 된다. 반면에 소모사는 가늘고 예쁘다. 그래서 수팅(suiting)용으로 쓰인다. 보통 60/2이 가장 흔하고 80/2이나 100/2도 그리 고급이라고 할 수 없을 정도이다. 최근에는 240수까지도 생산되는 것으로 알려져 있다. 하지만 240수라고 하더라도 면 번수로는 140수 정도라는 것을 잊지 말아야 한다.

Wool의 염색은 주로 Top dyeing이라고 우리는 알고 있다. wool은 Nylon과 마찬가지로 Polyamide이므로 Nylon처럼 산성염료로 염색한다. 그런데 Top이 무엇일까? Top은 combing공정이 끝난 Sliver상태의

---

* NM count: NM count는 1000g이 1000m일 때를 기준으로 한 번수이다. 이것을 환산하려면 면 번수는 여기에 0.591을 곱하면 된다. 즉, 모의 20수는 면의 12수 정도 된다. 그리고 중량에 따라 달라지지만 보통은 12수가 많이 쓰이고 10수 이하의 실도 많다.

wool을 말한다. 그러니까 실이 되기 전에 이 Sliver*의 상태에서 염색을 하는 것이다. 실이 완성된 후에 염색을 하면 실의 표면에 털이 일어나고 축융 현상이 일어나는 등 품질이 나빠지기 때문이다. wool은 대부분 선염이다. 후염을 하는 주이유는 납기때문이다.

방모사의 경우는 Top이 아예 없다. Combing을 하지 않기 때문이다. 따라서 방모사는 원모에 염색을 하게 된다. 정련만을 거친 상태이며 아직 carding을 하지 않은 솜상태가 원모이며 바로 그 Fiber 상태에서 염색을 한다. 따라서 방모는 엄밀하게 Top dyeing을 한다고 할 수 없다.

---

* Sliver: 떡국가래처럼 생긴 단섬유의 다발을 말한다.

Polyester 이야기

2주간의 미국 출장을 다녀왔다.

Seattle, San Francisco, LA, Dallas, St Louis, Boston, NY에 이르는 긴 여정이다. 1년에 2번씩은 꼭 치러야 하는 중요한 행사 중의 하나이다. 이제부터 지난번에 이어 이야기 시리즈가 나간다. 이야기 시리즈는 다분히 초보적인 수준이지만 그 동안 간과해 왔던 부분들에 대한 지식을 얻을 수 있다. 합성섬유에 관한 이야기는 화학이 많이 나온다. 약간 어렵다. 그러니 천천히 그리고 집중해서 읽어 나가기 바란다. 결코 어렵지 않게 쓰려고 노력했다.

Polyester는 전 세계 합성섬유의 생산 중 65%를 차지하고 있는 Nylon, Acrylic과 함께 3대 합성섬유 중 하나이다. 우리 나라는 감량물이라는 독특한 형태의 가공 기술을 개발시켜 폴리에스터에 관한 한, 대국의 위치를 누려왔다. 대만 또한 나름의 독특한 DTY*나 무감량을 통한 Sponge hand feel을 구현한 저가 제품들로 그 누구도 넘보지 못할 아성을 이루고 있다. 폴리에스터는 나일론을 발명한 미국의 캐로더스(Carothers)가 최초로 발명 했지만 당시에는 강력이 약하고 경제성이 없는 등, 결함이 많아서 포기했던 것을 영국의 Whinfield와 Dickson이 단점을 보완하여 테릴렌(Terylene)이라는 이름으로 영국에서 생산을 시작하게 된다.

합성섬유를 공부하다 보면 이 단호하게 생긴 캐로더스란 양반이 자주 나온다. 나일론을 발명해서 유명해진 19세기 사람이다. 이분이 폴리에스

---

* DTY: Draw Textured Yarn: 잡아당겨 곱슬로 만들어 놓은 폴리에스터 yarn, POY로 만든다.

Carothers

터에도 또 끼어들고 있다. 캐로더스는 듀폰의 유명한 합성고무인 네오프렌(Neoprene)을 발명한 하버드의 유기화학자이다. 불행하게도 이 양반의 사주팔자에 돈은 없었던지 당시 핵폭탄 같은 발명품인 나일론을 발명해 놓고 듀폰이 발표도 하기 전에 한 호텔에서 자살을 하고 만다. 이 천재는 겨우 40살까지 밖에 살지 못했다.

6·25 이전 세대만 해도 폴리에스터보다는 데도롱이란 이름에 친숙하다. 그 이유는 도레이(Toray)사가 일본에서 최초로 개발한 폴리에스터의 상품명이 테트론('Tetoron' 또는 'Tetron')이었기 때문이다. 지금 우리가 부르는 면과 폴리에스터의 혼방물을 T/C라고 부르는 것도 여기에서 기인한 것이다. 영어로 작명하기 좋아하는 일본인들의 작품인 것이다. 그러나 한편으로는 최초의 브랜드명인 Terylene과 맨 앞의 T자가 일치하는 것이 우연은 아닌 걸로 보인다. 또 끝이 on으로 끝나는 상품명은 듀폰의 작품에서 비롯된 것이다.

이제 폴리에스터란 말이 무엇을 뜻하는 것인지부터 한번 알아 보자. **"폴리에스터 섬유는 치환 텔레프탈레이트 단위나 치환 파라히드록시벤조에이트 단위 등, 치환 방향족 카르복실 산을 적어도 85% 이상 포함하고 섬유 형성능이 있는 합성 장쇄상 고분자로부터 제조된 인조 섬유다"** 라고 정의되어 있다.

이런 황당하고 어려운 말을 서슴지 않고 사용하는 화학자들이란 대체 어떤 사람들일까? 그들은 그들만의 어렵고 난해한 세계에 살고 있는 것일까? 하지만 이렇게 어려워 보이는 정의도 사실은 아무것도 아니라는 것을 내가 증명해 보겠다. 학교에서 배웠던 상식만으로도 쉽게 풀 수 있다. 이제 위의 이야기기를 조금만 더 쉽게 바꿔 보자.

그 동안 공부한 걸로 Poly는 무슨 말인지 잘안다. 많다는 뜻이다. 따라서 '폴리에스터는 Ester가 많이 결합하여 구성된 물질이다' 라고 추측할 수 있다. 이제는 보기가 훨씬 낫다. 그럼 Ester는 무엇인가? 이것의 발음을 우리는 학교에서 화학시간에 에스테르로 배웠다. '에스테르는 유기산이나 무기산 같은 것들이 알코올이나 페놀 등과 결합하여 물을 잃고 축합 반응을 일으키면서 생기는 물질이다.' 라고 했다. 고등학교 1학년 때 화학 시험에는 반드시 나왔던 문제 중의 하나이다. 그 때에는 이것을 몰랐던 사람이 아무도 없었다. 이런 말들은 지금 아이들의 교과서에도 그대로 실려있는 것들이다. 아이들이 이런 것을 물어보면 신경질을 내는 것이 엄마의 도리는 아니다. 아이들은 엄마의 무지를 재빨리 간파하고 아빠에게로 달려갈 것이다. 왜 이런 것들이 지금 생각나지 않을까? 그것은 그 때의 선생님들이 우리에게 원리는 도외시한 채 외우기 만을 강요했었기 때문이다. 지금의 아이들은 그런 식으로 배우지 않기를 부모된 입장에서 빌어본다. 진도 나간다.

대체 유기산이나 무기산이 뭘까? 이번에는 부엌상식을 동원해본다. 유기산 무기산은 아주 간단하다. 분자식에 탄소가(C) 들어있으면 유기산이고 그렇지 않으면 무기산이다. 이를테면 잘아는 염산은 (HCl) 탄소가 없으므로 무기산이다. 황산도 H_2SO_4이므로 무기산이다. 반면에 자장면을 먹을 때 단무지와 양파에 꼭 뿌려야 하는 식초인 초산은 CH_3COOH이다. 탄소가 포함되어 있으므로 당연히 유기산이다. 아 그런데 염산인 HCl에도 C가 있다고? 미안하지만 그건 탄소의 C가 아니고 수돗물을 소독 하는데 쓰이는 원자 번호 17인 Cl (Chlorine) 즉, 염소이다.

알코올은 우리가 잘 안다. 에틸알코올은 술이고 메틸알코올은 실험실에서 실험할 때 쓰는 먹을 수 없는 공업용 알코올이다. 공업용 알코올을 먹으면 눈이 먼다. 페놀? 많이 들어봤을 것이다. 어쨌든 몸에 나쁘다는 사

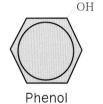
OH

Phenol

실은 잘안다. 몇 년 전의 낙동강 페놀사건이 기억난다. 페놀은 벤젠이라는 역시 몸에 나쁜 방향족* 화합물의 육각형 고리에 수소 한 개 대신 OH기가 한 개 붙어있는 화합물이다. 몸에 좋지 않은 이 페놀이 인류 최초의 소독약인 석탄산이라는 이름으로 한때는 각광을 받기도 했다. 지금이야 아무도 쓰지 않지만 소독약이라는 자체가 없던 그 시절은 많은 사람들이 감염으로 죽어갔으므로 페놀은 당시에는 구세주였음이 틀림없다. 그러나 페놀이 균만 죽이는 것이 아니고 인체에도 유해하기 때문에 지금은 전혀 쓸 수가 없는 것이다. 현재에도 페놀은 접착제나 수지의 원료로도 많이 쓰인다. 페놀과 알코올의 닮은 점은 둘 다 OH기(수산기)를 가지고 있다는 점이다. 그리고 OH기가 산과 결합해서 생기는 물질. 그것이 바로 에스테르이다. 그러니 쉽게 말해서 식초에 알코올을 타면 그것이 에스테르가 되는 것이다.

세상에서 몸에 나쁜 화학 물질이라고 부르는 것들의 대부분이 위에서 나온 벤젠 같은 방향족인 탄소가 6개 붙어서 만든 화합물이다. 화학물질이라고 다 나쁜 것은 아니다. 화학물질이나 우리 몸의 구성 성분이나 다 마찬가지 원소로 이루어져 있다. 그것은 지구상에서 가장 흔한 원소들인 탄소와 수소 그리고 산소이다. 그러니 화학물질이라고 다 나쁜 것처럼 얘기하는 것은 대단한 착각이다. 그 화학 물질들도 지구상에 존재하며 태양계 밖의 우주에도 똑같이 존재하는 원소들이다. 다만 그것들의 구성비율만 다르다는 것이 차이이다. 사람의 몸이나 채소나 같은 원소이지만 그 구성 비율 때문에 하나는 먹는 존재이고 다른 하나는 먹히는 존재인 것이다.

이쯤에서 폴리에스터의 원료를 한번 알아보자.

---

* 방향족: 특유의 냄새가 나기 때문에 그런 이름이 붙었다.

어느 것이 유기산이고 어느 것이 알코올인지 한번 살펴본다. 폴리에스터의 값이 오르고 내리는 것은 휴비스* 같은 공장에서 파는 TPA나 EG 등의 가격이 오르고 내림에 따라서이다. TPA는 Terephtalic Acid 즉, 테레프탈산이고 EG는 에틸렌 글리콜(Ethylen Glycol)이다. (이 정도의 이름들은 섬유를 하는 이들은 알아야 한다).

테레프탈산은 식초처럼 유기산이다. 겨울에 자동차의 부동액으로 사용하는 에틸렌글리콜은 알코올의 한 종류이다. 화학자들이 쓰는 말로 가장 간단한 2가의 알코올이다. 따라서 위에서 얘기한 에스테르의 정의에 딱 들어맞는다. 이 두 가지가 폴리에스터의 원료이다. 우리로서는 상당히 어려워 보이는 두 가지 물질을 이해하기 위해 우리는 먼 길을 돌아왔다.

이 두 물질이 화학적으로 결합**하여 생긴 새로운 화합물이 에스테르인 폴리에틸렌 텔리프탈레이트(Polyethylene terephtalate)라는 물질이며 이것을 줄여서 PET라고 부른다. 폴리에스터를 PET라고 표현하는 것은 폴리에스터의 줄임 말이 아닌 이렇게 긴 이름의 줄임 말인 것이다. 역시 합성 고분자 물질이다 보니 천연 섬유보다는 그 탄생 과정이 복잡하고 어려울 수밖에는 없는 것 같다. 하지만 여전히 분자들이 중합되어 길게 연결되어 있는 고분자라는 점에서는 천연섬유나 합성섬유나 같은 존재라는 것을 잊지 말기 바란다.

이제는 폴리에스터의 성질을 알아 볼 차례이다.

폴리에스터는 물을 싫어하는 소수성이며 따라서 기름을 좋아하는 친유성을 띤다. 그러다 보니 수분을 흡수하기 어렵고 물과 세제가 섬유 내부로 침투하기 어려워진다. 얼마나 물기를 흡수하기 어렵느냐면 극단적으로 습도가 높은 습식 사우나 내의 100%인 상태에서도 흡습률이 1%가

---

* 휴비스: 삼양사와 SK가 합쳐져서 만들어진 회사이다.
** 중합(polymerization)이라고 한다.

채 되지 못한다. 또 친유성 이므로 다른 빨래로부터 빠져 나온 기름기 있는 때를 흡수하기 쉬워진다. 이런 성질은 폴리에스터가 쉽게 때를 타고 또 낀 때가 쉽게 제거 되지 않는 경향을 보여준다.

물을 싫어하는 성질은 염료가 수용성이면 안 되고 염료의 침투가 어려운 고로 염색이 어렵고 많은 단점으로 작용하기는 하지만 물에 젖었을 때의 강도인 습윤강도에 변화가 없으므로 장점으로 나타나기도 한다. 면이나 마를 제외한 대부분의 천연 섬유는 물에 젖으면 약해진다. 폴리에스터는 나일론에 비해 분자의 체적이 커서 결정을 형성하기 어려워지고 따라서 내부에 결정 영역과 동시에 많은 비결정 영역을 가지고 있다. 이런 구조를 반 결정(Semi-Crystalline) 구조*라고 말하기도 한다. 이런 성질은 따라서 강도가 저하되거나 높은 결과로 나타난다. 신축성은 다른 합성섬유 중 어느 것보다 나아서 Lady's나 스포츠용의 섬유로 쓰기에 가장 적합하다.

폴리에스터는 일광에는 광분해가 일어나서 약하지만 희한하게도 유리를 통해 들어온 일광에는 강하다. 왜냐하면 폴리에스터는 자외선 B에는 약한데 유리는 310NM 정도의 자외선 B를 통과시키지 않기 때문이다. 그러면 유리 안에만 숨어있으면 우리는 자외선으로부터 해방일까? 당연히 아닐 것이다. 그렇다면 자외선 안경이라는 물건이 나올 리가 없다. 몸을 검게 태우는 자외선 A는 유리를 통과하지만 폴리에스터를 광분해 시키지는 못하는 것으로 보인다. 따라서 폴리에스터는 유리 뒤에 설치할 수 있는 커튼지로 사용하기에 적당하다.

구김으로부터의 회복성이 좋다는 것은 최근의 간편함을 추구하는 시대에 잘 맞는 장점으로 부각된다. 폴리에스터는 세탁 전 주름 회복성이 100%이며 세탁 후 95%의 주름 회복성을 보여준다. 양모가 세탁 전 80%

---

* 모든 섬유는 반결정구조이다.

에 세탁 후는 0%라는 것과 극명하게 대조된다. 따라서 양모와 폴리에스터를 50/50으로 혼방하면 세탁 후의 주름 회복성이 무려 60%로 개선된다. 레이온처럼 세탁 후 30% 이하인 회복성이 나쁜 원단도 T/R 65/35로 혼방하면 65% 정도로 개선된다.

PET는 드라이클리닝에서의 용제에 전혀 제한을 받지 않으며 정상 환경에서는 노화하지도 황변하지도 않는다. 산이나 알칼리에도 상대적으로 강한 것으로 알려져 있다. 폴리에스터는 다른 합성섬유와 마찬가지로 고분자 물질로 된 겔 상태의 방사원액을 가느다란 노즐을 통하여 뽑아서 섬유를 만든다. 이때 섬유를 뽑아내는 방사속도가 배향도와 결정화도에 영향을 미치기 때문에 섬유의 성질에 막대한 영향을 미치게 된다.

방사속도가 낮을수록 낮은 배향도를 가지게 되고 방사 속도가 빠르게 되면 높은 배향도를 가진다. 배향도는 강도 및 염색성과 밀접한 관계를 가지고 있으므로 아주 중요하다. 이에 따라서 가장 낮은 배향도를 보이는 실을 LOY(Low Oriented Yarn)라고 하고 배향도가 높아지는 순서로 MOY(Medium), POY(Partially), HOY(High), FOY(Fully)로 구분된다. 이 중 우리가 가장 많이 접하게 되는 섬유가 DTY를 만드는 POY이다. DTY는 폴리에스터가 Bulky성을 갖추게 하기 위해서 잡아당기고(연신) 꼬아주는(Twist)과정을 추가하는 공정이다. 쉽게 말하면 직모를 곱슬머리로 만드는 과정이라고 보면 된다. 직모를 힘을 주어서 잡아 당겼다. 나중에 장력을 제거하면 또르르 말리는 곱슬이 되고 만다. 아프리카 흑인들의 극단적인 곱슬머리가 좋은 예이다. 그들의 머리는 단 2mm 정도의 길이에서도 여지없이 또르르 말린다. 이것을 크림프(Crimp)라고 하며 섬유

에 천연의 벌키(Bulky)성을 부여한다. 그래서 이런 머리카락은 부피가 커지고 그에 따라서 쿠션기능은 훨씬 좋지만 외관은 터프해 보이는 전인 권 스타일의 머리처럼 되는 것이다.

그러나 아마도 이것이 뇌를 보호하는 데는 훨씬 더 진화된 모습이라고 생각된다. 그래서 곱슬머리가 직모보다는 우성이다. 따라서 아이의 머리칼은 아빠나 엄마 둘 중, 어느 한 쪽이라도 곱슬머리가 있다면 곱슬이 되어버린다. 다윈에 따르면 곱슬이 훨씬 더 진화된 형태이기 때문에 당연히 곱슬이 우성일 것이다. 우리나라 사람들의 70% 정도가 곱슬이다. 머리칼이 곱슬이 되는 이유는 단면의 모양 때문이다. 직모는 정확하게 원통형이고 곱슬은 약간 납작한 타원형을 띤다. 더 많이 납작할수록 더 많이 곱슬이 된다. 원통형의 물체는 잘 구부러지지 않는다. 모든 파이프가 사각이 아닌 원통형인 것도 그 때문이다. 머리카락의 단면이 사람마다 다른 이유는 평생 9m 정도의 머리를 자라게 하는 모낭의 모양이 저마다 다르기 때문이다. 섬유를 연신하는 메커니즘은 이 공정이 섬유의 배향도를 늘려줄 뿐 아니라 단면을 납작하게 만들어 크림프를 형성하기 때문이다.

폴리에스터하면 감량 가공이 먼저 생각 날 정도로 감량 가공은 우리나라에서는 일반화되어 있다. 감량 가공을 하는 이유는 폴리에스터에 실크와 같은 Drape성을 부여하기 위해서이다.

폴리에스터를 양잿물인 수산화 나트륨(NaOH)에 담그면 섬유내부는 건드리지 않고 표면만을 공격하게 되어 섬유는 가늘어지지만 분자량이나 강도에는 변화가 없게 된다. 이런 모양은 직물에서 각 섬유간에 발생하는 마찰 계수를 줄여주는 효과를 만들어 Drape성과 Hand feel이 극적으로 향상된다. 따라서 원하는 촉감이나 Drape성에 따라서 적으면 7~8%에서 많으면 30% 가까이 감량 가공을 하기도 한다.

이때 감량을 많이 하면 물론 Drape성과 Hand feel은 좋아지지만 대신 마찰이 감소하게 되어 슬리피지(Slippage)가 점점 나빠지므로 무작정 감량을 많이 할 수는 없다. 감량을 더 많이 하고 싶다면 밀도를 더 많이 박아 넣어야 한다. 잠옷으로 많이 쓰이는 사뮤즈(Charmeuse) 같이 부드러운 원단은 감량을 무려 27% 까지 하기도 한다.

폴리에스터의 염색에 대한 이야기는 따로 폴리에스터 분산염료의 이색(Migration)을 참조하기 바란다. 간단히 여기에서 언급을 하자면 폴리에스터의 염색은 분산 염료를 고온 고압의 Rapid 염색기 안에서 염색시키는 것이 가장 일반적인 방법이다. 폴리에스터는 결정성이 강하므로 수용성인 물과 쉽게 결합하는 산성염료나 직접염료 등은 분자자체도 크고 물 분자와 결합 상태에 있어서 폴리에스터 내부로 침투하기가 어렵다. 그리고 또한 폴리에스터는 소수성이며 비이온성이므로 섬유와 염료와의 결합이 상당히 어렵다. 다만, 분산염료는 비이온성이며 친유성으로 그 크기가 약 200NM 정도의 크기로 자외선의 파장보다 더 작은 입자이므로 온도를 130도 정도로 높여주거나 캐리어(Carrier)를 사용하면 폴리에스터내부의 비결정 영역으로 침투하여 머물러있게 할 수 있다. 그러나 염색 후 다시 온도가 올라가게 되면 입자가 작은 E 타입의 분산염료는 비결정부분으로의 탈락이 자주 일어나기도 한다. 그래서 S 타입의 염료에 비해 E 타입의 분산염료는 상대적으로 견뢰도가 낮은 것이 일반적이다. 전사 print용*의 분산염료는 승화가 쉽게 일어나도록 입자가 작은 E 타입을 사용한다.

---

* 전사 프린트를 Sublimation(승화) print 라고도 한다.

Nylon 이야기

    면과의 교직물이 새로운 소재 그룹을 형성하면서 각광받기 시작한 나일론에 대한 이야기를 시작한다. 전 합성섬유 소비량의 21%를 차지하고 있는 나일론은 인류가 개발한 최초의 상업화된 진정한 의미에서의 합성섬유이다. 물론 의류용보다는 산업용으로 사용되고 있는 것이 더 많으니 나일론으로 만든 옷이 그렇게 많았나 하고 머리를 갸우뚱하지 않아도 된다. 미국에서는 대부분의 나일론이 산업용으로 쓰인다.

    나일론은 40살에 요절한, 폴리에스터와 합성고무인 네오프렌을 만든 미국의 천재 화학자 캐로더스(Carothers)가 만들었다. 지금으로부터 무려 70년 전인 1935년이다. 미국에 대공황이 한창이던 시절이다. 캐로더스는 하버드의 대학교수로 있다가 듀폰의 요청으로 연구실에서 일하게 된다. 덕분에 명성을 얻기는 했지만 평생을 우울증과 갑상선기능항진증으로 육체적인 고통을 겪으며 결국은 자살하게 되는 불운한 사람이다. 그가 당시 듀폰에 속해있었기 때문에 듀폰이 이 물건의 발명을 공표했다.

    듀폰은 정말 기적 같은 회사이다. 듀폰은 무려 200년 전인 1802년에 생긴 정말로 오래된 화학회사이다. 듀폰이 최초로 스카우트한 천재 화학자는 연소에 대한 잘못된 학설인 플로지스톤(Phlogiston)설을 잠재운 프랑스 화학의 아버지 라부아지에(Lavoisier)이다. 1세기에 한번 나올까 말까한 이 천재 화학자는 프랑스 혁명의 와중에 50세의 나이로 단두대

의 이슬로 사라지게 된다.

석탄과 물 그리고 공기로 만들었다고 해서 유명해진 이 인류 최초의 합성섬유는 최초 66나일론으로 시작되었다. 지금 우리가 사용하고 있는 대부분의 나일론은 독일에서 개발한 나일론 6이지만 둘의 차이는 '나일론 66과 나일론 6 탄소의 수'를 참조하길 바란다. 나일론의 최초 상품은 칫솔 모*였다. 그러나 진짜로 나일론이 히트를 치게 된 것은 역시 여성들의 스타킹이다.

스타킹

당시의 여성들은 바지를 입는 경우가 극히 드물었기 때문에 모든 여성들은 1년에 최소한 8개의 실크 스타킹이 필요했다. 당시의 실크 스타킹은 두껍고 별로 신축도 좋지 않았다고 한다. 하지만 나일론 스타킹은 얇고 비쳐 보이며 질기기까지 한, 그야말로 평소 여성들이 생각해 왔던 꿈의 물건이었던 것이다. 최초의 스타킹은 실크보다 비싸게 팔렸다. 뉴욕의 여성들이 이 물건을 사기 위해 줄을 서 있는 모습, 그리고 집에 갈 때까지 참지 못해서 길가에서 스타킹을 신어보고 있는 뉴욕타임스의 사진은 유명하다.

나일론은 Polyamide가 정식 명칭이다. (하지만 Gap에서는 나일론을 폴리아미드라고 쓰지 못하게 하고 있다)

정의는 'Amide(아미드)기로 연결된 구조단위가 주로 지방족 단량체로 이루어진 폴리아미드를 나일론이라고 한다' 이다. 이 역시 한글로 써 있기는 하지만 난해하고 어지러운 아랍 문자와 다를 것이 없다. 그러나 어디선가 들어본 소리이기도 하다. 실크가 바로 그것이다. 실크는 여러 아미노산이 결합된 단백질이 아미드 결합되어 있는 생체 고분자이다.

---

* Nylon이 나오기 전에는 칫솔모로 돼지털을 사용했다.

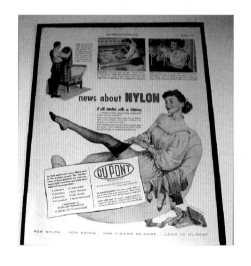

폴리에스터에는 질소가 빠져 있다. 탄소 산소 그리고 수소 밖에는 없었다. 나일론과 폴리의 다른 점은 나일론에는 질소가 들어있다는 점이다. 식물섬유인 셀룰로오스도 탄소와 수소 그리고 산소로 되어 있다. 천연의 섬유에서는 다만 동물성 섬유만이 질소가 포함된다.

최초의 나일론인 Nylon 66의 원료는 헥사메틸렌디아민*과 아디프 산이다. 어려운 말 같지만 헥사(hexa)는 라틴어의 6이고 메틸렌은 CH_2이다. 아민은 NH_2 이다. 즉 메틸렌 6개 아민 2개라는 의미이다.

메틸렌과 비슷한 에틸렌은 재미있는 화합물이다. 에틸렌은 $CH_2=CH_2$인데 약간의 마취 효과가 있는 화학공업의 중요한 원료이며 식물에서 이것을 발생시킨다. 식물의 성숙 호르몬 작용을 하기 때문이다. 예를 들면 사과를 오래 두면 사과가 호흡을 계속하면서 이산화탄소와 에틸렌을 발생시키는데 이것이 포도를 시들게 한다. 그래서 사과를 포도와 같이 두면 안된다. 그러나 사과를 감과 같이 두면 사과의 에틸렌이 감을 더 달게 만드는 작용을 한다. 그 밖의 대부분의 식물들에게는 나쁜 영향을 미친다. 에틸렌은 사과나 배 바나나 같은 호흡을 많이 하는 과일이 많이 배출하고 귤이나 오렌지 포도 같이 숨을 덜 쉬는 과일은 에틸렌을 많이 생성하지 않는다. 식물들도 살아있는 생물이므로 호흡을 하는데 사람처럼 산소를 받아들이고 이산화탄소를 내 놓는다. 낮에는 호흡을 조금만 하고 주로 광합성으로 에너지를 조달한다. 그리고 밤에는 광합성을 할 수 없기 때문에 주로 호흡을 하게 된다. 그래서 밤에 숲 속에 가면 산소보다는

---

* 덩사 nylon의 원료는 석탄을 건류하여 제조되었다.

이산화탄소가 더 많을 것이다. 이런 이유로 과일이 호흡을 많이 하면 에너지를 상실하게 되어 빨리 시들게 되므로 되도록 호흡을 하지 못하도록 하는 것이 좋다. 과일의 호흡을 늦추기 위해서는 차갑게 저장하는 것이 좋다. 복숭아도 호흡을 많이 하므로 저장성이 나쁘다. 다만 귤의 경우는 조금 다르다.

귤을 바닥에 떨어뜨리면 호흡을 더 심하게 해서 귤 속에 들어있는 시큼한 맛의 산을 줄이게 되어 귤이 더 달아진다. 과일 중 상한 것이 하나라도 있으면 그것이 에틸렌을 발생시켜서 남은 멀쩡한 과일들도 같이 상하게 하는 작용을 한다. 토마토는 완전히 익은 후에는 쉽게 무르기 때문에 유통이 힘들어진다. 그래서 파랄 때 따서 유통을 시킨 다음에 팔기 직전 에틸렌 가스를 쏘이면 빨갛게 익는다. 그런데 이렇게 만든 토마토는 완숙한 토마토와는 맛의 차이가 있다. 조금 싱겁게 된다는 말이다. 아무래도 정상적으로 태양빛을 받아서 익은 과일과는 조금 다르다. 그래서 이 문제를 유전자 조작으로 해결한 토마토가 나오고 있다. 토마토를 무르게 하는 유전자를 염색체 상에서 제거해버린 것이다. 그렇게 되니 토마토가 잘 익어도 물러지지가 않아서 유통과정에서 깨지지 않고 맛도 원래처럼 나게 되었다. 대 성공이라고 할 수 있지만 과연 그럴까? 토마토가 그런 유전자를 갖게 된 것은 다 이유가 있을텐데 그 이유를 우리가 모르고 있는 것은 아닐까? 다음에 토마토를 사러 가면 맛있어 보이는 붉은 토마토가 에틸렌으로 익힌 것인지 아니면 유전자 조작한 것인지 물어 보기 바란다.

아민(Amine)은 생선 비린내를 풍기는 주범이다. 생선이 오래되면 생선 살이 부패하기 시작하면서 아민이 발생 하는데 그 냄새가 바로 비린내이다. 당연히 싱싱한 생선은 비린내가 나지 않는다! 다시 말해서 비린내가 나는 생선은 싱싱하지 않다! 아디프산(adipic acid)은 메틸렌이 2개 들어간 카르복실산이다. 식초의 CH_3COOH처럼 그 유명한 COOH로 끝나는 산 말이다. 먼저 말했듯이 이 두 가지 화합물은 각각 탄소를 6개씩 포함하고 있다.

amide group

66의 6은 탄소의 수이다. 이 두 가지 화합물을 고온에서 반응*시킨 다음, 물을 제거하면 나일론이 생겨난다. 이것이 66Nylon이다.

66Nylon은 녹는점이 260도로 높아서 열 고정성이 우수하고 신축이 좋다. 여성들의 스타킹을 만드는 나일론은 모두 66이라고 보면 된다. 66과 6의 차이점은 66은 두 가지의 화합물이 계속 연결된 고분자이고 6은 단 한가지 분자가 계속된 고분자라는 것이다.

Nylon 6는 카프로락탐(Caprolactam)이라는 7각형 고리 모양의 분자가 열리면서 만들어진다. Nylon 6는 66보다 생산시의 취급이 용이하기 때문에 제조가 간단하여 가격이 더 싸고 현재 수요도 많다. 대만은 66을 많이 생산하지만 우리나라는 대개 Nylon 6가 생산된다. 나라마다 제조 과정의 편이성 때문에 생산하는 아이템도 다르다.

카프로락탐도 탄소를 6개 포함하고 있으므로 Nylon 6로 불린다. 그렇다면 탄소가 6개가 아닌 나일론도 있을까? 예컨대 7, 11, (프랑스에서 피마자유로 만든 나일론이다. 별 특징은 없다.)12와 같은 Nylon N계와 46, 610, (솔이나 카펫이 바로 이 물건으로 만든 것이다.) 612 등의 MN계도 있다. 그 중 Nylon 6과 66이 가장 많이 사용된다.

사실 6과 66의 차이는 녹는 점의 차이 외는 거의 물성 면에서 다를 것이 없다. 다만 66을 만들어내는 듀폰에서 차별화하기 위한 여러 가지의 비싼 광고를 하기 때문에 66이 좀 더 좋고 비싸보이는 것뿐이다. 66은 방사 시에 이산화티탄을 첨가하여 대부분 full dull을 만들어내고 있는 것이 특징 중의 하나이다. 비싸 보이는 것이다.

최근의 경향은 Full dull을 선호하는 Trend이므로 Nylon 6도 Full dull을 많이 생산하고 있어서 이제는 그마저도 구분이 어렵게 된 상태이다. 다만 듀폰에서는 66으로 세번수의 실을 뽑는다던지 하여 고급화하는 것

---

* 중합(polymerization)이라고 한다.

으로 차별화하려는 경향이 있다. 예컨대 요즘 많이 쓰는 고급 다후다인 다운 프루프(Down proof)도 가능한 310t*인 경우 40d의 실을 쓰는데 이것은 대부분 듀폰의 66인 경우가 많다. 거꾸로 290t에서는 50d를 많이 쓰는데 이 경우는 대부분 나일론 6이고 66인 경우는 찾아보기가 힘들다. 굳이 제조 원가를 따지자면 6이나 66이나 절대로 다르지 않다.

그렇다면 6과 66을 구분 하려면 어떻게 해야 할까?

듀폰의 직원은 Hand feel이 다르다고 주장한다. 만약 그게 사실이라면 그 사람에게 두 원단을 주고 만져서 구분을 하라고 해보면 된다. 절대로 그런식으로 구분할 수는 없을 것이다. 마치 눈을 감고 감촉으로 18k와 순금을 구분하라고 하는 것과 마찬가지이다. (깨물어봐야만 알 수 있다.) Hand feel을 결정하는 것은 필라멘트 수나 Cire의 온도 또는 coating의 정도이지 원료 그 자체는 아니기 때문이다. 다만 둘을 구분하는 아주 간단한 방법이 있기는 하다. 둘을 오븐 위에 올려놓고 가열해 보면 된다. 온도가 올라가면 6은 섭씨 220도에서 녹아버린다. 66은 녹지 않고 버티고 있다가 섭씨 260도 정도가 되었을 때부터 녹기 시작한다. 이 실험은 불과 3분 밖에 걸리지 않는다. 온도계가 없어도 먼저 녹는 것이 6이므로 집에서도 쉽게 실험해 볼 수 있다.

일반적인 나일론의 특성을 살펴보기로 하겠다.

나일론은 단면이 거의 완전한 원형에 가까운 모양이다. 이것이 의미하는 것은 나일론이 사람의 직모처럼 잘 구부러지지 않는 성질을 보여준다. 물론 용도에 따라서 방사할 때 방사구를 조절하여 단면의 모양을 삼각형으로 만들어서 번쩍이는 트라이로벌(Trilobal)을 만든다든지 아니면 클로버 모양을 만든다든지 하여 얼마든지 자유자재로 단면의 모양을 변화시킬 수 있으므로 용도에 맞게 여러 종류의 이형단면 나일론을 만들

---

* 31ot: 경위사의 밀도를 합한 수가 310 올이라는 뜻이다. 여기서는 t는 threads를 의미한다.

1.7dte × trilobal = 317 ㎡ / kg   2.2dte × round = 206 ㎡ / kg

수도 있다. (요즘은 이형단면의 나일론으로 Wicking성을 갖게 만든다.) 또 따로 텍스쳐(texture)가공을 하여 직모의 성질을 곱슬로 바꾸어서 천연섬유와 같은 Hand feel을 내게 하기도 한다. Texture가공에 대한 것은 'Synthetic yarn의 가공'에서 참조하면 된다.

나일론은 주로 필라멘트(filament)사로 이용되며 방적사는 최근에 생산되고 있지만 아직 단가가 높아서 극히 드물게 사용된다. 강도가 세다는 것이 특징이며 5~6g/d로 면이나 레이온의 거의 두 배, 폴리에스터보다도 약 10% 정도 더 강하다. 그러나 더 큰 특징은 나일론이 모든 합성섬유 중, 가장 강한 내 마모성을 가졌다는 것이다. 비슷한 물성의 폴리에스터보다도 약 40% 정도, 레이온이나 아크릴 보다는 7~8배 정도의 내 마모성을 가지고 있다. 그러니 이런 소재로 양말을 만들었을 때 당시 사람들의 놀라움은 당연하다 할 것이다. 지금도 면 양말이라고 해도 100% 면은 없다. 발꿈치 부분의 잘 떨어지는 부분은 나일론과의 혼합으로 편직되어 있다. 그래서 면 양말을 오래 신으면 나중에 나일론의 그물이 드러나게 된다. 유명한 Tumi 가방도 모두 nylon으로 제조된다.

나일론의 흡습성은 4%로 합성섬유 중에는 제법 좋은 편이다. 폴리에스터가 0.4%이므로 폴리보다는 10배의 흡습성을 가졌다고 볼 수 있다. 그 이유는 나일론을 만드는 탄화 수소의 부분은 소수성이고 아미드 부분은 친수성을 나타내기 때문인데 이 두 결합에서 소수성의 기가 더 많기 때문에 결국은 전체적으로 소수성을 나타내게 된다. 그래서 역시 면의 절반 그리고 wool의 4분의 1 정도의 수준에 머무르고 있다.

결점을 한번 알아보자. 나일론은 다른 대부분의 합섬이 그렇듯이 필링 (Pilling)이 잘 생긴다. 필이 생기기는 어렵지만 일단 한번 뭉쳐진 pill은 절대로 떨어지지 않기 때문이다. 그러나 filament인 한, 방적사 보다는 훨씬 더 나은 편이다.

그리고 오염을 탄다. 특히 기름때에 약하다. 다른 염료를 쉽게 받아들이는 성질은 결국 염색성이 좋다는 얘기인데 이 때문에 세탁 견뢰도를 시험해 보면 나일론은 대부분의 모든 섬유 편에 대해서 나쁜 결과를 보인다. 즉, 다른 섬유를 염색한 염료에 쉽게 오염된다는 말이다.

특히 폴리에스터의 변퇴를 측정해 보면 나일론과 아세테이트에서 2급 정도 밖에 나오지 않는다는 것을 알 수 있다. 나일론이 특히 분산 염료에 잘 염색되기 때문이다. 나일론은 주로 산성 염료로 염색하지만 분산염료로도 염색할 수 있다. 다만 분산 염료는 견뢰도가 떨어진다는 단점이 있지만 염색하기 쉽고 균염성이 뛰어나다는 장점 때문에 분산염료를 선택하는 경우도 있다. 나일론은 심지어는 반응성이나 직접 염료로 또는 Vat로도 염색이 가능하지만 실제로 선택 하지는 않는다.

또 나일론을 겨울에 입으면 다른 원단보다 유독 차갑다. 그것은 나일론의 열전도성이 좋기 때문이다. 열전도성은 열을 전달하는 성질의 정도를 말한다. 전기 전도성은 전기를 잘 전달하는 정도이다. 보통은 물을 1로 기준으로 삼는다. 겨울에 나무로 된 벤치에 앉으면 덜 차갑게 느껴지고 쇠로 만든 벤치에 앉으면 아주 차갑게 느낀다. 둘의 온도가 달라서일까? 전혀 그렇지가 않다. 둘의 온도는 같다. 그러면서도 우리는 한쪽을 극도로 차갑게 느낀다. 그것이 바로 열전도성의 차이이다. 면의 열 전도성은 5 정도이다. 나일론이 10이다. 유리나 도기는 30 정도 된다. 열은 항상 높은 곳에서 낮은 곳으로 이동한다.* 이른바 평형을 이루려고 한다. 그런데 열 전도성이 좋은 물질은 인체의 열을 빨리 빼앗아 간다. 그래서 열을 빼앗기는 쪽에서는 차갑게 느껴지는 것이다.

나는 숫자로 말하기를 좋아한다. 대강 좋다 나쁘다 정도로는 성이 차지 않는다. 늘 차갑게 느끼는 철의 열전도율은 얼마나 될까? 무려 600이다. 나무나 면의 100배가 넘는다. 체감의 차이는 열전도성에 있어서 100배의 차이인 것이다. 따라서 사실 나일론에서 느끼는 차가운 정도는 별것이 아닐 수도 있겠다. 그럼 철보다 더 전도성이 좋은 것도 있을까? 구리는 철의 2.5배인 1,600이고 은은 무려 1,700이나 된다. 은은 철보다도 무려 3배 정도나 더 좋다. 겨울에 은으로 만든 변기에 앉으면 기절할지도 모른다. 화장실의 변기 커버를 은으로 만들지 않는 이유가 바로 이것일 것이다. 농담이다. 유리나 도기가 차갑다고 느끼는 것을 보면 5~6배의 열 전도성에도 우리는 크게 차가움을 느낀다.

다음은 나일론 직물의 종류이다.

Taslan (타슬란)

ATY사로 짠 원단을 말한다. 보통 경사는 일반사로 하고 위사만 ATY 사로 짠 직물이다. 주로 165d가 천연섬유인 면과 비슷하도록 설계한 원단이다. 듀폰의 상품명이기도 하다.

Supplex (서플렉스)

역시 듀폰의 brand이다. Taslan의 한 종류로 full dull이며 경사든 위사

---

* 열역학 제2법칙: 에너지는 Entropy가 높아지는 방향으로 진행된다. 즉, 쓸모있는 에너지가 쓸모없는 에너지로 변하게 된다.

든 50% 이상의 66나일론 ATY*원사를 쓴 직물을 말한다. 대부분은 경 위사 모두에 쓰지만 어쨌든 50%만 넘으면 Supplex Tag을 제공받을 수 있는 자격이 된다. 따라서 경사는 66ATY 위사는 6 ATY를 써도 된다. 비싸다.

Tactel (탁텔)

정의는 Tactel원사를 35% 이상 쓴 직물을 말한다. Tactel원사란 Supplex와 비슷한 원사로 용도에 맞게 이형 단면 원사 등, 여러 가지로 개질시킨 것이다. 그냥 66 full dull ATY로 생각하면 큰 무리가 없을 듯 하다. 역시 듀폰의 브랜드이며 비싸다.

Trilobal

삼각형 단면인 Spark(스파크)원사를 사용하여 번쩍거리게 만든 원단이다. 예전에는 많이 썼는데 요즘은 별로 인기가 없다. 듀폰의 브랜드이다.

Antron (앤트론)

경 위사 한 쪽만 Trilobal원사를 사용한 원단이다. 듀폰의 상품명이기도하다. 이제는 카페트용의 원사를 말하고 있다.

---

* ATY: Air Textured Yarn: 공기의 힘으로 곱슬거리게 만드는 가공 Synthetic yarn의 가공 참조

Acrylic 이야기

금년 겨울에 Wool이 대유행이다. 과거에는 멜톤(Melton)이나 모사 (Mossa) 또는 비버(Beaver) 타입의 Simple하고 Dark한 원단들이 주류를 이뤘는데 최근은 대단히 화려하고 선명한 컬러와 복잡하고 기하학적인 패턴의 Novelty한 원단들이 많이 보인다. 재작년의 화려한 트위드 (Tweed)문양들이 아직도 영향을 끼치고 있는 듯 하다. 그러다 보니 아 크릴도 초 강세를 보이는 것 같다. 특히, Wool이 10~20% 들어간 Acrylic 혼방들이 Low End market을 중심으로 강력한 수요가 형성되고 있다.

아크릴은 3대 합성섬유에 해당하는 중요한 합섬이다. 나일론보다 약 8 년 뒤에 듀폰에 의해 상품화 되었고 최초의 브랜드 이름은 'Orlon' 이다. 우리나라에서는 한일합섬이 'Hanilon' 이라는 이름으로 생산하고 있다

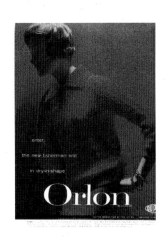

가 아크릴의 수요가 급감하자 1998년에 국 내에서의 생산을 중단하였다. 한일은 이 기 계들을 당시 경쟁력이 있다고 생각한 인도 네시아로 옮겼는데 결국 다시 중국으로 최 종 이전되었고 한일합섬은 손을 털었다. 따 라서 현재 국내에서 생산되고 있는 아크릴 직물은 대부분 중국에서 원사가 수입되고 있는 것이다. 하지만 중국에서도 아크릴 원 단은 흔치 않다.

아크릴은 후가공이 거의 없고 최근에 개발된 마이크로는 니트 쪽을 중심으로 수요가 몰려있기 때문에 아직도 10년 전의 단순한 형태를 그대로 답습하고 있기는 하다. 따라서 한일합섬의 기계들이 이전되어 있는 천진을 중심으로 생산되는 중국산도 한국산에 비해 그다지 경쟁력을 갖추지 못하고 있는 형편이다.

아크릴은 비닐계의 합성섬유이다. 즉, 비닐기($CH_2=CH-$)를 가지고 있다는 것이다. 소위 말하는 비니루가 이것이다. 비닐계의 고분자는 PVC나 PVA가 유명하다. PVC는 PU와 더불어 Rain wear용으로 라미네이팅(Laminating)해서 쓰는 경우가 있다. (PVC가 잉크를 만나면 참조) PVC가 가격이 저렴하기 때문에 많이 선택되고 있다.

아크릴의 장점은 녹는점이 높다는 것인데 무려 섭씨 320도나 된다. 다른 합성섬유들이 대부분 필라멘트로 사용되는 것에 비해 아크릴은 방적사(Spun yarn)로만 사용된다. 아크릴이 Poor man's wool이라는 것이 타당한 이유가 될 것이다. 이에 따라 Wool이나 폴리에스터와 혼방하여 만든 제품도 있는데 그것이 바로 A/W나 A/P/W이다. 단 Wool의 혼용률은 10~20% 정도로 미약하다. 아크릴이 Wool과 비슷한 이유는 양모처럼 Crimp가 있기 때문이다. 그래서 touch가 부드럽다. 비중이 1.17로 Wool이나 폴리에스터에 비해서 가볍고 나일론과 비슷한 정도이다. Wool처럼 탄성 회복율이 좋아서 구김도 잘 생기지 않는다. 가장 뛰어난 특징은 모든 섬유 중 기후에 견디는 내후성이 가장 뛰어나다는 것이다. 대부분의 섬유가 자외선에서 변색을 일으키지만 아크릴 섬유는 일광에서도 거의 변색이 없다. 수분율이 낮다는 것은 단점이면서 한편은 장점이다. 세탁 후 빨리 건조되어 Wash & Wear성이 탁월하다.

아크릴에도 이형단면섬유가 있는데 캐시미어 느낌을 주기 위해 아령 모양의 단면 또는 국화형 단면으로 사용할 수도 있다. 아크릴에 수분을 잘 흡수하도록 만든 특수사가 있는데 바이엘(Bayer)에서 개발한

듀노바

'Dunova'는 내부에 기공을 가지고 있어서 비중이 0.9로 23%나 가볍고 자체 무게의 30~40%까지 물을 흡수할 수 있다. 이는 Wool보다도 더 높은 것이다.* 아크릴의 단점은 필링(Pilling)이다. 이유는 아크릴이 방적사이기 때문이다. 모든 방적사는 태생적으로 필링문제를 가지고 있는데 화섬은 강력이 좋아 뭉쳐진 Pill이 절대로 없어지지 않으므로 더욱 문제가 된다. 필링문제를 해결할 방법은 Brush를 적게 하는 수밖에 없다. 거꾸로 얘기해서 Brush를 많이 하면 필링문제가 생긴다는 것을 감안하고 오더 해야 한다.

아크릴은 어떤 종류의 원단이 있는지 알아보자.

아크릴은 대부분 36/2원사를 사용한다. 여기서 사용되는 번수는 소모 번수이다. 즉, NM(Metric count)이다. 아크릴을 굳이 방모와 소모 중 골라야 한다면 방모보다는 소모에 가깝다고 할 수 있다. 소모는 가장 굵은 실이 48/2인데 아크릴은 가장 많이 쓰이는 원사가 36/2이므로 Wool과 구분된다. 방모의 경우는 가장 Fine한 것이 20/2 정도이므로 방모보다는 Fine해서 방모와 소모의 중간 정도 된다. 아크릴에서 36/2 외에 생산되는 원사는 52/2으로 수요는 5% 미만이다. 40/2은 머플러를 만들 때 사용된다.

아크릴의 종류를 따지는 것은 매우 쉽다. 대부분 원사가 같은 굵기이므로 밀도만 다른 제품들이 생산된다. 그래서 8.8oz부터 13oz까지 5가지

---

* Wool의 흡습률: Wool은 표준 상태에서 16% 포화상태에서 30%

의 아이템이 전체 생산*의 90%를 차지한다. 참고로 각 Quality의 밀도를 알아보면 다음과 같다. 10oz가 가장 많이 사용된다. 모두 36/2 원사이다.

1) 8.8oz   33×28
2) 10oz   42×30
3) 11oz   44×34
4) 12oz   50×34
5) 13oz   56×38

아크릴의 다른 제품은 모다 아크릴(Moda acrylic)로 불에 강한 난연성이기 때문에 비행기의 기내 담요로 쓰이고 있다. 또 다양한 Fancy yarn을 소량 제작하여 스웨터의 원료로 사용된다. 최근에는 시각적으로 보온성이 뛰어나 보이는 Fancy yarn의 한 종류인 셔닐(Chenille)이 대 유행한 적이 있다. 가짜 털을 만드는 보아(Boa)는 어김없이 마이크로이다. 최근 동물 보호 단체의 모피 코트 배척 운동이 부각되고 Micro가 개발되는 등 수요가 커져 각광 받고 있다.

---

* 최근의 아크릴은 Normal한 제품보다 Novelty한 Tweed 쪽으로 수요가 많다.

150년의 전설 Denim

    인디고(Indigo)로 염색한, 청바지의 소재가 되는 이 원단을 우리는 데 님이라고 부른다. 천연 염료로 유명한 인디고*는 최초의 합성염료인 모 우브(Mauve)를 소개하면서 자세히 언급될 것이다. 오늘은 데님이 생기 게 된 재미있는 역사를 살펴보려고 한다.

    데님의 역사는 19세기 중반, 미국 서부 개척시대로 거슬러 올라간다. 1850년경, 미국의 동부와 유럽에서는 많은 사람들이 이른바 골드러시 (Gold Rush)가 시작되면서 서부 캘리포니아의 금광으로 몰려들었다. 그 중에는, '아름답고 푸른 도나우 강'으로 유명한 왈츠의 왕 요한 스트라 우스와 친척일지도 모르는 '리바이 스트라 우스(Levi Strauss)'라는 젊은이도 끼어 있었 다. 사실 두 사람은 나이도 비슷하다. 왈츠는 잘 몰랐지만 머리가 좋은 그는 금광에 도착 해서 상황을 판단해 본 후, 수 많은 경쟁을 치르며 금을 캐내는 일이 그리 쉽지 않은 것 을 깨닫고 다른 쪽에 눈을 돌렸다. 그는 많은 사람들에게 텐트 재료를 팔면 돈이 될 것이 라고 생각했다. 요즘으로 치면 틈새시장

리바이 스트라우스

---

* 인디고(Indigo): 지금은 천연이 아닌 합성염료가 대부분이다. '인류 최초의 합성염료' 참조

(Niche market)을 노린 것이다. 그래서 그는 텐트의 재료로 많이 쓰이던 면 캔버스원단을 가지고 왔다.

코팅하지 않은 면 원단은 원래 방수가 되지 않지만 밀도를 많이 박아서 탄탄하게 짜면 텐트로 쓸 수 있을 정도로 완벽하게 비를 막아준다. 비는 흐르기는 하지만 텐트 안으로 물이 떨어지는 경우는 없다. 비가 와서 물이 텐트위로 떨어지면 면의 셀룰로오스가 팽윤현상을 일으켜서 찌그러진 Lumen이 원통형으로 바뀌면서 부피가 커진다. 따라서 원사의 올과 올 사이에 있는 작은 구멍들이 아주 작은 크기로 메워진다. 그 결과로 텐트의 내부로 물이 흐를지언정 물이 텐트 내부로 떨어지지는 않는다.

100% 나일론으로 대체되기 전까지 사용되던 이 캔버스 텐트는 너무도 무거워서(비 맞으면 더욱 무거워진다.) 나일론이 나오자마자 즉시 교체되었다.

그가 열심히 텐트를 팔고 있던 어느 날, 한 광부가 자신들에게 필요한 것은 텐트보다도 튼튼한 바지라고 투덜대는 소리를 들었다. 통찰력이 뛰어난 리바이는 거기에 착안하여 텐트 원단으로 바지를 만들 것을 생각하게 되었다. 그리고 그의 착안은 무려 150년 간이나 그와 그의 자식들은 물론 손자들에게까지 대대로 부와 명예를 안겨주게 된다. 한 순간의 판단이 개인에게 150년간이나 영향을 미친 예는 그리 많지 않을 것이다.

반응은 폭발적이었다. 광부들은 모두 튼튼하고 질긴 리바이의 캔버스 바지를 찾게 되었고 그는 큰 사업을 일으킬 수 있게 되었다. 당시 그가 만든, 뽀빠이 바지라고도 불리는 Overall바지는 한 벌에 22센트였다. 사이즈는 별도로 없어서 Free size로 팔았다. 그래서 광부들은 옷을 구입한 후, 바지가 줄어들어서 몸에 맞게될 때까지 옷을 입은 채로 물 속에 앉아 있어야 했다. 70년대에 타이트한 청바지를 입기 위해서 또래의 젊은이들도 이런 짓을 한 적이 있다.

당시의 원단은 염색을 하지 않은 생지였고 따라서 그의 모든 바지는 어두운 아이보리 color였다. 사실 작업복으로는 어울리지 않는 밝은 색이었다. 염색이 필요했다. 당시는 아직 유럽에서 발명된 퍼킨스 (Perkins)*의 합성염료가 미국까지는 들어오지 못한 상태였다. 그래서 인도로부터 수입된 천연염료의 왕 '인디고'로 염색을 하였다. 푸른 인디고로 염색된 바지는 작업복으로 쓰기에 너무도 적절했기에 그의 바지는 더욱 날개 돋친 듯이 팔려나갔다.

본격적인 사업을 벌이게 된 리바이는 제품의 품질에 더 많은 신경을 쓰게 되었고 당시에 가장 품질이 좋다고 알려진 프랑스의 님(Nimes)이라는 지역에서 면을 직접 수입하기로 했다. 그래서 이 캔버스 바지는 프랑스 어로 '님 산' 즉 De Nim으로 불리게 되었다. 그런데 인디고로 염색을 하자 다른 문제가 생겼다. 청바지를 입고 땀을 흘리면 인디고 염료가 흘러나와서 다리를 온통 푸르게 만들어 버리는 것이었다. 이는 불용성 염료인 인디고가 원단에 잘 염착되지 않아서 생긴 일이다. 요즘에도 우리는 이런 일을 가끔 겪는다. 결코 불량은 아니다.

그래서 그는 2가지 방법을 생각해냈다.

하나는 'Ring dyeing'을 하는 것이다. Ring dyeing이란 원사의 안 쪽까지 염료가 침투하지 못하는 상태로 원사의 표면만을 염색하는 기법이다. 요즘의 불변염료의 입장에서 봤을 때는 클레임감이다. 하지만 이런 방법으로 염료를 많이 사용하지 않고 광부들의 다리도 파랗게 물들이지

---

* William Perkins: 인류 최초의 합성섬유를 발명한 영국인

않게 할 수 있었다. 그러나 문제가 적어지기는 했지만 여전히 인디고 염료는 바지로부터 빠져나와서 광부들의 다리를 푸르게 만들었다. 추가적인 방법이 필요 했다. 그는 마침내 원단을 Twill로 짜고 위사는 염색을 하지 않는 기발한 방법을 생각해 냈다.

원단을 Twill로 짜면 원단의 Face는 주로 경사가 뜨게 되고 위사는 주로 뒷면으로 나타나게 된다. 이렇게 원사를 염색한 바지는 바깥 쪽은 아름다운 파란색이고 피부와 닿는 안 쪽은 대부분 염색되지 않은 흰색으로 남아있게 되어서 이제는 비오는 날 광부들의 다리가 파랗게 멍들지 않아도 되게 되었다.

리바이스가 바지회사를 설립한 후 25년이 지났다. 다른 불평이 생겼다. 그것은 광부들이 주머니에 원광을 넣으면 무게를 이기지 못해서 자꾸 주머니 부분이 찢어져 버린다는 것이었다. 고심을 하고 있던 차에 라트비아(Latvia)에서 온 한 이민자가 리바이스 회사로 편지를 한 장 보내게 되는데 이것이 청바지의 신기원을 이루게 되는 중요한 역할을 하게 된다.

이름도 알려지지 않은 이 사람은 편지와 함께 대갈못(리벳)으로 주머니 부분을 박은 바지 두 장을 보내면서 리바이스에서 이 바지의 특허를 당시 바지의 300벌 값인 68불에 살 것을 요청했고 리바이스는 전격적으로 이것을 받아들이게 된다. 이후 주머니와 연결하는 바지가랑이 부분을 대갈못으로 박게 되었고 녹이 슬지 않도록 구리로 만든 대갈못을 사용하게 되었다. 이 때부터 리바이스 청바지의 커다란 라벨에는 'Original Riveted' 라는 말이 125년이 지난 지금까지도 쓰여있다.

재미있는 일은 당시의 카우보이들도

청바지를 즐겨 입었는데 팬티가 없던 당시에 속옷을 입지 않고 지내던 카우보이들이 캠프파이어를 하려고 불 주위에 앉아있다가 구리 대갈못이 캠프파이어의 불에 달궈져서 중요한 부분을 데는 사고가 자주 생기면서 대갈못은 바지가랑이 부분에서는 사라지게 되었다.

리바이스 청바지의 뒤쪽에 달린 커다란 라벨을 자세히 보면 두 마리의 말이 바지가랑이의 한 쪽씩을 물고 있고, 각각의 말을 마부가 채찍질하며 찢어지는지를 시험하는 그림이 있다. 바로 인열 강도의 시험에서 트래피조이드(Trapizoid) 방식으로 찢고있는 그림이다. 이렇게 하면 텅(Tongue)법으로 찢는 것 보다는 훨씬 더 찢기 어렵게 된다. 그 때 그는 벌써 그런 사실을 안 것일까?

리바이는 튼튼함의 상징으로 이렇게 말 두 마리가 잡아당겨도 찢어지지 않는다는 형상을 브랜드로 채택하여 우리나라에서는 60년 대에 리바이스 청바지를 '쌍마' 라고 하기도 했다. 심지어는 '쌍마' 라는 이름의 데님을 생산하는 회사까지 생겨났다. (여의도에 있었다.)

리바이가 데님을 만들기 시작한 후 30년이 지나 합성 인디고가 발명되면서 청바지는 150년 동안이나 지속적인 수요를 누리는, 세계에서 가장 많이 팔린 옷으로 기록되기에 이르렀다.

1933년, 마침내 여자들도 청바지를 입기 시작하게 되었고 리바이는 거부가 된다. 우리나라가 일제 치하에 있던 1917년에 만들어진 Levi's Strauss 501이라는 상표는 86년이 지난 지금까지도 사용되고 있다.

데님은 종류가 상당히 많은 것 같지만 80% 이상은 2가지의 중요한 축으로 되어있다. 하절기 용의 11oz와 동절기 용의 14oz가 그것이다.

11oz는 10×10, 80×50이고 14oz는 7×7, 68×42의 스펙이다. 그 밖의 것들은 변형 스펙이라고 보면 된다.

최근 Google이 Levi's와 손잡고 Jacguard Project라는 신개념 소재와 의류를 계획하고 있다. 그들의 변신이 놀랍다.

Velvet 이야기

05 Holiday시즌의 벨벳은 대단했다.

마치 폭풍처럼 오더가 몰아쳤고 그에 따라 발생한 많은 Quality상의 문제와 납기 때문에 애를 먹었다. 우리 회사만 해도 250만y 정도의 벨벳 오더를 받아서 소화했고 그 중 대부분이 늘 팔리던 면 벨벳이었지만 그 밖에 약간의 실크 벨벳과 레이온 벨벳 그리고 Burn out들이 뒤를 이었다. 특히 새롭게 출시된 실크 벨벳의 저렴한 버전인 N/R 벨벳*도 일약 40만 정도가 수주되어서 벨벳매출의 다양성에 기여하였다.

면 벨벳은 06F/W에도 초강세를 유지할 예정인데 벌써부터 Space를 잡기에 여념들이 없는 모습이다. 이미 지난 시즌 수요가 공급을 2배 이상 초과하여 쟁탈전을 벌일 정도였으므로 올해는 현찰을 주고라도 미리 생지구입에 나설 것이다.

면 벨벳은 가공 Capacity는 남아돌지만 생지 공급이 부족하기 때문에

이런 품귀현상은 당분간 계속될 예정이다. 사실 시중에는 많은 생지가 돌아다니고 있지만 미국 바이어들의 표준(Requirement)에 부적격인 생지들이 많아서 실제로 사용 가능한 생지는 극히 제한적이라고 할 수 있다.

---

* N/R Velvet: Nylon/Rayon velvet, Ground가 나일론, 파일이 레이온으로 된 벨벳

금년은 시작부터 공급 부족사태로 상당량의 부적격 생지가 유통되어 많은 바이어들이 고통을 당한 것으로 믿어지고 있다. White color의 오염문제는 우리에게도 많은 문제를 초래한 골치덩어리로, 특히 지난 시즌에 White velvet이 강 Trend를 형성하여 velvet 역사상 가장 많은 White velvet이 발주 되었다.

실제로 백설처럼 하얀 벨벳으로 만든 재킷은 디자이너들에게 뿌리칠 수 없는 매력으로 다가온다. 눈처럼 하얀 벨벳은 대단히 아름답고 매혹적이지만 오더를 발주하기 전에 아스피린은 미리 준비하여야 한다. 중국의 염색 공장에서는 아무리 주의를 기울여도 White velvet을 수정처럼 깨끗하게 관리하기에 역부족이다. 소극적인 몸부림의 일환으로 White color에 한하여 가격을 올리는 고육지책을 써도 문제는 해결되지 않고 있다. 생지와 가공, 둘 모두에서 특별한 관리가 필요하기 때문이다.

다음 시즌에는 이 문제를 해결하기 위해 특단의 대책을 준비하려고 하는데 만약 실패했을 경우 White 벨벳가격이 인상될 것은 뻔한 일이다.

면 벨벳은 매우 다양한 종류가 이번 Holiday 시즌에 선 보이고 있는데 바이어들은 얼핏 똑같아보이는 각 Quality들 간의 차이가 뭔지 궁금해한다.

첫째, 각 아이템들의 차이는 중량이다. 밀도가 많고 적음에 따라 가벼운 것은 280g부터 무거운 것은 370g까지 다양하고, Light한 것들은 Non Stretch 일 경우, 2불 대에도 상당수의 Quality들이 포진하고 있다. 하지만 Non stretch는 가격이 싸다는 장점이 있지만 생산량이 적어서 늘 공급이 부족한 아이템에 속한다. 제직 공장들이

White Velvet

채산이 맞지 않다는 이유로 생산을 꺼려하기 때문이다. 따라서 되도록 Stretch quality를 고르는 것이 납기적인 면에서 유리하다. 금년에 Non stretch를 발주한 바이어들의 상당수가 납품 불이행(Non delivery) 사태에 직면하였다.

사용원사의 종류는 30수부터 40수, 50수, 60수가 쓰이며 당연히 50수나 60수 쪽을 쓴 쪽이 표면이 더 곱고 Hand feel이 Soft해지는 대신 더 비싸진다. Spandex가 들어가면 최소 가격대가 3불대로 비싸지며 더구나 폭은 42/3"가 된다. Non stretch 라도 면 벨벳에서 대폭을 보기는 상당히 어렵다. Listing 등, 관리상 문제가 많기 때문에 극히 제한된 수량만을 생산하고 있기 때문이다. 따라서 소폭 혹은 대폭도 가능하다는 옵션을 붙여서 발주하는 것이 현명하다.

사실 중국산 면 벨벳은 중국만이 생산하는 독특한 저가 제품으로 국내에서는 비교 대상이 되는 아이템이 전무하다. 국내에서 유일하게 면 벨벳을 생산하는 영도 벨벳은 가격이 8~9불 대를 호가할 정도로 중국과는 차원이 다른 고급 제품이다. 용도 또한 의류보다는 산업용으로 더 많이 사용된다. 과거 새마을호 기차의 좌석 시트가 영도 벨벳이라는 것을 아는 사람들은 많지 않다. (KTX는 어떤지 확인 해 보지 않았다) 중국산 생지를 들여와서 국내에서 가공하는 quality도 있다. 하지만 늘어나는 비용과 리스크에 비해 부각될만한 큰 장점은 없어 보이므로 작은 수량을 발주하는 Better급 이상의 고급 바이어에게 추천할 만 하다.

중국산 면 벨벳은 바이어들이 종종 면 벨벳틴(Velveteen)과 혼동하는데 벨벳은 경사에 별도의 경사를 추가하여 파일을 형성하는 경 파일직물이고 이중지이다. 하지만 벨벳틴은 Corduroy와 같은 구조로 위사에 별도의 위사를 더 집어넣어 만든 위 파일 직물이다. 골(Wale)이 가늘어서 보이지 않기 때문에 벨벳처럼 보이지만 두 원단의 차이점은 바로 Pile의 길이이다. 벨벳의 파일이 벨벳틴보다는 조금 더 길기 때문에 벨벳틴과는 다른 차원의 북실함과 Volume감을 느끼게 한다. 소비자의 입장에서는 그 차이를 느끼지 못할지도 모르겠다.

벨벳틴도 코듀로이처럼 당연히 wale이 있다. 대개 28wale 이상이 되는데 stretch를 사용하면 35wale까지도 올라간다. Stretch가 되면 Pile의 밀도가 풍부해지고 두꺼워지기 때문에 35골(wale) 정도가 되면 사실상 벨벳과의 구분이 어려워지게 된다.

최근 일부 바이어들이 벨벳틴을 Uncut corduroy라고 표현하는데, 이는 잘못된 것이다. 원래 Uncut corduroy는 코듀로이의 Wale일부를 자르지 않고 두어서 Dobby효과를 보려고 한 것인데 코듀로이 부분을 Uncut 상태로 두면 Pile이 되는 대신 미 완성의 두둑, 마치 실패에 실을 감아놓은 부분처럼 보이게 된다. 물론 일부를 그런 상태로 쓸 수는 있지만 그 부분은 마찰에 약해서 수 차례의 세탁 후에는 문제가 생길 수도 있다. Uncut을 형성하는 한 골의 넓이는 Cut된 골의 두 배에 해당하기 때문이다. Uncut-corduroy라고 바이어들이 부르는 것은 Wale*이 보이지 않는 벨베틴의 특성 상 그것이 Pile을 Cutting하지 않아서 만들어졌을 것이라고 착각한 때문에 생긴 오해라고 생각된다.

실크 벨벳은 이태리 제품을 제외하면 국내의 영도마저도 생산하기 어려운 중국만의 독특한 아이템으로 역사가 상당히 오랜 제품이다. 이름은 실크 벨벳 이지만 실제로 실크는 겨우 18%로, Ground를 구성하고 있으며 나머지 82%는 Pile을 형성하고 있는 Viscose Rayon이다. 따라서 Rayon 벨벳은 Ground와 파일 모두가 Rayon이 되므로 100% rayon이 되고 N/R 벨벳은 그라운드가 나일론이고 파일이 레이온인 벨벳이다.

이 세가지 벨벳의 파일은 모두 같은 소재인 비스코스 레이온이므로 각각의 표면, 즉 Pile의 감촉은 같다. 다만 그라운드를 형성하는 소재가 다

---

* Uncut보다는 Unwale이 더 어울린다.

르다는 차이가 있다.

이 차이는 원단의 Drape성으로 나타난다. Rayon ground는 Drape성은 나쁘지 않지만 실크에 비해 미끄럽고 굵은 원사를 쓸 수밖에 없으므로 밀도가 성기고 불량이 많이 발생하여 조악해 보인다. 드레스*로 쓰기는 불가능 하며 반바지나 스커트 정도의 용도로 사용 가능하다. Crush(크러쉬) 가공을 하여 결점을 숨기고 사용하는 경우도 많다. 원래 나일론은 Hand feel이 뻣뻣하여 실크 벨벳과는 동떨어진 Quality였지만 Soft가공이 개발되어 최근 생산되는 N/R은 Drape성이 실크의 80%까지 개선된 제품이 나오고 있다. 가격은 당연히 환상적이다. Quality는 미국의 Jones나 영국의 M&S 등이 사용할 수 있는 수준으로 올라오기는 하였지만 아직 그라운드상의 많은 문제점을 보이고 있으며 그라운드가 실크보다는 나쁘기 때문에 실제 봉제 작업을 진행할 때는 용도에 따라 다르지만 대략 15~20%까지는 Loss를 감안하고 사용해야 한다. 그런 조치가 뒤 따르지 않으면 양자간 필연적으로 고통을 수반하게 되므로 벨벳 작업을 해보지 않은 봉제 공장에서는 그런 사실을 미리 염두에 두어야 한다.

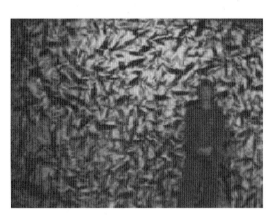

Crushed velvet

다만 그런 문제에서 완전하게 자유로워지는 방법이 있다.

그것은 바로 Vintage quality로 벨벳을 일부

---

* 불량을 피해서 Cut하기 어렵고 따라서 Dress나 Coat 같은 Cut panel은 매우 크기 때문에 원단에 불량이 없어야 한다. 그렇지 않으면 막대한 Loss가 발생한다.

Crush해서 쓰는 것이다. Crushed 벨벳과는 차원을 달리하는 제품인데 Ground를 완전히 뭉개버리는 것이 아니라 약간의 자연스러운 Crease를 잡는 정도로 가공한 Quality이다. 그렇게 되면 표면의 열악함이 커버되어 일석이조의 효과를 거둘 수 있다. 작년에 이태리에서 이런 Quality를 선보인 적이 있었는데 금년까지도 강세를 유지할 것으로 보인다. 우리는 이번 시즌*에 Vintage velvet의 개발을 서두르고 있다.

Crushed를 비롯하여 Enzyme washed, Garment aero washed 등이 그것들이다. 우리가 이번에 새롭게 선보인 면 벨벳의 Novelty 라인은 샴브레이(Chambray)효과, 멜란지(Melange), Iridescent 벨벳, Printed, Embossed, Bias, Rayon mixed, Slubby 등이다. 그 중 바이어들에게 가장 인기 있었던 Novelty item은 샴브레이 벨벳이었다.

---

* 이 글은 2005년에 쓰였는데 이후 시즌의 velvet은 갑자기 수요 절벽을 만나 또다시 많은 사람들을 절망에 빠뜨렸다.

인류 최초의 합성 염료

따뜻한 봄날의 일요일 아침이다. 오후에는 영상 20도까지 올라간다고 하니 공원에 인라인 스케이트라도 타러 나가봐야 하겠다. 자유로를 달리는 성산대교 근처의 개나리들은 아름답고 선명한 노란색을 자랑하기 시작했다. 남산도 곧 온통 황제의 색, 파장 600 나노미터인 노란색으로 뒤덮일 것이다. 금년 SS의 Color Trend는 Yellow와 Grey이다.

21세기인 지금 세상은 온갖 종류의 아름다운 형형색색들로 넘쳐나고 있다. Colorful한 이 세상은 진정한 축복이다. 그러나 축복받은 colorful한 세상을 즐길 수 있는, 색을 인지할 수 있는 포유동물은 인간과 몇몇 원숭이 종류인 영장류뿐이다.

망막에 원추모양의 세포가 전혀 없는 기돌이와 기순이는 우리와는 전혀 다른 흑백의 기니피그(Guinea pig)세상에서 살고 있다. 물론 그들에게는 원추세포는 없지만 대신 인간보다 20배나 더 많은 2억 개의 후각 수용체가 있어서 1000배에서 100만 배는 더 발달한 후각으로 아무 냄새도 맡지 못하는(그들 기준으로) 인간 보다 훨씬 더 예민하고 정교하며 경이로운 환상의 후각세계에서 살고 있으니 불쌍하다고 걱정할 필요는 없다. 우리가 쓸모 없는 것들의 냄새를 맡지 못하는 것처럼 그들은 단지 쓸모 없는 것들을 보지 못하는 것일 뿐이다.

여러분들이 남자친구의 흔적을 좇아 어젯밤 남자친구가 돌아다녔던 술집들과 카페들을 단지 냄새만으로 좇아다닐 수 있다고 상상해 보라.

그것은 지금과는 완전히 다른 또 하나의 경이로운 세상일 것이다. 침대에서 20M나 떨어진 재스민의 향기로 아침을 깨고 부엌에서 나는 따스한 효모냄새가 나는 방금 구운 빵의 냄새를 맡고 배고픔을 느낀다.

앞집의 화단에서 나는 신선한 튤립의 냄새로 뒷집 여자와 튤립구근의 원산지에 대한  얘기로 화제의 꽃을 피운다. 그것이 아름다운 후각의 세계이다.

사실 인간과 다른 생명체를 구분하는 목록을 작성하라고 한다면 그 1위가 바로 후각일 것이다. 우리는 냄새를 평소에는 잘 자각하고 있지 않지만 냄새는 모든 것의 뒤에서 아주 풍요로운 배경으로 존재하고 있다. 내가 어렸을 때의 가장 큰 공포는 바닷가에 날 혼자 내려놓은 채 어머니가 배를 타고 멀리 떠나가는 것이었는데 그 때의 공포 속에서도 후각에 스며든 다시마와 청각의 냄새, 구린내를 풍기는 말라빠진 생선들과 소라가 뒤섞인 바다의 냄새는 당시의 공포를 재현하는 촉매의 구실을 한다. 그래서 지금도 바다 냄새는 어머니가 어린 나를 혼자 두고 떠나가는 공포의 상징으로 기억 속에 자리하고 있다. 일산의 호수공원을 가로지르는 육교 위에서 허름한 야구모자를 뒤집어 쓴 덥수룩한 아저씨가 뽑기를 팔고 있다. 설탕을 녹여서 소다를 넣어 부풀린 뽑기는 약간은 매캐하고 달콤한 설탕 타는 냄새와 뜨거운 소다가 뒤섞인 후각의 세계, 잊을 수 없는 망각의 저편 40여년 전 일곱 살 때의 세계로 나의 의식세계를 되돌려 놓기에 충분하다.

그만큼 후각의 세계*는 다양한 화학적 언어와 감각을 지니고 있다. 다만 우리가 그것들을 잊은 지 오래된 것이다. 그런 축복에서 제외된 인간은 그 대신에 망막 뒤에 존재하는 700만개의 원추세포(Cone Cell)를 사

---

*후각의 다른 특징은 시각과 달리 시제(tense)가 있다는 것이다. 후각은 과거와 현재의 시간을 구분한다.

Madder

용해서 무려 35만 가지의 색을 볼 수 있는 또 다른 은혜로운 혜택, 화려하고도 아름다운 시각의 세계에 살고 있다.

이렇게나 많은 색을 우리가 입고 있는 옷에도 자유자재로 표현할 수 있다. 35만 가지 이상을 말이다. 그러나 인류가 이렇게 옷의 color를 누구나 자유자재로 표현할 수 있었던 것이 오래전 일은 아니다. 불과 2세기 전의 세계만 해도 지금과 같은 멀티 컬러(Multi color)의 우아한 세상과 거리가 멀었다. 당시는 회색과 검은 색의 단조로운 칙칙한 세계였다는 것을 상상할 수 있을까? 인류가 합성 염료를 만들기 전의 세상에는 천연염료만이 존재했다. 겨우 150년 전만 해도 인류가 갖고 있던 주요한 염료는 손가락으로 셀 수 있을 정도로 단순한 몇 가지에 불과했다. 그 중 가장 유명한 것이 바로 인디고이다. 인디고는 당시의 푸른 색을 대표하는 염료의 왕이었다.

그리고 붉은 색을 대표하는 색은 매더(Madder)로 우리에게는 조금 낯설지만, 신장과 방광의 결석을 녹인다고 알려진 다년생 풀인 꼭두서니라는 약초의 뿌리에서 만들었다. 꼭두서니는 중국의 주나라에서도 사용된 천연염료이다.

이 밖에도 여러가지 다른 색의 천연염료가 존재했지만 그것들의 대부분은 구하기가 힘들었고 염색을 하기는 더 더욱 힘들었다. 견뢰도는 말할 것도 없이 형편 없었다. 옷에 선명한 색상을 낸다는 것은 당시에는 꿈속의 이야기에 불과했다. 손톱에 물들인 봉숭아 물처럼 수채화 물감의 색 같은 흐릿한 색들이 대부분이었다. 그런 염료나마 구하기가 매우 어려웠다. 이렇게 염료가 귀했던 만큼 평민들은 색깔이 있는 옷을 입는 것이 불가능했고 귀족들이나 부자들만이 색상이 있는 옷을 입을 수 있었

196

다. 사실 귀족들에게도 선명한 색상의 염료들이 구하기 힘든 귀물인 것은 마찬가지였다.

인류는 천 년이 넘는 동안 옷의 염색을 천연염료에 의존했고 그 염료들은 정말로 구하기가 힘든 것들이었다. 이것이 바로 합성염료가 나오게 된 동기이다. 필요는 발명의 어머니이다.

예를 들면 보라색 같은 내기 어려운 색은 옷을 염색할 수 있는 정도의 양을 얻기 위해서 엄청난 비용이 들었다. 색이 선명한 보라색은 지중해에 있는 연체 동물인 '뮤렉스 트룬클루스' *라는 뿔 고동에서 만들었는데 이른바 동물염료인 것이다. 겨우 1g의 염료를 얻기 위해서 1만 마리의 트룬클루스의 희생을 필요로 했다. 그러니 귀족의 옷 한 벌을 염색하려면 아마도 바닷가에 작은 패총이 하나씩 만들어져야 했을 것이다.

동물염료로 가장 유명한 것은 코치닐(Cochineal)이라는 염료인데 진홍색을 만들 수 있다. 코치닐은 사보텐(선인장의 한 종류)에서 기생하는 벌레로부터 구할 수 있었는데 1oz의 염료를 얻기 위해서는 1만7천마리라는 엄청난 양의 벌레를 잡아야 했다. 이처럼 구하기 힘든 선명한 붉은 색이나 보라색이 귀족이나 황제의 권위를 나타내는 색으로 쓰이게 된 것은 당연하다 할 것이다.

코치닐

지금의 우리는 recipe만 있으면 염색 공장의 배색실에서 자동으로 척척 합성 염료를 배합해서 원하는 수천 수만 가지의 색을 만들어 낸다. 바가지로 퍼서

---

* 뮤렉스 트룬클루스(Murex trunculus): 뿔 고동 1만2천여마리에서 겨우 1.5g의 염료를 추출할 수 있다. 당시 로마 황제의 보라색 망토 한개의 가격이 대저택과 맞먹을 정도였다고 한다. 이 보라색의 이름은 Royal purple이라고 한다.

배색을 하는 경우도 있고 컴퓨터와 기계로 자동배색(CCM)을 하는 경우도 있다. 어느 경우이든 색을 내는데 큰 제약은 없다. 당시에 옷 몇 벌을 염색하기 위해서 시도했던 천연 염료의 배합과정이 얼마나 힘들었는지 한번 살펴보자. 푸른 색의 염료 한가지를 얻기 위해서 대청(인디고가 나오기 전에 유행했던 염료) 500파운드, 매더 5파운드, 충충나무와 밀을 뺀겨 한 묶음, 녹반 4파운드, 마른 소석회 4분의 1부대가 들어있는 큰 통을 준비해야 했고 이것을 만드는 방법은 책으로 3페이지에 걸쳐서 그 제조 방법이 장황하게 소개되고 있을 정도로 염료를 만드는 일은 어려운 일이었다.

이렇게 힘들게 얻어진 염료라고 해도 겨우 100Kg의 푸른 모직을 염색할 수 있는 정도의 빈약한 것이었다. 그것도 두 달 걸려서 말이다. 차라리 흰 옷을 입고 말겠다고 생각할 정도로 고되고 힘든 작업이었던 것이다. 이렇게 어렵게 얻은 염료들도 견뢰도, 특히 세탁과 일광 견뢰도가 나빠서 몇 번만 입으면 금방 색이 바래 헌 옷과 새 옷의 차이가 극명하게 드러나는 그런 조악한 품질의 것이었다.

우리가 백의 민족이었다는 것은 우리 민족의 역사에 다양한 염료가 발명 되지 않았고 동 서양을 막론하고 염색을 하는 일은 아주 어려운 일이었다는 사실을 증명하고 있다.

그러나 과연 흰색의 옷이나마 만드는 것은 쉬운 일이었을까?

지금이야 산소계 표백제나 환원 표백제가 흔해 자빠진 세상이고 옷을 희게 만들고 싶다면 얼마든지 그렇게 할 수 있다. 그러나 유럽은 18세기만 해도 1785년에 프랑스의 화학자 베르톨레(Berthollet)가 염소로 원단을 표백하는 방법을 알아내기 전까지 표백은 염색 못지 않게 어려운 일이었다.

당시에 서민들 대부분의 의류 소재인 질기고 거친 아마포는 생지가 회색이었고 면은 알다시피 누런 색이다. 이 원단들에 표백을 하는 방법은 오래된 오줌과 묽은 황산 그리고 상한 버터밀크, 즉 요구르트에 해당하는 것들(모두 산성분이 있는 것들이다.)에 원단을 담근 뒤 햇빛에 말리는 일을 반복하는 것이었다. 원단을 표백하는 일은 끔찍하게 긴 납기가 고역인 중노동이었다. 아마포는 표백하는데 장장 6개월, 면직물은 3개월이 걸렸다. 따라서 당시에 아주 깨끗해 보이는 화사한 흰옷은 귀족들에게만 주어진 부귀와 명예를 상징하는 귀한 것이었다. '올리버 트위스트' 같은 영화에서 접할 수 있는 18세기 이전 유럽 서민들의 생활상은 칙칙하고 어두운 무채색으로 일관된 단일 계통의 색상이 지배하는 흑백의 세계였을 것이다.

서민의 세계는 단색의 세계 그리고 귀족의 세계만이 다양한 색상이 있는 컬러의 세계였다. 그나마 그런 컬러의 세계도 시시각각으로 변하는 컬러의 세계이다. 오늘날처럼 눈부시게 밝은 붉은색이나 보라색 톤의 파티복은 그 드레스가 파티를 하는 몇 시간 정도만 선명함을 유지할 수 있어도 경이로운 뉴스가 될 정도로 견뢰도가 형편없는 것들이었다.

인류가 이토록 우아하고 아름답고 colorful한 세계를 이룬 것이 그렇게 먼 옛날의 일이 아니다. 요즘의 우리는 온갖 종류의 소재로 된 옷을 싼 값에 입고 있지만 당시는 어떤 소재가 있었을까?

유럽은 오늘날 벨기에의 플랑다스 지방을 중심으로 발달한 모직공업이 있었고 이들 상인 때문에 영국과 프랑스는 백 년 동안 전쟁을 벌이기도 했다. 당시의 귀족들은 그래서 모직물의 옷을 입었다. 실크도 당시에는 발달한 섬유공업상품 중의 하나였다. 귀족들은 여름에는 실크를 입고 겨울에는 모직을 입었을 것이다. 서민들은 어떤 소재를 입었을까? 바로 마직물이다. 아마도 Ramie를 포함한 모든 마직물의 종류일 것이다. 여름에는 시원하고 좋았겠지만 항상 구겨져 있으며 열전도율이 큰 마직물을 꽁꽁 얼어붙은 겨울에도 입고 다녔으니 얼마나 겨울이 추웠을까?

마직물의 역사는 대단히 오랜 것이다. 그런데 17세기의 유럽에 정말로 신기한 물건이 들어왔다. 그것은 인도를 통해서 들어온 Cotton! 바로 면직물이었다. 면직물은 부드럽고 세탁도 쉬우며 마에 비해 구김도 덜 가고 염색도 잘 되었다. 특히 면직물에 롤러(Roller)로 프린트를 하는 기법이 발명되어, 들어오자마자 유럽에서는 선풍적인 인기를 끌었다. 최초의 기계적인 프린트는 스크린(Screen)이 아니고 Roller print였다.

이렇게 인류가 천 년 동안이나 힘들고 비싸게 옷에 물을 들이고 있던 시기에 영국에서 태어난 윌리엄 퍼킨(William Perkin)이라는 재주꾼이 인류로서는 최초의 합성염료를 개발하게 된다. 다른 대부분의 발명이 그랬듯이 우연한 발견이었다.

이 사람이 염료를 개발하게 된 역사적 배경에는 두 개의 중요한 키워드가 있다. 그것은 말라리아(Malaria)와 가스등이다. 말라리아라고 하면 지금은 아무것도 아닌 병 같지만 21세기인 이 순간에도 말라리아로 죽는 사람이 1년에 수십 만 명도 더 된다.

윌리엄 퍼킨

지금은 말라리아의 치료약인 퀴닌(Quinine)*이 값싸게 생산되고 있지만 1,800년대만 해도 이것이 발견되지 않았고 발견 후에도 매우 귀해서 영국이 식민지 경영을 단지 말라리아 때문에 포기해야 할 정도로 말라리아는 심각한 질병이었다. 인도는 말라리아 때문에 전 국토의 개발이 정체상태에 있었고 아시아나 아프리카뿐만이 아니라 유럽이나 미국의 일부 지역도 말라리아로

* Quinine: 예전에는 키니네라고 불렀다.

부터 고통받고 있었으며 당시 매년 2천 5백만 명이 이 병에 걸려 2백 만 명이 사망하는 지상 최대의 무서운 질병이었다.

당시 영국의 밤을 밝히는 조명은 석탄을 증류하여 얻은 천연가스로 만든 가스등이었다. 이 가스등을 이용하여 19세기 유럽의 중산층은(결코 서민은 아닌) 밤늦게 여흥을 즐기고 책을 읽을 수 있었으며 제한되기는 했지만 나름대로 아름다운 색깔의 패션을 자랑할 수 있었다. 가스등이라고 하면 안개에 싸인 런던의 밤거리를 상상하며 로맨틱하게만 생각하겠지만 이로 인한 부산물인 콜타르와 암모니아가 매년 수백만 톤이 쏟아졌고 이렇게 만들어진 대부분의 콜타르가 공해에 대한 이해와 지식이 별로 없던 암흑의 시대에 모두 어디로 보내졌을까? 이 부산물들은 그때 마침 생겨난 철도 침목의 부식 방지제로도 쓰였지만 대부분은 바로 강으로 버려졌다. 공업이 막 발달하기 시작한 18~9세기 사람들의 건강상태가 짐작이 간다. 그래서 이 공해물질을 이용하여 뭔가의 합성물질을 만들기 위한 시도가 계속되었고 수많은 유기 화합물의 주원료인 콜타르를 연구한 끝에 다양한 화합물을 합성할 수 있었다. 그 중 일부가 인디고의 푸른 색과 비슷하여 포르투갈어로 인디고를 뜻하는 아닐린(Aniline)이라는 이름으로 불리게 되었는데 이 아닐린의 분자구조가 퀴닌(Quinine)과 상당히 유사하다는 사실을 발견한 당시의 화학자들이 귀하디 귀한 퀴닌을 콜타르로부터 합성하려는 시도가 여러 곳에서 이루어졌던 것이다. 쓰레기로부터 귀한 약을 합성하려는 시도는 분명 일종의 연금술이었다.

그런데 사실 모든 유기물질은 대부분 모두 탄소와 수소 산소 그리고 황 같은 성분이다. 그 모든 것들은 아주 약간씩만 달라도 엄청나게 다른 성질을 보였지만 퀴닌 아닐린은 산소분자 2개 정도의 조성만 틀렸기 때문에 당시의 열악한 화학지식과 빈약한 원리로도 충분히 만들 수 있다고 생각한 것이다.

이런 혼란의 와중에서 퍼킨은 인류최초의 합성염료인 아름다운 보라색 Mauve를 발견해낸 것이다. 이 보라색은 순식간에 전 유럽의 모든 여성들을 사로잡았다. 이렇게 모브를 시발점으로 해서 독일과 영국 그리고 프랑스와의 사이에 합성염료의 개발경쟁이 치열하게 이루어졌다. 모브는 염료 그 자체뿐만이 아니라 많은 화학제품을 양산하게 된 계기도 되었다. 약품과 향수 심지어는 폭약과 사진술에 이르기까지 인류의 빈약하고 정체된 화학을 한꺼번에 뒤 흔들어 놓은 계기가 되었다. 다른 것도 아닌 합성염료가 이 모든 것의 시발점 역할을 했으며 인류역사에 지대한 공헌을 한 것이다. 겨우 18세라는 어린 나이에 이루어낸 모브의 발명은 젊은 나이에 현대의 개인용 컴퓨터를 개발하고 Apple사를 창업한 스티브 잡스(Steve Jobs)가 이루어낸 혁명에 비견된다.

단 몇 종류밖에 없던 세상의 염료는 모브로 인하여 50년 새에 2천 가지나 쏟아지게 된 기폭제가 되었다. 어디서? 바로 석탄에서 말이다. 검은 석탄, 그것도 시커먼 콜타르에서 그토록 아름다운 보라색이 나올 수 있다는 사실이 당시에는 매우 경이로운 일이었다. 모브는 견뢰도마저도 좋았다.(당시의 천연염료에 비해서 말이다) 그래서 귀족만 입을 수 있었던 색깔 있는 옷의 대중화를 이끌게 된 것이다. 흑백의 모노톤 세계에 살던 서민들은 비로소 귀족들만의 세계인 유색의 세계로 또 다른 삶을 살 수 있게 되었다. 지금 우리가 사용하고 있는 모든 합성염료는 모브에서 출발한 것들이다.

퍼킨은 모브의 양산을 위하여 스스로 공장을 지어 생산을 시작했지만 당시에 합성염료의 개발에 참여했던 독일과 오스트리아의 회사들인 Ciba나 Geigy 또는 획스트 아그파(Agfa), 바스트(BASF), 아스피린으로 유명한 바이엘(Bayer)같은 회사들은 150년이 넘는 지금까지도 생존해 있다.

처음 모브는 당시의 3대 섬유인 양모와 아마 그리고 실크중, 부자들이 입는 실크의 염색에 치중했다. 그러다 보니 대중성이 떨어졌다. 그런데 마침 유행하기 시작한 면직물과 때를 맞추어 면직물을 염색할 수 있게 되면서 선풍적인 인기를 구가하게 된다.

당시의 면직물은 상류사회에서도 대단한 인기몰이를 했고 마침내 자국내의 실크산업을 위협하게 될 정도가 되자 프랑스는 국내에서 면직물의 옷을 입은 사람들을 단속하기에 이르렀다. 이에 따라 귀족들은 마차를 타고 이동할 때는 실크를 입고 가다가 파티장에 도착하면 유행하는 면직물의 드레스로 갈아입는 진풍경을 연출하였고 프랑스 정부가 다시 면직물을 입는 것을 허용할 때까지 무려 75년 간이나 이런 일이 계속되었다.

모브는 오늘날의 기준으로 보면 염기성염료에 해당된다. 염기성 염료는 다른 말로 카티오닉(Cationic)염료라고도 한다. 동물성 섬유, 특히 실크를 염색하는데 뛰어나다. 다만 염기성 염료는 사실 최근의 다른 염료에 비해서 견뢰도는 떨어지는 편이지만, 요즘은 극히 뛰어난 일광견뢰도 때문에 아크릴의 염색에 가장 많이 쓰인다. 이 염료는 면에는 바로 염착이 되지 않는다. 감에 있는 탄닌(Tannin)이라는 떫은 맛을 내는 매염제를 써야만 가능하다.

모브의 발견에 힘입어 두 번째 합성 염료가 만들어지는데 이 염료는 선명한 붉은 색이자 색의 삼원색 중 순수한 붉은 색으로 불리는 바로 마젠타(Magenta)이다. 마젠타는 오늘날도 많이 유행되고 있는 'fuchsia' 라는 이름으로도 불린, 인류가 만든 2번째의 합성 염료이고 이것을 시발점으로 위에서 열거한 염료 회사들의 본격적인 경쟁이 시작된다.

이 경쟁의 승자는 물론 독일이다. 지금은 다이스타(Dyestar)라는 이름으로 합병된 Basf와 획스트가 유명하고 Ciba와 Geigy는 합병하여 시바가

이기라는 새로운 이름으로 현재 스위스로 옮겨가 활동하고 있다.

모브를 발명하고 15년 뒤, 퍼킨은 당시 붉은색을 내던 염료인 매더 (Madder)를 합성으로 만들어낼 연구를 하게 되고 마침내 성공한다. 그 붉은 염료의 이름은 '알리자린 레드'였다. 이로써 매더라는 천연염료도 역사 속으로 사라지게 되었다. '알리자린 레드'가 마젠타와 다른 것은 알리자린 레드는 합성으로 만든 Madder라는 것이다.

즉, 합성하기는 했지만 천연과 그 분자가 똑 같은 물질이라는 면에서 구별된다. 반면에 모브나 마젠타는 지구상에는 없던 물질을 사람이 합성해낸 것이다. 그러나 당시 염료의 왕은 인도에서 건너온 인디고였다. 처음 인디고가 나오면서 유럽에서 많이 사용되던 푸른색을 내는 염료인, 견뢰도가 인디고 보다 훨씬 못한 대청(大靑 양귀비목의 2해살이풀)이 몰락하게 되고 대청을 경작하던 농민들은 감자나 포도로 바꿔 심어야 했다.

인디고는 엄청난 인기를 끌었고 필요한 인디고를 얻기 위해서는 인도 전국토의 절반을 인디고를 경작하는데 써도 모자랄 지경이었다. 물론 청바지가 나오기도 전의 이야기이다. 인디고는 참으로 오랫동안 인류의 사랑을 받아오고 있다.

인디고도 마침내 120년 전인 1880년 Basf의 연구원인 아돌프 바이어라는 사람이 실험실에서 합성해 내기에 이른다. 이 합성염료도 알리자린 레드와 마찬가지로 인디고와 똑 같은 분자구조를 가진 천연염료의 합성물이다.

지금의 데님을 염색하는데 사용되는 인디고도 Dyestar로 합병된 Basf가 지금까지도 만들고 있는 합성염료이다. 진짜 천연 인디고는 Kg당 500불 이상을 호가하는 아주 비싼 물건이지만 사실 두 가지의 분자구조는 같은 것이므로, 천연 인디고가 비싸다고 하는 것은 보통의 소금인 암염에 비해 바닷물을 태양볕에 의해 말려서 만든 천일염이 건강에 좋다고 사기치는 소금 장사꾼의 홈쇼핑 광고와 별로 다르지 않다.

천일염이나 암염이나 97%가 Nacl인 것은 마찬가지이다. 전체 성분 중 소금이 97%에 달하지 못하면 아예 소금으로 인정되지 않기 때문이다. 소금을 구워도 마찬가지이다. 구운 소금도 Nacl이다. 합성 인디고는 현재 3가지 color가 있다. 가장 흔한 것이 Vat blue라고 알려진 고유의 인디고 색상이고 다른 하나는 sky blue의 옅은 색이다. 마지막으로 아주 진한 Black에 가까운 color도 있다. Black 데님은 흔히 황화(Sulphur) 염료와 혼합하여 쓰이기도 한다. 그렇다면 인디고는 무슨 계열의 염료일까? 인디고는 Vat염료에 해당한다. 그렇다고 Vat염료는 견뢰도가 나쁠거라고 짐작하지는 말아야 한다. 다른 Vat염료는 비싸고 반응성염료 보다 견뢰도도 훨씬 더 좋다. ('Vat와 황화염료에 대한 이야기'를 참조) 청바지의 물결이 전세계를 뒤덮은 21세기에 필요한 천연 인디고를 밭에서 구하려 했다면 전 세계 농토의 대부분을 인디고를 경작해도 모자랐을 것이다.

합성 염료로 촉발된 염료회사들의 경쟁으로 인하여 디프테리아 혈청이나 파상풍 약들을 비롯한 온갖 종류의 약들이 쏟아지게 되었고 치과에 가면 으시으시한 스테인리스 주사기 안에 들어있는, 아이들을 공포에 떨게 하는 국부마취제인 노보카인(Novocain)도 이때에 만들어진 약품이다. 그 유명한 ASA (Acetyl Salicylic Acid) 일명 아스피린도 당시에 만들어졌다. 이런 시도들은 마침내 화약과

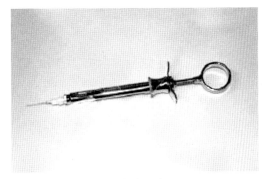

노보카인 주사

폭약에까지 영역을 확대하게 된다. 알프레드 노벨이 니트로글리세린으로 다이너마이트를 만든 것도 이때의 일이다. 또한 합성 향수의 역사도 여기서 비롯된다.

이런 경쟁에서 승리하여 화학 공업에서 영국과 프랑스를 누르게 된 독일이 세계 제 1차 대전을 일으키게 된 것은 어쩌면 당연한 일인지도 모른다. 단 한 사람의 발명 또는 발견이 이토록 인류의 발전에 영향을 끼친 적은 인류 역사를 통틀어 없었다. 그런데도 William Perkin이라는 이 위대한 이름은 오늘날 섬유를 하는 우리들 외는 아무도 알지 못한다.

한가지 재미있는 사실은 현재의 선진국들이 지금 잘 살게 된 배경에 선조들의 많은 희생이 점철되어 있다는 것이다. 인류의 산업발전에 기여하게 된 유럽의 이러한 화학 공업의 개발과정에는 수 많은 인명의 희생이 뒤따랐기 때문에 오늘날 후진국인 중국이나 기타 개발도상국들의 산업이 대신 그만큼 안전해졌다는 것은 아이러니한 일이다. 과거 수 많은 유럽의 화학자들이 독극물을 연구하느라고 납중독 또는 수은중독 등에 시달리다가 죽어갔고 오늘날 우리들은 그들의 혜택을 받고 있다.

로마의 상수도관은 납으로 만들어졌다. 덕분에 로마 시민들은 수도관 속에서 끊임없이 떨어져 나오는 납 분자가 몸에 축적되어 납 중독에 이르렀을 것이다. 그들은 은을 제련하기 위해서 은 무게의 수십 배에 이르는 납을 사용했는데 그 때문에 제련소 주변은 온통 납으로 뒤덮였을 것이다.

4세기의 로마시민은 거의 매일 포도즙을 마셨는데 그 포도즙을 만든 과정은 놀랍게도 포도와 일부 향료나 허브 등을 며칠씩이나 순수한 납 솥에 넣고 끓였다는 끔찍한 사실이다. 현대인이 이런 음료를 매일 마셨다면 한 달도 못 가 납중독에 걸렸을 테지만 당시의 로마인들은 싸파(Sapa)라고 불리는 그것을 하루에 1~5리터씩이나 마셨다고 한다. 때문에 로마 귀족들의 대부분은 말년에 심각한 납중독에 시달렸을 거라고 생각된다. 실제로 로마시대의 한 유골에서 엄청난 양의 납이 두개골에 박혀있다는 것이 확인되기도 했다. 납은 몸에 축적되면 결국 뇌로 옮겨가기 때문이다. 우리나라에서도 조선시대 어떤 처녀의 미이라가 발견되었는데 머리카락을 조사해보니 대량의 납이 검출되었다고 하여 화제가 된 적이 있다. 조선시대에 웬 납이 이렇게나 많았던 것일까?

최초로 비누를 발명한 르블랑의 공장에서 일 하던 사람들은 유독가스인 이산화황과 염산 때문에 중독되어 죽어갔다. 우리나라에도 무연휘발유*가 나온 지 얼마되지 않았지만 그것이 의미하는 것이 뭘까? 우리가 그동안은 유연휘발유를 사용해왔다는 것이다. 미국에서 가솔린의 노킹을 없애고 옥탄가를 올리기 위해서 만든 첨가제인 4에틸납(tetra ethyl lead)으로 인하여 많은 사람들이 납 중독에 무방비로 노출되었다.

40년 전만해도 우리들은 실제로 납이 가득찬 사회에서 살았다. 납땜으로 때운 깡통에 들어있는 통조림을 먹었고 심지어는 아이들의 분유깡통도 마찬가지였다. 상수도관도 일부 납땜이 되어 있었으며 물을 저장하는 물탱크도 마찬가지였다. 우리나라 최초의 치약인 럭키 치약의 튜브 안쪽도 역시 납땜이 되어 있었다. 집에 칠한 페인트에도 엄청난 양의 납이 함유되어 있었다.

당시 우리보다 훨씬 더 많은 납에 노출된 선진사회인 미국시민들이 매년 섭취하는 납이 무려 20톤이었다고 한다. 끔찍하다. 자동차가 발명되고 그 연료로 유연휘발유를 쓰게 된 이후, 지구의 대기에는 그 전보다 100배나 더 많은 납이 들어있었다는 것이 확인 되었다. 그것이 우리가 오늘날 무연 휘발유를 쓰게 된 동기이다. 방사능을 발견해서 노벨상을 탄 마리 퀴리는 방사능에 피폭되어 일찍 죽었다.

18세기 유럽의 강은 엄청나게 많은 오염물질과 독극물로 가득했고 시

---

* 무연휘발유의 연은 납 연(鉛)자 이다.

민들은 그 물을 여과 없이 마셔야만 했다. 1880년대에 영국의 에드워드 플랭클랜드(Flankland)가 병균이 섞여있는 하수 물을 마시면 병에 걸린다는 사실을 밝혀 낼 때까지 유럽의 시민들은 아무것도 모르고 하수가 섞인 물을 마시고 콜레라에 걸려 죽어갔다. 냉장고 최초의 냉매로 쓰인 이산화황은 아주 소량이 새어 나와도 깊이 자던 사람이 벌떡 일어나 토하고 재채기를 할 정도로 독성이 강한 것이었고 암모니아도 아주 위험했다. 그 후의 냉매인 염화메틸도 많은 사람들을 죽게 했다. 비로소 듀퐁이 만든 프레온 가스는 인체에 완전하게 무해하다는 것이 확인되어 최근까지 냉매로 사용되어왔지만 1975년에 프레온의 불소원자 하나가 대기의 성층권에 있는 자외선을 막아주는 오존 원자를 10만개나 없애버릴 수 있다는 사실이 발표될 때까지 45년 동안이나 오존층을 파괴하고 있었다.

우리는 조금 늦게 태어난 덕분에 그런 독극물의 폐해로부터 안전한 것일까? 그건 아무도 모른다. 나중 후손들은 선조들이 그처럼 흉악한 독극물들을 어떤 이유로 조심성도 없이 거침없이 먹게 되었는가 하고 놀랄지도 모른다.

04

Issues

Metallic yarn과 Metal yarn의 차이는?

    Metallic은 최근 Trend에서 빠지지 않는 하나의 중요한 소재로 정착되고 있다. 그런데 미국의 어느 바이어가 Lurex를 품표(Content Label)에 넣고 싶다. 그것이 가능하냐고 물어 왔다. 우리가 쓰고 있는 많은 섬유에 대한 명칭들은 공식 인가된 것(Generic Terms)도 있고 단순히 어느 회사의 브랜드이름 일수도 있다. (대개 듀폰인 경우가 많다.)

    섬유의 명칭에 권위와 공식적인 위치를 부여하는 기관이 바로 미국의 FTC(Federal Trade Commission)이다. 따라서 미국 시장에 진입하는 Garment의 품표는 FTC가 인가한 Generic name만 사용할 수 있다.

    1권에 Stretch사는 Spandex가 FTC의 공식명칭이라고 언급한 바 있다. 즉, 이에 따르면 Lycra는 누구도 부인할 수 없는 세계최고의 Stretch사이지만 품표에 사용할 수는 없다는 말이다. 즉, Cotton 90% Lycra 10%라는 내용을 라벨상에 표시할 수는 없다.

    그렇다면 Metallic yarn의 대명사인 Lurex는 어떨까?

    원래 Metallic yarn은 폴리에스터나 나일론에 번쩍거리는 필름을 부착하여 금속처럼 보이게 만든 실을 말한다. 즉, Metallic yarn은 진짜 금속사가 아니다. 진짜 금속사는 Metal yarn이라고 해야 하고 최근 유행하고 있는 Inox yarn이 바로 그것이다. Inox는 스테인레스(Stainless) 사라는 사실을 전에 알려준 적이 있었다.

Lurex는 세계적으로 유명한 Metallic 사의 브랜드 이름이다. 동시에 Lurex는 세계 최고의 Metallic Yarn을 제조하는 회사이다. 종류도 다양하고 컬러도 많다. 기왕 나온 김에 다양한 Lurex yarn에 대해 좀 자세하게 소개하고 싶지만 우리의 관심권에서 약간은 먼 주제이므로 여기서는 언급하지 않기로 하겠다.

그렇다면 그 유명한 Lurex는 FTC에서 자신의 이름을 Generic Term으로 인정받은 것일까? 애석하지만 FTC는 이에 관련한 Generic name으로 Metallic 이나 Metal만 언급하고 있다. 따라서 Lurex는 제조회사에서 만든 Hang Tag 정도만 사용할 수 있을 것 같다. 별 기능도 없는 Lurex로 Hang tag을 달기에는 조금 낯이 부끄럽겠다.

얘기가 나온 김에 몇 가지 중요한 Generic Name을 소개해볼까 한다.

나일론은 브랜드 이름이고 Polyamide가 성분에 대한 명칭이지만 나일론도 FTC로부터 인가 받은 이름이다. 유명한 폴리노직(Polynosic)은 인가 받은 이름이 아니어서 품표상에는 Rayon으로만 쓸 수 있었지만 약삭빠른 오스트리아의 렌징(Lenzing)사는 자사 상표인 모달(Modal)과 라이오셀(Lyocell)을 FTC로부터 인가 받는 데 성공하였다. 텐셀은

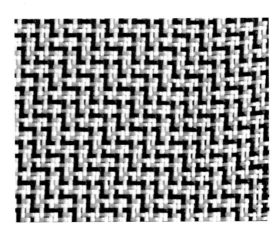

영국 코톨스사의 자사 물건인데도 유감스럽게도 라벨상에는 라이오셀이라고 써야 한다. 재미있는 것은 비스코스는 레이온과 별도로 이름을 갖고있다는 것이다.

유명한 큐프라(Cupra)는 Cupro라는 이름으로 인가가 되어 있고 방탄조끼와 인라인 스케이트에 들어가는 강력한 섬유인 듀폰의 케블라(Kevlar)는 아라미드(Aramid)로 인가되어 있다.

그 외

Acrylic

Acetate

Carbon

Elasterell P(이것이 그 유명한 T 400이다)

Glass(섬유형태인 유리섬유를 말한다)

Modacrylic

Rubber

Saran(다우에서 만든 PVC의 일종, 불에 타지 않는 섬유)

Triacetate

등이 있다.

면 Twill직물의 Skew(사행도) 문제

아스팔트가 녹아 내리는 뜨거운 여름에 이런 골치 아픈 문제를 생각 하기에는 우리의 바닥난 체력이 너무나 피로하지만 잠시 시간을 내어서 읽어 보기 바란다. 이 문제는 평소 우리가 생각해 오고 의심해 왔던 일이지만 실제로 어떤일이 일어나고 있었는지 잘 모르고 있던 사실이다. 누구에게 물어보아도 속 시원한 대답을 해 줄 수 없었기 때문이다.

Twill 조직으로 짜인 직물은 비록 경사와 위사가 직각으로 교차하기는 하지만 제직 시에 직기에서 받는 장력으로 인해 제직 후 자연 상태에서 저절로 물리적으로 받게 되는 힘의 모멘트가 Twill의 능 방향 쪽으로 가려고 하는 성질을 가지게 된다. 이렇게 어느 특정방향으로 틀어지려고 하는 힘을 토오크(Torque)*라고 한다. 병을 열기 위해서 병마개를 돌리는 힘이 바로 토오크이다. 특히 두꺼운 직물에서 이런 일이 많이 발생하며 밀도가 많을수록 더 심해지는 경향이 있고, 같은 Twill이라도 3/1에서 많이 발생한다. Twill이라면 어떤 것이든 번수와 밀도를 막론하고 모두다 이런 틀어짐이 발생 하는 것이 지극히 정상적인 일이다. 그러나 화섬은 대부분의 고분자가 열경화성이므로 마지막 공정에 Heat Setting을 하면 열 세팅이 확실하게 효과를 발휘하여 열 고정이 되므로 원단 출고 후 형태 변형이 생기는 일이 별로 없으며 열 세팅이 어려운 면 종류에만 이런 문제가 발생하게 된다. 평직에서는 당연히 이런 일이 발생하지 않는

---

* Torque는 원인이고 그 결과로 나타나는 것이 Skew이다.

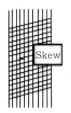

다. 따라서 이런 Twill의 고유한 성질을 폭출(Tentering)로 억지로 Skew를 교정하여 봉제공장에 원단을 공급하면, 특히 두꺼운 원단은 시간이 지남에 따라 자연으로 돌아가려는 힘이 텐터로 강제적으로 가해진 물리적인 힘을 이겨내고 봉제 후 서서히 틀어지는 현상이 생긴다. 그 때문에 봉제선이 휘어져 바지를 못쓰게 만드는 일이 발생할 수 있다. 봉제선은 바지의 옆에 있어야 하는데 앞쪽이나 뒤쪽으로 가면 그 바지는 불량이 된다.(True Religion은 이런 skew를 패션으로 착안했다)

이런 일을 막으려면 2가지 해결방법이 있을 수 있다.

첫째는 틀어질 것을 감안하여 봉제전에 틀어질 방향으로 미리 틀어버리는 것이다. 둘째는 원단이 나중에 틀어지지 않게 확실하게 세팅을 해버리는 것이다. 그러면 그 이후에는 절대로 틀어질 염려가 없을 것이다. 이 두 가지 방법은 모두 현재 각 공장들이 실제로 사용하고 있는 방법들이며, 다루고 있는 아이템에 따라 각자 편리한 방법을 선택하게 된다.

Skewing은 주로 원단이 두껍고 가공이 상대적으로 적은 데님에서 가장 많이 발생하게 되며 따라서 데님공장은 Skew가 발생하는 것을 예방하는 차원에서 방축할 때 원단을 미리 수축시키는 원리처럼 나중에 틀어지게 될 Twill의 방향으로 미리 4~5% 정도 중량과 밀도를 봐 가면서 2개의 고정된 롤러와 또 다른 2개의 유동적인 롤러를 이용해서 강제로 Skew 시키는 가공을 한다. 즉, 위의 첫번째 방법을 쓴다.

그 결과로 원단이 공급될 당시는 8% 이상의 Skew를 보이게 되지만 미래에 틀어질 만큼 원단을 미리 틀어지게 만들어 둔 상태로 출하되었으므로 이 상태로 봉제를 하면 봉제선이 틀어지는 일을 막을 수 있다. 그러나 이 가공에서 너무 과도한 Skew를 주게 되면 나중에 능의 반대편으로 틀어지는 일이 생길 수 있으므로 확실하게 자연 상태에서 틀어지는 만큼만 미리 틀어주는 가공을 해야 한다. 이를 위해서 공장에서는 해당 원단이

얼마나 돌아갈지
에 대한 간이 테
스트를 미리 해본
다음, 아이템 별
로 강제 Skew를
주는 정도를 정해
서 실행한다.

청바지를 많이 만드는 리바이스의 Standard를 보면 데님의 경우는
Skew의 규정이 Intentional Skew(의도적인 Skew)로 8% +−3%로(최하
5%에서 11%까지) 규정하고 있다. 단 12oz가 넘는 3/1 후직능직(Twill
Heavy weight)인 경우에 한하고 있다.

물론 대부분의 데님은 Twill일 경우, 최하 11oz에서 14oz사이를 왔다
갔다 하기 때문에 데님공장에서는 대부분의 아이템에 Intentional Skew
가공을 하고 있다고 봐야 한다. 하지만 데님은 중량이 낮아도 수지가공
을 하지 않기 때문에 중량에 관계없이 Twill이라면 해 주는 것이 좋다.
결국 Levi's의 수준에 맞추기 위해서는 12oz가 넘는 데님은 반드시 강제
Skew공정을 해야 하고 그 이하의 원단은 하지 말아야 합격할 수 있다.
반면에 미국의 대기업인 Gap Inc.는 데님인 경우 Intentional Skew를
6.5oz 이상 중량으로 규정하고 있는데 일반 Woven의 경우에는 중량에
관계없이 적용하고 있다. 그러나 사실 일반 염색공장에서는 이러한 시설
이나 의도적인 Skew를 전혀 고려하고 있지 않기 때문에 Gap에서는
Woven Twill인 경우, 품질검사에 불합격하여 문제가 될 것이다.

Gap Inc.에서 중량을 6.5oz로 탄력적으로 규정한 것은 잘한 일이지
만 Intentional Skew를 데님이 아닌 일반 Twill 직물에도 적용한 것은
그런 시설을 갖추지 못한 우리나라의 공장에서는 현실성이 없는 일이
다. 그러나 사실 이런 규정을 국가별로 정한다는 것은 아무리 Gap Inc.

라고 하더라도 어려운 일일 것이다. 그렇더라도 현재까지는 Gap Inc.의 standard가 전 세계에서 가장 합리적/과학적으로 되어있는 걸로 평가받고 있다. 그런데 왜 일반 염색 공장은 이런 시설을 갖고 있지 않을까? 무슨 배짱으로 이런 문제를 해결하려고 하는 걸까? 데님공장에서 미리 Skew를 잡아주듯이 일반 염색 공장에서도 Twill의 경우는 반드시 이런 공정을 진행해야 하지 않을까? 답은 '반드시는 아니다' 이다.

일반 염색 공장에는 위에서 언급했다시피 아예 이런 Skew를 억지로 만드는 시설 자체가 없다. 그렇다면 일반 염색공장에서는 어떻게 문제를 해결할 수 있을까? 둘 사이에는 무슨 차이가 있을까? 만약 뚜렷한 차이나 해결책이 없다면 일반 Solid Twill직물은 모두 다 문제가 될까? 이것은 둘 사이의 공정의 차이에서 일단 비롯되며 이제 두 번째 방법이 동원되어야 한다.

데님은 제직 후 거치는 가공공정이 모소(Singeing)와 반 호발 (호발을 절반 정도만 한다는 뜻이다) 그리고 강제 Skew와 방축 공정이 전부이다. 이 간단한 공정은 불과 15분이면 끝나버린다. 그래서 원단이 자연으로 돌아가려는 최소한의 시간도 주어지기 어렵다. 거기에 비해서 일반 염색 공장의 면직물은 전처리와 염색 그리고 후가공에 이르기까지 많은 시간, 원단이 기계와 물 속에서 머물며 따라서 자연적으로 장력이 해소되는 방향으로 원단이 회복될 시간이 주어진다. 따라서 굳이 강제 Skew를 하지 않더라도 이대로 Skew가 형성된 상태에서 원단을 출하하면 나중에 큰 문제가 없을 것이다. 그러나 이런 경우, 섬유 지식에 어두운 바이어나 봉제공장이 Skew가 많이 나왔다고 항의하여 곤란한 일에 직면하는 일이 종종 발생할 것이다.

그래서 지혜로운 염색공장에서는 또 다른 방책을 강구한다. 그것은 수지가공(PP Precured)이다. 이것이 바로 앞에서 말한 두 번째 해결 방법이다.

216

결정적으로 일반 면직물은 데님에서는 절대로 하지 않는 수지 가공이 추가된다. 따라서 수지 가공을 거친 Twill은 그렇지 않은 데님에 비해서 나중에 형태 변형이 생길 가능성이 훨씬 더 줄어 든다.

물론 이것은 얇은 원단 일수록 즉 체표면적이 큰 원단일수록 더 강력한 효과를 발휘한다. 수지가 더 넓은 면에 영향을 미칠 수 있기 때문이다. 반대로 체표면적이 적은 두꺼운 원단은 이런 가공이 효과를 미치기 어려울 것이다. 따라서 일반 염색 공장에서는 Twill이라고 해서 일부러 강제 Skew를 하지 않아도 별 문제가 생기지 않는 것이다.

다만 봉제 시의 문제를 완전히 없애려면 원단이 가공되어 나올 때 Skew가 Twill 방향으로 어느 정도 나있는 것이 문제를 막는 방법이다. 다만 현명하지 못한 일부 바이어의 Skew Standard가 3% 미만을 요구한다고 해서 일부러 Twill직물을 억지로 Skew가 나지 않도록 가공 하면 나중에 뒤틀림이 발생할 수 있는 단초를 제공하게 되는 것이다.

결론적으로 Twill 직물인 경우는 Skew가 많이 난다고 해서 걱정을 하거나 이것을 강제로 잡으려고 하지 말라는 것이다. 오히려 Skew가 3% 미만으로 잡혀있는 Twill 직물이 만약 두꺼운 것이라면 나중에 문제를 일으킬 소지를 갖고 있으니 Twill직물이 Skew가 많이 나온다고 혈압을 올리지는 말아야 한다. 오히려 적게 나온 Skew 결과를 놓고 공장에 이렇게 이야기해야 한다. "이거 나중에 뒤틀리지 않을까요?"

Fly 문제

중국산 T/R 2way Stretch제품이 저렴한 가격과 안정된 품질을 배경으로 성장을 거듭하고 있다. 처음에 저가의 'Basic group'에서만 조심스럽게 사용되던 중국산 T/R 2way가 이제는 상위그룹인 Moderate/Better group까지도 터키산을 대체하는 현상이 나타나고 있다. 이는 실제로 중국산이 터키산을 능가할 정도로 품질이 좋아진 것이 아니라 상위 그룹들이 자신들의 눈높이를 Down grade한 것이다. 이제는 이 제품이 Basic에서 Better를 넘나드는 베스트셀러로 이 시장을 주도하고 있다.

우리는 2002년부터 Solid 오더를 시행하고 있었으며, Solid와 패턴물을 Match시키는 combination order의 경우 Color matching 문제를 제외하면 큰 탈없이 생산이 진행되어 왔었다. 패턴물의 오더는 이 아이템이 주로 Fall/Winter에 사용되었기 때문에 Dark ground인 경우가 대부분이었다. 그런데 최근 Spring용의 패턴물 오더에서 White ground에 진한 색의 Pin Stripe가 깔린 디자인이 처음 등장하면서 문제가 발생하였다.

원단 전체에 극히 작은 Fly*가 많이 깔려있는 것이었다. 물론 자세히 살펴봐야 보이는 현상이다. 선염직물은 납기가 길어서 재작업이 불가능하기 때문에 공장이나 봉제 공장이나 이런 류의 사고는 사실 치명적인 것으로 다가온다. 우리는 즉시, 실사에 들어갔다.

문제의 전말은 이러했다.

---

* Fly: 작은 깨같은 점으로 보이는 섬유의 풍면

Woven원단은 제직할 때 위사가 북침 운동을 한다. 이때 위사는 고속으로 원단의 폭과 폭 사이를 왕복 운동하는데 요즘의 에어제트 직기라면 1분에 800회 정도의 속도로 직기가 회전하므로 위사는 시속 85km의 속도로 직기 위에서 왕복 운동을 하게 된다.

이때 고속으로 움직이는 위사는 경사와 스쳐서 마찰이 일어나고 단섬유를 꼬아서 만든 방적사는 섬유장이 긴, 필라멘트와 달리, 원사의 구조적인 특성상 강력한 마찰에 의해 일부가 절단되거나 실에서 빠져 나온 극히 짧은 단 섬유가 원사로부터 이탈하게 된다. 이것들은 공기와 거의 비슷한 질량과 밀도를 가지므로 충분한 부력을 가져 아주 적은 공기의 유동으로도 아래로 떨어지지 않고 대기 중으로 부유하는데, 이렇게 대기 중으로 날아다니는 단섬유를 서양 사람들은 'Fly' 라고 부른다.

이런 Fly는 강도가 약한 레이온이나 면의 방적사에서 주로 발생한다. T/R은 폴리에스터와 레이온이 혼방된 것이므로 문제가 된다. 또 이런 상황은 섬유장이 긴 세번수 원사 보다는 섬유장이 짧은 굵은 실에서 발생할 확률이 높은 것은 당연한 이치이다. 그런데 T/R 직물의 번수는 대개 32/2에서 40/2 정도이고 가끔 50/2이 사용된다. 따라서 상당히 굵은 실에 해당된다.

이런 상황에서 북(Shuttle)과의 마찰 때문에 발생된 강력한 정전기는 대기 중에 날아다니는 Fly를 마이너스 전하로 대전시키고 강력한 전기를 띠게 된 Fly는 플러스로 대전된, 제직하고 있는 생지의 표면에 쏜살같이 달라붙는다. 초등학교 시절, 잘게 찢어진 종이 조각들이 대전된 책 받침 밑으로 올라 붙는 정전기 실험을 우리는 신기하게 바라본 적이 있다. 사실 플록킹(Flocking) 가공은 이런 원리로 제작되고 있다. 접착제(Binder)를 발라놓은 원단 표면 위로 레이온 단섬유들이 꼿꼿이 선채로 달라붙는 것이다.

이처럼 강력한 전하로 인해 꼿꼿이 서게 된 Fly들은 경사와 위사가 교차하는 순간, 같이 물려 들어가 버리게 된다. 따라서 진한 색의 Fly가 눈처럼 하얀 그라운드(Ground)위에 선명한 족적을 남기게 되는 것이다. 또 경사와 위사가 둘 다 Stretch yarn인 경우는 신축성으로 인하여, 마치 고무줄로 머리를 묶으면 훨씬 더 강하게 머리를 조여주는 것처럼 Fly를 더욱 더 잘 포착해서 물고 있게 된다.

이런 현상은 제직에서 일어나는 메커니즘이므로 물론 Solid이든 Y/D(Yarn Dyed)이든 가리지 않고 모두 일어난다. 그런데 solid의 경우는 제직할 때 이런 일이 생기더라도 어차피 Fly와 그라운드 컬러가 동일 색상이므로 눈에 보이지 않아 전혀 문제가 되지 않는다.

다만 현미경으로 표면을 들여다보면 많은 Fly들이 조직 사이에 끼어 있는 것을 발견할 수 있다. 사실 이런 일은 원단이 Stretch가 아니라면 수세 과정에서 떨어지거나 원단을 털기만 해도 대부분 제거 되는 경우가 많다.

하지만 그라운드가 연한 색이며 Simple한 y/d 패턴은 스트라이프의 컬러가 그라운드와 대조적인 컬러인 경우 Fly가 발생하면 대단히 심각한 문제가 되어버린다. 또 이런 Fly는 너무 작고 단단하게 원단과 결합하고 있기 때문에 수정(Mending)조차 불가능하다.

발견되는 Fly들의 컬러가 항상 스트라이프 컬러와 일치하는 것으로 봐서 다른 컬러의 패턴을 짜고 있는 다른 직기로부터 날아온 것은 아니라는 사실로부터 공장 내부의 일반적인 먼지 제거 작업은 별로 도움이 될 수 없다는 사실을 알 수 있다. 따라서 이런 문제를 해결하려면 논리적으로 다음과 같은 해결책을 생각 해 볼 수 있다.

1. sizing을 할 때 스트라이프로 들어가는 염색사(dyed yarn)는 풀을 더 많이 먹여준다.
2. 호제에 대전 방지제를 투입한다.
3. 스트라이프 컬러는 약간 꼬임(T/M)을 더 주어 fly가 덜 날리도록 배

려한다. 그러나 이 경우는 잘못 관리하면 퍼커링(Puckering)이 발생하여 또 다른 문제를 야기할 수 있으니 아예 손 대기 어려울 것 같으면 시도하지 않는 것이 좋다.

4. 스트라이프 컬러를 필라멘트로 대체한다. 이 경우도 가끔 Puckering 이 발생하니 유의 한다.

5. 스트라이프 컬러를 강도가 약한 레이온이나 면이 아닌 Poly spun yarn으로 대체 한다.

6. 컬러수를 줄여서 캐치오닉 염색(Cationic Dyeing)으로 유도한다. 이 경우는 그라운드를 포함하여 총 2도까지만 가능하다.

7. 스트라이프 컬러를 아크릴로 대체하여 교염(Cross Dyeing)한다. 이 경우도 총 2도의 컬러만 가능하고 가는 스트라이프는 불가능하다.

대략 이 정도의 해결책을 생각할 수 있는데 우리나라의 공장들은 이 정도의 관리는 기본으로 실시하고 있다. 따라서 문제가 발생하는 일이 드물다. 하지만 중국 공장에서는 얼핏 복잡해 보이는 이런 요구가 실제로 무리한 것이 될 수도 있다. 오더 시작 시점에 이런 사항을 지적하면 아예 못한다고 나서는 곳이 대부분일 것이고, 운이 좋아봐야 가격을 훨씬 더 비싸게 불러서 당황하게 만들 것이다. 그보다 더 큰 문제는 이런 현상을 전혀 예상하지 못하고 오더를 발주한 후 납기가 턱 밑에 차서야 문제가 터지는 경우이다.

이런 경우는 공장에서 극히 우호적인 배려를 한다고 하더라도 60일 이상 걸리는 Y/D의 납기 때문에 재생산(Replace)이 불가능하여 후 조치가 전혀 실효를 거둘 수 없게 된다. 따라서 현명한 Supplier는 이런 문제를 처음부터 미리 예상하고 발주 시점부터 문제점을 관리하는 지혜를 보여야 할 것이다.

Heather와 Melange 그리고 Siro

서울의 Woven MR인 K는 바이어로부터 이번 f/w에 heather 컬러가 유행할 것 같으니 면 멜란지(Cotton Melange)를 여러 가지로 준비해 달라는 요청을 받았다. 주로 면직물을 사용하는 바이어의 Concept에 따라 면 woven직물의 멜란지를 구하면 되겠다고 생각한 K는 유력한 공장들에게 다음과 같은 주문을 하였다. 멜란지를 사용한 면의 Twill이나 Canvas 그리고 Corduroy 또는 면 Velvet을 생산하거나 개발하고 있으면 즉시 보내달라는 내용이었다.

하지만 아무리 기다려도 그녀는 어떤 공장에게서도 회신을 받을 수 없었다. 멜란지는 흔한 것이고 이미 퇴조의 길을 걷고 있는 오래된 염색 기법인데 왜 쉽게 구할 수 없었을까?

Heather

Heather는 영국인 여자의 전형적인 이름이지만 그 이름의 유래는 묘하게도 아래 그림처럼 황무지에서 자라는 덤불처럼 생긴 진달래 과의 관목이다. 이 그림을 보면 섬유에서 말하는 Heather 의 의미가 짐작이 간다.

Woven에서의 Heather는 주로 혼방의 원단을 소재별로 각각 염색하는 Cross dye기법을 사용하거나 둘 중 한쪽만 염색하여 만들어낸다. 혼방은 원사자체에 두가지 이상의 소재가 섞여있으므로 자연스러운 Heather효과가 나오게 된다. Heather에 해당하는 우리말은 없지만 일본어에서는 보카시라는 예쁜 이름이 존재한다. Heather효과는 보수적인 검정과 곤색 그리고 회색 solid의 단조로운 정장 포트폴리오에 하나의 신선한 충격이다. 그리고 정장 의류에 없어서는 안 될, 가장 중요한 컬러의 하나로 자리 잡았다. 이처럼 Cross dye방식으로 만든 Heather효과는 특별한 염색기법이기는 하지만 별도로 비용이 추가되지 않는다. 그리고 어떤 컬러던 염색할 수 있고 납기도 Piece dyed와 동일하다는 장점이 있다. 하지만 문제는 100% 면제품을 만들 수 없다는 것이다. 면제품의 Heather 컬러는 애석하게도 반드시 T/C 나 T/R과 같은 혼방이어야 한다. 하지만 Knit에서는 보다 더 적극적인 방법을 쓴다.

그것은 바로 멜란지이다.

멜란지는 프랑스에서 유래했는데 그 원뜻처럼 여러 가지가 섞였다는 것을 의미한다. Top dye를 하는 모직물의 경우 멜란지염색을 하는데 처음부터 아무 문제가 없지만 실을 염색하거나(사염) 원단으로 염색해야 하는(P/D) 면 직물은 별도의 시설과 공정이 필요하다.

(섬유지식 2권 Piece dyed에 대한 이해 참조)

그런데 멜란지는 어떤 공장에서 생산할까?

면을 생산하는 공장을 분류해보면 실을 생산하는 방적공장, 원단을 만드는 제직공장 그리고 염색을 하는 염색공장이 있다. 염색공장은 실을 염색하는 사염 공장과 원단을 염색하는 직염 공장이 있다. 사실 공장이 아주 큰 경우를 제외하면 두

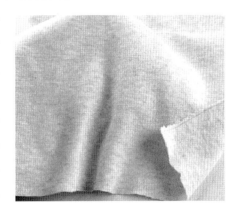

가지를 같이 진행할 수 있는 공장은 흔하지 않다. 또 제직과 염색을 같이 진행할 수 있는 공장도 흔하지 않다. 특히 중국에서는 찾아보기 어렵다. 또 실을 뽑는 방적공장에서 사염 시설까지 갖추고 있는 경우도 매우 드물다.

결국 멜란지는 실을 만드는 방적의 전 단계에서 이루어져야 하므로 방적공장에서 해야 될 것 같다. 따라서 일신방직처럼 사염 시설을 갖추고 있는 방적공장은 멜란지를 생산하기에 가장 적합한 설비를 가지고 있는 공장이다. 이제 공장을 찾았으니 생산을 한번 맡겨 보겠다. 목표는 가장 많이 쓰는 면의 Chino이다. 20×16, 128×60이 전형적인 Chino의 Construction이다.

Woven 멜란지를 생산하려면 바이어가 컬러를 결정하고 난 후 Wool의 Top에 해당하는 Sliver, 즉 솜으로 Lab dip을 하여 Approve가 나면 Bulk를 염색하고 그렇게 염색된 Sliver로 20수와 16수 원사를 각각 소요량만큼 방적한 후 생산된 원사를 가지고 제직을 해야 한다.

제직이 끝난 후 염색과정은 필요 없지만 제직 시 경사가 끊어지지 않도록 경사에 발랐던 풀을 제거하는 호발과 후가공을 진행해야 한다. 대부분의 Woven을 개발하는 과정은 미리 준비된 생지를 염색하기만 하면 되므로 빠르면 2주 안에도 Sample을 뽑을 수 있지만 이 경우는 아무리 빨라도 납기가 3개월은 걸리는 대장정이 기다리고 있다. 따라서 이런 긴 납기를 기다려 줄 여유가 없는 바이어들에게

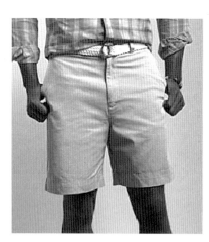

치노

멜란지는 무의미하다. 원사만 준비되면 바로 편직기에서 옷이 나올 수 있는 Knit에 비해서 기동력이 한참이나 떨어지는 Woven은 멜란지를 제작하기에 언뜻 불가능해 보인다.

멜란지는 원하는 어떤 컬러이든 만들 수 있지만 가장 많이 사용하는 Black을 예로 들어보겠다. 멜란지염색을 하려면 Sliver를 Black으로 염색한 후 염색하지 않은 Raw white와 적당량 섞어서 원하는 컬러를 조합한다. 이때 염색된 부분이 적으면 1~2%에서 많으면 수 십%도 들어갈 수 있지만 대부분 15% 이하로 하여 Pastel tone을 만든다. 그렇지 않으면 전체적인 비용이 너무 비싸지기 때문이다.

여기서 한가지 짚고 넘어갈 것이 있는데 염색되지 않은 나머지 부분에 대한 것이다. 멜란지의 염색되지 않은 부분은 나중에 따로 정련 표백과정을 거치게 되는 것일까? 아니면 정련 표백을 한 White를 염색된 면과 혼합하게 되는 것일까?

답은 '경제논리를 따른다' 이다. 특별한 경우 정련표백을 할 때도 있지만 대부분은 그냥 Raw white를 사용하게 된다. 그래서 멜란지를 자세하게 보면 흰 부분은 면 딱지가 붙어 있고 순백색이 아닌 약간 누런 빛깔이 납니다. 사실 이 편이 건강에는 더 좋다.

직물을 표백하는 이유는 순백색을 내기 위해서 또는 다른 컬러로 염색을 하기 쉽게 하기 위해서이다. 하지만 이 경우는 깨끗한 solid 컬러를 구현하는 것이 아니기 때문에 군이 표백할 이유가 없다고 하겠다. 표백을 하지 않으면 정련도 따라올 필요가 없다.

그렇다면 멜란지의 치명적으로

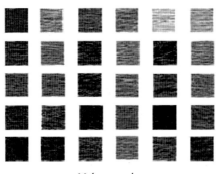

Melange color

긴 납기를 극복할 수 있는 방법이 있을까? 일단 가능한 방법을 동원해 보겠다.

첫째는 컬러의 수를 제한하는 것이다.

멜란지는 P/D에서 사용하는 수 많은 컬러×멜란지 %의 가짓수만큼 컬러가 다양해진다. 만약 우리가 Solid에서 사용하는 컬러수가 2십만 가지라면 멜란지는 %를 정수비로만 생각해도 적어도 2천만가지가 된다는 것이다.

실제로 뇌가 인식할 수 있는 컬러수가 35만 가지이므로 너무 과하다고 할 수 있다. 따라서 공장에서는 500가지 정도의 컬러를 정해서 컬러 book을 만들고 이 컬러들에 대한 Recipe를 미리 만들어둔다. 그러면 적어도 Lab dip 하는 과정이 생략되므로 상당한 시간을 절약할 수 있다. 바이어는 컬러 book에서 원하는 컬러를 고르기만 하면 되고 공장은 곧장 작업을 시작할 수 있게 된다. 하지만 그렇게 해도 원하는 납기에 도달하려면 아직도 먼 길을 가야 한다.

공장에서는 추가적인 시간절약을 위하여 재고를 가져가기도 한다. 만약 원사 재고가 있다면 바로 제직하고 후가공만 하면 되므로 납기면에서 일반 면직물과 같은 조건이 된다. 오히려 Lab dip이 필요 없으니 더 빨라질 수도 있다. 하지만 문제는 우리가 한가지 원사만 사용하는 것이 아니라는 것이다. 위의 Chino만 하더라도 20수와 16수 2가지 원사가 필요하다. 우리가 사용하는 면직물에 대한 원사의 종류가 대략 7, 10, 12, 14, 16, 20, 30, 40, 50, 60, 80의 11가지 정도이므로 컬러 book 전체에 대한 원천 재고를 보유하려면 500×11=5,500 종류를 필요로 한다.

공장에서는 이런 엄청난 재고를 감당할 여유가 없으므로 가장 많이 쓰이는 종류, 일부분만 재고로 가져가고 대부분은 발주에 따라 생산해야 한다. 하지만 멜란지는 염색 Lot가 1탕에 1만 Kg 정도가 되므로 적은 수량의 오더를 하려고 하는 바이어들은 문제가 된다. 결국 기동성이 빠른 Knit에서는 멜란지를 사용하기 쉽지만 Woven에서는 거의 불가능 하다는 사실을 알 수 있다.

따라서 K양의 시도는 무위로 끝날 확률이 크다.

혹시 재고가 있더라도 양이 별로 많지 않으므로 대량생산을 하려는 바이어에게는 납기 문제가 된다. 사실 몇몇의 공장에서 시중에 돌아다니는 멜란지사 재고를 구하여 몇 가지 시직을 해 볼 수는 있다. 그리고 실제로 그런 quality가 간간히 발견된다. 그래서 K양은 몇 가지의 멜란지 Corduroy를 받을 수도 있었다. 하지만 문제는 그 뒤의 일이다. 소량 Sample은 가능했지만 실제 Bulk는 위와 같은 여러 가지 제약 조건 때문에 결국 불가능하기 때문이다. 사실 바이어가 90일이라는 긴 납기를 허용한다고 하더라도 염색 후 방적 → 제직 → 호발 → 후가공 이라는 긴 공정 중 발생할 수 있는 사고에 대한 Risk와 엄청나게 비싼 가격에 대한 문제가 또 남아 있다.

그런데 Siro는 멜란지에 비해서 조금 더 쉬운 공정이다.

Siro는 사염공장에서 가능한 기법이므로 사염 시설을 갖춘 작은 중소 공장에서도 만들 수 있다는 장점이 있다. Siro는 일반 Y/D와 납기나 가격이 동일하다는 장점도 또한 갖추고 있다. Siro는 단순히 염색사와 White사를 합사한 것으로 효과를 내기 때문이다. 하지만 바로 그 이유때문에 멜란지처럼 Fiber가 섞이는 자연스러운 효과를 낼 수는 없다. Siro는 어쩔 수 없이 아주 강렬한 대비를 나타내게 된다. 멜란지는 아주 까만 Black을 사용해도 Pastel tone을 만들 수 있지만 Siro는 그렇게 할 수 없

Siro

다. Pastel tone을 만들려면 Pastel tone의 색사를 사용해야 한다. 따라서 Siro는 바이어가 원하는 Heather나 멜란지의 대용이 결코 될 수 없다는 사실을 알아야 한다.

기능성 원단의 허와 실

종로2가의 대왕빌딩 남쪽 모퉁이에는 한 자리에서만 30년 동안이나 구두를 닦아온 분이 있다. 원래는 슈샤인보이(Shoe shine boy)였을 그 분은 지금, 깊게 파인 얼굴의 주름에서 세월의 앙금을 쉽게 확인 할 수 있는 슈샤인 노인(Shoeshine old man)이 되어 있다.

그런데 만약 금강제화의 구두 연구소에서 이 분에게 "어떤 구두가 잘 팔릴 것 같은가?" 라고 물어 본다면 어떤 대답이 나올까? 아마도 그 분은 주저 없이 이렇게 말할 것이다.

"당연히 땀이 안 차고 발이 편한 구두입니다. 봉제 땀 수가 촘촘한 구두가 좋지요. 가죽은…" 그렇기 때문에 제화 회사에서는 수십 년간 구두만 보고 살아온 이런 분들의 의견을 별로 반영하지 않는 것이다.

우리가 구두를 살 때 구매의사를 결정하는 가장 우선하는 기준은 바로 외관이다. 즉, 아름다움인 것이다. 편하고 통풍이 잘 되느냐 하는 것은 그 다음 문제이다. 그것은 구두를 고르는 과정의 효율과도 관계가 있다. 구두를 고를 때는 먼저 구두를 쭉 살펴본 다음 예쁜 것만 골라 그것이 편한지 아닌지를 확인한다. 하지만 반대로 모든 구두를 먼저 신어본 다음, 그 중 예쁜 것을 고르는 식이라면 구두 가게 종업원의 혈압은 그날의 최고치를 기록하게 될 것이다.

이 구두장이 아저씨는 수십 년간 수 십만 켤레의 구두를 고치고 닦아 왔지만 정작 구두의 아름다움 그 자체에 대해서는 잘 모른다. 물론 아무리 예쁜 신발도 발이 불편하면 사기가 망설여지지만 아무리 발이 편해도 못생긴 신발은 애초에 고려의 대상 자체가 되지 못한다. (할머니는 그렇지 않다고 생각하는 사람은 틀림없이 불효를 저지르고 있는 것이다.)

요즘 섬유 기업들이나 관련 정부 기관에 우리나라 섬유의 미래를 위한 살 길이 뭐냐고 물어보면 대부분 하이테크 기술을 이용한 기능성 원단을 개발하는 것이라고 입을 모은다. 그것만이 시시각각으로 조여오는 중국의 위협으로부터 우리의 숨통을 틔울 수 있는 유일한 탈출구라고 생각한다. 왜? 그런 원단은 중국이 모방하기가 쉽지 않아서라고 생각하기 때문이다. 전혀 틀린 얘기는 아니다. 하지만 그 생각은 핵심을 벗어난 착오적인 발상이다.

원단 개발이라는 명제를 떠우면 한 순간의 망설임도 없이 기능성을 떠올리는 단세포적인 발상은 소비자들이 옷을 구매하는 의사 결정이 오로지 기능에서만 나온다는 중대한 착각을 하고 있기 때문이다. 원단을 개발해야 하는 현장의 기술자들이나 연구소의 연구원들은 섬유의 수요에 대한 시장의 움직임과 패션이라는 감성을 이해하기 어려운 환경에 처해 있다. 엔지니어인 그들은 구두장이 아저씨가 그런 것처럼 아름다움보다는 공학적인 기반을 토대로 한 개선을 추구하기를 좋아한다.

"옷에는 그 사회의 희망과 절망이 녹아 있다." 레이버라는 사람이 한 말이다. 우리는 이처럼 옷에 숭고한 의미를 부여할 수도 있다. 하지만 옷에 부여할 수 있는 이 같은 중대한 의미는 기능성에서 비롯되는 것이 아니라 디자인과 패션으로부터 출발하는 것이다.

옷의 기능이 예수님이 태어나기 전인 2000년 전과 지금, 별로 달라지지 않았다는 것이 그 사실을 증명해 준다. 영화 'Back to the future 2'는 그 영화를 찍었을 당시보다 30년 뒤인 2015년의 미래가 배경으로 나온다. *2015년 이래 봐야 지금은 10년도
안 남은 가까운 미래가 되었는데 하늘
을 날아다닐 수 있는 자동차는 물론이
고 반중력 Air board를 비롯한 많은
미래의 문명 아이템들이 등장한다. 하
지만 정작 주인공인 마이클 J 폭스가
입고 나오는 미래의 점퍼는 슬링키처
럼 겨우 스위치를 누르면 팔이 늘었다
줄었다 해서 사이즈를 맞추는, 패션과
멋을 깡그리 무시한 원시적인 제품일
뿐이다. 로버트 제맥키스의 미래의 옷
에 대한 상상력은 빈약하다 못해 참혹할 정도이다.

섬유나 봉제가 아직도 인터넷 환경을 이용한 마케팅이 활성화 되지 않
은 이유는 바로 이 사업이 디지털이 아닌 아날로그 형태를 가진 감성산
업이기 때문이다. 원단이든 옷이든 이것을 단순한 디지털 부호로 표시할
방법은 전혀 없다. 비록 지구 상의 모든 동물과 식물들의 생물학적 유전
부호가 DNA라는 4가지의 공통 디지털 신호(A, T, G, C)로 되어 있을망
정 우리의 오감은 0과 1로 표시하기 어려운 전형적인 아날로그이다. 똑
같은 색을 각각의 사람들이 다르게 인식하고 촉감을 사람들마다 천차만
별로 느끼기 때문에 우리의 오감은 아날로그가 될 수밖에 없다. 비록
100% 똑같은 DNA 설계도로 이루어진 일란성 쌍둥이마저도 느낌과 생
각이 다르다는 것이 이 사실을 뒷받침 해 준다.

우리의 오감은 시대와 환경 그리고 위치에 따라 극명하게 다르게 느
껴질 수도 있다. 한 때 사람들이 싫어했던 Wet한 느낌은 요즘 들어와서

---

* 섬유지식 2판이 2015년에 나온다.

는 환영 받는 Trend로 바뀌었으며 Dry한 느낌은 북반구 사람들과 남반구에 사는 사람들의 반응이 제각각 다르다. 날씨처럼 Y=aX로 표현할 수 없는 이른바 비선형적, 카오스적(Chaos)이라는 것이다.

우리 주변에는 Wicking, Breathable, 은나노, 음이온, 항균 방취, 원적외선 등등 수 많은 기능성 원단들이 존재한다. 그것들은 각각 놀라운 기능을 가지고 있지만 과연 그것들이 얼마나 범용성을 갖추고 있는지에 대해서는 아무도 조사해 본 바가 없는 것 같다.

지금까지 역사상 가장 널리, 그리고 오랫동안 사용되어온 기능성은 바로 Stretch이다. 이 기능이 남녀 노소를 가리지 않고 광범위하게 Long run 해 올 수 있게된 비결은 그것이 오로지 '늘어난다' 는 단순한 기능적 명제에만 호소하는 것이 아니기 때문이다. 사람들이 Stretch원단을 선택하는 이유는 늘어나서 편하다는 이유 외에도 감촉이 좋아서, 또는 두툼하고 볼륨감 있는 풍부한 외관 때문에, 아름답게 찰랑거리는 Drape성 때문에 등등 다분히 감성적인 면에 어필하는 경우가 많다. 대개 Men's wear에서는 Stretch원단을 잘 선택하지 않는다는 것이 바로 이 사실을 명백하게 보여준다. 남자들도 쭉쭉 늘어나는 스트레치가 편하기는 마찬가지이다. 하지만 위에서 어필하는 감성적인 호소는 어딘지 Feminine한

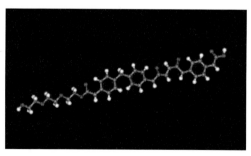

Spandex

것이기 때문에 남성들로부터 기피된다. 보수적인 남자들은 대체로 그런 옷을 잘 선택하지 않는다.

또 최근 Lady's bottom* 에서 여성들이 Stretch원단을 선택하는 가장 중요한

---

* Bottom: 바지나 스커트 등, 하의를 뜻하는 봉제 용어

이유는 기능이 아닌 바로 외관 때문이다. 여성들의 아찔한 하체의 곡선을 아름답고 관능적으로 표현하기 위해서는 절대적으로 Tight한 바지가 필요하다. 하지만 꼭 끼는 바지는 연구원들이 그토록 중요하게 여기는 기능성에 정면으로 역행한다. 공학자들의 예상과는 반대로, Tight한 바지는 여성들의 혈행을 나쁘게 하고 걸을 때조차 참기 어려운 고통을 수반하지만 여성들은 기꺼이 불편을 감수할 수 있다.

즉, 기능과 美가 충돌하면 美가 기능에 우선한다는 사실이다.

Wicking이나 Breathable은 최첨단 과학이 만들어낸 실로 놀랍고 편리한 공학적 산물이지만 그것이 실생활에 적용되지 않는 한, 그리고 감성에 호소하고 있지 않는 한, 그것이 갖고 있는 장점은 오로지 등산이나 운동을 좋아하는 일부 사람들에게만 어필할 수 있을 것이다.

은나노니 음이온 또는 원 적외선 기능을 가진 원단들은 건강에 관심이 많은 노인들의 관심을 끌 수 있겠지만 그런 기능들은 마치 '십전대보탕'처럼 그 효과를 즉시 확인하기 불가능 하며 따라서 허위일 공산이 많고 실제로 그렇다고 생각한다. 주말 등산에 관심이 없는 사람들이 항균 방취 기능이 있는 바지에 어느 정도 관심을 가질지는 의문이 따른다. 아마도 나처럼 전혀 관심이 없을 것이다. 그건 필자가 한동안 '섬유지식'을 정식으로 출판사를 통해 서점에 내지 않았던 이유와 마찬가지이다. 그 이유는 바로 범용성이다. 기왕 책을 내려면 '섬유를 하는 사람들' 만으로 국한된 극히 제한된 독자들이 아닌, 남녀노소를 가리지 않는 광범위한 독자층을 가져야 손익 분기점에 도달할 수 있다. 그것이 성경과 해리포터가 세계적인 베스트셀러가 되고 있는 이유이기도 하다.

따라서 기능성도 그러한 범용성을 갖추어야 성공할 수 있다. 예컨대 전 세계 13억 기독교 신자들에게 어필할 수 있는 종교 색채를 띤 기능이거나 Stretch처럼 30억에 해당하는 전 세계 여성, 또는 10억에 해당하는 전 세계 아동들에게 어필할 수 있는 Anti-Atopy(항 아토피)기능 같은 것

말이다. 누구나 즉각적으로 생각할 수 있는 그런 종류의 범용성을 갖춘 기능은 Easy care이다. 물론 No Iron이라는 좁은 의미의 Easy care가 아닌 광의의 Easy care이다. 그 중 하나는 방오(Soil Release) 기능이다.

방오 기능은 현재로서는 성능의 한계 때문에 간과하기 쉬운 싸구려 기능의 하나이다. 듀폰이나 3M을 비롯한 많은 다국적 화학 회사에서 수십 년 동안 생산해내고 있지만 아직 소비자들에게 크게 주목 받지 못하고 있다. 그 이유는 이 기능이 소비자가 요구하는 수준의 성능에 도달하지 못하였기 때문이고 그나마 세탁 견뢰도가 나빠 Durability가 떨어지기 때문이다.

사실 세탁은 원단의 적이다. 원단은 세탁을 할 때마다 그 조직이 조금씩 마모, 파괴되는 지속적인 폭력에 노출되어있다. 그런데 현대인은 박테리아의 제거를 목적으로 하는 세탁의 필요성을 절감한 적은 별로 없는

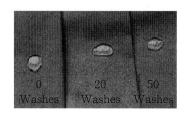

것 같다. 옷을 한 며칠 계속 입었다고 해서 병에 걸리는 일은 없기 때문이다. 만약 그렇다면 우리는 거리에서 수 많은 Homeless들의 시체를 밟으면서 출근해야 할 것이다.

잦은 세탁과 다림질은 옷을 파괴하는 행위인데도 불구하고 멈출 수 없는 이유는 첫째로 옷이 금방 구겨지기 때문이고 두 번째는 오염 때문이다. 밥 먹다가 새하얀 블라우스에 김치 국물이 튀어 전율할 오렌지 색의 자국을 남기는 것은 재앙이며, 주름이 생겨 후줄근해진 셔츠는 그 사람이 피곤한 인생을 살고 있다는 것을 보여주는 절망적인 고뇌의 표식이다. 따라서 셔츠 종류는 단 하루 만에 바로 세탁통 속에 들어가야 하는 운명에 처해있다. 그런 이유로 이런 소모적인 낭비를 원치 않는 누구라도 이에 대한 대책이 나온다면 몹시 반가울 것이다.

방오가공(Soil release)으로 불리는 Teflon이나 Scotchgard 또는

Zepel 등은 이미 전 세계에 이름이 잘 알려져 있지만 사실 성능이 그리 썩 좋지는 않다. 이 가공은 물이나 기름을 표면에서 스며들지 못하게 해야 하기 때문에 어쩔 수 없이 통기성을 나쁘게 만든다. 따라서 통기성이 중시되는 셔츠 원단에는 이런 방오가공을 적용하기가 어렵다. 바지도 마찬가지이다. *바지에 방오 처리를 하면 통기성이 나빠져 장딴지나 허벅지가 금방 땀으로 축축해진다. 따라서 이 가공은 대량의 수요와 필요성을 절감하고 있지만 아직도 기술은 청동기 시대에 머물고 있을 따름이다. 우리가 개발해야 하는 것은 바로 이런 기술이다.

사실 미국의 Nanocare에서 이미 이 일에 착수하였다. 그리고 상당한 성과를 올린 것으로 알고 있다. 다만 성능 대비 가격이 아직 미치지 못할 따름이다. 하지만 만약 일정 수준의 성능만 보장된다면 절감되는 세탁비를 감안해 어느 정도 이상의 가격은 수용이 가능할 것이다. 현재까지 세계 최고 수준의 방오 기술은 스위스 Schöller사의 'Nanosphear'가 가지고 있는 듯하다. 이 회사의 방오 기술은 기존의 표면장력 처리 외에 연잎의 표면 돌기 구조로 인한 자정(自淨)작용(Lotus Effect)을 추가한 것으로 알려져 있다. 하지만 가격은 끔찍하게 비싸다.

Wrinkle free, 즉 구김 방지 가공은 자동차를 운전하거나 의자에 앉아서 일을 하는 사람들이 많은 21세기의 문명 세계에서는 필수 가공이다. 리처드 기어처럼 매일 옷을 갈아입을 수 있는 여건이 충족되는 사람이 그리 많지는 않을 것이며 다

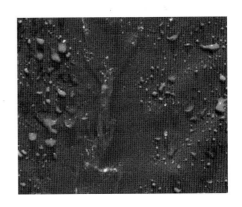

---

* 바지나 셔츠에 방오처리하면 통기성은 물론 소수성 약제가 옷과 피부 사이의 수증기를 흡수하지 않고 밀어내므로 습도가 높아져 불쾌해진다.

림질은 허리 근육에 적지 않은 부하가 걸리는 고된 노동을 수반하기 때문이다. 따라서 나처럼 다림질을 할 때마다 바지에 새로운 줄을 만들거나, 세탁소 아줌마가 매일 아침 아파트를 돌며 세~탁 이라고 소리지르지 않는 열악한 환경에 처해진 사람은 전날 입은 옷을 별로 저항없이 그 다음날 다시 입을 수 있다는 사실이 크나큰 축복이다. 이 가공은 어느 정도 방오 가공과 맞닿아 있으므로 상호 보완하며 개발이 가능하다. 물론 가공의 후유증인 딱딱한 hand feel과 통기성을 보완해야만 하는 어려운 과제가 있다. 또 하나의 문제점은 이 가공을 거치면 원단 표면이 소수성이 되므로 물 세탁이 어렵다는 것이다. 때가 잘 묻지 않는 대신, 일단 묻은 때는 제거가 어려워진다. 따라서 이 문제의 해결책이 동시에 제공되어야 완벽한 제품이 될 수 있다. 간단한 이 기능으로 성공적인 제품을 만들 수만 있다면 60억 인구 모두에게 환영받는, 범용성을 갖춘 기능성 원단이 될 것이다. 미래의 원단은 이 두 가공이 기본적인 아이콘으로 제공되어 있는 제품일 것이다.

우리가 개발 해야 하는 기능성은 바로 이런 것이다. 하지만 역시 우리가 미래에 개발 해야 하는 아이템은 급진적인 아이디어에 기초한 화려한 기능성 보다는 패션과 감성에 호소하는 제품이어야 한다. 소비자들이 옷을 고르는 기준이 무엇인지 모르는 사람들은 개발을 논할 자격이 없다.

면의 Ring Dyeing이란?

염색은 대부분 침염이다. 말 그대로 원단을 염욕(Dyeing bath) 안에 풍덩 담그는 염색 방식이다. 염욕 안에 돌아다니고 있는 염료 분자들은 물과 함께 새하얗게 표백된 원단으로 이동하여 자리를 잡게 된다. 그때 염료 분자가 가장 쉽게 자리를 차지할 수 있는 부분이 바로 원단의 표면 (원단의 앞, 뒤 면을 의미하는 그 표면이 아니라 원단을 내부와 외부로 나눌 때 공기와 접촉할 수 있는 외부에 해당하는 부분)이다. 새하얀 원단의 표면은 텅 빈 기차 안의 빈 의자들처럼 아무런 방해물도 없기 때문이다. 승객인 염료 분자들은 각자 빈 의자에 가서 앉기만 하면 된다. 그리고 기다리면 화학반응에 의해 저절로 안전 벨트가 채워진다.

하지만 표면에서 조금만 아래쪽으로 들어가면 그쪽은 조금 상황이 다르다. 표면의 아래는 원래의 솜이 실로 방적되면서 꼬임으로부터 받았던 내부적인 압력에다 원단으로 만들어지면서 원사와 원사끼리 부딪혀 내부로 작용하는 압력에 대한 응력이 더해져 있는 상태가 된다. 염료 분자는 그렇게 압력을 받아 좁아진 작은 공간으로는 침투하기 어려워진다. 빈 기차이지만 입구가 좁아서 승객들이 잘 들어가기 어려운 상태를 상상하면 된다.

염료 분자가 원단의, 아니 원사의 내부까지 침투해 갈 수 있는 에너지의 원천은 바로 확산(Diffusion)이라는 물리 작용이다.

투명한 물이 담겨있는 비이커 속에 잉크를 한 방울 떨어뜨리면 작은 한 방울

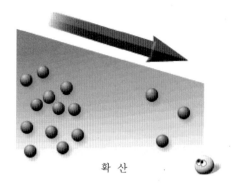

확산

의 잉크는 물 속을 구름처럼 천천히 퍼져나가다가 얼마 안 가서 비이커 전체에 퍼져 비이커 안의 물을 푸르게 만들고 만다. 작년 여름에 서귀포 바닷가에 눈 오줌이 지금 이 시간, 지중해의 보스포러스 해협에서도 몇 개의 분자를 발견할 수 있을 정도로 광범위하게 이행되는 것이 확산이다. 확산은 물질 분자들이 끊임없이 운동하고 있기 때문에 일어나는 현상이다.

하지만 확산의 힘은 압력이 작용하는 작은 공간 속으로까지는 영향을 미치지 못한다. 그래서 강한 힘으로 매듭을 만들어 아름다운 효과를 만드는 Tie dyeing이라는 기법이 생긴 것이다.

염료 분자는 섬유 내의 아무리 작은 공간이라도 들어갈 수 있을 정도로 작지만 그 공간이 너무 작을 경우 서로 들어가려는 분자들의 아우성 때문에 결국 적절하게 침투하여 섬유와 결합할 수 없다.

대부분의 정상적인 면직물의 염색은 반응성 염색으로 이루어진다. 사

Tie Dyeing

실 반응성 염료는 면의 셀룰로오스와 직접적으로 결합하기 어려운 상태에 있다. 따라서 촉매를 사용해야 한다. 알칼리 촉매인 수산화나트륨은 면과 염료가 서로 반응하여 단단한 결합을 형성할 수 있도록 해준다. 이때 중요한 인자가 온도와 시간이다.

온도가 높으면 모든 반응은 촉진된다. 따라서 염욕 안의 온도가 높으면 염색이 빨리 진행된다. 정상적인 염색일 때는 이 과정이 너무 빠르면 문제가 된다. 왜냐하면 확산은 그렇게 빠른 반응이 아니기 때문이다. 따라서 확산이 채 일어나기도 전에 반응이 끝나버리게 되면 염착이 골고루 일어날 수 없어서 고착되지 못한 염료들은 버려지는 운명에 처하게 된다. 즉, 승객들이 착석을 하기도 전에 안전 벨트가 채워져 버리면 승객들은 자리에 앉을 수 없게 되고 그 상태에서 기차가 출발하면 미처 앉지 못한 승객들은 모조리 좌석에서 떨어져 버리는 것과 같다. 염색나라의 기차에서 한번 넘어진 승객은 하차해야 한다.

이런 원리를 이용하여 의도적으로 높은 온도와 빠른 반응시간으로 잘 조절하면 염료가 내부로 침투하지 못한 채, 면직물의 바깥 부분만 염색된다. 결국 겉으로는 잘 염색되어있는 원단으로 보이지만 속을 헤집어 보면 원단의 속이 11월의 토실한 김장 배추 속처럼 허연 채로 남아있게 된다. 이 상태에서 약간 거칠게 Washing하면 속의 허연 부분이 표면에 조금씩 드러나게 되어 자연스러운 Vintage Look을 생성할 수 있게 된다.

데님이 바로 Ring dyeing으로 염색되어 있는 원단의 전형이다.

이런 효과를 극대화 하려면 세번수 직물 보다는 태번수 직물에 적용하는 것이 더 유리할 것이다.

일반 염색으로도 비슷한 Ring Dyeing효과를 낼 수 있는 방법이 있는데 이른바 비호발 염색이라는 기법이다. 대체로 면을 염색하려면 먼저 호발(면의 생지에 제직을 위해 먹여둔 풀을 제거하는 과정)과 정련 표백이 전처리 과정으로 필요하다. 그런데 호발하지 않은 생지를 그대로 염색하게 되면 기존에 풀이 차지하고 있던 부분

Denim의 ring dyeing

은 염색이 어렵게 되어 염색 후 호발할 때 풀이 씻겨나간 자리가 허옇게 남게 된다. 그렇게 되면 굳이 Garment washing을 하지 않아도 Ring dyeing 효과가 날 수 있다.

비슷한 효과를 Cationic 염색으로 구현할 수 있다.

(면의 Cationic 염색편 참고)

일광 견뢰도 측정의 진실

문제 제기

하기 메일상 말씀하신 8급까지 있다고 하신 사항은, 표준청색염포*를 가지고 TEST할 때 이고, 하기 건은 Grey scale 판정법 (AATCC 16E-1998, XENON-ARC-LAMP, GRAY SCLAE)으로 5급까지 Evaluation되는 것이 맞습니다.

하대옥 배상

위의 메일은 우리 회사 항주 지점장으로부터의 메시지이다.

일광 견뢰도의 측정은 대체로 Blue scale을 이용하여 8급까지 측정하는 것으로 알고 있는데 위의 메일처럼 그렇지 않다고 이의를 제기해 왔다.

조금 더 보충 설명을 하자면 원래의 AATCC Manual은 Blue scale을 이용해서 5시간 만에 Grey scale상의 변퇴색 수준으로 4급 정도의 변화가 일어나면 그것을 1급으로 판정한다. 변색이 일어나는 '정도' 의 개념이 아니라 '시간' 의 개념인 것이다. 즉, '얼마' 만에 일정 수준의 변퇴색이 일어나느냐 하는 것이다. 변색이 10시간 안에 일어나면 2급, 20시간

---

* 표준청색염포: Blue scale 우리가 일반적으로 색차를 비교하는 Grey scale에 대비하여 일광 견뢰도에는 Blue scale이 있다)

Blue Scale

은 3급, 40시간 미만은 4급이 된다. 계속해서 80시간은 5급, 6급은 160시간이다. 그렇게 해서 8급이 320시간이 된다. 이것을 표준 퇴색 시간 (SFH: Standard Fading Hour 미국에서는 AFU: AATCC Fading Unit라고 표기)이라고 하고 그것이 원래 정확한 수준의 일광 견뢰도 측정이다.

위의 Blue scale을 보면 모직물에 8개의 각각 다른 톤이 염색된 절편으로 만들어져 있는데 각각의 변퇴색이 단계별로 시간을 의미하게 된다. 즉 위의 블루 스케일은 모든 절편이 변색을 일으켰으므로 320시간이 경과한 것이다. 맨 첫 번째 절편이 변했으면 5시간이 넘은 것이고 두 번째까지 변했다면 10시간이 경과한 것이라는 의미이다. 즉, 블루 스케일은 시간의 척도이다.

그런데 이런 방식은 시간이 많이 걸릴 뿐 아니라 측정 가격도 너무 비싸진다는 단점이 있다. 4급을 기대한다면 최소한 40시간은 기다려야 된다는 것이다. 그래서 AATCC는 간편한 방식을 고안해냈다. 그것은 Grey scale을 이용해서 일률적으로 정해진 시간 동안 빛을 조사한 변퇴색의 결과(대부분 20시간으로 하는 경우가 많으므로 20SFH 또는 20AFU)를 세탁 견뢰도 보듯이 아래와 같은 Grey scale로 비교하는 것이다. (AATCC-16E) 물론 이 경우는 5급이 최고치가 된다. 따라서 일광 견뢰도가 7급이나 8급이 되는 원단이라도 이 방식에서는 알 수가 없다. 그러므로 이의 결과로 나온 5급이라는 수치는 실제로 블루 스케일 상으로는 4급 또는 그 이상인 6급이나 7급 또는 8급이 될 수도 있다.

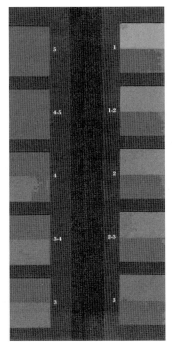

Grey Scale

왜 하필 20시간인가?

그 이유는 Garment 소재는 일광 견뢰도에서 4급 정도면 무난하기 때문에 측정하려는 소재가 4급이 되는지 안 되는지에 대한 기초적인 판단의 근거로 삼기 위해서이다. 4급 정도만 된다면 그 이상의 급수는 불필요하다는 것이다. 여기서 주의해야 할 것은 그레이 스케일로 판정하는 4급과 블루 스케일 상의 4급은 다르다는 것이다. 블루 스케일의 4급은 먼저 언급한 것처럼 20시간에서 40시간 내에 fading을 일으킨다는 사실을 의미한다. 하지만 그레이 스케일을 사용하는 방법 (AATCC-16E)에서의 4급은 20시간 안에 4급 정도의 fading이 일어난 것이다. 즉, 블루 스케일로 따지자면 3급이 되는 것이다. 하지만 그렇다고 이 결과를 두고 블루 스케일 상의 3급이라고 규정할 수는 없다. 이후 40시간이 되었는데도 더 이상 fading 되지 않고 4급을 유지한다면 4급이 될 수도 있기 때문이다. 즉 두 방식은 서로 호환되기 어렵다. 물론 16E로 판정하는 3급이나 2급은 블루 스케일의 그것과 더 더욱 다르다. 블루 스케일 상의 2급이나 3급은 나름의 의미를 가지고 있지만 그레이 스케일의 4급 미만은 의미를 가지지 못한다. 블루 스케일의 기준이 그레이 스케일의 4급에 해당하는 변퇴색이기 때문에 4급 아래의 변퇴색은 의미가 없기 때문이다. 따라서 일광 견뢰도가 몇 급이다 라고 했을 때는 블루 스케일에서인지 그레이 스케일에서인지 확인해 봐야 하며 그레이 스케일 상의 급수는 즉, 16E의 방식으로는 어느 시간 정도의 일광에서 Fading를 일으키는지 알 수 있는 객관적인 자료가 될 수 없다.

그런데 한가지 의문이 있다. Grey scale은 한 가지 표준색으로 비교 판정하므로 한가지의 색 밖에 없는데 블루 스케일은 왜 8가지의 색이 필요한가 하는 것이다.

그 이유는 블루 스케일의 8가지 톤 자체가 각각 시간을 의미하는 타이머이기 때문이다. 오로지 비교만을 위한 표준 견본인 Grey scale과 달리 블루 스케일은 1회용이며 테스트하려는 시료와 함께 빛을 조사하며 함께 변하는 과정을 확인한다. 따라서 블루 스케일이 변한 정도가 그만큼 시간이 흘렀다는 사실을 입증하는 것이다.

이와 같이 블루 스케일의 측정처럼 일광에서 4급 정도의 변색이 일어나면 옷이 가치를 상실한다는 전제 하에서 몇 시간이나 일광에 견딜 수 있나를 측정하는 방식이 객관적이고 합리적이다. 하지만 16E의 그레이 스케일로 나타나는 숫자는 합격과 불합격을 판정하는 기준, 그 이상의 의미로 사용할 수는 없다. 다만 간편하고 저렴한 이런 식의 간이 측정 방법은 이제 Garment업계가 대부분 채택하는 일반화된 방식이 되었다. 생산이 끝난 시점에서 Test를 위해 선적을 며칠이라도 미룬다는 것은 늘 선적에 쫓기는 Mill의 입장을 난처하게 하는 학대 프로토콜이 되기 때문이다. 한편, 염료를 생산하는 공장이나 일광 견뢰도의 수치가 중대한 의미를 지니는 산업용 원단 또는 군수용 자재인 경우는 원래의 블루 스케일을 사용한 일광 견뢰도를 측정하고 있다.

Micrio는 진한 색이 없다

날씨가 우중충하다.

가뜩이나 좋은 일이 별로 없는 요즘, 남의 나라의 독립운동이 왜 우리 나라의 주식가격까지 추락하게 하는지 최근, 주식마저 곤두박질쳐서 국민경제를 어렵게 만들고 있다. 그나마 미국의 섬유경기는 살아나는 모양이다. 제법 굵직한 오더들이 심심치 않게 쇄도하고 있다. 오늘은 마이크로에 대한 이야기이다. 빌게이츠의 Micro Soft와는 아무 관계 없다.

어느 직원이 마이크로의 색 농도를 높이기 위해서 b/t*를 여러 번하면서 애를 쓰다가 어느 순간, 아무리 염료를 더 많이 투여해도 더 이상 농도가 높아지지 않고 오히려 다른 tone으로 변해버리는 것을 보고는 신기해하며 던진 질문 때문에 이 글을 시작하게 되었다.

마이크로를 염색하면 진한 색의 농도를 내기가 어렵다. 실제로 대부분의 마이크로는 black이라도 진한 black은 없고 charcoal계열의 컬러들만 볼 수 있다. 마치 fade out된 것 같은 색상들만 가능한 것처럼 보인다. 왜 그럴까?

이는 지금까지 우리가 알아왔던 상식에 위배되는 현상이다. 마이크로는 일반 폴리에스터보다 훨씬 섬도가 가는 fiber이다. 일반 폴리에스터는 굵기가 보통 1~3denier 정도 된다. 일반의 방사법으로 뽑을 수 있는 방사구(Nozzle)의 직경이 그렇기 때문이다. 알다시피 합성섬유는 국수를

---

* B/T: Beaker Test로 Lab Dip과 같은 의미이다.

뽑듯이 노즐을 통해서 나오는 고분자를 합쳐서 실로 만든다.

분할 마이크로사

1 데니어(denier)란 9000m 길이의 fiber가 1g일 때의 굵기이다. 이 정도만 해도 매우 가는 굵기이다. 9000m는 종로에서 김포 근처의 행주대교까지 거리이다. 그런 길이의 중량이 겨우 1g이니 얼마나 가는 것인지 상상이 갈 것이다. 물론 100d라면 1d보다 100배 굵은 실이다. 같은 길이에서 100g이 나간다는 뜻이다. 그런데 마이크로는 이것보다 10배나 더 가는 fiber 즉, 0.1d이다.

서울에서 천안까지의 거리를 단 한 가닥의 fiber로(실이 아니다) 연결할 수 있으며 이 fiber의 중량은 겨우 1g이다. 그런데 현재의 기술은 0.01d의 마이크로도 가능하다. 따라서 이 fiber 1g으로 서울과 부산을 왕복하고 자유로의 통일동산까지도 갈 수 있는 길이이다. 정말 놀랍다.

여담이지만 황금은 연신이 잘 되어 매우 길고 가늘게 뽑을 수 있는데 무려 3d의 굵기로 뽑을 수도 있다. 다시 말하면 금 1g으로 무려 3000m의 실을 뽑을 수 있다는 말이다. 이 얘기는 금 1돈으로 무려 11,250m의 금 실을 뽑을 수 있다는 말이다. 그러니 매취순 골드에 들어 있는 금 가루의 함량이 얼마나 적을지 상상이 간다. 1g으로 200병 이상의 매취순을 금가루로 채울 수 있을 것이다. 따라서 매취순 골드 한병에 들어 가는 금의 가치는 단 돈 100원도 안된다. 그런데 금을 먹으면 몸에 좋기는 한 걸까? 금이 몸의 어디에 좋다는 의학적 증거는 전혀 없다. 일본인들의 상술일 뿐이다. 나쁘지나 않으면 다행인 것이다. 하지만 금은 먹으면 당연히 소화되지 않기 때문에 몸 밖으로 배출되겠지만 행여나 몸 속에 남아있어도 큰 지장은 없다. 금은 대부분의 화학물질과 반응하지 않기 때문이다. 내 입안에도 금이 몇조각 있는데 20년 동안 큰 탈은 없는 것 같다.

마이크로는 어떻게 이렇게 가는 섬유가 될 수 있을까? 그것은 分割絲

Micro fiber

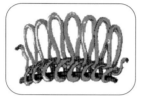

(분할사)와 海島絲 (해도사)라는 두 가지 놀라운 기술 때문이다.

분할사란 기존의 fiber하나를 24가닥이나 또는 36가닥 등으로 마치 도끼로 장작을 패듯 쪼개버리는 것을 말한다. 그렇게 작은 도끼는 만들 수 없으므로 실제로는 폴리에스터와 나일론의 팽윤 차이를 이용하여 쪼갠다. 앞쪽의 그림처럼 나일론을 별 모양으로 중심에 배치하고 주위에 폴리에스터를 채운 다음 팽윤제를 집어 넣고 가공하면 두 합섬의 팽윤 차이로 fiber가 벌어져서 분리가 되는 것이다. 마치 쐐기를 박아서 나무를 벌리거나 뽀개는, 도끼와 정확하게 동일한 메커니즘이다. 그렇게 하면 fiber한 가닥이 24 또는 36가닥으로 쪼개진다. 그만큼 가늘어지는 것이다.

해도사란 마치 순대와 같은 것이다. 순대 안에는 당면이 들어있다. 그 자체로 당면을 감싸고 있는 돼지 피를 녹여 없애버리면 순대 한 가닥에는 수십 가닥의 당면만 남는다. 바로 그런 원리이다. 왜 해도사냐 하면 fiber 하나하나를 섬으로 그리고 나머지 부분을 바다로 표현했기 때문이다. 섬은 남겨두고 바닷물만 빼버리면 되는 원리이다. 이런 경우 무려 0.001d의 초극세사도 뽑을 수 있게 된다. 1g의 길이가 지구 반지름의 1.5배나 된다는 것이다. 해도사*는 Nylon이 필요 없으므로 100%

---

* 해도사의 바다(Sea) 부분은 이용성 PET, 즉 잘녹는 PET이므로 100% PET로 제조 가능하다.

polyster가 된다.

75d의 폴리에스터 실 한오라기가 보통은 36fila, 즉 한 가닥이 2d의 fiber로 되어있는 36가닥의 집합으로 되어있다. 하이멀티(hi-multi)라고 부르는 1 d의 fiber는 72가닥으로 되어 있다. 그런데 0.1 denier면 무려 720가닥의 fiber가 실 한 올을 구성하고 있다는 말이다. 따라서 마이크로는 일반 폴리에스터보다 체표면적이 훨씬 더 크다.

'체표면적이 훨씬 더 크다' 그것이 의미하는 것이 대체 뭘까? 체표면적이란 쉽게 말해 겉으로 드러나는 외부의 넓이를 말한다. 부피와 혼동하면 안된다. 그래서 일정 무게당 체표면적은 어떤 사물의 덩치가 클수록 작다. 만약 사람으로 말 한다면 젖먹이 어린아이가 가장 체표면적이 크며 뚱뚱한 사람일수록 체표면적이 작다. 두부를 절반으로 잘랐을 때 늘어나는 체표면적을 생각해보면 이유를 알 수 있다. 두부는 6면체이다. 따라서 겉으로 드러나는 표면은 6개이다. 그런데 두부를 잘라서 2개로 만들면 표면이 몇 개로 늘어날까? 12개이다. 물론 사이즈가 그만큼 작아지므로 체표면적이 2배로 늘어나는 것은 아니지만 원래는 보이지 않았던 자른 단면 2개만큼 늘어날 것이다.

정온 동물은 항상 일정한 체온을 유지해야 하는데 피부는 습기가 유지되고 있으며 피부의 습기는 외부의 습도가 낮을수록 끊임없이 증발하고 있다. 그러면 인체는 피부의 습기 증발로 인해서 열을 빼앗기게 되어 원치 않아도 자꾸 온도가 떨어지게 된다. 그런데 체표면적이 크면 그만큼 외기와의 접촉 면적이 많기 때문에 더 더욱 많은 열량을 빼앗기게 된다. 자동차의 라디에이터는 체표면적을 넓게 만들어서 물을 식히기 쉽게 만든 기구이다. 따라서 빼앗긴 열량을 보충하기 위해서는 몸의 신진대사가 비례적으로 빨라져야 할 것이다. 어린아이들이 신진대사가 빠르고 심장박동이 빠른 이유가 바로 이것이다. 신진대사가 빨라지면 자연히 기초 대사량이 증가한다. 기초 대사량은 사람이 운동을 하지 않고 가만히 있어도 소모되는 열량이다. 나이를 먹을수록 기초 대사량이 작아지기 때문에 쉽게 살이 찌는 것이다. 마른 사람은 많이 먹어도 쉽게 살이 찔 수 없는 이유도 그것이다.

신진대사가 빠른 동물은 오래 살지 못한다. 대부분의 동물은 평생 10억 번 정도의 심장 박동 수를 가지는데 쥐는 이것을 2년 만에 소진해 버린다. 따라서 쥐의 수명은 2년 밖에 안 된다. 사람은 70년에 걸쳐서 이런 심장박동의 속도를 가지기 때문에 70년을 산다. 오래 사는 거북은 심장박동수가 느릴까? 바로 그렇다. 그러나 이 이론은 모든 동물에 정확하게 적용되는 것은 아니다. 몇 가지의 예외가 있기 때문에 정론으로 받아들여지지 못했다. 파리를 냉장고 속에 넣어서 키워 봤는가? 그런 사람이 있을 리 없겠지만 만약 그렇게 하면 파리의 수명이 3배 정도까지 늘어난다. 냉장고 안은 추워서 파리의 신진대사율이 떨어지고 따라서 자기 수명의 몇 배나 더 살 수 있게 된다. 그것은 파리가 변온동물이기 때문에 가능한 일이다. 그럼 사람도 냉장고 안에 들어가면? 미안하지만 사람은 정온동물이기 때문에 냉장고 속에 들어가면 신진대사가 낮아지기는커녕 추워서 잃은 열량을 보충하기 위해서 신진대사가 오히려 더 빨라지게 되므로 더 빨리 죽을 것이다. 아니 그보다도 먼저 얼어 죽는다.

마이크로에 염료를 투입하면 어떤 일이 일어날까? 체표면적이 넓으므로 염료의 확산이 훨씬 더 많이 일어날 것이다. 모세관 현상까지 가세하여(붓을 생각하면 된다) 마치 마른 스폰지처럼 엄청나게 염료를 빨아들일 것이다. 실제로 같은 black 컬러를 염색하는데 일반 폴리에스터보다 마이크로가 약 3~4배의 염료를 더 많이 잡아먹는다. 이것은 좋은 일이 아니다. 코스트가 높아지기 때문이다. 어쨌든 그렇다면 농도가 당연히 더 높아야 하고 따라서 더 진한 컬러가 나와야 하는데 왜 그 반대의 현상이 일어나게 되는 것일까?

그 이유는 다음과 같다. 실제로 마이크로는 일반 폴리에스터보다 더 진해진다. 그러나 그 농도를 끝까지 유지할 수는 없다. 결국 더 많은 염료를 잡아먹고 따라서 더 높은 농도를 갖게 되지만 나중에 수세 시 탈락되는 염료도 또한 많아지게 된다. 체표면적이 넓고 fiber가 가늘기 때문에 상대적으로 비결정 영역으로부터 승화 또는 물리적으로 탈락되는 염료도 많게 된다. 또한 넓은 체표면적 때문에 일어나는 현상은 보다 많은 난반사*이다. 이 때문에 마이크로의 농도는 실제보다 훨씬 더 연해 보인다. 그리고 무엇보다도 염료를 3~4배씩 이나 잡아먹는다면 그건 경제논리에 맞지 않는다. 따라서 일반원단과 같은 양의 염료를 투입한다면 색 농도는 원래보다 훨씬 더 연해지는 것은 당연하다. 견뢰도도 더 좋아질 것이다.

만약 'S' 타입의 분산염료를 쓰게 되면 입자가 굵어서 견뢰도는 좋아지지만 흡착이 좋지 않아 염반이 나타나는 등 문제점이 생기고 더욱이 진한 농도의 염색이 힘들어지게 된다. 그렇다고 가는 입자인 E 타입의 염료를 쓰자니 염료분자가 쉽게 빠져 나오게 되어 안 그래도 나쁜 견뢰도가 더욱 나빠진다. 따라서 이 경우는 그 중간인 SE 타입의 염료를 사용한다. (S 타입이나 E 타입염료에 대한 이야기는 '분산염료의 이염'을 참조). 마이크로는 또 일광견뢰도도 일반 폴리에스터보다 더 나쁘다. 이유는 넓은 체표면적 때문이다. 보다 많은 자외선을 흡수하기 때문이라고 생각된다.

결론적으로 마이크로의 염색은 나중에 환원 세정 시 탈락되는 염료가 더욱 많기 때문에 진한 농도의 염색이 어렵고 환원 세정 후에도 넓은 체표면적 때문에 극단적으로 높은 마찰계수를 나타내게 되며 따라서 마찰견뢰도가 나빠진다. 세탁 견뢰도도 넓은 체표면적 때문에 탈락되는 염료 분자가 많아서 당연히 나빠진다.

극단적으로 높은 마찰계수를 이용한 제품이 요즘 인기를 끌고 있다. 그것이 바로 매직 스펀지이다. 마찰 계수가 높은 물질은 어떤 물질의 위로도 잘 미끄러지지 못한다. 따라서 어떤 물체의 표면에 있는 미세하게 튀어나온 모든 부분

---

* Micro fiber는 가늘기 때문에 빛의 투과가 일어날 수 있다. 따라서 투명하게 보이는 부분 때문에 더 연해 보인다.

을 마찰 계수가 높은 스펀지가 그 위로 미끄러지지 못하고 깎아내버리는 것이다. 그것이 매직 스펀지의 원리이다. TV광고를 통해서 인쇄된 부분까지도 지워버리는 것을 보았을 것이다. 인쇄된 부분 또한 표면에 돌출된 작은 입자의 잉크이기 때문에 가능한 것이다.

여기서 잠깐 환원세정이 뭘까?

폴리에스터를 염색할 때는 감량가공이나 전처리 등 모든 공정을 알칼리 상태에서 처리한다. 즉, pH가 7 이상인 상태란 말이다. 9~12 정도라고 보면 되겠다. pH는 수소이온 농도 지수이다. 숫자가 작을수록 산성이고 클수록 알칼리이다. 그런데 오로지 염색할 때만은 알칼리가 아닌 산성의 상태에서 염색을 하게 된다. 이유는 폴리에스터를 염색하는 분산염료가 알칼리에서는 약하기 때문이다. 즉, 분해가 일어나버린다. 따라서 할 수 없이 약한 산성에서 염색을 진행한다.

폴리에스터는 알칼리에서 원래의 원료인 TPA(텔리프탈 산)와 EG(에틸렌 글리콜)로 가수분해가 일어나서 전혀 다른 물성으로 변한다. 물론이 원리를 이용해서 폴리에스터의 감량 가공을 하기도 한다. 그런데 염색을 마친 후 폴리에스터에는 미처 비결정 영역으로 침투하지 못한 미고착 염료들이 남아있게 된다. 이런 염료들은 나중에 세탁을 할 때 빠져나와 다른 빨래에 이염될 수 있다. 이것들을 털어내 버리기 위해서 알칼리인 '하이드로 설파이트'로 수세를 하는 과정이 환원세정이다. 왜 하필이면 알칼리로 세정을 할까? 그것은 그렇게 해야 알칼리에 약한 분산염료의 미고착 분들이 분해가 되기 때문이다. 그런데 알칼리 상태에서 그냥 두면 알칼리화 한 원단은 나중에 황변의 원인이 되기 때문에 다시 산성으로 중화해서 pH 농도를 7근처로 맞춰줘야 한다. 특히 흰색인 경우는 필수이다.

마이크로의 농도를 올리다 보면 이상한 현상에 부딪힌다. 어느 정도까지는 농도를 올리면 컬러가 진해지지만 한계 이상 올라가면 더 이상 진해지지 않고 tone이 변해버리는 현상이 생긴다. 그것을 Bronzing이라고 한다.

이유는 이렇다. black을 만들기 위해서는 red와 yellow 그리고 blue염료를 합해서 만든다. 그리고 나중에 환원 세정하게 되면 각 염료의 탈락이 일어나게 되는데 각 염료 분자의 섬유에 대한 친화도가 다르기 때문에 일률적으로 일어나지 않고 불균일하게 일어난다. 따라서 상대적으로 탈락이 덜 일어나는 컬러의 tone으로 변해버린다. 실제로 black 컬러의 농도를 계속 올리면 점점 더 붉은 톤을 띠게 된다.

이런 현상은 염료의 농도가 상대적으로 높은 마이크로에서 더욱 더 두드러지게 일어난다. 즉, 붉은색의 tone은 10%, blue는 15% 그리고 yellow는 13% 빠진다면 이 black은 붉은 기를 띠게 될 것이다. 그리고 그 농도가 2배라면 이 현상이 2배 더 가속화 될 것이며 3배라면 3배로 확실해질 것이다. 마이크로는 염료의 농도가 높기 때문에 이런 현상도 두드러진다. 따라서 처음부터 농도를 많이 올려서 진하게 만들 생각을 하지 않는 것이 좋을 것이다. 특히 마이크로로 만든 suede같은 원단은 Wet crocking을 3급으로 유지하기가 힘들어서 애를 먹는 경우가 있다.

그래서 일본의 Kuraray에서는 Dope dyed 해도사를 개발했다. 해도사를 Dope dyed로 만들면 견뢰도가 훨씬 좋아진다. 마찰 견뢰도도 물론 좋아진다. 3급도 guarantee할 수 있다. 그 이유는 Dope dyed는 처음부터 Carbon으로 착색이 된 상태에서 원사가 되고 따라서 분산염료로 염색된 것이 아니기 때문에 견뢰도가 우수하다. 분산염료처럼 온도가 높아지거나 유기용제에 노출되더라도 염료가 탈락되는 일이 없다. 따라서 더 진한 색의 컬러를 만들 수 있다.

공장에서는 Dope dyed 해도사를 Brush 하는 부분, 즉 위사나 경사 둘 중 한 쪽만 사용하고 나머지는 일반 원사로 제작한다. 그 다음 이 생지 위에 분산염료로 후염을 하면 다양한 컬러를 구현할 수 있을 뿐만 아니라 투여되는 염료도 20% 정도로 줄일 수 있어 탈락되는 염료가 줄어들고 그만큼 견뢰도가 높아진다. 다만 Black과 Brown등 일부 Dark 컬러밖에 할 수 없다는 단점이 있다. 단가는 원단에 따라 다르지만 30에서 60센트 정도의 상승이 요구된다.

실제로 마이크로 스웨이드의 원래 컬러는 우리가 보는 것보다 더 연한 색이다.

그것이 buffing후에는 더 진하게 보이는 것이다. 표면에 생긴 잔털이 난반사를 일으켜서 광택을 없애줌과 동시에(Full dull과 같은 원리이다) velvet처럼 빛의 흡수를 증가시켜 더 진하게 보인다.

면직물에서의 Pilling 문제

최근 면직물에서의 Pilling Test가 계속 Fail되는 불상사가 일어나고 있다. 그것도 Peach나 Brush도 하지 않은 그냥 P/D(Plain dyed)에서 말이다. 사실 이것은 상당히 희한한 이야기이다. 면직물에 필링이 생긴다는 이야기는 소나기 맞고 옷에 구멍이 뚫렸다는 얘기만큼이나 황당하다. 하지만 속 모르는 바이어들은 빨리 개선책을 내 놓으라고 발을 구른다. 사실 1935년 이전까지는 필링이라는 말 자체가 존재하지 않았다. 필링은 합성 섬유인 나일론이나 폴리에스터가 나오고 나서 생긴 문제라는 것이다.

Pilling이 무엇이냐?

필링은 원단의 표면이 마찰에 의해서 털이 일어나 모우(毛羽)가 형성되고 그 모우가 작은 공처럼 얽혀서 Pill이 되는 것을 말한다. (일전에 어떤 분이 혹시 'Peeling' 이 아니냐고 물어서 당황한 적이 있었다.)

화섬으로 된 바지는 책상이 닿는 곳이나 발이 스치는 곳 등에 이러한 Pill이 형성되어 있는 것을 볼 수 있다. 한마디로 아주 보기 싫다. 그 자체가 물성을 해치는 것은 아니지만 일단 발생하면 상품 가치를 잃게 되는 치명적인 요인이 된다. 하지만 처치법이 아주 없는 것은 아니다. 일본에서 면도기 같이 생긴 Pill제거 기계가 나온다. Knit인

경우, 결과는 아주 만족할 만하다. 하지만 Woven은 별로 기대하지 않는 것이 좋다.

특히, 최근 섬도가 Fine한 마이크로의 Knit로 만든 츄리닝 지는 몇 번만 입어도 필링이 생겨서 소비자의 속을 끓인다. 마이크로는 감촉도 좋고 Full dull이라서 아주 고급스럽지만 필링에는 영 속수무책이다. 섬도가 가늘기 때문에 더욱 마찰에 약하고 Snagging*현상도 심하다. 마이크로는 워낙 섬도가 가늘기 때문에 피부의 미세한 요철에도 딸려 나오는 경우가 많다. 마이크로는 생기는 Pill의 사이즈가 작기 때문에 Pill 제거기로도 잘 해결이 안된다. 따라서 문제가 발생하면 옷을 버리는 수밖에 없다. 그래서 Outlet이나 떨이 매장에 가면 이런 Quality가 종종 보이는데 예쁘다고 덥석 사면 두통을 각오해야 한다.

1965년에 나온 '황야의 은화 1불' 이라는 마카로니 웨스턴이 있다. 총잡이가 말을 타고 구름 같은 먼지를 일으키며 마을에 들어선다. 마을은 스산하다. 축구공 모양의 덤불들이 바람에 굴러다니는 장면이 그 사실을 잘 말해주고 있다. 필링현상은 한 겨울의 공터에 버려진 덤불이나 섬유 형태의 쓰레기들이 바람에 이리저리 돌아다니면서 공 모양으로 빚어지는 현상과 비슷하다. 공을 만드는 힘이 바람과 마찰이라는 것만 다르다.

필링은 3단계의 스텝으로 이루어진다.
첫째, 마찰에 의해서 모우가 발생
둘째, 모우가 얽혀서 공 모양으로 만들어짐.
셋째, 만들어진 Pill이 다시 마찰에 의해서 떨어져 나감.
면은 첫째 단계가 일어날 확률은 다른 어느 섬유보다 많다. 면의 강력이 화섬보다 약하고 또 섬유장이 긴 필라멘트에 비해서 단섬유인 방적사에서 모우가 발생할 확률이 높기 때문이다. Woven 폴리에스터에서 필

---

* Snagging이란 피부나 손톱에 의해서 원단의 표면이 긁히거나 올이 딸려 나오는 것을 말한다.

링이 생기는 일은 몹시 드문 일인데 (상대적으로 함기율이 높은 knit에서는 화섬의 필링이 많이 발생하기는 하지만) Spun Poly, 즉 방적사로 만들어진 폴리에스터 원단일 경우는 Brush가 안 되어 있어도 필링이 발생할 확률이 크다. 즉, 방적사는 필링이 생기기 쉽다는 것이다. T/R직물에서 필링이 많이 생기는 이유는 바로 방적사이기 때문이다.

면은 모우가 생긴다는 측면에서는 그 발생율이 다른 화섬직물에 비해 높다고 할 수 있다. 하지만 2단계인 Pill이 만들어지는 과정에서는 발생율이 낮다. Pill이 잘 만들어지지 않는다는 것이다. 이건 실제 상황을 감안하여 언급한 것이다. 하지만 테스트할 때는 상황이 조금 다르다. 실험실에서는 시료가 마찰을 하기보다는 굴러다니는 방식으로 시험이 되기 때문에 Pill의 형성이 실제 마찰보다 더 많아진다. 하지만 면은 Pill이 생겼다 하더라도 강도가 약하기 때문에, 즉 3단계가 일어나므로 바로 그 이후의 마찰에서 Pill이 제거되어버린다.

따라서, 면은 아무리 많은 마찰이 있어도 일정 이상의 Pill은 생길 수 없다. 만약 그래프를 그린다면 어느 정도 상승 곡선을 그리다가 가장 높은 점에 이르면 그 다음부터는 점점 더 낮아지게 되는 꺾은 선 그래프를 그리게 될 것이다. 하지만 화섬에서는 일단 생긴 Pill이 마찰에 의해서 다시 탈락되는 일이 없기 때문에, 즉 3단계가 일어나지 않기 때문에 시간이 갈수록 Pill은 점점 더 많아져 계속 상승곡선을 그리게 된다. 따라서 실제생활을 감안한, 제대로 된 시험을 하려면 면의 최대 Pill 발생점을 지난 시간을 채택하는 것이 좋다. 하지만 그렇게 되면 시험 단가의 상승이 문제된다.

또 면은 모우나 필링이 발생하였다고 하더라도 쉽게 제거할 수 있다. 그것은 화공법이다. Pill을 구성하는 다당류인 셀룰로오스는 불로 지지면 부드러운 하얀 재만 남기고 바로 없어진다. 툭툭 털면 그만이다. 화섬직물을 이렇게 했다가는 원단이 엉망이 되어버린다. Pill이 녹아서 그 부분에 딱딱하고 견고한 까만 구슬을 형성하여 단번에 원단 표면이 까실해져 버린다. 화섬의 경우는 낮은 열로 열 고정을 하는 것이 모우가 발생하지 않게 하는 방법이다. 결과적으로 면에 발생한 필링은 이상과 같이 실제로는 별 문제가 없음을 알 수 있다.

Anti Pilling

이번에는 면직물의 필링을 개선할 수 있는 방법이 있는지 시험실 내에서 알아볼 차례이다. 그걸 위해서 필링에 영향을 미치는 요소를 알아보겠다.

첫째는 절단 강도이다. 이것은 면이 가진 고유의 물리적인 성질이므로 유전공학으로 면을 질기게 하지 않는 한, 개선이 불가능 하다. 마이크로에서 필링이 많이 발생하는 이유는 마이크로는 보통의 필라멘트보다 수배/수십 배나 가늘기 때문에 절단 강도도 그만큼 약해지기 때문이다.

둘째는 섬유장이다. 섬유장과 모우의 발생빈도는 반비례한다. 즉 섬유장이 길면 모우는 덜 생긴다. 따라서 섬유장이 긴 원면을 사용하면 필링을 개선시킬 수 있다. 하지만 현실과 이론의 괴리는 이런 식으로 우리를 골탕 먹인다. 필링의 개선을 위해 섬유장이 긴 원면을 쓴다는 것은 빈대를 잡기 위해 초가삼간을 아파트로 Renovation하는 것과 같다. 면의 섬유장은 평소 우리가 별로 신경 쓰지 않고 살아도 되는 먼 나라의 이야기인 것 같지만 사실은 대단히 중요하다. 면의 섬유장은 원사의 번수와 밀접한 관계를 가지고 있다. 즉, 굵은 실은 섬유장이 짧은 원면, 가는 실은 섬유장이 긴 원면을 써야 한다. 섬유장이 긴 원면은 매우 비싸다. 그래서 가는 번수의 원사가 비싼 것이다. 따라서 세번수를 쓰는 얇은 면직물은 필링이 잘 생기지 않을 것이다. 결국 굵은 원사를 쓰는 두꺼운 원단에서 필링이 많이 발생한다.

세 번째는 조직이다.

마찰에 가장 약한 조직은 경 위사가 만나는 점이 가장 적은 Satin 종류이다. 따라서 조직점*이 많은 평직이 마찰에는 가장 강하다고 할 수 있다. 그런 이유로 Brush해서 Moleskin이나 Suede를 만들려고 하는 직물은 반드시 Satin이나 Twill로 짜야 한다. 조직의 문제가 현재까지는 필링에 미치는 영향이 가장 크다고 할 수 있다.

네 번째는 원사의 Twist이다.

당연히 꼬임수가 많을수록 강도도 커지고 마찰에도 강할 것이다. Knit는 꼬임수도 적고 조직도 Woven처럼 탄탄하지 못하기 때문에 필링에 취약한 것이다.

다섯 번째는 마찰 강도이다.

마찰이 많이 일어날수록 즉, 마찰 계수가 높을수록 모우가 잘 발생하게 된다. 따라서 마찰 계수를 줄이는 것이 도움이 된다. 그러려면 표면을 미끄럽게 해주면 된다. 유연제로 표면을 미끄럽게 만들어 주는 것은 Anti Pilling의 한 방편이 될 수 있다. peach한 표면은 반대로 작용한다.

두껍고 거친 직물에서 필링이 잘 발생하는 이유는 짧은 섬유장과 높은 마찰 계수에 기인한다. 이지케어(Easy care)를 위한 수지 가공도 필링을 줄여주는 데 많은 기여를 할 것이다.

여기까지의 내용은 실질적으로 필링에 대한 이해를 돕기 위함이다.

이제 실전이다. 우리가 손에 받아보는 report는 실제와 다른 경우가 많고 시험 방법에 따라 편차가 심하며 각 시험간의 상관관계에 대한 데이터도 없기 때문에 혼란을 느낄 수밖에 없으며 따라서 Fail된 물건이 실제로 말썽을 일으킬지 아닐지에 대한 판단 근거로 삼기 어렵다.

Piling Test에는 10가지가 넘는 시험방법이 있지만 최근에는 다음 3~4가지가 많이 쓰이고 있다.

---

* 조직점: 경사와 위사가 만나는 점 이론상으로 평직이 조직점이 가장 많다.

- ICI법
- Random Tumbler법
- Martindale법
- Elastomer Pad법

이 중 ICI법은 측정 시간이 5~10시간이나 걸리므로, 최근에는 비슷한 방법이지만 빠른 시간에 할 수 있는 랜덤 텀블러(Random Tumbler)법이 많이 쓰인다. 둘 다 회전하는 통 속에 시료를 넣어 마찰을 시키는 방법이다. 이중 R/T법이 실용과의 상관관계가 높다고 한다.

마틴데일(Martindale)법은 시험하려는 원단을 서로 마찰시키는 방법으로 상대적으로 다른 시험 방법에 비해 더 나쁜 숫자가 나오게 된다.

하지만 가장 나쁜 결과가 나오는 가혹한 시험은 Gap에서 좋아하는 일레스토머 패드(Elastomer Pad)법으로(ASTM D 3514) 찰 고무와 원단을 300회 마찰시키는 방법인데 Spun직물에서는(Span이 아니다) 3급이 넘게 나오는 경우가 별로 없다.

이 시험으로 2급이 나온 원단이라도 Random Tumbler 법으로 다시 시험하면 4급이 나오기도 한다. 이 시험은 비교적 결과의 재현성이 좋다는 것이 장점인데 문제는 면처럼 절단 강도가 낮은 직물에서는 대부분 나쁜 결과가 나오므로 변별력이 떨어진다는 것이다.

이 시험을 문제없이 통과하려면 찰 고무와 원단 표면 사이의 마찰 계수를 작게 하면 된다. 즉, 표면에 coating을 하거나 Silicone으로 매끄러운 처리를 하면 된다.

하지만 결론적으로 Woven 면직물의 필링은 사실 의미가 없는 시험이다. 1급으로 판정된 원단도 실제 사용하면서 소비자 Claim이 들어오는 법은 거의 없다. 소비자들도 면직물은 필링이 생길 수 없다는 상식을 가지고 있기 때문에 문제가 발생하면 본인이 뭔가 잘못했다고 생각한다.

각 필링에 미치는 요인이 얼만큼 결과에 영향을 미치는지 숫자로 확인하기 어렵기 때문에 많은 시험 결과로 이루어진 데이터만 확보된다면 각 요인이 결과에 미치는 상관관계를 알아 낼 수 있다. 하지만 그런 중요한 자료를 보유하고 있는 FiTi에서 자료를 전산화하고 있지 않기 때문에 현재로서는 서류 창고 속에 파묻혀 며칠을 보내지 않는 한, 그 자료들을 우리에게 유용한 데이터로 정리하는 것이 불가능하다. 누군가 그 자료들을 정리할 수만 있다면 이 글이 좋은 논문으로 거듭날 수도 있다는 안타까움을 느끼면서 긴 글을 마감한다.

중량에 대하여

머천다이서들이 중량을 계산하면서 느끼는 어려움은 두 가지이다.

첫째는 원단의 중량에 대한 단위가 통일되지 않아 브랜드마다, 나라마다 각각 조금씩 다른 시스템을 사용하고 있기 때문이다.

둘째로 원단의 중량은 단순히 무게에 대한 정보뿐만이 아니라 무게를 구성하고 있는 단위 넓이에 대한 2차원 정보가 포함되기 때문이다. 문제는 기준이 되는 단위 넓이조차도 브랜드에 따라 각각 다르다는 것이다.

전 세계에서 파운드나 온스 또는 피트, 인치, 마일 같은 단위를 쓰는 나라는 미국을 비롯한 몇 나라 밖에 없다. 소위 야드 파운드 법(Yard Pound system)이라는 복잡한 단위를 발명한 영국도 이제는 미터법을 따르고 있다. 미터법이 프랑스가 처음 제창하여 만들어졌기 때문에 자존심으로 미국이 단위를 고치지 않고 있는 것일까? 아니면 단위를 고치기 위한 사회적 비용이 과다해서 일까? 미국이 현재 사용하는 화씨 (Fahrenheit)를 섭씨로 고친다 하더라도 그로 인한 비용이 심각할 정도는 아닌데도 아직 화씨를 고집하고 있는 것을 보면 이건 단순히 비용만의 문제가 아니라는 것을 알 수 있다. 5%의 인구가 전 세계 자원의 4분의 1을 쓰고 있는 미국의 오만과 이기심이라고 해야 할지도 모른다. 하지만 그로 인해 자국 국민들이 외국으로 나가서 겪어야 할 혼란

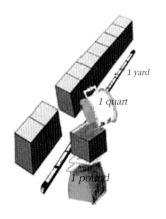

도 무시하기 어려울 것이다. 덕분에 미국과 장사해야 하는 우리도 같은 수준의 혼란을 겪어야 한다. 하지만 복잡한 단위 때문에 생기는 혼란은 수학과 숫자에 능한 우리 민족에게는 큰 문제가 되지 않는다.

오늘은 길이와 중량에 대한 환산법을 알아본다. 원래 야드-파운드 단위는 원산지가 이집트/바빌로니아이다. (도대체 이집트로부터 시작되지 않은 것이 뭐가 있을까?) 그것을 영국에서 1855년에 자신들의 도량형으로 채택한 것이다. 한 때 미국과 영국의 1야드는 조금 달랐지만 지금은 통일해서 쓰고 있다. 즉 지금은 영국 야드, 미국 야드가 아닌 국제 야드라는 단위가 쓰인다. 이 단위들은 미터법처럼 십진법이 아니고 12진법이기 때문에 사용하기가 여간 고약한 것이 아니다. 사실 시간도 12진법이다.

1야드는 36인치이다. 그리고 1인치는 대략 2.54cm이다. 원래는 2.5399이기 때문에 소수 둘째 자리에서 반올림 하여서 쓴다. 여기까지만 알면 길이에 대한 단위는 소통이 가능해진다. 물론 1야드는 0.9144 m라는 값을 외우면 2.54×36이라는 수식을 계산할 수고를 덜게 된다. 여기서 중요한 것은 **야드가 미터보다 10% 정도 더 짧다는 사실**이다. 그 사실을 잘 이해하고 있으면 거꾸로 계산하는 실수를 막을 수 있다. 항상 계산 후 결과가 어느 쪽이 더 큰지를 생각해야 한다. 만약 Y를 M로 고쳤는데 결과가 더 커졌다면 계산을 거꾸로 한 것이다.

더 나아가 1마일은 1760야드라는, 일부러 사람을 괴롭히기 위하여 만든 것 같은 골치 아픈 단위도 있지만 미국에서 운전을 하기 전에는 필요 없으니 생략하기로 한다. 다만 미국 차를 중고로 수입해 오면 속도계가 마일로 표시되어 있어서 상당히 불편하다.

Can you believe this?

The American gallon originated as being the amount of wine in the

British "Queen Ann's Wine Gallon". What's with that? The British abandoned that long ago. 미국 갤런은 영국이 18세기에 쓰던 wine gallon을 사용하는데 영국은 이미 Ale gallon이라는 단위로 바꾼지 오래이다. 둘은 전혀 다르다.

이제는 중량이다.

온스(Ounce)는 16분의 1파운드이다. 정말 제멋대로이다. 여기서는 16진법이 쓰이고 있다. 어쨌든 1온스는 28.35g이다. 그런데 문제는 또 다른 온스가 있다는 사실이다.

국제 금값이 26년 만에 온스당 700달러를 넘어섰다. 뉴욕상업거래소에서 거래된 6월 인도분 국제 금값은 전날보다 21.6달러가 오른 701.5달러로 거래를 마쳤다.

여기에서 이야기하는 금값을 표시하는 단위인 온스는 트로이 온스이

다. 즉, 트로이에서 사용되던 온스란 말이다. 트로이의 목마(Trojan horse)의 그 트로이 말이다! 1트로이 온스는 해괴하게도 175파운드 분의 12이다. 천인 공로할 숫자이다. 단, 이 계산은 31.1045로 원단의 온스보다 더 크다는 사실만 이해하면 된다. 즉, 금 1온스는 원단 1온스보다 무게가 조금 더 나간다.

1파운드는 7,000 그레인으로부터 나온 것인데 밀알 또는 쌀알 7,000개의 무게란 뜻이다. (쌀알 7,000개가 정말 1파운드가 나가는지 이번 주말에 세어보고 알려주겠다.)이 단위는 미터법으로는 0.453592kg으로 이

숫자는 어쩔 수 없이 외워야 한다. 그리고 파운드는 kg의 약 절반보다도 작은 숫자라는 사실을 이해하고 있으면 실수를 막을 수 있다.

이제 정리해 보겠다.

1인치=2.54cm

1y=36인치

1y=0.9144m이다. 이 3가지의 단위는 반드시 외워야 한다.

1파운드=16온스=0.453592kg이고 1온스의 무게는 외울 필요가 없다.

위의 단위들을 외웠으면 이제 실전에 들어가 본다. 길이는 1차원이므로 그대로 위의 3가지 상수만 외우면 문제가 없다. 하지만 중량은 단위 면적당 이므로 2차원이 된다. 조금 까다롭다.

Chino는 대략 280g/sm*이다.

모두 미터법으로 이렇게 사용하면 좋겠지만 안타깝게도 미국 디자이너들은 온스를 더 좋아한다. 따라서 이걸 디자이너들이 사용하는 온스로 환산해본다. 중량을 단위 면적당으로 나타낼 때는 혼란스럽게도 2가지 방법이 있는데 어떤 때는 스퀘어 온스당(Soz), 또 어떤 때는 리니어 온스당(Loz)이 사용된다. 특히, 데님의 경우는 반드시 Soz가 사용된다. 보통의 다른 면직물을 얘기할 때는 Loz를 쓴다. Wool에서 사용되는 온스도 리니어 온스이다. 그러니 놀랍게도 데님의 11온스와 모직물 11온스는 같은 것이 아니라는 사실이다.

리니어(Linear)와 스퀘어(Square)의 차이는 뭘까? 모든 원단의 제원에서 빠질 수 없는 것이 '폭' 이라는 정보이다.

따라서 단순히 야드당 중량이라고 하면 '폭' 이라는 정보가 포함됨으

---

* sm: square meter, 즉 제곱미터 m^2를 말한다.

로써 완전하다. 이것을 리니어 야드(Ly)당 중량이라고 한다. 폭에 따라 변할 수 있는 상대적인 중량이다. 따라서 폭이라는 정보가 없을 때에는 제곱 야드당 또는 제곱 미터당 중량으로 표시한다. 이야말로 절대 중량이다. 폭이 어떻게 되든 이 중량에 대한 정보만 있으면 그 원단의 두께와 무게를 비교 짐작할 수 있다.

검사를 할 때도 비슷한 문제에 부딪힌다. 4point system은 100syd당 벌점을 계산하게 되어있다. 벌점을 단위 면적당으로 계산하는 것이다. 그런데 어떤 바이어는 이 원칙을 무시하고 100Lyd당으로 계산한다. 이렇게 되면 어떤 차이가 생길까? Lyd당으로 벌점을 계산하면 폭에 따라 기준이 달라져 버린다.

폭이 넓을수록 면적이 더 많아지게 되므로 이를 같은 점수로 계산하면 더 불리해진다. 그건 '부속이 더 많은 기계가 더 많은 문제를 일으킨다.' 라는 사실과 같다. 자전거보다는 자동차가 자동차보다는 비행기쪽이 더 많은 문제가 생긴다. 따라서 이 바이어에게는 폭이 좁은 제품을 공급할 수록 공급하는 입장에서는 유리해진다. 하지만 이것은 대폭을 좋아하는 바이어의 희망에 역행하는 일이다.

문제는 각각의 단위를 환산할 때이다. 이 환산은 아주 쉬운 초등 산수이지만 의외로 자주 혼동하고 틀리는 경우가 많다.

280g/sm인 치노가 있는데 폭은 58인치이다. 이것을 Ly당 중량으로 고쳐보자. 미터법과 야드법이 섞여있어서 긴장하지 않으면 틀리기 쉽다.

1. 먼저 M법을 Y법으로 환산한다. 즉, SM의 중량을 SY의 중량으로 바꾸는 것이다. 그 값이 커질까? 작아질까? 항상 야드가 미터보다 작다는 사실을 명심해야 한다. 1제곱 야드는 1제곱 미터보다 $0.9144 \times 0.9144 = 0.8361$만큼 작다. 즉, 여기서는 값이 16% 가까이 적어진다. 제곱이므로 늘 두 번을 곱하거나 나누어야 한다는 사실을 잊지 말아야 한다.

2. 이렇게 나온 답은 가로 세로가 각각 1Y인 정사각형 1Sy당 중량이
다. 이것을 리니어로 고치려면 한 변이 1Y이고 다른 한 변의 길이가
58인치인 직사각형의 면적에 대한 중량으로 바꿔야 한다. 1Y는 36
인치이므로 1SY는 36×36=1296 제곱 인치이다. 그리고 리니어 쪽
은 36×58=2088 제곱 인치가 된다. 여기서는 반대로 값이 원래보다
두 배 가량 더 커진다는 사실을 알 수 있다.

3. 정리하여 비례식으로 풀면 280×0.9144×0.9144×58/36=377g

즉, 여기서 SM의 넓이와 58인치 대폭일 때의 LY의 넓이는 LY가 35%
정도 더 넓다는 사실을 주지해야 한다. 따라서 중량이 SM에서 대폭의
LY로 가면 35%만큼 더 중량이 많아지게 되는 것이다.

이것을 이제는 온스로 바꿔보겠다. 1파운드는 16온스이므로 1온스는
16분의 1파운드가 된다. 그런데 1파운드는 453.6g이다. 따라서 중량을
파운드로 고친 다음 16을 곱하면 된다. 즉, 377g/453.6= 0.83파운드이
다. 여기에 16을 곱하면 13oz가 되는 것이다. 물론 *리니어 야드당이다.
이걸 SY로 고치려면 ×36 나누기 58하면 된다. 즉, 8.2온스가 된다.

다시 정리해 보면

280g/sm라는 중량이

SY일 때는 234g=8.2oz

LY일 때는 377g=13oz

가 되는 것이다.

따라서 SM의 중량은 SY의 중량보다 19.6%, 대략 20% 정도 더 많이 나
간다는 사실을 알 수 있다. 여기서 g → oz로 옮기는 데 필요한 하나의
상수를 외운다면 453.592/16=28.35이다.

즉, 377g/ly를 oz로 바꾸고 싶으면 그저 28.35를 나눠주면 된다. 새로

---

* Linear는 폭이 들어가고 폭은 대개 58/60″이므로 Square인 36″보다는 M이든 Y든 항상 크게 된다.
크기별로 하면 SY 〉 SM 〉 LY 〉 LM가 된다. 물론 LM라는 것은 존재하지 않는다.

운 상수를 외우기 싫으면 453.592 나누기 16을 하면 된다. 어느 것이 더 쉬운지는 각자가 알아서 할 일이다.

우리는 미국 바이어들을 상대하기만 하면 되므로 이런 식으로 온스 파운드 중량만 이해하고 사용하면 될 것 같은데 문제가 그리 쉽지는 않다. 스퀘어 미터당 중량도 동시에 사용되기 때문이다. 인내심이 한계에 다다르고 있다. 바이어가 굳이 SM을 사용해야 하는 이유는 장비 때문이다. 원단 중량을 재려면 원단으로부터 지름이 11.3cm인 원을 잘라내서 그것을 저울에 올려놓고 중량을 측정한다. 지름이 11.3cm인 둥근 원단의 면적이 100 스퀘어 센티미터 즉 스퀘어 미터의 100분의 1이기 때문이다. (둥글게 자르는 칼날이 없으면 가로 세로 10cm로 잘라서 써도 된다. 물론 약간 정확성이 떨어진다.) 그런 이유로 스퀘어 미터를 리니어 온스로 환산해야 할 필요성이 생긴 것이다. 만약 이런 장비가 없다면 자로 정확하게 1Y를 잘라야 하는데, 그건 결코 쉬운 일이 아니다. (사실 불가능하다.)

하지만 지금까지의 모든 과정이 다 귀찮다 생각되면 단 한 개의 상수만 외우면 된다. g/SM는 oz/LY의 21.54배이기 때문에 그 상수는 21.54이다. 즉, 280 나누기 21.54=13이 되는 것이다. 단, 여기서 원단의 폭은 반드시 58인치여야 한다. 만약 44인치인 경우는 28.39라는 또 다른 상수가 필요하다.

경사방향의 수축률(Shrinkage)이
문제가 잘 되는 이유

면직물 오더를 진행하는 과정에서 수축률이 문제될 경우, 언제나 위사보다는 경사 쪽으로 이슈가 되는 것 같다. 왜 그럴까?

면직물은 물에 닿으면 자연적으로 수축한다.

두 가지 물리적인 힘이 작용하기 때문이다.

하나는 섬유(Fiber) 그 자체에, 다른 하나는 실(Yarn)에 작용하는 힘이다. 면 섬유는 내부에 Lumen이라는 빈 공간을 가지고 있다. 따라서 면은 미세 구조가 마치 빈 소방 호스처럼 생겼는데 이 안에 물이 차면 섬유는 통통해지면서 팽윤하게 된다. 그러면 원사 자체도 팽창하게 된다. 즉 원래보다 더 굵은 실이 되는 것이다. 그런데 모든 직물은 경사가 위사를 위사가 경사를 타고 넘어가는 구조로 되어 있다. 그래서 실제로 위사나 경사의 길이는 옆의 그림처럼 직선이 아닌 스프링 같은 곡선으로 되어 있다. 그래서 원단에서 실을 풀면 직선이 아닌 꼬불꼬불한 곡선으로 나타나는 것이다. 그런데 실이 굵어지

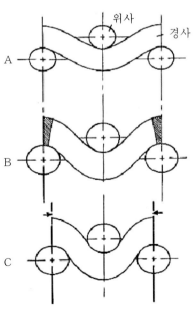

A의 간격보다 C의 간격이 작아진다. 같은 길이의 실이 더 먼길을 가야하기 때문이다.

게 되면 앞의 그림처럼 직경이 커지므로 실은 원래보다 더 먼 길을 가야 한다. 그로 인해 원단의 두께는 증가하고 길이는 수축하게 된다. 원단의 밀도가 많을수록 이 영향력은 더 커진다.

두 번째는 꼬임이다. 꼬여있는 물질이 물에 닿으면 더 많이 꼬부라지는 현상을 여러번 보았을 것이다. 곱슬머리인 사람은 비 오는 날 머리가 더 곱슬거린다. 파마 머리도 마찬가지이다. 물에 닿으면 한층 더 꼬불거린다. 때수건의 대명사인 이태리타올은 100%레이온인데 아주 강력하게 꼬여있는 강연사로 되어있다. 이 원단이 물에 닿으면 엄청나게 꼬이면서 딱딱해지고 표면에 강력한 Crepe를 형성한다. 그렇게 Crepe진 표면으로 때를 밀어내는 것이다. 물에 젖은 이태리 타올은 원래보다 작아진다는 사실을 우리는 경험상으로 알고 있다.

따라서 면직물은 실이 굵을수록, 밀도가 많을수록, 꼬임수가 많을수록 더 많이 수축하게 된다. 그리고 건조되어도 회복성이 좋지 않아 원 상태로 돌아가지 못하게 된다. 이것이 면직물이 수축하는 이유이다. 염색 공장에서는 이런 자연적인 수축에 대한 대비책으로 원단을 미리 수축시킴으로써 문제를 해결할 수 있다. 이런 공정을 Pre shrunk라고 한다.

그런데 문제는 염색 과정 중, 면 자체의 자연적인 수축만 생기는 것이 아니라는 사실이다. 염색 과정을 연속으로 하기 위해 원단은 Roll에 감겨 각 공정을 지나게 되는데 원단이 쳐져서 바닥에 끌리지 않기 위해서 장력(Tension)을 줘야 한다. 이것은 서커스에서 외줄타기를 할 때 설치된 줄의 수평을 유지하기 위해 양쪽으로 줄을 팽팽하게 잡아 당기는 것과 같다.

이 과정에서 면직물은 원래보다 더 늘어나게 된다. 따라서 늘어난 만큼 나중에 물을 만나면 원상태로 돌아가려는 힘이 작용하여 다시 수축하게 된다. 공정 과정의 길이가 길면 길수록 원단의 길이가 길어지고 그에 따라 원단이 무거워지기 때문에 더 큰 힘의 장력을 줘야 하고 따라서 원단은 더 많이 늘어난다. 원래 무거운 원단은 더 많이 늘어난다. 이렇게 늘어나게 되는 방향이 바로 길이 방향, 즉 경사 쪽이 되는 것이다.

과거에는 이런 현상을 이용해서 원단을 과도하게 늘여 소비자를 속이는 경우도 있었다. 즉, 100y를 투입하여 가공에서 110y를 뽑아내는 것이다. 이렇게 하면 당연히 10%만큼 이익이 발생한다. 하지만 소비자는 줄어든 원단 때문에 피해를 보게 된다. 상당히 악랄하다. 자신은 10% 이익을 취하지만 소비자로서는 만들어 놓은 옷이 줄게 되어 10%의 몇 배나 되는 손해를 보게 될 수도 있다. 이런 이유로 그 후, 선적 전에 반드시 Lab test를 하게 된 것이다.

이렇게 늘어난 원단을 다시 수축시키기 위해서 샌포라이징 (Sanforizing)이라는 공정이 생겼다. 이 과정은 공급 전 후의 속도 차이로 원단을 경사 방향으로 밀어 넣어주는 작용을 한다. 샌포라이징을 한 원단의 수축률은 1% 이내로 잡히게 된다.

의외로 위사 방향은 대체로 문제가 없다. 위사 쪽은 염색의 마지막 공정인 폭출(Tenter)과정에서 자연적으로 줄어든 상태로 고정시켜주면 되기 때문이다. 즉, 이 상태에서 폭을 정하기만 하면 된다. 많이 줄면 좁은 폭으로, 적게 줄면 더 넓은 폭으로 만들면 된다. 보통 면직물의 수축률은 3%를 인정해 주기 때문에 그 정도를 감안하여 폭을 정하면 된다. 그런데 Tenter과정은 위사의 수축률에는 좋은데 경사에는 나쁜 영향을 미친다. 이유는 그 과정에서 또 다시 길이 방향으로 장력을 받기 때문이다.

더구나 tenter기는 길이가 10m 정도인데 바닥이 낮기 때문에 원단이 끌리지 않기 위해서 강한 힘으로 당겨줘야 한다. 여기에 열까지 가세되기 때문에 원단은 길이 방향으로 더 혹독하게 늘어난다. 원단이 무거울수록 더 강한 힘으로 당겨줘야 하므로 heavy한 원단은 경사 방향의 수축률에 문제가 생기는 경우가 많다. 이 문제를 해결하기 위해서 염색 공장에서는 Over feed를 줌으로써 경사 수축률을 최소화 하려고 한다. 즉 Input이 output보다 더 많게 하는 것이다. 그럼으로써 어느 정도 소극적인 보상이 이루어 지기는 한다.

비슷한 문제가 Coating할 때도 발생한다. Coating은 약제를 원단의 표면에 나이프로 고르게 발라줘야 한다. 그렇지 않으면 내수압이 고르게 나오지 않게 된다. 따라서 원단이 극히 평활한 상태를 유지해야 하고 그를 위해 표면에 sanding을 하는 경우도 있다. coating과정 중 원단을 팽팽하게 잡아당겨야 하는 것은 두말할 필요도 없다. 그렇게 coating을 마치고 난 원단은 피치 못하게 늘어나기 때문에 경사의 Shrinkage가 문제가 된다. 따라서 coating한 원단은 이에 따른 조치가 필요한데 그것이 Washing이다. washing이야말로 원단을 미리 줄여주는 Pre shrunk공정이 되는데 문제는 coating과 washing은 상극이라는 사실이다. washing과정에서 물리적으로 점착된 coating약제가 떨어져 나가게 되어 내수압이 나빠진다. 따라서 coating할 원단은 미리 감안하여 수축률을 최소화해야 한다. 그렇지 않고 내수압을 꼭 지켜야 하는 coating원단은 수축률에서 말썽이 생길 소지가 다분하다.

또 washing을 함으로써 발생하는 문제는 탈색이다. Garment washing을 해 보면 알 수 있겠지만 면직물의 반응성 염료는 물과 만나면 끊임없이 가수분해 되면서 탈색 과정이 일어나기 때문에 단 몇 번의 washing으로도 Roll마다 Lot가 달라지게 된다. 이를 해결하기 위해 'Aero washing'이 개발되었는데 Aero라고 해서 원단이 물속에 아주 안 들어가는 것은 아니지만 어쨌든 탈색을 최소화 할 수 있다고 생각된다.

05

Themes

UV Protection에 대하여

최근 기능성 원단이 시장에 강력하게 부상함에 따라 투습방수
(Breathable)를 비롯하여 자외선 보호(UV Protection)원단에 대한 관심
이 고조되고 있다. 현재 국내에서는 수요 부족으로 활성화된 공급선이
별로 없는 상태이나 이미 대만에서는 여러 Mill들에 일반화되어 있는 공
정이다. 대만업체인 Everest에서 공급가능하며 'CIBA'의 첨가제를 사용
하고 있다.

가공료는 원단에 따라 다르나 대략 15센트 정도를 생각하면 된다. 자
외선 차단 지수인 UPF는 40까지 Cover할 수 있으며 원단에서 그 이상은
돈을 더 내도 불가능하다. 그런데 사실 UPF지수를 40 이상 올리려고 하
는 것은 돈의 낭비이다. 왜냐하면 이미 40 정도로도 자외선의 97.5%를
차단하고 있기 때문이다.

자외선은 400~700NM의 파장을 갖는 가시광선의 보라색 바깥쪽

10~400NM 영역인 전자파이며 전자파는 파장
이 짧을수록 에너지가 커서 인체에 미치는 영
향도 크다. 자외선보다 파장이 더 큰 가시광선
이나 적외선은 문제를 일으키지 않지만 자외선
보다 파장이 더 짧은 감마선이나 X선은 의료에
서도 이용하고 있을 만큼 에너지가 큰 전자파
이다.

자외선에의 노출을 줄이는 것은 피부암의 원

인 중 90%가 태양광이라는 점에서 매우 중요하다. 피부암은 중남부 미국이나 호주 등, 햇볕이 강한 나라에서 점점 큰 문제로 부각되고 있다. '미국 피부 아카데미'의 전 회장 다렐 리겔 박사는 금년도 미국에서 1백만 명 이상이 피부암 진단을 받을 것으로 예측했다. 미국에서는 매 시간마다 몇 명인가가 피부암으로 인해 죽어가고 있다. 리겔 박사는 미국에서 평생 피부암에 걸릴 확률은 다섯 명 중 한 명 꼴이라고 말한다. 물론 멜라닌이 부족하여 피부가 손상되기 쉬운 백인 이야기이다. 멜라닌은 아주 강력한 UV Blocker이다.

자외선의 가장 큰 발생원은 태양이다. 그 외에도 우리 주위에는 산업, 의료, 미용 등의 용도로 사용하는 다음과 같은 인공 자외선 발생원이 있다. 따라서 실내에서 생활 중에 쏘이는 자외선의 양도 무시할 만한 것은 아니다.

- 백열등(Incandescent source): 텅스텐 램프(tungsten lamp), 수은등(mercury lamp) 등
- 전기 발생체(Electric discharges): 용접 아크(welding arcs), 탄소 아크(carbon arcs)
- 형광등(Fluorescent lamps)
- 레이저(Lasers) : 엑시머(eximer) 레이저, 기체(gas) 레이저

자외선은 파장에 따라 A, B 그리고 C로 나눌 수 있다.

이중 나쁜 영향을 미치는 것이 파장이 가장 짧아서 에너지가 가장 높은 C자외선이다. 그러나 자외선 C에 대해서는 걱정할 필요가 없다. 자외선 C는 성층권에 있는 오존층이 대부분 막아주기 때문에 지표까

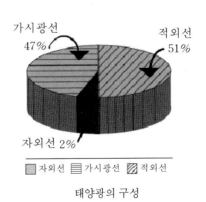

태양광의 구성

지 도달할 수 없다. 우리는 A와 B만 걱정하면 된다. 하지만 오존층의 손상이 심각한 요즘은 사실 걱정이 된다. 그 동안 냉장고나 에어컨의 냉매로 많이 사용되어 온 듀폰의 프레온 가스로 인하여 줄어든 오존층이 다시 복구되려면 앞으로도 수십 년은 걸릴 것이기 때문이다.

자외선 A는 상대적으로 파장이 길어 피부 깊숙이 침투해 여성들이 싫어하는 노화와 주름의 원인이 된다. A보다 에너지가 더 많은 자외선B는 피부를 검게 그을리게 하는 작용을 하고 피부를 달아 오르게 하거나 물집이 생기게 한다. 피부는 왜 검게 그을게 될까? 자외선이 피부에 닿으면 멜라닌 색소가 증가하기 때문이다. 이 반응은 인체의 방어기작이다. 멜라닌이 자외선으로 인한 피부 분자구조의 변형을 막아주는 역할을 하기 때문이다. 멜라닌은 자외선을 흡수하여 에너지를 분산, 피부 분자구조의 손상을 막아준다. 적도에 사는 사람들의 피부가 왜 검은지 이해가 갈 것이다. 따라서 멜라닌 색소가 적은 백인들은 피부암에 걸릴 확률이 훨씬 더 커진다. 멜라닌이 부족한 그들은 피부가 검게 그을지 못하고 붉어지

거나 잘 해야 부분적으로 주근깨가 생기는 정도이다. 자외선의 폐해는 피부 뿐만이 아니다. 자외선은 백내장의 발생을 촉진하는 것으로 알려져 있다. 안경도 반드시 UV Cut으로 사야 하는 이유가 된다.

자외선으로 인한 문제를 줄일 수 있는 가장 확실한 방법은 자외선에의 노출을 줄이는 것이다. 의료

UV처리되지 않은 색안경은 오히려 눈에 나쁘다. 색안경을 끼면 동공이 커져버리기 때문이다.

전문가들은 특히 오전 10시부터 오후 4시까지 태양광에의 노출을 삼가며 선 스크린을 사용하고 밀도가 높은 원단으로 피부를 보호하라고 권고한다. (전문가가 아니어도 이 정도는 알 수 있다)

자외선을 차단 하는 가공에는 2가지 방법이 있다.

첫째는 이산화티탄이나 산화 아연같은 빛의 굴절률이 높은(다이아몬드처럼) 초미립자의 무기 화합물을 합섬의 원료인 칩에 포함시켜 입사되는 자외선을 산란(Dispersing)시켜 퉁겨내 버리는 가공이고 둘째로는 자외선을 흡수(absorb)하여 자외선이 가진 에너지를 열이나 그보다 파장이 높은 형태의 저 에너지로 전환시켜서 자외선의 작용을 소실시키는 방법이다.

폴리에스터나 나일론의 Full dull원사는 내부에 이산화티탄을 첨가 방사하여 빛의 반사를 막고 산란시켜 버리는 목적으로 만들어진 것이지만 이것 자체가 자외선을 차단하는 기능을 한다. 또한 영구적으로 기능하므로 효과만점일 것이다. 자외선 흡수제는 바르는 자외선 차단제인 Sun block cream이다.

그렇다면 아무 가공도 하지 않은 원단은 전혀 자외선을 차단할 수 없을까? 이 부분이 소비자들이 잘 모르거나 간과하고 있는 사실인데 어떤 원단이든 어느 정도는 자외선을 차단할 수 있다. 대부분의 자외선 차단 가공을 하지 않은 천연 또는 합성 직물은 최소한 부분적이나마 자외선을 차단한다. 이 사실을 거꾸로 얘기하자면 '대부분의 자외선 차단 가공을 하지 않은 원단도 대부분 자외선 차단 기능을 가진다.' 라고 말할 수 있다. 조직에 따라 다르지만 그 중 폴리에스터가 자외선 A를 78% B를 95.5%나 막아 자외선 차단성이 가장 높고, 57/64%인 나일론이 가장 낮다. 면이나 레이온은 나일론과 비슷한 64/69%이고 wool은 73/91%이다. 물론 두꺼운 원단이 더 효과가 좋을 것이라는 것은 말할 필요도 없다. 다만 원단에 자외선 차단 가공을 하는 이유는 여름에 만족할만한 수준의 자외선 차단을 위해서는 상당히 두꺼운 옷을 입어야 한다는 하며그에 따른 결과로 발생할 더위를 감내하기에는 우리의 참을성이 부족하다는 것이다.

투명한 원단

우리의 생각과는 달리 보기에 불투명한 원단이 투명한 원단보다 자외선을 더 잘 흡수하는 경향이 있다. 원단의 조직이 방어력을 결정하는 주요 인자이고, Color나 원단의 두께는 크게 중요하지 않다.

밀도가 미치는 영향

극히 당연한 얘기겠지만 밀도가 많은 것이 자외선 방어력이 좋을 것이다. 100g짜리 폴리에스터 원단의 자외선 A 차단율은 82%인데 200g짜리는 92%이다.

색상에 미치는 영향

흰색일까 유색일까 놀랍게도 흰색의 자외선 차단률이 더 약하다. 80% 내외라고 보면 된다. 같은 조건에서 유색인 경우는 91% 정도 된다.

젖으면 어떻게 될까?

또한 면의 경우 젖게 되면 자외선 UPF가 감소한다. 젖었을 때 수영복을 관통하여 피부가 햇볕에 타는 일은 흔히 일어나고 누구나 알 수 있는 현상이다. 자외선이 물에 닿으면 물은 자외선을 흡수한다. 물속은 오존이 없던 시절, 원시 지구의 무차별한 자외선 공격으로부터의 피난처였다. 그래서 물이 묻어있는 피부는 건조한 피부보다 훨씬 더 자외선의 흡수가 많다. 방적사와 filament 중 어느 쪽이 자외선 차단성이 좋을까? 답은 방적사이다. 섬유의 다발이 강하게 집속 되어있는 것 보다는 얇더라도 전면에 걸쳐서 퍼져 있는 것이 자외선을 더 잘 차단 하는 것으로 보인다.

UPF지수란?

자외선 차단지수(Ultraviolet Protection Factor; UPF)는 피부를 관통하는 태양광의 감소율을 나타낸다. 자외선 전체 영역에 걸친 UV의 투과율을 측정하는 기구와 UPF의 산출 법에 관해서는 「Labsphere」사의 홈페이지(http://www.labsphere.com)를 참조하면 된다. 예를 들어 UPF가 15라면 자외선 입사광 중 15분의 1만이 원단을 통과하여 피부에 닿는다는 것을 의미한다. 그렇다면 UPF30인 자외선 차단제는 15인 것보다 2배의 자외선을 차단하게 될까? 그것은 그렇지가 않다. 만약 UPF가 2라면 자외선의 50%를 차단할 수 있다는 말이다. 3 이라면 67%를 차단 한다는 말이다. 즉, 다시 말해 UPF15의 자외선 차단제는 이미 93.3%의 자외선을 차단한다. 따라서 UPF30인 자외선 차단제는 15인 것보다 겨우 3.4%만큼 더 자외선을 차단할 뿐이라는 것을 이해하여야 한다. UPF가 90이라고 하더라도 30보다 2.2%만큼만 자외선을 더 차단한다는 것이다. UPF가 100이 되면 물론 자외선을 모두 차단 한다는 뜻이 된다. UPF지수 100과 50의 차이는 2배가 아니다. 효과적인 자외선 차단을 위해서는 적어도 UPF가 15 이상인 차단제가 권장된다. 수영복이나 운동복이 물이나 땀에 젖을 경우 위에서 말했듯이 UPF 값은 떨어진다는 사실을 명심해야 한다.

가정에서 할 수 있는 UV Protection

한 세탁 연구에서 세탁 시 직물 첨가제를 사용할 경우 5번의 세탁 후 UPF가 5~6에서 15로 증가하였으며 10번의 세탁 후 30까지 올라가는 것으로 나타났다. 이때 사용된 첨가제의 양은 건조한 직물의 0.2wt%였다.(원단 중량의 0.2%라는 뜻) 몇 년 전 Ciba Specialty Chemicals」사가 개발한 새로운 직물 첨가제(fabric additive)가 「피부암 협회」의 '추천 인증'(Seal of Recommendation)을 획득했다. 이 인증은 세탁제에 자외선

차단제를 첨가하거나 직물을 자외선 차단제로 처리하여 판매하는 제조
업체들에게 주어질 예정이며 우리의 경우는 원단 자체에 첨가제를 투여
하여 만든 가공이다.

정전기가 무섭다

영하 7도의 상쾌하고 맑은 일요일 아침, 차에서 내리다가 차문을 잡는 순간 손끝에 번쩍하고 불꽃이 튀면서 기분 나쁜 정전기 Shock를 경험하였다. 겨울철이 되면서 정전기 때문에 불만인 사람들이 의외로 많다. 특히, 과민한 체질을 가진 사람은 이 때문에 생기는 스트레스가 생각보다 심각하다.

정전기란 무엇일까? 정전기(static electricity)는 이름 그대로 정지해있는 전기를 말한다. 어떤 원인으로 인해서 발생된 전기가 피부 또는 옷 위에 움직이지 않고 머물러 있으면서 축적되어 있다가 갑자기 방전이 되면 전기가 몸에서 폭발적으로 다른 곳으로 흐르게 되고 따라서 정전기 쇼크를 경험하게 된다. 전기가 옷 위에 머물러있는 이유는 옷 자체가 전기를 통하지 않는 부도체이기 때문이다. 즉, 절연물이라는 말이다. 따라서 전기가 어디론가 흐르지 못하고 정체 상태에 머물러 있는 것이다.

그럼 옷 위로 전기는 왜 발생하는 것일까? 세상의 모든 물질은 원자로 이루어져 있다. 원자는 외곽을 도는 마이너스 전기를 띤 전자와 중심의 양성자와 중성자로 이루어진 핵이 플러스 전기를 띔으로써

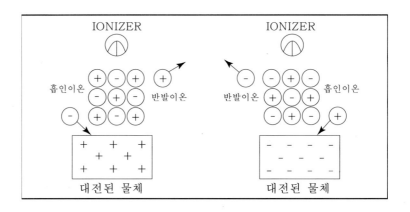

IONIZER

IONIZER

흡인이온
반발이온

반발이온
흡인이온

대전된 물체

대전된 물체

전체적으로 중성이다. (양성자는 플러스 중성자는 중성이다. 따라서 핵은 전체적으로 플러스를 띠고 있다).

그런데 이 물질이 다른 물질과의 접촉으로 인하여 특히 마찰로 인하여, 중성을 띠고 있는 전기가 마이너스 또는 플러스로 대전 된다. 이는 전자의 이동 때문이다. 전자를 빼앗기거나 또는 전자를 다른 곳으로부터 받아와 전자가 남거나 모자라면 전기를 띠게 된다. 어려운 말로 최외각 전자의 이동이다.

어느 전기가 마이너스가 되고 어느 전기가 플러스가 되느냐는 서로 마찰하는 대상에 따라서 달라지는데 예를 들면 유리봉으로 모(wool)를 마찰시키면 유리봉은 플러스를 띠지만 실크를 접촉하면 마이너스를 띠게 된다. 물론 어느 쪽의 전기를 띠느냐에 따라 정전기의 성질이 달라지는 것은 아니다. 전자를 빼앗기면 플러스가 된다. 전자를 빼앗아 오면 마이너스가 될 것이다. 이렇게 발생한 전기가 도체를 타고 흐르는 것이 우리가 알고 있는 전기이다. 그리고 어느 곳으로 흐르지 못하고 한 곳에 머무르게 되는 것을 정전기라고 한다.

그런데 한 곳에 모여있던 전하들이 자꾸 쌓이게 되면 도저히 더 참지 못하고 번개불 같은 불꽃을 번쩍하고 튀기면서 방전을 하게 되는데 이것을 코로나 방전이라고 한다. 번개도 정전기의 일종이다. 구름 속의 얼음 알갱이와 물방울들이 심하게 마찰하여 정전기를 발생시키고 그것이 축적되어 막대한 양의 음전하를 띠게 되는데 그에 반해서 땅은 양전하를 띠고 있다. 이 둘은 서로 달라 붙으려고 기회를 노리다가 전하가 점점 더 많이 축적되어 한계에 이르면 어마어마한 굉음과 함께 코로나 방전을 일으킨다. 그것이 번개이다. 번개 전압은 10억 볼트에 이른다.

굉음이 일어나는 이유는 번개가 일어나는 순간, 그 주위의 공기가 뜨겁게 가열되어 부피가 10,000배 이상으로 팽창하게 됨으로써 생기는 현상이다. 채찍에서 나는 소리는 채찍 끝이 시속 1,300km의 속도로 음속을 돌파하면서 내는 소리(Sonic boom)인 것과 비슷한 경우이다.

공기는 원래 절연체이지만 비가 오면 습기 때문에 전기가 통할 수 있게 된다. 즉, 일부 저항이 적어지는 부분이 생기게 되고 이온화가 진행되는 부분도 생겨 그 부분을 따라서 번개가 발생하므로 번개는 꺾어지는 것처럼 나가는 것이다.

그런데 정전기는 왜 유독 겨울철에만 발생하는 것일까?

먼저, 언급했듯이 공기도 절연체이다. 반면에 물은 도체이다. 욕조에 누워서 전기 드라이어를 쓰면 큰일난다는 사실을 잘 이해하고 있듯이 물은 이온이 있기 때문에 전기를 잘 통한다.

(그런데 놀랍게도 순수한 물은 이온이 없기 때문에 부도체이다.) 공기가 절연체이기 때문에 전기는 방전되지 않고 한 곳에 고여있게 되는데 만약 어떤 부분의 공기가 습기를 머금고 있으면 전기는 그곳으로 옮겨간다. 따라서 습도가 높으면 정전기는 잘 일어나지 않는다. 정확하게 말하면 정전기가 생기기는 하지만 축적되기 전에 모두 공기 중으로 방전되기 때문에 당연히 쇼크도 없다.

사실 천연 섬유에서는 정전기가 심하게 발생하지 않는다. 합성섬유가 나오면서 정전기 문제가 심각하게 대두되었는데 그 이유는 합성섬유의 대부분이 절연 물질로 되어 있어서 전기가 방전되는 것을 방해하여 섬유의 표면에 전기가 축적되게 하기 때문이다.

나일론이 처음 나왔을 때인 1950년대, 병원 간호사들의 나일론 제복에서 발생한 정전기 때문에 수술실에서 폭발 사고가 일어나 매년 300명의 사망자가 나는 웃지 못할 해프닝이 있기도 했다. 그러면 어떤 섬유가 정전기를 더 많이 일으키는 것인지 알아보자.

정전기는 수분과 관계가 있다. 따라서 수분율이 높은, 즉 내부에 수분을 많이 함유하고 있는 소재가 정전기를 덜 일으킬 것이다. 그렇다면 당연히 섬유 소재 중 가장 수분율이 높은 wool(16%) 이 정전기로부터 자유로울 것이다. 그러나 실제로는 그렇지 않다. 우리는 모직물로부터도 많은 정전기 쇼크를 받는다. 그건 또 왜일까? 그것은 각 소재가 가진 저항의 크기와 전하가 감소하는 시간인 반감기와 관계된다. 저항의 크기라는 것은 해당 소재가 얼마만큼의 부도체냐, 즉 절연물이냐 하는 것을 판단하는 크기이다. 저항은 전기를 얼마나 잘 통하지 않느냐의 단위이기 때문에 저항이 클수록 더 좋은 부도체이다. (고무는 좋은 부도체이므로 전기를 만지는 사람은 고무 장갑을 끼고 일하면 좋다.) 그리고 소재가 부도체 이기 때문에 전하가 다른 곳으로 흐르지 못하고 머물러 있는 것이다.

저항이란 무엇일까?

저항은 전기가 잘 통하지 않게 흐름을 방해하는 힘이다. 그래서 전기가 잘 통한다고 알려진 구리선 조차도 거리가 멀면 저항 때문에 중간에 없어져 버리는 전기가 많아진다. 가장 전기 저항이 적은 금속은 은이다. 따라서 모든 전선을 은으로 만들면 전기의 손실이 그만큼 적어질 것이다. 그러나 은보다도 더 좋은 도체가 있다. 그것이 최근 각광 받고 있는 초전도체라는 것이다. 어떤 물질이 절대 온도에 가까운 영하 200도 정도가 되면 초전도성을 띠면서 저항이 0이 되는 현상이 발생한다. 이렇게 되면 손실되는 전력이 없기 때문에 평소보다도 2배 이상의 전기를 사용할 수 있게 된다. 그런데 초전도 물질은 자기를 띤 물질, 즉 자석 위에서 중력을 떨치고 부양할 수 있다. 초전도체의 이런 놀라운 성질을

초전도체

이용하여 자기 부상 열차라는 것이 개발되었다. 하지만 영하 200도 정도의 초저온을 유지하는 것은 매우 힘들다. 따라서 실용화가 어려운 형편이지만 상해에 가면 공항에서 푸동지역까지 자기 부상 열차가 운행된다. 이 열차를 타면 시속 300km라는 초고속을 경험할 수 있다. 최근 물질에 따라서 초전도성을 띠는 온도가 달라진다는 것을 발견한 과학자들은 더 높은 온도에서 초전도성을 띠는 경제성 있는 물질을 찾아내는 것이 현재의 과제이다.

Wool은 수분율은 높지만 표면 저항이 면(면의 수분율은 8%)보다 400배나 크다. 즉, 전기가 면보다 400배나 더 안 통한다. 그리고 전하가 줄어드는 반감기는 면의 경우 0.025초의 눈 깜짝할 사이이지만 wool은 3초나 된다. 따라서 wool에서는 정전기를 자주 경험하게 된다. 다른 소재는 어떨까? 수분율이 9%로 면과 비슷한 실크에서는 면보다 저항이 무려 33만 배나 크다. 반감기가 600초이기 때문에 저절로 방전되기까지 10분이나 걸린다. 실크, 겨울에 귀찮게 몸에 들러붙는다. 면과 비슷한 Rayon은 어떨까? Rayon은 수분율이 12%로 면보다 좋고 저항은 면의 겨우 6배 그리고 반감기는 면의 2배이다. 이 정도라면 몸으로 느끼는 차이는 없을 것이다.

그렇다면 합성 섬유들은 어떨까?

폴리에스터는 수분율이 0.4%에 불과하다. 반면에 표면의 저항은 면의 83만 배나 된다. 그리고 반감기는 26,000초, 무려 433분이나 된다.

이쯤되면 비교할 것도 없이 폴리에스터는 부도체이고 정전기를 많이 일으킬 것이다. 나일론은 폴리에스터와 비슷하다. 그러나 수분율이 폴리에스터의 10배인 4%이니 조금 더 나을 것이다. 가장 셀 것으로 생각되는 아크릴은 의외로 다른 합성섬유와 별 차이가 없다. 오히려 폴리에스터보다 나은 형편이다. 수분율도 폴리에스터의 4배이고 전기 저항도 10분의 1 이다. 다만 반감기는 약 3.5배로 조금 길다.

이제 어떻게 하면 대전 방지를 할 수 있는지 저절로 답이 나왔다. 첫째로는 원단 표면이 절연체로 되어있어서 생기는 현상이므로 원단을 도체로, 즉 전기가 통하는 물질로 만들어 주면 된다. 이것이 가장 적극적인 방법이다. 원단에 금속사나 전기가 잘 통하는 탄소 섬유를 조금씩 섞어서 제직하면 될 것이다. 그리고 원사 차원의, 보다 근본적인 해결 방법은 합성섬유의 칩에 약간의 도체 물질을 분말 형태로 함유시켜 방사하여 원사 자체를 도체로 만듦으로써 해결할 수 있다.

둘째로는 원단에 습기를 많이 머금을 수 있도록 해서 정전기가 공기 중으로 방전할 수 있도록 도와주는 소극적인 방법이다. 가장 많이 이용되는 대전 방지 가공은 섬유 표면에 고분자 망상 구조를 만들어서 흡습

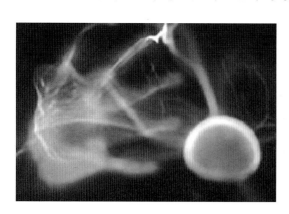

성을 좋게 하는 원리이다. 또 대전 방지제의 극성기가 물과 수소 결합하여 섬유의 전도성을 높이는 방법도 있다. 가정용으로 파는 대전 방지용 spray도 같은 원리이

다. 보통은 유연제와 대전 방지 가공제가 같이 쓰이고 있는 것이 특징이다. 유연제가 하는 일은 섬유간의 마찰 계수를 낮추는 것이다. 따라서 마찰 전기인 정전기가 생기는 확률을 줄여 준다. 다만, 이 가공제가 발수도를 저하시킨다거나 염료의 color에 변색을 일으키거나 hand feel의 저하를 가져오는 일이 있으므로 주의해야 한다.

보통의 대전 방지 가공제는 세탁 30회 정도의 durability를 갖지만 요즘은 영구적으로 사용할 수 있는 약제도 나와 있다. 영구적인 약제는 이온성을 띠고 있는 것으로 섬유 표면의 정전기를 동전기로 만들어 주는 역할을 한다. 이온성이란 원자의 전자가 원래의 안정된 상태에서 벗어나 마이너스 또는 플러스의 전기를 띠고 있는 상태를 말한다. 따라서 다른 전기를 띠고 있는 물질과 반응하기 쉬우며 전기도 머물러 있지 못하고 이동할 수 있다.

대부분의 대전 방지제에는 합성세제인 계면 활성제가 사용된다.

이제는 손에 생기는 정전기 쇼크도 어떻게 하면 줄일 수 있는지에 대한 답이 나왔다. 그것은 손을 촉촉하게 적시는 방법이다. 손에 아무것도 안 바르는 것보다 수분을 함유할 수 있는 핸드 크림 같은 것을 바르면 말라있는 손 보다는 훨씬 더 정전기 쇼크로부터 자유로울 수 있게 된다. 손에 땀 많이 나는 사람들도 좋을 때가 있다.

신발의 대부분도 절연체인 고무로 되어있는 것이 정전기가 생기게 하는 원인이기도 하다. 신발 바닥에 금속 징을 박아서 도체로 만들어 전기가 땅으로 흐르게 만들면 몸의 정전기는 사라질 것이다. 유조차의 뒤를 보면 쇠사슬 같은 것을 땅에 끌고 다닌다. 이것을 접지선이라고 하며 이를 통해 발생된 정전기가 땅으로 흘러들어가는 것이다. 유조차는 만의 하나라도 불꽃 방전이 일어나면 위험하므로 이런 조치가 반드시 필요하다. 이제 크리스마스 주간이 다가온다. 교회도 다니지 않으면서도 이 맘 때면 늘 왠지 가슴이 부풀어 오른다. 50을 바라보는 나이에도 아직은 소년 같은 마음이 남아있어 이런 이벤트가 때로는 불모지 같이 변한 황폐한 가슴도 녹일 수 있는 모양이다. 금년은 화이트 크리스마스라면 좋겠다.

섬유의 축열 보온 가공
(Thermal storage & warmth proofing)

종래의 섬유제품에 대한 보온 가공은 소극적인 수준이었다. 즉 체온이 만들어낸 열을 외부로 빼앗기지 않는 정도의 수준, 즉 단열에 목표를 두었던 것이다.

열은 세상의 모든 살아있는 생물의 몸에서 적외선 형태로 방사된다. (엄밀하게 절대온도 0도, 즉 섭씨 영하 273도가 넘는 모든 물체에서는 적외선이 방사된다.)

열은 3가지의 형태로 이동한다는 것을 우리는 중학교 때 배웠다. '전도', '복사', '대류'가 그것이다. 전도는 반드시 해당물체와 접촉해야만 이행된다. 추운 겨울, 돌로 된 벤치 위에 앉으려고 하면 엉덩이가 몹시 차갑다. 하지만 나무벤치는 왠지 따뜻할 것 같다. 둘은 온도가 서로 다른 것일까? 그럴 리가 없다. 둘은 근방의 다른 물건들과 마찬가지로 같은 온도이다. 그럼 왜 돌은 더 차갑게 느껴질까? 그것은 돌의 열전도가 더 빠르게 일어나기 때문이다. 돌은 나무와 같은 온도이지만 훨씬 더 빠른 속도로 돌로 체온이 빠져 나간다. 그것을 우리는 차갑다고 느끼는 것이다.

항온 동물인 사람의 체온은 임계점 이하로 내려가면 위험해진다. 따라서 체온이 급속하게 빠져나가면 대뇌피질은 통증으로써 위험신호를 보낸다. 그것이 추운 겨울날 돌에 오래 앉아 있으면 고통을 느끼는 이유이다. 따라서 열전도율(Thermal Conductivity)이 낮은 물체에 닿으면 우리는 별로 차갑게 느끼지 않는다.

주위에서 볼 수 있는 물질 중 열전도율이 가장 낮은 물질은 공기이고 가장 높은 물질은 은이다. 은은 공기의 17,000배에 해당하는 열전도율을 가진다. 감기 때문에 열나는 사람은 은으로 된 판때기를 이마에 붙이면 순식간에 은을 통해서 열이 대기 중으로 빠져나갈 것이다. 병원에 이런 원리를 응용한 제품이 있다. 다만, 은은 비싸고 무거워서 알루미늄 합금 같은 다른 금속제품이 쓰일 것이다. 여름에 삼베를 입으면 시원한 이유는 삼베의 열전도율이 높기 때문이고 겨울에 Wool을 입는 이유는 Wool의 열전도율이 매우 낮기 때문이다.

복사는 열이 접촉하지 않아도 매개물 없이 이동하는 방식이다. 소리, 즉 음파는 공기를 매개물로 하여 전달된다. 따라서 공기가 없는 우주공간에서는 아무리 소리를 질러도 들을 수 없다. 하지만 복사 방식의 열전달은 매질이 필요 없어 진공 상태에서도 전달되기 때문에 지구에서 1억 5천만Km 떨어진 태양으로부터 열이 전달되는 것이다. 그것이 바로 복사이다. 겨울에 난로 앞에 앉아있는 것도 복사열을 기대하기 때문이다.

마지막으로 대류는 열이 바람처럼 이동하는 것이다. 즉, 공기를 타고 흐름을 따라 이동한다. 차가운 열은 아래로, 뜨거운 열은 위로 흐른다. 따라서 공기가 통하지 않는 곳에는 대류도 없다. 저기압과 고기압 그리고 날씨의 변화는 대류로 인하여 생기는 것이다.

보온병은 위와 같은 열의 성질을 이용한 대표적인 단열제품이다. 별거 아닌 것처럼 보이는 보온병은 사실 대단한 과학의 산물이다.

보온병에 뜨거운 물을 넣는다. 즉시, 뜨거운 커피는 몸부림치며 주위의 공기와 같은 온도가 되려고 한다.(즉, 평형 상태에 도달하려고 한다.) 그래서 복사의 형태로 열을 외부로 전달하고 싶지만 보온병의 유리는 거울처럼 반짝인다. 따라서 복사열이 반사되어서 밖으로 나가지 못하고 차단된다. 이번에는 전도를 이용하여 밖으로 빠져나가려고 시도하지만 보온병의 유리는 2중으로 되어 있어서 바깥과 접촉이 차단되어 있다. 따라서 전도를 이행할 수 없다. 대류 또한 허용되지 않는다. 3중마개가 보온병을 밀봉하고 있기 때문이다. 이렇게 해서 보온병은 완벽한 단열상태를 만들어 낸다. 그 결과는 10시간 동안 따뜻한 커피이다. 그렇다면 섬유의 단열은 어떻게 해야 할까?

전도를 낮추려면 열 전도율이 낮은 공기 층을 섬유 내부에 형성해야 한다. 가운데가 비어있는 중공 섬유나 오리털(Duck down)점퍼가 바로 그런 원리를 이용한 것이다. 북극에 사는 백곰*의 털이 중공사이다. 얼마나 놀라운 진화의 산물인가?

오리털 점퍼는 내부에 공기 층을 형성하여 전도를 방해한다. 섬유는 대략 공기의 10배 정도 전도율을 보인다. 또한 방한 소재는 섬유보다 열 전도율이 높은 물을 반드시 차단해야 한다. 그러기 위해서는 물을 밀어내는 소수성의 합성섬유를 이용하는 것이 좋다. 일단 물이 묻으면 열 전도가 급속도로 이행

---

* 백곰의 진화: 어떤 창조론자는 백곰은 천적이 없는데도 보호색을 띠고 있다며 진화를 부정하였다. 하지만 그 사람은 백곰이 하얗지 않으면 아무 동물도 잡아먹을 수 없다는 사실을 간과하고 있는 것이다.)

되기 때문이다. 대부분의 방한 의류가 나일론이나 폴리에스터인 이유가 된다. Wind proof원단도 같은 원리를 이용한 것이다.

폴리에스터 니트를 기모하여 만든 폴라플리스(Polar fleece)는 방한 소재로 최고의 인기를 구가하고 있는데, 가만히 서 있거나 실내에서는 비교적 괜찮은데 자전거를 타거나 인라인 스케이트를 타는 등, 바람과 마주하면 방한 효과가 거의 없다. 바람이 숭숭 들어오기 때문이다. 따라서 폴라플리스의 내부에 막을 입히는 라미네이팅 작업을 하면 바람이 통하지 않게 할 수 있다. 그 효과는 너무나 극적이어서 'Windstopper'를 만든 Gore-Tex에서 꽤 비싼 가격을 책정하였는데도 폭발적으로 판매가 이루어질 정도였다.

대류는 어떨까? 대류를 막으려면 공기의 유통을 차단해야 한다. PU같은 무 통기성 수지를 Coating함으로써 목적을 쉽게 달성할 수 있다.

복사는 조금 어려운 문제이다. 원단을 거울처럼 표면에 반짝이는 금속으로 증착 처리 하면 몸의 복사열이 반사되어 다시 몸으로 돌아오게 된다. 사람이 체열을 빼앗기는 가장 큰 원인*이 복사이다. 인체는 복사로 45%, 대류로 30%, 전도로 20%의 열을 빼앗긴다. (나머지는 기타) 사람이 복사로 빼앗기는 열량이 하루에 500칼로리로 이는 하루에 섭취하는 열량인 25,00칼로리의 1/5 정도나 된다. 따라서 복사를 막는 것이 가장 손 쉬운 보온방법이 될 수도 있다. 물론 살을 빼고 싶은 사람의 욕구에는 반하는 방법이 된다.

---

* 증발이 가장 큰 원인이지만 여기서는 제외함

이상이 소극적인 보온 가공이다. 하지만 소비자들은 보다 적극적인 방법을 요구하고 있다. 그로 인해 기존의 체열을 차단하는 방법을 뛰어넘어 열을 발생시키거나 축적시키는 방법들이 연구되고 있다.

적극적 보온 소재는 태양광을 받아 반사시키지 않고 자체적으로 흡수하여 열로 변환하여 몸으로 방사하게 만드는 기능을 가지면 된다. 또 한편으로는 반사된 체열을 흡수하여 다시 되돌리는 기능을 하게 할 수도 있다. 이 때 사용되는 좋은 재료가 바로 세라믹이다. 세라믹은 고온으로 열처리하여 만든 유리나 도기 같은 비금속질의 무기재료이다. 열에 강한 것이 특성이다.

이제 원적외선(Far infrared ray)이 등장한다. 원적외선은 이미 18세기에 독일에서 발견되어 크게 유행한 바 있었는데, 1987년 약삭빠른 일본 사람들이 리바이벌시켜서 제품으로 출시하였다. 그런데 원적외선이 왜 좋은가? 효과는 있을까?

태양광의 구성 중 가시광선 보다 더 많은, 전체 태양복사선의 50% 정도를 차지하는 적외선의 대부분이 근 적외선이며 극히 일부분만이 원적외선에 해당된다. 원적외선은 파장이 길기 때문에 에너지량은 미미하지만 대신 침투력이 좋다는 특성을 가지고 있다. 숯불로 굽는 고기가 그냥 가스불로 굽는 고기보다 겉은 덜 타고 속은 더 잘 익는 원리를 설명해 주고 있다. 바로 원적외선이 숯불로부터 많이 나오기 때문이다. 원적외선은 가시광선이나 자외선과 달리 침투력이 좋아 피부 깊숙이 침투할 수 있다. 따라서 따뜻한 기운을 준다. 우리가 만약 30도의 물속에 있으면 그 물은 따뜻하게 느껴지지 않는다. 체온보다 더 낮기 때문이다. 하지만 같은 온도의 햇볕을 쐬면 따뜻하게 느껴진다. 그 이유가 원적외선이다. 체온보다 더 낮은 원적외선이라도 일단 피부 속에 침투하게 되면 세포를 이루는 유기 화합물이 6~14 마이크로미터의 진동수를 가지기 때문에 원

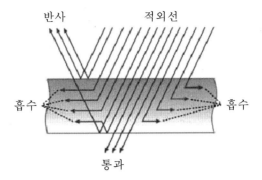

Infrared Radiation-Absorption,
Reflection and Transmission

반사 　　　　적외선

흡수 　　　　　　　　　　흡수

통과

적외선과 비슷하므로 이들은 공명현상을 일으킨다. 이것을 공진 운동이라고 하는 데 공진 운동이 발생하게 되면 원래보다 더 큰 에너지가 분자 내에 발생하게 되어 열을 일으키게 된다. 따뜻해진다는 것이다. 따라서 혈액순환이 잘 되는 등, 몸에 이롭다는 주장이다.

　여기까지는 나무랄 데 없는 사실이다. 하지만 그것뿐이다. 단순히 '인체 내에서 열을 발생한다'는 것이다. 만약 보온효과로서 원적외선을 이용하겠다고 한다면 문제없다. 하지만 의료 기구로서 이것을 활용하겠다고 하는 데에는 그 효과를 장담할 수 없다. 실제 효과를 짐작할 수 없으며 광고처럼 단순히 몸을 따뜻하게 해서 혈행을 좋게 한다고 해서 몸에 좋다는 주장은 아무래도 근거가 박약하다. 사실 그것보다는 목욕을 자주 하는 편이 혈액순환의 면에서는 훨씬 더 좋을 것이다.

　원적외선의 효과는 축열 보온의 재료로써는 괜찮은 소재임에 틀림없다. 하지만 지금은 의료기구로서의 역할에 따른 거품 때문에 비싸다는 것이 흠이다. 원적외선을 방사하기 좋은 재료로서의 세라믹은 태양광을 받아서 원적외선을 방사하고 인체의 적외선을 받아서 다시 원적외선으로 바꾸어 되돌려 보낸다는 의미에서 좋은 축열 재료이다.(실제로 작동

한다면) 이러한 세라믹으로 탄화 지르코늄이나 산화 지르코늄을 많이 사용하고 있다. 산화 지르코늄은 인조 다이아몬드인 큐빅의 재료이다. Full dull의 재료인 이산화티탄도 종종 사용된다.

OE 絲(사)는 어떤 실인가?

면직물을 취급하다 보면 'OE사'라는 얘기를 많이 듣게 된다.

특히 Denim을 많이 사용하는 MR들에게 OE사는 굉장히 친숙한 단어가 된다.

OE사란 Open End 絲(사)를 줄인 면사의 종류 중 하나로 면사를 만드는 공정의 차이에 따른 이름이다. 면사에만 해당되는 용어이다. 그럼 OE가 아닌 다른 원사는? 'Ring사'라고 한다.

OE사를 설명하기 위해서 면사를 만드는 공정을 잠깐 소개해 보겠다.

면사를 만드는 공정의 메커니즘은 제멋대로 흩어진 면의 섬유를(이것을 우리는 솜이라고 부른다) 같은 방향으로 평행하게 빗질하는 일련의 과정이다.

먼저 솜 상태의 면을 포장으로부터 푸는 것을 開綿(개면)이라고 한다.

다음에 솜에서 씨나 이파리 등 잡물을 제거해 주는 것을 '혼타'라는

소면기

어려운 말로 표현한다. 이렇게 '혼타'하여 이불 솜처럼 납작하게 가공된 솜을 Lap이라고 하는데 Lap은 1차적인 빗질을 위해 소면(Carding)기로 들어간다. 바로 Carding기로 들어가기 위한 형태로 만들어 놓은 것이다. Carding기는 농촌에서 벼를 터

296

는 탈곡기처럼 생겼는데 원통의 실린더 위에 가느다란 침포가 촘촘하게 박혀있고 이 위를 Lap이 통과하면서 빗질이 되는 것이다. 이로써 너무 짧아 도저히 실이 될 수 없는 단섬유들이 제거되고 제멋대로 흩어져있던 면 섬유들이 모두 한 방향으로 정렬하게 된다. 방향성이 없는 섬유는 한 방향으로 힘을 집중할 수 없어 강력이 나쁘기 때문에 원사로서 합당한 강력을 얻기 위해 빗질을 계속해야 하는 것이다.

1차 빗질이 끝나면 두 번째의 빗질이 남아있는데 저급의 원사, 즉 태번수*로 태어날 Lap은 한번의 빗질로 끝나고 다음 공정으로 넘어간다. 이 두 번째 빗질을 정소면(Combing)공정이라고 하고 Carding기의 침포(바늘을 담요 위에 촘촘하게 깔아놓은 기계)보다 더 가늘고 촘촘하게 박힌 침포의 실린더를 통과하는 공정이다. 이렇게 두 번째 빗질을 통과하여 나온 원사를 Combed Cotton사라고 한다. (사람들이 코마사라고 부르는 것이 바로 이것이다.)

이렇게 Carding기나 Combing기를 통과하여 나온 물건은 마치 솜으로 만든 떡국가래처럼 생겨먹었다. 이것을 슬라이버(Sliver)라고 하는데 면사를 만드는 공정 중 처음으로 섬유의 형태를 갖춘 솜이다. 이 슬라이버들은 가늘고 밀도가 적은 것들이므로 6~8개 정도씩 합쳐서 하나의 조밀하고 긴 슬라이버를 만들어야 한다. 이렇게 만

silver

든 슬라이버를 떡국처럼 둥그렇게 말아서 드럼통 같은 곳에 집어넣는다. 이것이 '연조' 공정이다. 이제 이 슬라이버를 가늘게 만들면 실이 되는 것이다.

---

* 태번수: 굵은 실을 의미한다. 정확한 기준은 없으나 보통 10수 근처의 굵기이다.

슬라이버를 더 빗질하고 약간의 꼬임을 주어 가늘게 만드는 공정이 뒤따르는데 이런 작업을 Draft라고 한다. 이 과정을 통해서 나온 형태가 Roving(조방)이다. Roving은 굵기가 우동 정도가 되는데 여기에서 더욱더 꼬임을 주고 계속 Draft를 가하여 최종 완성품인 실을 뽑아내는 것이다. 이 과정을 Ring 정방이라고 하고 여기에서 나온 원사를 Ring絲(또는 Ring spun)라고 한다.

OE는 연조와 Roving공정을 생략하여 슬라이버가 바로 원사로 나오는 방식을 말한다. 말할 것도 없이 세번수인 30수 이상의 원사는 뽑기 어렵다고 봐야겠다. 이론적으로는 가능하지만 16수 이상의 가는 실을 OE방식으로 뽑는 것은 채산성이 맞지 않는다. 따라서 OE사는 대부분 16수 이하로, 주로 10수나 7수 또는 6수로 생산된다. 공정을 두 가지나 생략하였으므로 생산성이 빠른 것이 장점이 된다. 실제로 생산 원가가 Ring사에 비해서 3분의 2밖에 들지 않는다.

물론 성능은 떨어져서 강력이 Ring사 보다 40%나 더 약하다. 하지만 조직에 따라서 다르기는 하지만 오히려 마모강도는 Ring사보다 더 우수한 경향이 있다. 그 이유는 OE사의 꼬임수가 상대적으로 조금 낮기 때문에 기인하는 것이라고 생각된다.

OE사의 또 하나의 장점은 균제도(Evenness)의 측면에서 Ring사보다 더 우수하다는 것이다. 하지만 요즘은 16수 이하의 실은 Ring사로 뽑는 경우가 드물기 때문에 이런 비교가 무의미해진다. 또 하나의 특징은 Ring사에 비해서 Bulky하다는 것인데 따라서 잔털이 좀 많고 공기를 포함하는 기공 용적이 크며 그에 따라 통기성이 양호하고 보온성도 좋아지는 동시에 가벼운 느낌을 주는 장점이 있다.

합섬사(Synthetic Yarn)의 가공

비가 올락말락 하는 Gloomy Sunday이다. 하늘은 회색 빛 구름으로 무겁게 내려 앉아 있다. 대기의 습도는 95%도 넘는 것 같다. 뭐든지 닿기만 하면 끈적하게 달라붙는다. 여름은 생명이 숨 쉬는 계절이다. 눈에 보이지 않던 세상의 모든 미생물들도 축축하고 따뜻한 환경을 틈타 활성화되어 날뛸 것이다.

DTY는 뭐고 또 ATY는 뭘까?

섬유와 봉제를 하면서 골백번은 사용했을 단어들이다. 하지만 여러분은 이것들이 의미하는 것이 정확하게 무엇인지 알고 있는가? 두 단골메뉴는 각각 폴리에스터 또는 나일론이나 마이크로 등에서 산발적으로 등장했던 것이지만 그 내용을 기억하고 있는 사람은 별로 없을 것이다. 하지만 이것들은 상당히 중요한 기초 지식이므로 반복 학습 차원에서 특별히 따로 다뤄보기로 하겠다.

DTY는 폴리에스터*에서 나오는 용어이다. 즉, 합성 섬유의 다른 종류인 나일론이나 아크릴에서는 볼 수 없는 단어이다. 합성 섬유란 고분자의 플라스틱 같은 물질들을 조그만 칩(Chip)상태로 만든 다음, 이것을 용융시켜서 밀가루 반죽으로 국수를 뽑듯이, 가느다란 노즐을 통해 녹인 고분자 플라스틱을 길게 뽑음으로써 섬유가 되는 물질이다. 그러므로 이런 방식으로 뽑은 섬유는 예상한 것처럼 단면의 형태가 모조리 노즐의

---

* DTY는 최근 Nylon도 나오고 있다. 하지만 흔치 않다.

단면과 같은 원통형이다. 주변에 이것과 비슷한 섬유가 있는데, 바로 머리칼이다. 특히 여성의 머리칼은 곱슬이 아닌 직모인 경우가 많은데, 직모와 곱슬의 차이는 단면의 형태이다. 직모의 단면은 정확하게 원형이다. 그런데 단면이 원형인 물질은 잘 구부러지지 않는 성질을 가졌다. 파이프들의 단면이 원형인 이유가 된다. 따라서 직모인 머리칼을 가진 사람은 머리를 쓸어 넘겨서 고정하지 못한다. 그래서 무스라는 것이 필요하다. 하지만 곱슬은 도구 없이도 머리를 잘 쓸어 넘길 수 있다. 곱슬머리의 단면은 약간 납작한 타원형이라서 쉽게 구부러지며 또한 그렇게 구부러진 머리칼들끼리 얽혀져서 서로 마찰력을 유지할 수 있기 때문이다. 따라서 실제로 곱슬 머리는 개그맨, '윤택' 처럼 풍성하고 Bulky한 상태를 유지하고 있다. 그의 머리는 흑인의 머리를 길게 길렀을 때 만들어지는 형태 그대로이다. 결코 과장된 머리 모양이 아니다.

곱슬이 없는 직모 상태로 만든 합성 고분자 섬유는 금속성의 광택과 함께 Hand feel이 너무 딱딱하기 때문에 차가운 느낌이 들며 신축성도 별로 없다. 그래서 초기의 나일론이나 폴리에스터들로 만든 원단들은 합성 플라스틱의 느낌 그대로 마치 금속을 부드럽게 만들어 놓은 꼴을 하고 있었다. 이런 점을 개선하여 천연섬유와 비슷한 외관과 촉감을 만들기 위해서 가공사의 필요성이 대두되게 되었다. 그것이 바로 텍스쳐사 (Textured yarn)이다.

직모를 곱슬로 만들려면 두 가지 물리적인 방법이 필요하다. 첫번째는 잡아 늘리는 것이다. 머리를 한 올 뽑아서 잡아당겨 보면 머리칼은 약간

늘어나면서 금방 꼬 불꼬불한 곱슬로 변 해 버린다. 이것을 공장에서는 연신 (draw)이라고 한다.

또 다른 방법은 꼬는 것(Twist)이다. 설명할 필요도 없다. 이 두 가지 방법으로 직모를 곱슬로 만들 수 있다. 물론 이렇게 물리적인 힘을 가해도 섬유는 원래 제 자리로 돌아가려는 성질이 작용하므로 열로 바짝 구워서 그렇게 할 수 없도록 만든다. 이것이 열고정(Thermoset)이다.

폴리에스터에서는 녹인 칩을(이것을 Dope이라고 한다. Dope dyed이야기에서 나온다). 노즐을 통과시켜서 실을 뽑을 때(이것을 방사*라고 한다.) 실을 뽑아내는 속도에 따라서 여러 종류의 실로 구분이 된다. 방사속도는 실의 성질을 결정하는 중요한 역할을 하게 되는 데 이유는 바로 배향도 때문이다. 섬유의 결정과 비결정영역에 대해서 읽어 본 사람은 배향에 대해서 어느 정도의 지식을 갖추고 있을 것이다.

폴리에스터는 방사속도에 따라서 배향도가 달라지는데 그것을 글자 그대로 써서 다음과 같이 부른다. (이것을 표로 그리면 대부분의 사람들이 보지 않고 그냥 지나치고 만다. 그래서 일부러 표를 그리지 않았더니 정리되지 않아 산만하게 보인다. 하지만 지겨운 표나 그래프를 보는 것보다는 나아 보인다.)

분당 1.5km 이하의 속도로 방사　　조금만 배향(Low Oriented Yarn) LOY
분당 1.5~2.5km 정도　　　　　　중간 정도 배향(Medium) MOY
분당 2.5~4km 정도　　　　　　　부분적으로 배향(Partially) POY

---

* 합성섬유를 실로 만드는 과정을 방사(紡絲)라고 한다. 면을 실로 만드는 과정은 방적(紡績)이라고 하는데 둘의 영어 표현은 똑같이 Spinning이다. 하지만 방사는 실제로 꼬는 과정(spinning)이 없다.

분당 4~6km 정도	고 배향(High) HOY
분당 6km의 속도로 방사	완전 배향(Fully) FOY

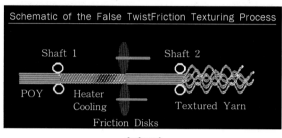

가연공정

방사 속도가 빠를수록 배향이 잘 된다는 사실을 표로서 알 수 있다. 배향이 실의 성질에 미치는 영향은 무엇일까?

배향도가 높은 실은 강도가 높아서 그대로 실로 사용 할 수 있다. 하지만 배향도가 낮은 실은 연신을 거쳐야 한다. 연신은 잡아당겨주는 공정으로 이렇게 함으로써 배향도를 크게 할 수 있다. 즉 잡아 당겨 늘여주면 그만큼 배향도가 커지게 된다. 따라서 이런 연신 과정을 거쳐야 하는 LOY부터 POY까지의 실 중, POY는 곱슬을 만들 수 있는 가장 경제성 있는 재료가 된다. (POY 이하의 배향도로는 DTY를 만들 수 없다는 말이다. 그리고 FOY는 너무 비싸서 경제성이 떨어진다는 의미이다.)그런 원리로 연신과 동시에 꼬임과정을 함께 진행하여 Crimp를 부여함과 동시

에 신축성을 가지게 한 실이 바로 DTY이다. 이때 꼬임과정에서 사용되는 공정이 가연(False Twist)이다.

가연은 이름 그대로 가짜 꼬임이다. 꼬임을 일단 주었다가 그 상태에서 열고정(Heat setting)을 하고 다시 풀어버리는 것이다. 이렇게 해서 신축성을 200~300% 정도 확보할 수 있게 된다. 그런데 이렇게 만든 실은 한쪽 방향으로 비틀어

지는 현상(Torque)이 일어나므로 그것을 방지하기 위해서는 반드시 가연방향이 서로 반대되는 두 꼬임, 즉 S연과 Z연 두 가닥을 합사하여 만들어야 비로소 완성된다. 하지만 지금은 이런 문제점을 제거하여 단사로도 사용 가능한 개량사가 나와 있다.

또 한가지는 Stuffing Box Textured Yarn이라고 하는 것이다.

원리는 지극히 간단하다. TV홈쇼핑에서 구김방지(Wrinkle free)효과를 극적으로 보여주기 위한 방법으로 원통형의 투명한 아크릴로 만든 가느다란 통에 바지를 통째 억지로 집어넣는 장면이 나온다. 원래 크기의 20분의 1 정도의 작은 통 속으로 들어간 바지는 아주 심하게 구겨지게 된다. 이것을 다시 꺼내서 펼쳐 보이며 "짠! 구김이 하나도 없다" 하고 보여 주는 것이다.

이것과 같은 원리로 실을 조그만 Box안에 밀어넣는다. 실은 그 안에서 구겨져서 구부러지고 그 상태에서 열 고정을 하면 구부러진 상태가 어느 정도 남아있게 된다. 이렇게 만든 실은 DTY보다는 신축성이 적겠지만(50~100% 정도) bulky성은 대단히 크게 된다. 따라서 이런 실은 Knit용으로 많이 쓰이고 DTY 다음으로 많이 사용되는 방법이다.

또, Twist가 전혀 부여되지 않으므로 비틀림이 없어서 합사를 할 필요가 없다는 장점이 있다.

나일론에서는 공기분사법이 가장 많이 쓰이는 방법이다. 공기분사법은 원통형의 실린더 안에 한 쪽으로 높은 압력의 압축 공기를 뿜어내면서 같은 방향으로 실을 풀어 올린다. 그리고 실을 위에서 감아 올리는 속도가 실을 공급하는 속도보다 더 늦도록 만들면, 강한 바람에 의해 실에 바람이 들어가서 부피가 커지고 함기량이 많아져 방적사와 비슷해지며 산산이 헝클어진 필라멘트 사들에 약간의 루프가 형성되며 엉키게 된다.

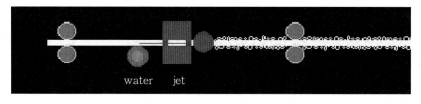

water   jet

ATY

이런 식으로 만든 실을 ATY(Air textured yarn)라고 한다. ATY는 코일이 못 되고 굴곡이 가연법에 비해 약하므로 가연법으로 나온 실처럼 신축성을 가지지는 못하지만 표면에 많은 Loop를 형성하여 방적사와 비슷한 성질을 보일 수 있어서 나일론 특유의 차갑고 미끄러운 특질을 부드럽고 마찰력이 있는 천연섬유처럼 만들어 준다.

열처리를 필요로 하지 않기 때문에 비스코스나 아세테이트 같은 실들도 가공할 수 있다. 나일론 타슬란(Taslan)은 ATY 원사를 사용하여 만든 직물이다. Taslan은 듀폰의 브랜드 이름이다.

ATY와 DTY의 차이점은 Loop의 유무이다. DTY는 Loop는 없지만 굴곡이 많아서 신축성이 있다는 장점이 있고 ATY는 신축성은 없지만 표면의 Loop때문에 천연섬유의 Looking을 가진다는 점이 다르다.

천연섬유의 촉감을 부여하기 위한 사의 가공은 그 정도이다. 하지만 이에 만족하지 않고 더 나아가서 아예 실을 방사하는 과정에서 변화를 주어 천연섬유와 가까운 섬유를 만들려는 시도도 있다.

바로 방사구인 노즐의 단면을 바꾸는 것이다. 원래 모든 노즐은 원통형이지만 이것을 삼각형의 모양으로 바꾸면 실크처럼 삼각형 단면을 가지는 실이 된다. 삼각형 단면에 대한 시각적 결과는 바로 광택이다. 이렇게 만든 실을 듀폰에서 'Trilobal' 이라는 브랜드로 내 놓아 이제 나일론에서는 하나의 일반명사가 되었다.

최근은 별 모양의 단면을 가진 원사를 개발해서 Wicking 기능을 가진 특별한 원사를 개발하기도 했다. 그렇게 생긴 원사는 섬유의 패어진 골

사이가 물이 드나드는 통로, 즉 모세관이 될 수 있기 때문에 물을 잘 흡수하고 표면적이 커져서 잘 마르기도 한다.

마이크로는 천연의 섬유가 가진 굵기를 능가하는 새로운 차원의 합섬으로 이 세상을 놀라게 하였다. 보통 Wool의 굵기는 대략 7 denier 정도가 된다. 아주 가는 Super fine wool이 2.5d 정도 이다. 이 굵기가 일반 폴리에스터에 해당한다. 이것보다 20배 정도나 더 가는 섬유를 마이크로라고 부른다. (보통은 0.3d 이하를 마이크로로 분류)

이와 같은 마이크로를 만드는 방법에는 두 가지가 있다.

분할사와 해도사에 대한 얘기는 '마이크로는 진한 색이 없다'에서 다음과 같이 소개되었다.

분할사란 기존의 fiber하나를 24가닥이나 또는 36가닥 등으로 마치 도끼로 장작을 패듯 쪼개버리는 것을 말한다. 그렇게 작은 도끼는 만들 수 없으므로 실제로는 폴리에스터와 나일론의 팽윤의 차이를 이용하여 쪼갠다. 나일론을 별 모양으로 중심에 배치하고 그 주위에 폴리에스터를 채운 다음 팽윤제를 집어넣고 가공하면 두 합섬의 팽윤 차이로 fiber가 벌어져서 분리되는 것이다. 마치 쐐기를 박아서 나무를 벌리거나 뽀개는, 도끼와 정확하게 동일한 메커니즘이다. 그렇게 하면 fiber한 가닥이

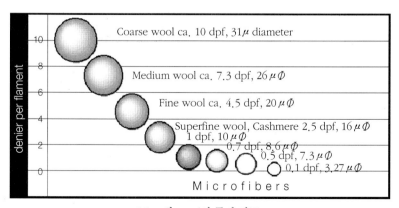

Micro와 wool의 굵기 비교

24 또는 36가닥으로 쪼개진다. 그만큼 섬유는 가늘어 지는 것이다.

해도사란 마치 순대와 같은 것이다. 순대 안에는 당면이 들어있다. 그 자체로 당면을 감싸고 있는 돼지 피를 녹여 없애버리면 순대 한 가닥에는 수십 가닥의 당면만 남는다. 왜 해도사냐 하면 fiber 하나하나를 섬으로 그리고 나머지 부분을 바다로 표현 했기 때문이다. 섬은 남겨두고 바닷물만 빼버리면 된다.

이렇게 해서 무려 0.001d의 초극세사도 뽑을 수 있게 된다. 1g의 길이가 지구 반지름의 1.5배나 된다는 것이다.

보통 75d의 폴리에스터 실 오라기가 보통은 36fila 즉 2d의 fiber로 되어있는 36가닥의 집합으로 되어 있다. 보통의 폴리에스터 원사를 이루는 fiber한 가닥의 굵기는 2d이다.

소위 하이멀티(hi-multi)라고 부르는 원사는 절반의 굵기를 가진다. 따라서 1d인 fiber로 75d를 만들기 위해서는 75가닥이 되어야 한다. 실제의 Hi multi는 72가닥으로 되어 있다. 그런데 0.1denier면 무려 720가닥의 fiber가 실 한 올을 구성하고 있다는 말이다.

마이크로 다음으로 나타난 3세대 가공은 異收縮(이수축) 혼섬사이다. 대표적인 것이 폴리에스터의 Peach skin 원단을 만드는 ITY사 인데 각각 수축률이 서로 다른 2가지의 원사를 혼합하여 만드는 기술이다. ITY는 인터레이싱(Interlacing)이라는 기법으로 두 종류의 서로 다른 실을

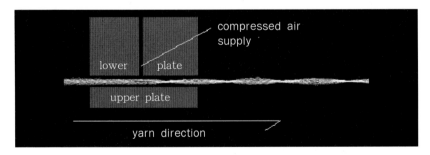

Interlacing

부분적으로 눌러주어 강제로 결합시킨 원사로, 물에 접촉하여 고수축사 쪽이 강하게 수축되면 수축되지 않는 일반사는 당겨져 반원형태를 형성하여 전체적으로 나선모양을 만드는 방법이다. (실의 굵기에 대한 이해 참조)

이 수축률의 차이는 적으면 10%에서 많은 것은 무려 40%까지 나는 것도 있다. 수축률의 차이가 클수록 더 큰 나선이 생기고 더 많이 벌키해질 것이다. 수축된 부분과 그렇지 않은 부분은 염색 과정에서도 착염 상태가 달라져 원단의 표면에 희끗희끗한 효과를 만든다. 135d의 ITY사가 가장 흔하고 또 가장 싸다. 135d로 짠 Peach skin원단은 대폭이 최근 1불 내외로 중국보다 가격이 더 싼, 몇 안 되는 폴리에스터 감량물 중의 하나이다.

다른 방법은 공기분사(Air jet)에 의한 것이 있다. 이 경우는 '심사'와 그 바깥을 감싸고 도는 'sheath사'로 구성된다. 그리고 강력한 Air jet를 사용하여 2가지의 섬유를 혼섬 하는 방법이다. 이렇게 해서 만들어지는 결과는 Sponge느낌이 나는 푹신한 폴리에스터 원단이다.

또 다른 차원의 가공은 섬유의 표면을 천연섬유의 그것처럼 불균일하게 만드는 것이다. 대부분의 합성섬유는 기계로 찍어낸 것처럼 모두 균일함으로 인해 천연의 그것과 비교된다. 천연섬유가 인기를 더해가는 요즘, 불균일성은 감성의 기본이며 최근 소비자의 Primary trend가 되고 있다. 따라서 擬麻(의마) 가공이나 Linen look형태의 개질화된 폴리에스터들이 요즘 인기이다. 그 대표적인 것이 바로 TTD (Thick and Thin yarn)이다. 방법은 POY사를 잡아당기는 연신 작업을 불균일하게 처리한 것이다. 처음에는 굵은 부분, 즉 미연신 부분과 연신이 되어 가느다란 부분이 균일하게 처리되어 자연스러운 느낌이 덜 했지만 요즘은 그것도 불규칙하게 처리되어 더욱 천연에 가까운 실이 생산되고 있다. 이런 실들을 이용한 폴리에스터의 Linen Look 원단이 인기를 더해 가고 있다.

이 밖에도 단면형상이 다른 두 종류 이상의 섬유를 혼섬하는 이형 혼섬사, 서로 섬도(굵기)가 다른 섬유를 혼섬하는 것인 이섬도 혼섬사나 뜨거운 물에 넣으면 늘어나는 성질을 가진 자기 신장사 등이 있다.

T400에 대하여

T400에 대한 관심이 다시 높아지고 있다. T400은 듀폰이 만든 신 소재 폴리에스터이다. 이미 수십 년간 사용되어온 폴리에스터가 가진, 낡고 화학냄새 풍기는 진부성으로 말미암아 폴리에스터란 이름이 붙은 모든 소재의 수요가 소비자들로부터 외면당하고 있던 2002년, 이 아이템은 그러한 분위기를 의식하여 개발되었는데 이 제품의 기능은 바로 Stretch성이다. 그런데 당시에는 이미 자신들의 'Lycra'를 비롯한 각종 Spandex원단들이 이미 최고의 인기를 누리고 있을 때이다. 그런데 왜 듀폰은 뒤 늦게 Stretch기능을 가진 신 소재를 개발하게 되었을까? 거기에는 이유가 있다.

당시 Lycra는 최고인기의 기능성 소재였는데, 열에 약하다는 것과 염색이 되지 않는다는 단점 때문에 염색 가공에 제약이 따르고 있었다. 예컨대 폴리에스터는 고온 고압에서 염색을 해야 하는데 그럴 경우 열에 약한 Lycra가 손상되어서 문제가 되고 있었다. 또 염색되지 않은 spandex는 나중에 세탁에 의해서 표면에 얹힌 염료가 떨어졌으며 이후 열에 의한 손상이 따르면 알몸뚱이가 원단의 표면에 하얗게 드러나게 되었다.

T-400® Suppliers

그와 같은 문제점을 보완하기 위해 개발된 새로운 Stretch소재가 바로 T400이다.

T400은 그 자체가 폴리에스터이기 때문에

염색 가공 시 고온에 의한 Damage 문제가 없고, Lycra는 염색이 되지않는 것에 비해 염색도 가능하며 Spandex원단에서 늘 말썽이 되는 Shrinkage문제도 저절로 해결됨과 동시에 여타의 화섬이 가진 장점인, 양호한 방추성으로 말미암아 다림질도 필요 없어 Easy wear의 기능까지 갖춘 Multi function 첨단 소재이다. 또, Spandex의 문제점인 봉제 시 가혹한 Steam Ironing공정에서 발생하는 파단 문제도 해결할 수 있는 장점을 지니고 있다. 그런데 T400은 기능성뿐만 아니라 놀랍도록 매끄러운 표면감촉을 지니고 있어서 Designer들의 감성도 자극하고 있다. 아름다움이나 패션성이 떨어지는 원단은 아무리 뛰어난 기능을 가지고 있어도 소비자들에게 어필하지 못한다는 특성에 비추어보아 언뜻 이 원단은 완벽해 보이기까지 한다.

문제는 가격이 비쌌다는 것이다. 따라서 대중성을 갖추지 못했고 시장에서 spandex를 밀어내지 못하고 High End의 작은 기능성섬유 중의 하나로 도태되고 말았다. 사람들은 비싼 T400을 쓰느니 차라리 범용성이 있는 Spandex의 염색가공 기술을 개선시키는 쪽을 택했다.

T400은 현재도 Spandex와 비슷한 Stretch 성능을 내기 위해 위사로 사용하려면 약 2배의 비용을 들여야 한다. 위사로 면 30수/40d core를 쓸 때와 T400 150d를 쓸 때의 가격차이를 보면 30수 core가 kg당 4불 50인데 비해 T400 150d는 8불이나 나가기 때문이다. (물론 T400이 Spandex 자체보다 더 비싼 것은 아니다. T400은 그 자체가 원사로 사용되지만 Spandex는 면과 함께 Core/Covering되어 사용되기 때문이다.)

또 다른 이유는 T400의 태생 자체가 이제는 듣기에도 지겨운 폴리에스터라는 식상한 소재라는 것이다.

Spandex나 Lycra는 그 자체로 Content label의 혼용률(Composition)에 포함되면 고급의 이미지를 풍기는 긍정적인 아이콘이 되었다. 하지만 T400은 폴리에스터로 포함될 수밖에 없어 그대로는 오히려 제품에 네거티브한 영향을 미치게 된다. 예컨대 면직물의 위사에 T400을 넣어서

Stretch 직물을 만들면 라벨상으로는 영락없는 싸구려의 대명사인 T/C가 되어 버린다. 따라서 듀폰으로서는 무슨 수를 쓰더라도 그 이름을 바꿀 필요가 있었을 것이다. 그리고 그들은 FTC(Federal Trade Commission)에 탄원하여 폴리에스터의 Subclass로서 이름을 바꾸는데 성공하게 된다.

그 새로운 이름은 "elasterell-p" 이다.

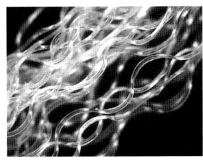

300배로 확대한 모습, 뒤의 사진은 앞의 T400을 조금 잡아당겨서 장력을 준 상태

T400은 두 가지의 서로 다른 분자구조를 가진 폴리에스터를 한 개의 섬유로 만든 Bi-component*구조를 가지고 있다. 한쪽은 일반 폴리에스터, 다른 한쪽은 Methyl group한 개가 폴리에스터와 다른, 하지만 여전히 폴리에스터로 분류되는 소재 2가지를 합친 것이다. 그렇게 해서 발생하는 두 소재의 수축률 차이로 인하여 만들어지는 나선형 크림프(Crimp)로 자연적인 탄성이 만들어진 것이다.

그렇다면 T400은 Mechanical stretch가 아니냐고? 여기서 Mechanical Stretch의 정의를 살펴보자.

Mechanical stretch는 고무처럼 원료 자체의 물성 때문에 늘어나는 것이 아니라 Fiber 자체의 구조를 물리적인 힘을 가하여 탄성을 부여한 탄성사이다. 즉, 후가공으로 만들어진 것이다. 강철은 그 자체가 별로 탄성을 가지고있지 않지만 스프링 모양으로 만들면 무거운 기차도 들어올릴

---

* T400은 PET와 PTT 복합구조로 되어 있다.

수 있을 만큼 엄청난 탄성을 갖게 할 수 있다. DTY사도 파마머리 모양의 Textured사로 이런 Mechanical stretch사의 한 종류가 될 수 있는데 Mechanical stretch의 단점은 원사에 Twist를 주면 스프링 구조가 펴져서 탄성이 사라져 버린다는 것이다.

하지만 T400은 분자구조 자체가 스프링처럼 탄성을 이룰 수 있도록 만들어져 있어서 탁월한 신축성을 나타낸다. 따라서 T400은 Spandex와 Mechanical stretch의 중간 정도에 해당하는 성질을 가지고 있다고 할 수 있다. 또는 펴지지 않는 영구 Mechanical stretch라고 할 수 있다. 실제로 Spandex와 여타의 다른 Mechanical stretch와의 중간 급에 해당하는 탄성을 보유하고 있다.

탄성을 내기위한 신 소재로 PBT(poly butylene Terephthalate)라는 소재가 있음을 기억할 것이다. PBT는 일반 폴리에스터와는 조금 다른 분자구조를 가지고 있는데 폴리에스터의 에틸렌기 대신 부틸렌으로 치환된 소재로써(일반 폴리에스터의 공식 이름이 PET임을 기억할 것이다) 탄성 회복률이 높고 신도(20~40%)도 좋아 Mechanical stretch를 만들기에 적합한 소재이다. T400보다 가격이 저렴해 광범위하게 사용되고 있다.

이러한 Mechanical 소재들의 또 하나의 단점은 세탁에 대한 내구성(Durability)가 약하다는 것이다. 거기에 비해서 나선형의 섬유 구조를 가진 T400은 잦은 세탁에도 오래 견딜 수 있다. 보통 단가가 비싸게 나가는 T400의 이미테이션으로 PBT를 사용한다. 원단에 따라 다르지만 PBT를 사용하면 10~15% 정도 가격이 저렴해진다.

그럼 각각의 탄성회복률(Recovery)는 어떤 차이를 보일까?

다행히 미국 FTC에 data가 있다.

Mechanical stretch	21~28%	9~10%
T400	37%	23%
Spandex (9%)	38%	21%

앞의 수치는 원사일 경우의 데이터이다. T400은 37%이고 Spandex는 38%로 9%가 Covering된 spandex면사와 recovery가 비슷하다. 듀폰의 주장에 의하면 원래 Recovery가 35% 이상의 결과가 나와야 제대로 된 Stretch원사라고 할 수 있으며 직물상태에서는 20% 이상 나와야 한다. 위의 표에서 T400과 Spandex 9% 두 가지 모두 조건에 부합된다는 것을 알 수 있다. 그런데 우리는 실을 다루는 사람들이 아니므로 이에 만족할 수 없다. 만약 이 원사로 직물을 짰을 경우는 어떤 결과가 나올까?

두 번째의 데 이터가 바로 그것이다.

직물로 짰을 경우는 Spandex를 9% 넣은 원사보다 더 좋은 결과를 보인다. 결론은 T400이 Spandex 9%로 짠 직물과 Recovery가 비슷하다는 것이다. 물론 원단에 따라서 Recovery는 달라지지만 대체로 5~6배 정도의 원사가 들어간다고 보면 된다. 즉, 4% spandex원단을 T400으로 같은 Recovery를 내기 위해서는 20% 이상의 T400을 사용해야 한다. 우리가 통상 사용하는 1way stretch는 3~4% 정도의 Spandex를 사용하므로 위사를 모두 T400으로 넣었을 경우 Spandex직물보다 Stretch성은 오히려 더 좋아진다는 결론이 나온다.

여기서 잠깐 혼동을 피하기 위해 정리한다. Spandex는 그 자체로 직물의 원사로 사용할 수 없다. 반드시 다른 원사와 Covering하거나 Core해서 사용해야 한다. 반면에 T400은 그 자체를 그대로 원사로 사용한다. 따라서 실제로 들어가는 Spandex의 양은 아무리 많이 넣어도 Woven에서는 1way는 max 5% 2Way라도 10% 이상 들어가기 어렵다.

만약 Lycra와 같은 성능의 Recovery가 나오는 정도의 T400이 사용된 경우, Lycra tag을 사용할 수 있으며(Lycra Certification Standards를 통과해야 한다.) 그렇지 못한 경우는 "Elasterell-p"라는 용어를 쓰면 된다. 즉 cotton 80%, Elasterell-p 20%라는 식으로 Label을 달 수 있다. (유럽에서는 "Elasterell-p" 대신 Elastic fiber라는 용어를 사용할 수 있다.)

T400이라는 Tag는 별도로 존재하지 않으며 성분표시도 불가능하다.

그런데 특이한 것은 T400을 쓰면 듀폰의 흡한속건(Wicking)의 대명사인 'Coolmax' 라벨을 사용할 수 있다는 것이다. T400은 Coolmax 원사와 단면이 유사하여 흡한속건 기능이 있다. 듀폰의 Coolmax에는 성능에 따라 3가지 타입이 있는데 가장 약한 'Coolmax Everyday', 중간급의 'Coolmax Active', 그리고 가장 높은 성능의 'Coolmax Extreme' 이 있다.

각각은 성능의 차이를 보이는데 'Everyday' 와 'Active' 의 Wicking 성능에서의 차이는 없다. 둘 다 30분 동안 3인치의 높이로 물을 빨아들일 수 있고 원단 위에 떨어진 물방울이 30초 이내에 마르면 조건에 부합된다. 하지만 'Extreme' 은 30분 동안 5인치 높이로 물을 빨아들여야 하고 원단 위에 떨어뜨린 물방울이 20초 이내에 말라야 한다.

이런 성능을 갖추기 위해 T400의 경우 25%는 Everyday, 40% 이상은 Active, 그리고 60% 이상이 되면 Extreme을 부여할 수 있는 수준이 된다.

현재 T400의 용도는 폴리에스터보다 부드럽고 매끄러운 특성으로 인하여 블라우스나 셔츠원단의 Stretch용도로 사용되고 있지만 이것을 다

ACTIVE

른 광범위한 용도에 적용시킬 수도 있다. 예컨대 stretch Denim은 가혹한 수준의 Garment washing을 하기 어렵다. 최근의 빈티지 룩(Vintage look)추세는 Denim에 Antique finish나 Whisker washing, Sand Blasting 등 강력한 마모 가공을 동반하는데 일반 Spandex는 이런 혹독한 환경을 견딜 수 없으므로 Stretch Denim에 적용할 수 없는 한계가 있었다. 이런 극한조건을 태생 자체가 폴리에스터인 강력한 T400이 견뎌낼 수 있으므로 이제 Stretch Denim에서도 'Tattered Vintage

Look'을 생산할 수 있게 되었다. 실제로 T400의 인열강도(Tearing strength)는 면의 3배이고 같은 폴리에스터계열인 PBT보다도 20%나 더 높은 것으로 보고되고 있다.

Textile tech enterprise global - products INVISTA - T400

여기 나오는 모든 데이터는 듀폰에서 제공한 것이며 그들의 주장을 그대로 실은 바, 직접 검증한 것은 아니다. 따라서 듀폰이라는 브랜드를 전적으로 신뢰할지라도 마케팅전략 상 데이터에 과장이 있을 수도 있음을 주지하기 바란다.

직접 확인해 본 바로는 기능은 몰라도 외관은 T400이나 PBT나 현미경적인 방법으로는 구분할 수 없을 정도로 닮았다는 사실이다.

즉, Lycra와 일반 Spandex의 성능차이를 별로 느끼지 못하는 것처럼 T400과 PBT도 데이터의 숫자가 가지고 있는 차이말고 인간의 감각으로는 그 차이를 확연하게 느끼는 것이 불가능하다.

Gore-Tex가 무엇인가?

고어텍스는 투습방수 원단의 원조로 1976년에 미국의 Gore가 발명 했다. 수년 전 미국 대통령 선거에서 패한 그 고어와 이름이 같다는 사실이 재미있다. 고어는 당시 듀폰의 연구원으로 있었기 때문에 이 원단은 듀폰의 원단이었다.

고어텍스의 특징은 투습방수이다. 투습방수란 방수가 되면서도 옷 안쪽에서 발생하는 수증기인 습기는 밖으로 배출한다는 실로 마술 같은 효과를 가진 기능을 말한다. 어떻게 이런 일이 가능할까?

고어텍스는 2가지 수지를 결합하여 하나의 막(Membrane)을 형성한다. 이 수지는 물리 화학적으로 매우 안정된 물질로 Teflon계의 수지인 PTFE(Poly tetra fluore ethylene 4불화 에틸렌*)로 만든다. 이 놀라운 화합물은 테프론에서 확인되듯이 극히 안정된 합성수지로 영하 240도의 초저온에서 260도의 고온까지도 견디며 내화학성, 내약품성을 갖추고 있고 또 내연성이다.

이 수지를 사방으로 잡아당기는 식의 가공을 통해서 거미집 모양의 연속 다기공 상태로 만들어 놓은 것이 고어텍스이다. 이를 각각 소수성과 친수성인 2가지 조성물로 film상태인 막을 만들어 원단에 밀착시킨다. 이런 공법을 laminating이라고 한다.

이때 친수성은 안쪽에, 소수성은 바깥쪽에 위치한다. 따라서 바깥쪽에

---

* PTFE: Teflon도 PTFE이다.

서는 물을 밀어내고 안쪽에서는 물을 잡아당기는 역할을 하는 것이다.

그런데 이 수지는 1제곱 인치 안에 무려 90억 개나 되는 미세한 구멍을 가지고 있다. 마술은 이 1mm의 만분의 2의 크기인(2 micron이다.) 구멍의 사이즈에서 비롯된다. 보통 빗방울의 입자는 약 1mm 정도의 크기이고 수증기의 입자는 1000만분의 4mm 정도이다. 그러니 이 미세한 구멍이 수증기보다 약 700배나 더 큰 것이다.

따라서 이 구멍은 액체인 물은 통과시키지 않고 기체인 수증기만 통과시키는 마술 같은 효과를 발휘한다. 물론 공기는 자유자재*로 통과할 수 있으므로 통기성도 아울러 갖추고 있다.

방수가 되는 고전적인 원단은 항상 통기성이 없었기 때문에 땀복처럼 안쪽이 금방 땀으로 차 운동하는 사람을 감기들게 한다.

고어 텍스는 NASA가 개발한 우주복으로 처음 이름이 알려져 곧 특수복인 스키복이나 등산복으로 각광 받았지만 나중 대중적으로 널리 퍼지게 되는 전기를 맞이하게 된다.

그것은 바로 오리털 점퍼인 다운 파커(down parka)의 유행이다. 그동안 오리털 점퍼는 통기성을 유지해야 하는 특성 때문에 방수기능을 갖출 수 없었다. Outdoor용인데도 불구하고 방수기능이 없고 비를 맞으면 down이 썩는 결점 때문에 대중성을 가지기 어려웠는데 고어텍스가 그 모든 것을 한꺼번에 해결해 준 것이다. 그 놀라운 마법의 단어가 바로 '투습방수'이다.

---

* 실제로 공기가 자유자재로 통과하지는 못하므로 통기성이 그다지 좋다고 말할 수 없다.

고어텍스가 선풍적인 인기를 끌자 국내외에서 비슷한 원단들을 개발하기 시작했다. 그 중 일본에서 개발된 것이 'Entrant' 라는 브랜드이고 국내에서는 KOLON이 최초로 'Hipora' 라는 원단을 개발해 냈다. 최초의 고어텍스는 라미네이팅(laminating)이었고 그 때문에 상당한 고가를 형성하고 있었지만 지금은 코팅*으로도 비슷한 기능을 만드는 기술이 개발되어있어서 훨씬 저렴한 가격에 투습방수 원단을 살 수 있게 되었다. 요즘의 투습방수 원단은 내수압을 무려 20,000mm~30,000 mm까지 보장하는 것도 있다. 그러나 이런 것들은 아직도 laminating charge만 2불이 넘게 호가되고 있다.

GORE-TEX ® Outerwear

대만에서는 대중성을 갖춘 2000mm 정도의 싼 투습방수 원단을 개발해서 40~50센트 정도의 경쟁적인 가격에 팔고 있다. Kolon은 coating의 경우, 습식일 때 4000mm 정도 건식일 때는 8000mm까지 내수압**을 보이고 있으며 가격은 건식의 경우 1.30~1.50 정도로 형성되고 있다. 그러나 고어텍스를 입었다고 해서 아무리 과격한 운동을 해도 내부에 땀이 차지 않는 것은 아니다. 실제로 고어텍스의 통기성은 아무 가공도 하지 않은 일반 옷에 비해 무척 나쁘다. 다만 방수가 되는 다른 원단에 비해 좋다는 것이다.

지금의 고어텍스는 이미 2세대로, 최초의 그것과는 많은 기능의 차이를 보인다. 더구나 고어텍스는 근래 와서 공업용은 물론 의료용으로도 쓰이고 있는데 인공 혈관이나 성형외과의 보형물인 실리콘의 문제점들

---

* Entrant와 Hipora도 코팅이다.

** 내수압: 내수압은 방수의 정도를 가리키는 수치이다. 숫자가 클수록 좋은 것이다. PU Coating으로 구축할 수 있는 내수압의 한계는 600mm 정도 일반 아크릴 코팅으로는 200~300mm 정도이다.

을 보완한 고급 보형물로도 널리 쓰이고 있다. 지금 성형외과*에 가서 코를 높이려면 실리콘이냐 고어텍스냐에 대한 선택을 의사로부터 요구 받을 것이다. 고어텍스는 인체에 무해하고 거부반응이 전혀 없으며 기공 사이로 세포의 조직이 침투해 안정되게 자리잡을 수 있으며, 탄성이 좋아 쉽게 구부러지고 혈류를 방해하지도 않아 성형외과에서는 최고의 소재가 되어 있다. 가격은? 의사들이 결정할 문제이다.

---

* 지금은 성형외과에서 더이상 고어텍스를 쓰지 않는다고 한다.

Velvet과 Velveteen 그리고 Corduroy

Velvet과 Velveteen의 차이는 무엇일까? 그리고 Corduroy는 Velvet과 어떤 유사성을 가지고 있을까? '비로도' 라고 어머니들이 부르는 것은 veludo에서 온 말이며 velvet과 같은 말이다. Velvet과 Velveteen은 둘 다 Pile 직물이다. 다만 하나는 경 파일이고 다른 하나는 위 파일이라는 차이가 있다. 경파일 위파일은 또 무슨 소리일까?

파일직물은 원래의 경사, 위사가 ground로 되어 있는 일반 직물에 별도의 경사(별경사) 또는 별도의 위사(별위사)를 집어넣어서 고리 모양으로 된 pile을 형성한 후, 고리모양의 pile을 cutting해서 고운 털이 서 있는 것처럼 만드는 것이다.

Velvet은 주로 filament사로 만들고 velveteen은 방적사로 만든다. 따라서 방적사로 만든 velvet인 면 velvet은 종종 velveteen으로 오인되기도 하고 공장에서마저 velveteen이라고 잘못 말하기도 한다. 재미있는 사실은 방적사로 된 velvet은 존재하지만 반대로 filament로 된 velveteen은 없다는 것이다. 이들 직물의 바닥조직은 평직이나 twill 둘다 가능하다. 그런데 같은 조건이라면 평직보다는 twill이 pile을 붙잡는 힘이 더 좋다.

경파일 직물

velvet은 대표적인 경 파일 직물이다.

320

velvet은 2개의 경위사를 갖춘 2매의 원단을 별도의 경사로 교차하면서(두 원단을 왕래한다는 소리이다.) 파일을 형성하게 제작한 다음, (이렇게 하면 이중지가 되는 것이다.) 마지막에 가운데 pile을 cutting하면 두 매의 원단이 한꺼번에 만들어지는 구조이다.

velvet은 밀도와 소재에 따라 여러 종류가 있다. 가장 흔한 velvet은 ground가 나일론이고 pile이 아세테이트인 velvet이다. 이런 종류의 벨벳에는 chiffon, single velvet, double velvet 그리고 triple velvet이 있는데 이름과 달리 그 중 double velvet이 가장 고급이다.

double velvet은 우리나라에서는 영도섬유가 원조이고 그 외의 어떤 공장도 영도 섬유와 같은 것을 만들지 못한다. 과거 유신섬유가 같은 물건을 만들었지만 지금은 생산을 중단하여 영도가 유일한 manufacturer가 되었다. 다른 공장에서 나온다는 double velvet은(예컨대 갑을이나 신흥) 영도의 그것과 다르다. 진짜와 가짜를 구분하는 방법은 소재를 보는 것이다. 영도의 그것은 ground에 Cupra Ammonium Rayon이 혼용되어 있어서 그냥 나일론인 일반 velvet보다는 ground의 (결코 pile이 아니고) hand feel이 놀랄만큼 우수하다.

triple velvet은 double velvet이 너무 비싸서 쓰지 못하는 소비자를 위한 일종의 down grade version이다. 밀도가 성기지만 아직은 solid로도 쓸 수 있는 velvet이다. 저가이므로 수요가 가장 많은 velvet이기도 하다. solid로 쓸 수 있다는 의미는 매우 좋은 quality라는 이야기이다. velvet은 원래 결점이 많아서 solid로 쓰려면 상당히 좋은 등급의 원단만을 써야 한다. Triple 이하인 single이나 chiffon은 print나 기타 다른 후 가공으로 Face에 뭔가를 덕지덕지 발라야만 쓸 수 있는 저가품이다. (주로 중동시장용이다.)

실크 velvet은 ground를 실크로 하고 pile을 viscose로 하여 18/82%의 혼용률로 구성된 velvet이며 국내에서는 생산이 불가능하다. 기술이 부족한 것이 아니고 경쟁력이 없어서이다. 밀도가 높은 것과 낮은 것이 있으며 높은 것은 solid로 사용 가능하다. 가격은 대폭으로 4불 대를 호가한다(2015년 현재, 가격이 8불 가까이 치솟았다).

ground까지도 rayon으로 된 rayon velvet도 있지만 대부분 중동시장이나 중국 내수시장용이며 품질사고를 많이 일으킨다. 따라서 여성용 반바지 외는 용도가 제한된다.

micro velvet이라는 이름의 pile과 ground 모두 폴리에스터로 된 velvet이 개발 된적이 있다. velvet의 단점은 ground가 나일론이라서 drape성이 부족하다는 것이었고 그것을 개선하기 위해서 실크로 ground를 만든 실크 velvet이 나온 것인데 폴리에스터로 ground를 만들어 우수한 drape성을 가진 걸작품을 만들어 낸 것이다. 단점은 비싸다는 것인데 실크 velvet보다 오히려 더 비싸 대폭으로 10불이 넘는 가격대가 형성된다.

최근 Ground를 나일론으로 하고 pile을 Viscose로한 N/R Velvet이 중국에서 저가로 나오고 있지만 많은 품질 문제를 일으키고 있어서 주의해서 사용해야 한다. (Velvet이야기 참조)

위 pile직물

위 파일직물의 대표격은 벨베틴이다.

벨베틴은 한마디로 velvet의 싼 version으로 시작되었다는 것으로 이해하면 된다. 왜냐하면 pile을 형성하는 것으로 별경사 보다는 별위사가 훨씬 더 제작하기 쉽다는 점과 loop를 절단하기도 더 쉽다는 것에 착안한 상품이다. 또 다른 대표적인 위 파일직물은 corduroy이다. 다만 velveteen은 골이(wale) 없고(실제로는 있지만 보이지 않음) corduroy는 골이 있다는 것이 다를 뿐, 완전히 같은 family이다. pile간의 간격은 별위사의 떠오르는 가닥 수에 따라 결정된다.

W조직과 V조직

위 Pile직물은 Ground 조직에 관계없이 V조직과 W조직 두 가지 종류가 있다.

V조직은 1가닥의 위/경사에 파일이 걸쳐져 있는 형태이고 W조직은 3가닥의 위/경사에 걸쳐져 있는 형태이다. 당연히 W조직이 더 강하고 내구성이 좋다(pile retention이 더 좋다는 뜻이다). 따라서 가장 강한 파일직물은 twill

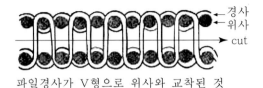

파일경사가 V형으로 위사와 교착된 것

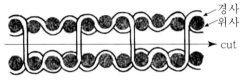

파일경사가 W형으로 위사와 교착된 것
이 경우에 V형 교착보다 파일이 덜빠진다.

이 ground인 W조직의 제품이다. 두 가지를 구분하는 방법은 pile을 풀어보는 것이다. 풀어서 떨어진 파일 조각이 w형태를 보이면 그건 W조직이다. V조직은 V형태를 나타낸다.

그림을 보면 위쪽이 V조직이다. 하얀 실이 pile이다. pile이 실을 하나만 물고 있음을 볼 수 있다. 그래서 파지능력이 약하다.

아래의 W조직은 3개의 위사와 맞물려 있다. 더구나 가운데 위사는 cutting도 안된다. 따라서 훨씬 pile retention이 우수하다. 두 매의 원단 사이 가운데를 cutting한다. 따라서 pile을 뽑아보면 각각 v자와 (실제로는 u자) w자를 구분할 수 있다.

pile직물이 진한 이유

벨벳이나 코듀로이는 모든 원단 중 가장 진한 색을 만들 수 있다. 그 어떤 색을 표현해도 가장 진한 색을 만든다. 이유는 높은 파일로 인하여 표면에 장벽을 형성하여 빛의 반사를 막기 때문이다. 파일에 부딪힌 가시광선은 밖으로 반사되지 못하고 다시 굴절되어 흡수되어 버린다. 따라서 세상에서 가장 검은 색은 검은 velvet이다. 그러나 velvet이라도 pile이 눕게 되면 그 부분은 빛을 반사하여 덜 검게 보인다. 그 현상을 이용한 것이 바로 Velvet의 embossing가공이다.

corduroy에 washing가공을 하면 이상한 일이 생긴다. 대부분의 면직물은 washing가공을 하면 color가 fade된다. 즉 연해진다. 반응성 염료가 물에 의해 가수분해되어 탈색이 진행되기 때문이다. 그런데 corduroy에서는 오히려 더 진해진다. 왜 그런 일이 생길까? 그것은 위에서 언급한 높은 pile 때문이다. 평소의 corduroy는 velvet과 달리 pile을 관리하지 않기 때문에 대부분의 pile이 누워있다. 그런데 washing가공을 하면 누웠던 파일들이 어느 정도 일어서게 된다. pile이 일어서면 음영을 만들어 color가 진해진다.

velvet의 pile관리란 pile이 눕지 않도록, packing 할 때도 일반 원단처럼 그냥 rolling하지 않고 pin이 달린 frame에 감아서 원단끼리 접촉으로 인해 서로 압력을 가해서 pile이 눕지 않도록 해 주는 것을 말한다. velvet은 한번 pile이 누우면 다시 일으켜 세우기가 불가능하기 때문에 세심한 관리가 필요하다. 염색 전에 pile이 누워버린 Velvet은 불량품이 된다.

pile 직물은 wet crocking이 약하다.

pile직물은 어두운 색일 경우 wet crocking*이 나쁘다. 이유는 두 가지이다.

첫째는 마찰계수이다. pile은 체표면적이 넓다. 무슨 소리냐 하면 백포(White Cloth)와 마찰해야 할 파일직물의 표면은 미세한 파일로 되어 있

---

* wet crocking: 습마찰 견뢰도. wet rubbing이라고도 한다.

다. pile은 커팅되어 있기 때문에 섬유가닥 하나하나가 돌출되어 있다. 따라서 원사가 통째로 마찰하는 것보다 확실히 섬유 하나 하나가 접촉하여 마찰하게 된다. 그런 구조는 백포와의 접촉면적이 많아지게 되고 그래서 일반 직물보다 훨씬 덜 미끄러지게 된다. (원단에 참기름을 바르면 마찰 견뢰도가 좋아진다. 냄새만 안 난다면 말이다.) 이런 것을 마찰계수가 높다고 말한다. 일반적으로 쇠와 쇠끼리의 마찰 계수는 0.3~0.4 정도 된다. 따라서 높은 마찰계수로 인해서 표면에 염착되어 있는 염료가 탈락되는 숫자가 증가한다.

두 번째 이유는 pile의 강도이다. pile은 섬유 올 하나 하나로 분리되어 있기 때문에 당연히 그 굵기 면에서 일반 원사보다 강도가 떨어진다. 따라서 백포와 마찰하면 pile이 끊어지기 쉬워진다. 그 끊어진 작은 pile조각이 백포에 들러붙으면 쉽게 떨어지지 않는다. 이것은 peach된 직물도 마찬가지이다. 현미경으로 Peach직물을 자세히 관찰하면 염료자체가 탈락된 것이 아니고 pile이 끊어져서 생긴 가루가 백포에 엉겨붙어있는 것을 금방 알 수 있다. 오른쪽의 그림을 참조하면 쉽게 알 수 있다. 오른쪽 그림은 백포에 붉은 색의 나일론 taffeta를 문질러서 붉은 색의 염료가 묻어난 사진이다.

백포에 red의 나일론 taffeta를 문지른 상태

두 번째 그림은 그 사진을 100배로 확대한 것이다.

위의 Taffeta는 peach조차 하지 않은 것이다. 그런데 오른 쪽을 보면 염료가 묻어났다고 생각한 부분이 실은 염료가 아

위의 것을 100배 확대한 상태

니라 섬유가닥과 미세한 가루가 떨어져 나와 백포에 엉겨 붙어있는 것을 확인할 수 있다. 여기서 보이는 긴 실 같은 섬유 조차도 육안에는 전혀 보이지 않는다. 이 사진은 이미 스카치 테이프로 가루를 떼어낸 결과이다. 이 부분은 세탁하면 대부분 떨어져 나갈 것이지만 실제로 실험실(Lab)에서는 세탁하여 제거하는 과정이 없기 때문에 이것으로 적어도 3.5급 정도의 판정을 받게 된다.(억울하다.)

이에 대한 자세한 내용은 별도의 글 'wet crocking에 대한 고찰'을 참고해 주기 바란다.

Melange에 대한 이해

멜란지는 원래 혼합이나 짬뽕의 의미를 가진 말이나 실제 섬유에서 사용하는 멜란지는 조금 더 복잡한 양태를 띠고 있다. 멜란지는 비슷하게 사용되는 Siro yarn이나 Cross Dyed와 구분되어야 하는데, 특히 Siro는 2가지 다른 color yarn의 합사를 통해서 멜란지 같은 효과를 내며 그 무늬가 선명해서 멜란지와는 확연하게 구분된다. 그 모든 것들은 의미상으로 멜란지라고 해도 틀린 것은 아니지만 섬유에서 말하는 멜란지와는 엄밀하게 구분되어야 한다.

멜란지와 비슷한 것이 70년대 중고 시절에 입던 하복인데 상의는 푸른색이나 흰색이었지만 바지는 공통적으로 Siro Yarn으로 된 바지를 입었었다. 깨죽처럼 흰색이나 회색 바탕에 작은 검은 점으로 되어있는 무늬이다. Siro는 양 쪽 다 colored 인 경우도 있기는 하지만 대부분 white와 black으로 되어 있다.

면의 멜란지는 소모의 Top Dyeing처럼 면의 Sliver 상태에 염색을 하는 일종의 선염이다. 그러나 전체를 한꺼번에 한가지 색으로 염색하는 양모의 Top Dyeing과는 달리 멜란지는 염색 과정에서 일부러 멜란지 특유의 무늬를 만들기 위해 미리 기본 염색된 Sliver와 Raw white를 (염색 하지 않은 솜) Mix하여 방적하는데 별도로 염색된 portion의 함량을 %로 표시해서 濃

siro yarm

327

淡(농담)을 나타내게 되며 1% 미만으로부터 100%까지 다양하게 만들 수 있다. 따라서 Melange는 Color, 자체의 농도, 함량 Percentage의 3가지 조합으로 이루어지고 이렇게 됨으로써 이론상 엄청나게 많은 종류의 색깔을 구현할 수 있게 된다.

예를 들면 Black Color가 있다고 했을 때 같은 Color로 표현할 수 있는 것이 정수의 %로 만 따져서 100가지로 나올 수 있으며(물론 소수점 이하의 숫자도 있으므로 실제로는 무한대) 여기에 Color의 농도까지 조절하면 수 천 가지를 만들 수 있게 된다. 한 Color에서만 이렇게 다양하게 만들 수 있으므로 멜란지의 Color는 그야말로 천문학적인 숫자의 다양한 표현이 가능하게 된다.

그러나 문제는 이것이 Fiber Dyeing이라는데 있다. Woven의 경우 염색이 마지막 공정이 아니고 맨 처음 공정이란 얘기는 그만큼, 뒤 공정의 비중과 리스크가 커지게 되며 그럴수록 기동력이 떨어진다는 단점이 있다. 즉, 후염의 경우는 미리 준비해 놓은 원사로 제직을 끝내고 마지막으로 염색만 하면 되므로 납기를 1달 이내로 끝낼 수 있다. 하지만 멜란지는 Color를 결정해도 그 후, 원면 혼타부터 시작해서 방적과 제직까지 긴 공정을 거쳐야 하므로 아무리 빨라도 납기가 3달 이상 걸릴 수밖에 없는 도저히 극복하기 어려운 장벽이 존재한다.

게다가 미리 염색된 Sliver로 방적 및 제직 공정을 거치다 보면 강력이 떨어지는 문제가 있고(약 20%) Shrinkage*도 나빠지게 된다. 더욱이 멜란지의 염색에 사용되는 반응성(Reactive), 배트(Vat), 황화(Sulphur) 염료 중, 제직에서의 호발 가공(Desizing)에서 견뢰도 문제가 생기는 경우가 종종 있다.

호발은 제직 시 경사가 끊어지는 것을 막기 위해 경사에 풀을 먹이는

---

* shrinkage: 수축율

가공인데 이 풀은 주로 전분으로 되어있고 때로 PVA나 아크릴계로 사용되는데 이런 호제는 염색할 때 방해가 되고 색차(Shading)의 원인이 되므로 반드시 제거해야 한다. 이 과정에서 사용되는 호발제인 chemical이 염료의 견뢰도를 나쁘게 한다.

따라서 Woven으로 사용할 경우는 발주시 미리 얘기해서 염료의 선택을 신중하게 해야 한다. (아무래도 황화염료(sulphur)가 문제가 되기 싶다.) 따라서 멜란지는 Woven보다는 Knitting용으로 많이 사용하게 된다. 그러나 Knitting용이라고 하더라도 준비하는 시간이 많이 걸리므로 공장에서는 대개 Ready made system을 운용한다.

또 시간을 절약하기 위한 다른 방법으로 공장에서는 미리 준비된 20가지 미만의 기본 원색 Top dyed sliver를 항상 실탄으로 가지고 있다가 오더가 오면 마치 한약방의 설합에서 각종 약초를 꺼내서 처방을 하듯이 각 기본 원색과 Raw white를 Recipe에 의해 혼합하여 방적하여 원하는 Color의 멜란지를 생산한다.

멜란지의 납기를 계산하는 방법은 다음과 같다. 실은 번수에 따라 생산량이 다르기 때문에 각 번수에 따른 납기도 다르다. 'Melanstar' 라는 브랜드로 유명한 일신방직의 경우 기계 한대가 생산하는 하루 생산량은 약 1,000Kg이며 번수에 따라 20수의 경우 15일, 30수는 19일, 40수는 24일 정도가 걸린다.

즉, 40수를 10,000Kg생산 하려면 최초 1,000Kg의 원사가 나오는 24일에 10일을 더하면 총 34일이 걸리게 된다는 계산이 나온다. 하지만 이 날짜는 겨우 원사가 생산되는 날짜일 뿐이다. 이후 경사 준비와 제직과정 그리고 후가공을 거쳐야 하므로 3달이라는 오랜 시간이 걸리게 되는 것이다.

멜란지는 대부분 Mono tone의 단색이 많이 쓰이기는 하지만 요즘은 Multi color가 혼합된 멜란지도 유행되고 있으나 고가이다. 멜란지가 가지

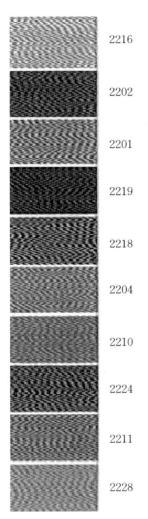

2216
2202
2201
2219
2218
2204
2210
2224
2211
2228

는 장점 중 하나는 Lot가 크다는 것인데 대략 10,000Kg 정도의 Lot가 한 덩어리이므로 약 1,000Kg이 최대인 일반 선염사에 비해 10배 정도의 Lot Size를 가지므로 색상별 오더 규모가 큰 편직업자로서는 이루 말할 수 없을 정도로 편하게 된다. 그러나 반대로 작은 수량을 가지고 작업하려는 바이어에게는 문제점으로 작용될 수도 있다.

보통 멜란지는 위와 같은 컬러의 다양성 때문에 공장마다 약 500가지씩의 미리 준비된 Recipe를 확보하고 그 컬러를 고르면 위에서 얘기하는 납기 내에 물건을 공급받을 수 있으며 굳이 Buyer's color로 하려면 Lab Dip기간을 추가로 생각하면 된다. 그러나 위의 준비된 Recipe로 오더하는 것이 더 안전하고 공장이 이런 Color들은 때때로 재고로 가져 가기도 하므로 Prompt납기를 받을 수도 있는 이점이 있다.

결론은 멜란지사를 이용한 Woven 원단은 고 비용과 긴 납기로 인하여 만들기가 어렵다는 것이다. 시중에서 멜란지 Woven을 보기 어려운 이유가 바로 그 때문이다. 실제로 시장에서 구경하기란 불가능하다. Woven에서는 굳이 100%면을 고집하지 않는 한, 저렴한 비용으로 혼방원단을 써서 Cross dye 하여 비슷한 효과를 낼 수 있기 때문이다. 중국에서 Corduroy에 멜란지를 시도해 본 것은 좋은 아이디어이나 실제로 현실성은 없다는 것이 내 생각이며 대대적인 수요가 뒷받침 될 경우에만 시도해 볼 수 있는 어려운 아이템이다.

Teflon에 대하여

테프론은 듀폰의 걸작품이다. 섬유 분야 보다는 주부들의 프라이팬에 혁명을 가져온 신 물질로 알려져 있으며 초발수제나 방오가공을 위한 약제로 유명해지고 있다. 도대체 어떻게 해서 테프론은 이런 유용한 기능을 할 수 있게 되었을까?

먼저 발수성(Water Repellent)이란 뭔지부터 알아야 한다. 발수성은 물방울이 떨어졌을 때 물방울을 튀기는 성능을 말한다. 얼마만큼 튕겨내느냐 하는 것은 정확한 수치로 나타낼 수 있는데, 원단의 표면과 물방울 사이에 나타나는 접촉각으로 판정할 수 있다. 원단 표면과 물방울 사이의 접촉각은 물방울이 구의 형태에 가까울수록 큰 숫자로 나타난다. 따라서 접촉각이 클수록 표면장력이 크고 발수성이 좋은 것이다. 그렇다면 발수 가공을 하지 않은 원단은 모든 소재에 있어서 똑같은 정도의 발수성을 가질까? 그렇지는 않다. 발수 가공을 하지 않았을 때도 각 소재는 고유의 접촉각을 가지고 있다. 다만 모세관 현상이 있는 wicking성 원단의 경우는 물방울이 떨어지면 즉시 원단의 안쪽으로 흡수되므로 접촉각은 의미가 없다.

예를 들면 면의 접촉각은 59도인데 천연섬유 중 가장 낮은 수치이며, wool은 81도로 천연 섬유 중 가장 높다. Wool이 이처럼 좋은 발수성을 가지는 이유는

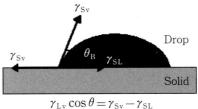

$$\gamma_{Lv} \cos \theta = \gamma_{Sv} - \gamma_{SL}$$

발수의 접촉각

wool의 성분인 케라틴 표면의 스케일에 있는 에피큐티클(Epicuticle) 층이 천연의 발수성을 가지고 있기 때문이다. Wool의 표면에 기름성분이 늘 있는 것도 이유가 된다. 나일론과 폴리에스터는 대략 65 정도의 수준으로 비슷하고 레이온은 면보다 낮은 38이다. 합성섬유 중 가장 접촉각이 낮은 소재는 희한하게도 아크릴로 53 정도이며 이는 면보다 낮은 수치이다. 그러니 비행기에서 주는 담요에 물 떨어뜨리면 감당하기 어려워진다.

이와 같이 접촉각의 크기에 따라서 각 소재들은 발수성이 다르게 나타나고 있는데 원단 표면에 가공 처리를 함으로써 보이지 않는 막(Membrane)*을 형성하여 소재에 상관없이 강제적으로 발수성이 나타나게 만든 것이 발수 가공이다. 발수제의 요건은 얼마나 큰 접촉각을 갖게 만드느냐와 그 지속성(Durability)일 것이다.

물론 내구성을 좋게 하려면 두껍게 먹이면 된다. 하지만 막의 두께는 통기성과 밀접한 관계를 가지고 있기 때문에 그렇게 할 수도 없다. 따라서 내구성을 좋게 만드는 것은 상당한 내공을 필요로 하는 고도의 정밀한 테크닉이 필요한 작업이다. 바로 그런 면에서 테프론은 상당히 좋은 발수제로서 각광을 받고 있다고 할 수 있지만 최근에는 Nanotex의 Nanocare라는 상품이 좋은 Durability와 통기성을 가지고 있다고 해서 시장의 반응이 뜨거운 편이다. 테프론외의 발수제로는 3M의 스카치가드**(Scothgard)가 있고 듀폰의 또 다른 브랜드로 Zepel이 있다. 그런데 테프론은 도대체 어떤 물질이기에 그렇게 좋은 발수성을 나타내는 것일까? 테프론에 대한 심층 분석에 들어가 본다.

테프론은 지금으로부터 65년 전인 1938년에 듀폰의 Jackson연구소에서 냉매를 연구하던 Plunkett이라는 젊은 화학자에 의해서 우연히 발견되

---

* Goretex 같은 진짜 Membrane이 아닌
** 3M의 스카치가드는 PFOS라는 발암성 물질이 생성된다고 하여 생산 중단함.

었다. 과학사의 중요한 발명은 우연에 의한 것이 많다.

테프론은 불소 고분자 화합물*이다. 정확하게 말하면 불소 탄화 수지이다. 불소와 탄소가 포함된, 유기 화합물인 것이다. 수지라고 했으므로 플라스틱과 같은 종류라고 생각하면 될 것이다. 이 물건은 참으로 희한한 성질을 가지고 있다. 첫째는 내열성이 강하다는 것이다. 대부분의 플라스틱은 단백질이 그렇듯이 열에 약한 성질을 가지고 있다. 그런데 이 이상한 고분자는 열에 몹시 강하다. 그래서 프라이팬에 음식이 달라 붙는 것을 막는 코팅제로도 쓰이게 되었다.

테프론이 코팅되어있는 가정에서 쓰는 프라이팬의 경우 무려 280도의 고열에도 견딜 수 있다. 즉, 테프론은 열에 몹시 강한 플라스틱이다. 끓는 기름이 약 200도 정도 되므로 대부분의 음식을 조리 하는 데 아무런 문제가 없다고 하겠다. 다리미의 밑판도 테프론이 코팅되어있는 것도 있다. 다리미는 마를 다릴 수 있는 가장 뜨거운 온도가 220도 이므로 역시 문제가 없을 것이다. 그런데 왜 테프론 코팅을 한 프라이팬에는 음식이 잘 달라붙지 않을까?

그것은 단순한 이유 때문이다. 음식은 눈에 잘 보이지는 않지만 프라이팬의 표면에 있는 작은 요철에 스며든다. 바로 그 요철 때문에 음식이 들러붙어 있을 수 있다. 그런데 표면에 코팅을 해 버리면 테프론의 작은 분자들이 요철들을 메워버리는 역할을 한다. 그래서 음식은 요철 사이로 스며들 수 없게 되고 따라서 프라이팬에 들러붙을 수 없게 된다. 프라이팬에 기름을 바르고 음식을 부치는 것이 바로 그 이유이다. 그 경우는 기름이 요철을 메우는 역할을 하는 것이다.

그럼 분자대 분자끼리의 인력과 화학반응은 어떨까? 테프론은 탄소와 불소 2가지로만 된 고분자이다. 탄소를 뼈대로 해서 불소가 마치 송충이

---

* Teflon은 PTFE이다. Goretex와 같다.

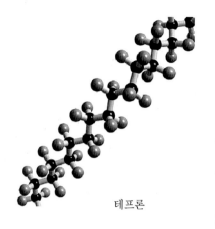

테프론

의 털처럼 나와있는 분자의 모습을 상상하면 된다. 그런데 불소는 세상에서 가장 결합하기 어려운 물질이다. 일단 탄소와 화합한 불소는 그 어느 원소와도 결합하기를 거부한다. 따라서 좀처럼 화학 반응을 일으키지 않는다. 반면에 탄소는 가장 결합하기 쉬운 원소이지만 외부에 갑옷처럼 불소로 무장하고 있기 때문에 다른 원소와 결합하지 못한다. 그래서 강력 접착제라고 해도 테프론에는 들러붙지 않는다.

둘째는 테프론은 소수와 동시에 소유성이라는 것이다. 즉, 이 물질은 물도 싫어하고 기름도 싫어하는 성질을 가지고 있다. 사실 보기 드문 물성이다. 다른 화합물들은 소수성인 물질은 친유성이기 쉽고 친수성인 물질은 소유성이기 쉬운데 이물질은 희한하게도 둘 다 싫어한다. 그래서 물이든 기름이든 이 물질에는 잘 묻지 않는다는 것이다. 따라서 강력 발수제인 방오제로 쓸 수 있다. (발수의 과학 참조) 일반 발수제는 물만을 튕겨내지만 방오제인 테프론은 기름도 튕겨낸다.

세 번째의 특성은 고온뿐만이 아니라 저온에서도 내구력이 좋다는 것이다. 무려 영하 270도의 극저온에서도 물리적인 특성이 변하지 않는다. 물론 그 정도의 온도가 되면 초 전도체가 되어서 자기 부상 열차의 바퀴로도 쓸 수 있다.

네 번째는 마찰 계수가 낮다는 것이다. 마찰 계수는 숫자가 클수록 잘 미끄러지지 않음을 의미한다. 예컨대 쇠와 쇠 사이의 마찰 계수는 0.3에서 0.4 사이이다. 그런데 테프론의 마찰 계수는 0.05에서 0.2로 아주 우수하다. 잘 미끄러진다는 이야기가 된다. 이것이 테프론을 다리미의 밑

판으로 쓰고 있는 이유가 된다. 그리고 전기 절연성도 좋아서 전기 제품의 손잡이로도 손색이 없다. 또한 내화학성에도 뛰어난 성질을 가지고 있다. 따라서 화학약품 같은 것을 담는 용기로 쓰기도 한다.

세계에 단 하나밖에 없는 별 7개짜리 호텔인 Dubai의 57층짜리 초호화 호텔 Burj Al Arab Hotel은 건물 전체가 테프론으로 코팅되어 있다고 한다. 뜨거운 열을 반사하기 위한 목적이라고 하지만 정말 놀랍기 그지 없다. 이 건물 벽에서 계란 후라이를 해 먹어도 될 것 같다. 이 방의 가장 싼 객실 요금이 1,000불부  터라고 한다. 우리나라에는 서귀포에 있는 제주 월드컵 경기장의 지붕 막이 테프론 코팅되어 있다고 한다.

불소 화합물이라고 하면 테프론보다 더 유명한 듀폰의 상품이 있다. 그것이 그 유명한 프레온 가스이다. 오존층을 파괴한다고 하여 지금은 사용 금지된, 냉장고나 에어컨의 냉매이다. 프레온 가스는 화학식이 ClFC(chloro flouro carbon)이다. 염화 불화 탄소인 것이다. 불소에 붙어 있는 염소가 오존(O_3)의 3개의 산소 원자 중 한 개와 붙어서 화합물을 만들어 버리는 바람에 오존이 산소, 즉 O_2가 되어 버려서 오존을 파괴하게 되는 것이다. 프레온 분자 하나가 오존을 무려 10만개나 분해해버린다. 이 프레온은 지극히 안정한 물질이라서 일단 성층권에 도달하면 없어지지도 않고 지속적으로 오존을 파괴하는 고약한 놈이다. 그런 이유로 몬트리올 의정서에 의해 듀폰에서도 눈물을 머금고 2,000년부터는 생산을 금지하게 되었다.

불소는 우리에게는 치아의 부식을 방지하는 물질로 유명하다. 치아는 원래 산에 의해서 부식이 되는데 불소가 들어가면 치아의 무기물인 칼슘과 반응해서 불화 인회석이란 물질을 생성한다. 그리고 이 물질은 산에 아주 강한 성질을 가졌기 때문에 치아가 부식되지 않게 하는 것이다. 그래서 수돗물에 불소를 섞어서 공급하자는 이야기들이 많다. 수돗물에 불소가 1ppm만 들어가면 치아우식증이 60%나 줄어든다는 보고가 있다. 물맛이 틀려진다고? 다행히 그렇지는 않다는 보고가 있다.

Full dull과 Semi dull

Full dull이 도대체 뭘까? 어떻게 만드는 것일까? 왜 더 비쌀까?

합성섬유의 광택에 의한 분류를 알아보겠다. 일반적으로 bright糸와 spark糸를 혼동하여 사용하는 경우가 있다. spark사는 다른 말로 trilobal* 이라고 부르며 원사의 단면을 삼각형으로 만들어서 받아들인 빛을 거의 모두 정반사 하게 만든 원사이다. full dull과는 반대의 개념으로 생각하면 되겠다. 이에 비해서 bright**사는 원래의 합성섬유 그 자체이다. 폴리에스터나 나일론같은 합성 섬유는 고분자를 용융해서 죽처럼 만든 것을 노즐을 통해서 뽑아내기 때문에 당연히 표면이 갓 뽑아낸 젤리의 표면처럼 매끄러울 것이다. 따라서 원사는 투명하고 표면의 굴곡이 없기 때문에 유리처럼 빛을 정반사하여 광택이 나게 된다. 노즐을 통하여 방사되는 실은 대부분 이런 형태이다. 그런데 광택은 때로는 긍정적으로 작용할 때도 있으나 패션에 따라서는 바람직하지 않을 때가 많다. 즉, 싸구려처럼 보이기 쉽다는 것이다. 그런 이유로 광택을 죽이기 위해서 몇 가지 방법을 쓰는 데 그 중 가장 일반적인 방법이 이산화티탄(TiO_2)을 쓰는 방법이다. 폴리에스터를 방사할 때 이산화티탄을 방사원액에 배합하여 주면 이산화티탄이 빛을 난반사하고 산란시켜서 광택을 없애주는 작용을 한다. 마치 투명한 당면 발에 메밀을 넣어서 불투명하게 만드는 것을 연상 하면 된다.

---

* trilobal: 트라이로발, 듀폰이 만든 Spark사의 brand명
** 대부분 Polyester가 Semi Dull이고 Bright糸를 그대로 사용하는 경우는 드물다.

기준은 이산화티탄을 조금 넣어주면 semi dull이 되고 많이 넣어서 전혀 광택이 없게 만드는 것은 full dull이라고 한다. SD*은 약 0.3%나 그 이하의 이산화티탄을 함유하고 있으며 FD**은 그 10배인 3% 이하를 포함하고 있다. FD인 경우는 광선에 포함된 약 6% 정도의 자외선을 막아주는 효과도 있다. 이산화티탄이 투과되는 광선을 막아 주기 때문에 저절로 자외선 차단 효과가 생긴다. 약간 다른 방법으로 full dull을 만드는 경우가 있다. 주로 micro에 부여하는 새로운 기법인데 이름하여 마이크로 크레이터(micro crater)섬유이다. 이것은 방사원액에 이산화티탄을 넣는 대신에 유리를 만드는 재료인 미세한(0.1마이크로미터) 산화규소(SiO_2)를 넣는다. 원사를 방사한 후 알칼리로 산화규소를 제거하면 표면에 산화규소가 탈락된 자리에 많은 미세한 홈이 생긴다. 이 홈들이 매끄러운 섬유 표면을 요철이 많은 표면으로 바꿔주고 따라서 광택이 줄어들게 된다.

이 기법은 일반 폴리에스터의 감량 가공에서도 비슷한 효과를 볼 수 있다.

---

* SD: Semi Dull
** FD: Full Dull

Down proof 가공에 대하여

Down proof 는 이름 그대로 원단의 조직 사이로 Down이 새어 나오지 않게 하는 가공을 말한다. Down은 실제로 눈에 보이는 크기와 달리 압축되었을 때 입자가 극히 작아서 원단의 미세한 조직 틈 사이로도 새어 나오게 되어 있다. 이를 막기 위해 동원하는 물리적인 방법은 조직의 틈 사이를 막아주는 것인데 가장 간단하게 생각할 수 있는 방법이 코팅을 하는 것이지만 이는 좋은 방법이 아니다. 코팅을 하면 방수뿐만 아니라 공기까지도 차단하게 되어, Down Jacket에 꼭 필요한 통기성(Air permeability)을 잃게 되는 문제가 있기 때문이다. 통기성이 없으면 Down Jacket 특유의 공기를 함유하려고 하는 성질을 만족시킬 수가 없어 자켓이 부풀어 오르지 못하여 찌그러지므로 보온성을 잃게 된다.

이를 위해서 원단이 통기성을 갖추되 Down은 새지 않도록 하는 극도의 정밀성이 요구되는데 따라서 원단은 조직부터 세번수, 고밀도여야하고 코팅은 되도록 피하는 제한적인 방법만이 Down proof 가공을 성공적으로 할 수 있는 비결이다.

그런 이유로 각 직물은 Construction이 매우 제한적으로 설계되는데 면직물인 경우는 주로 40×40/120×110 그리고 T/C인 경우는 45×45/136×94, 나일론 40d인 경우는 330t 이상의 고밀도

원단을 사용해야 하고 그 위에 Chintz 또는 Cire 가공을 하여 틈새를 메우는 작업을 해야 한다. 이렇게 원단이 제한적이 되다 보니 Down jacket의 소재에 대한 다양성이 너무 떨어져 이를 해결하기 위하여 Down 싸개(Down bag)가 등장하게 되었다.

즉, Down proof원단으로 Down을 싸고 겉감은 이와 상관없는 다른 원단으로 따로 만드는 2중 작업을 하게 된 것이다. 그럼으로써 겉감이 굳이 Down proof Spec이 아닌 어떠한 소재라도 쓸 수 있다는 장점이 있어서 한 때 선풍적인 인기를 누리기도 했다.

그러나 이런 방법은 Down Jacket이 주는 특유의 스타일인 미쉐린 타이어의 마스코트처럼 울룩불룩한 형태의 Jacket을 만들기 어렵다는 점에서 한계를 가지고 있다고 하겠다. 또한 최근의 경향은 Out shell의 ultra light화이다. 따라서 홑겹(single layer)으로 된 자켓을 만들기 위해서는 Down proof Spec이 절실하게 되었다.

그 이후에 나온 차세대 원단이 바로 투습 방수(Breathable)이다. 투습 방수 원단은 원조인 Goretex를 필두로 일본의 Entrant, KOLON의 Hi-pora 등의 제품이 출시되었는데 이 원단들이 Down proof 자켓을 만들기에는 더 없이 좋은 최상의 조건을 갖추고 있다.

어느 원단이든 심지어는 knit도 투습방수 코팅 또는 Laminating을 하게 되면 Down proof 는 물론 투습 방수 기능까지 되는 Outdoor 원단의 신기원을 이루게 되었다. 다만 이 가공은 단가가 너무 비싼 것이 최대의 단점으로 지적되고 있다. 가공료만 약 1불20~2불 정도로 상당한 고가이므로 기능성 전문의 고급 브랜드만이 적용할 수 있을 뿐이다. 다만 최근의 추세는 진짜 Down proof 원단을 쓰지 않고 대충 고밀도가 되는 원단에 PU 코팅을 발라버리는 방법을 쓰고 있는데 이는 PU 코팅을 하면 통기성이 없어지기는 하나 어차피 바느질된 Seam 부분으로 공기가 새게 되므로 흡족 하지는 않지만 아쉬운 대로 저렴하고 대중성을 갖춰 유통된 것인데 가격 경쟁력 때문에 결국 다른 정통 Down proof를 몰아내고 널리 쓰이게 되었다. 그러나 이 방법은 Down proof는 문제없으나 통기성에 대한 Guarantee는 전혀 할 수 없다는 점을 바이어에게 주지시키고 오더를 진행해야 한다. 또 주의할 것은 너무 성긴 원단에 코팅을 하게 되면 몇 회

Down

세탁 후 Down이 새게 되는 구조적인 문제가 있음을 상기시켜야 한다. 또한 코팅은 물 세탁에서도 원단으로부터 떨어져 나가 성능에 문제가 생기기 시작하며 특히 드라이크리닝에서는 코팅이 용해되어 버린다는 사실을 알고 있어야 한다. 그리고 어떤 원단에 얼마만큼의 코팅을 해야 완벽하게 Down proof가 되는지에 대한 통계가 현재 없고 경험적으로만 적용하고 있으므로 언제든지 큰 문제에 봉착할 상당한 리스크를 안고 있다.

Down과 Feather의 관계

Down proof는 Down을 새지 않게 만드는 것을 기본으로 하였으나 현실은 Down*과 Feather를 혼합하여 사용하기 때문에 Down은 물론 Feather도 막아야 그 기능이 완벽하다고 볼 수 있다. 실험실에서의

---

* Down: 조류의 가슴 털을 말하며 입자가 적고 부드러움 통상 우리가 알고 있는 끝이 뾰족하고 단단한 심지가 들어있는 부분인 새의 깃털은 Feather이고 이것과 섞어서 Down Jacket을 만들게 된다. Down은 feather에 있는 빳빳한 심지가 없어 민들레 씨앗처럼 부드럽다. 보통 오리의 Duck Down과 거위의 Goose Down이 사용되고 있다.

Testing 방법* 조차도 Standard 가 60% Feather와 40% Down 으로 이루어져있다. 실험실에 서는 통상 FS 5530 Tumble method로 시험하고 있는데 해 당 원단으로 Down Bag**을 만 들어 고무볼과 같이 40분 동안 Tumbling을 한다. 여기에서 결 과치가 3개 까지는 합격, (Satisfactory) 4개 이상은 불합격(Unsatisfactory) 으로 판정한다. 단, Seaming 사이로 빠진 것은 Count 하지 않는다.

Down과 Feather는 그 입자의 크기가 다르고 무엇보다도 Feather에는 딱딱한 심이 있기 때문에 그 심이 코팅을 뚫고 나오게 되어 문제를 일으 키게 된다. 그래서 아무리 고밀도 원단이라도 너무 얇으면 문제가 생긴 다. 즉, 나일론 50D/260T는 코팅해도 문제가 있으며 290T는 코팅없이 Chintz만 해도 문제가 없다. 그리고 코팅한 원단은 수세 후(1회라도) Unsatisfactory로 판정되는 수가 있다.

---

* IDFL: 1978년에 생긴 down 전문 test 기관 idfl.com
** Down Bag으로 test하므로 원단 test만 가능하고 Garment 상태로는 test가 불가능하다.

섬유의 결정영역과 비결정영역

연휴를 앞두고 있는 축축한 금요일이다. 지난 주에 바빴던 나는 다음 주에 휴가를 떠난다. 3년 만에 떠나는 휴가이다. **바하마(Bahamas) 군도의 낫소 (Nassau)로 간 다음 거기에서 Queen Elizabeth 유람선을 타고 카리브해를 항해**하기로 했다.(일단 계획은 그렇다. 될지는 모른다.)

섬유를 하다 보면 결정 영역과 비결정 영역이라는 개념과 자주 부딪히게 된다. 어떤 의미인지 대충은 알만한데 제대로 된 정의가 필요하다. 대충 알아서는 전문가라고 할 수 없다.

우리는 1초라는 시간의 의미를 잘 아는 것 같지만 실제로 1초라는 시간의 정의가 뭔지 아는가? 1초의 정의는 세슘(Cs)원자가 9, 192, 631, 770번 진동하는 시간이다. 세슘 원자는 빛을 받으면 1초에 91억9천2백6십3만1천770번의 진동을 하는데 그 시간을 1초로 하기로 약속한 것이다. (요즘 가장 정확한 시계가 원자시계이다. 1초에 이 정도로 진동하면 정확하기가 이루 말할 수가 없겠다. 이 시계는 30만 년에 1초가 틀린다.) 대충 아는 것과 제대로 아는 것은 하늘과 땅 차이가 난다는 것을 이로써 충분히

세슘원자시계

인식할 수 있기 바란다.

섬유는 천연섬유이거나 인조섬유이거나 모두 고분자라고 할 수 있다. 고분자(Polymer)란 Monomer라고 부르는 하나의 분자가 수백 수천 개 이상 공유결합으로 연결되어서 수만 내지는 수십만 이상의 분자량을 나타내는 분자를 말한다. 보통 분자량이 1만 이상이면 고분자라고 하고 몇 개의 분자로 이루어진 것은 저 분자, 1000이하 정도의 중간의 것을 올리고머(Oligomer)라고 한다. 이런 여러 개의 분자가 마치 사슬처럼 연결되어 섬유 형태로 보이게 되는 것이다.

분자사슬이 길면 그만큼 섬유장이 긴 것이 된다. 즉, 다시 말해서 섬유장이 긴 이집트면이나 해도면은 섬유장이 짧은 인도 면이나 중국 면보다 분자사슬이 긴 것이다. 이때 분자량은 섬유의 강도나 늘어나기 쉬운 신장성 같은 섬유의 성질을 나타내게 되는데, 우리의 생각과는 달리 같은 무게에서 분자사슬이 긴 것이 짧은 것보다 분리하기가 더 어렵다. 즉, 더 강하다. 그 이유는 결정성과 비결정성 영역 때문이다. 그래서 이집트 면이나 해도면이 더 비싸다는 것이 설명이 된다.

분자사슬은 섬유 내에서 두 가지 상태로 존재한다. 결정영역과 비 결정영역이다. 이 영역들이 섬유의 방향으로 배열되어 있으면 배향(Oriented)되었다고 한다. 결정영역은 서로 평행하는 분자사슬이 있는 부분이고 비 결정영역은 분자사슬이 무질서하게 흩어져 있는 것을 말한다. 즉, 결정영역은 분자들이 빽빽하게 밀집하고 있는 상태이고, 비 결정영역은 상대적으로 엉성하게 되어있는 부분이다. 따라서 크기가 상당히 큰 염료의 분자는 밀도가 빽빽한 결정영역으로 비집고 들어갈 수 없다. (흔히 겪듯이 Jade color 계통이나 Turq계열의 염료는 입자가 커서 균염이 잘 되지 않고 희끗희끗하게 나타나는 경우가 많다.) 다만 섬유가 물속에 들어가면 섬유의 친수기 때문에 물과 결합하려고 하는 성질이 작용하여 팽윤하게 된다. 그런데 이 팽윤은 상대적으로 Tight하지 않은 비결정영역에서만 주로 일어나게 되고 따라서 염착성이 평소보다 더 좋아지게 된다. 예컨대 건조시 wool의 비결정영역의 틈은 6옹스트롬 정도 되지만 물 속에서 팽윤하게 되면 무려 7배가 늘어난 40옹스트롬이 된다.

옹스트롬은 어떤 크기 일까? 이 크기는 나노 미터의 10분의 1의 크기이다. 즉, 10의 마이너스 10승 미터이다. 다시 말해 백억 분의 1 미터이다.

옹스트롬

다만 결정영역이라고 해서 무조건 섬유 방향으로 평행하게 배열되어 있지는 않다. 보통의 섬유는 결정 영역과 비결정영역이 주기적으로 반복되는 구조를 가지고 있다. 그래서 각각의 섬유마다 배향도와 결정, 그리고 비 결정영역이 모두 다르게 되어 있고 이것이 각 섬유의 성질을 결정하게 된다. 지극히 당연하게도 결정영역의 밀도는 비 결정영역의 그것보다 더 높게 나타난다. 예를 들면 나일론의 경우 1.235 : 1.084 정도의 차이를 그리고 폴리에스터의 경우 1.457 : 1.336의 차이를 나타낸다.

결정화도 즉, 결정영역이 얼마나 많은지에 대한 수치가 같다고 하더라도 결정의 크기가 다르다면 섬유의 성질은 매우 달라질 수 있다. 이것은 자석의 원리와 비슷하다. 일반 철과 자석의 다른 점은 바로 극성(N극과 S극)의 배향도이다. 자석은 철 분자의 모든 극성이 한 방향으로 향하고 있기 때문에 전체적으로 극성을 띠는 자석이 될 수 있으며 그냥 철은 아무 쪽이나 마구 흩어져 있기 때문에 어느 한쪽으로 극성을 형성할 수 없고 따라서 자석이 되지 못한다. 그래서 쇠 조각을 자석으로 문지르면

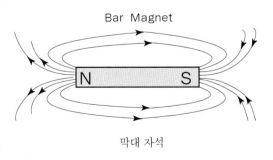

막대 자석

극성이 한 쪽으로 배향 되면서 자석이 될 수 있다.

초등학교 3학년 시험문제에 이런 것이 있다. 막대 자석을 2개로 분지르면 N 극과 S 극은 어떤 형태로 나뉠까? 모른다면 아이들에게 물어 보기 바란다.

아래의 그림을 보면 지금까지의 설명이 잘 이해가 갈 것이다. (이 그림을 붙이는데 신소영 과장이 수고해 주었다)

인조 섬유의 고분자도 마찬가지이다. 이제 막 Nozzle로부터 뽑혀 나온 섬유는 무질서하고 배향이 되지 않은 상태가 된다. 이 때 이 섬유를 잡아당겨서 연신을 하면 결정과 배향이 증가하게 되고 따라서 강력은 증가하고 신도는 감소하게 된다. 신도는 왜 감소할까? 당겨진 스프링은 그렇지 않은 스프링보다 덜 늘어날 것이다. 이 때 밀도도 증가하는데 밀도의 증가는 결정영역의 증가로 인한 것이 아니고 배향도의 증가로 인한 것이다.

예컨대 폴리에스터의 경우 방사속도에 따라서 배향도가 결정되는데 LOY(low Oriented Yarn), MOY(medium), POY(Partially), HOY(High), FOY(Fully Oriented Yarn)의 5가지로 나눌 수 있다. 이 중 LOY와 MOY 및 POY는 워낙 배향도가 낮아서 연사 공정을 거쳐야 비로소 실이 될 수

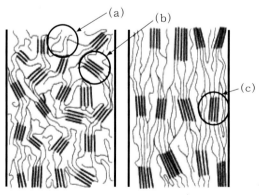

a) 비 결정영역   b) 결정영역이지만 배향되지 않은 부분   c) 배향된 결정영역

있지만 HOY나 FOY는 결정화도가 높아서 별도의 연사 공정이 필요 없이 바로 원사로 사용 가능하다.

이 중 불완전한 배향으로 가연 공정(Draw Twist)을 하여 Crimp의 성질을 갖는 DTY(draw Textured yarn)를 만드는 실의 원료가 POY이다. DTY를 만들 때 연신과 연사를 동시에 하는 것을 Draw Texturing이라고 한다. DTY는 섬유를 뽑아보면 흑인의 머리카락처럼 대단히 꼬불꼬불하다. 그 이유는 원래 원통형이었던 단면이 연신을 거치고 나서 납작해졌기 때문이다. 그 상태로 제직을 하면 가공 후 원단이 볼륨감을 갖게 되고 또한 탄력을 갖게 되는 것이다.

이와는 반대로 염색성은 비결정이 많을수록 좋다. 결정부분은 결합강도가 강하여 틈새가 작으므로 염료가 침투하기 어렵기 때문에 섬유 내에 너무 결정영역이 많으면 염색 하기가 어려워지고 흡습성도 떨어지게 된다. 따라서 결정영역이 많은 폴리에스터는 120~130도 정도의 고온으로 온도를 높여서 대부분의 분자가 열 운동으로 들뜨게 되어 비 결정영역의 상태처럼 만든 다음 그 사이로 분산염료가 침투하여 염착을 가능하게 한다. 온도가 낮아지면 비 결정영역의 상태는 다시 결정의 상태로 돌아온다. 그래서 갇힌 염료는 다시 도망갈 수가 없게 된다 이것이 견뢰도의 형태로 나타난다. 하지만 다시 온도가 올라가면 갇힌 염료가 빠져나올 수 있게 된다. 폴리에스터 직물을 코팅이나 후 가공 하는 과정에 이염(Migration)현상이 일어나서 우리를 당혹과 혼란에 빠뜨리는 이유가 바로 이것이다. 다만 산업용의 용도로 매우 높은 강도가 필요하고 염색은 필요 없는 경우는 극단적으로 결정화도를 높여서 비 결정영역을 최소화 시킴으로써 강력과 탄성을 증진시켜 사용할 수 있다.

이해를 돕기 위해 한 가지만 더 예를 들어 보겠다. 일반적으로 어떤 물질이 고체인 경우 대부분 결정영역만으로 되어 있다. 얼음이나 눈도 결국은 물이지만 언 상태에서는 고체이고 모두 결정으로 되어 있다. 그리

고 결정으로 되어 있는 이상 흐를 수 없다. 그런데 유리는 고체인데도 불구하고 비 결정영역으로만 되어 있다. 따라서 상온의 상태에서도 유리는 흐를 수 있다. 오래된 성당의 창유리는 아래가 더 두껍다는 사실이 이 이론의 신빙성을 더해준다. (오래된 성당의 유리가 두껍다는 것은 사실이 아니라고 주장하는 사람도 있지만 내가 직접 확인한 사실이 아닌 한 진실을 말할 수는 없다.)

그런데 섬유 같은 고분자는 고체이면서 결정영역과 비결정영역이 혼재해 있다. 왜냐하면 인간의 힘으로 완전히 결정영역만 있는 고분자는 만들 수 없기 때문이다. 하지만 반대로 비 결정영역만이 있는 유리와 같은 고분자는 만들 수 있다. 결정영역만이 있는 고체는 온도가 올라가면 결정이 녹아서 무너지면서 흐를 수 있는 액체로 변한다. 이 점이 고체의 녹는 점, 즉 융점(melting point)이 된다. 그러나 결정영역과 비 결정영역이 혼재해있는 섬유나 플라스틱과 같은 고분자의 경우는 단순히 녹아서 액체가 되는 융점이 나타나기 전에 먼저 비 결정영역 부분이 고무와 같은 부드러운 물성으로 변하는 1차 전이가 나타나는 데 이를 유리전이 온도라고 한다. 어떤 고분자 즉, 플라스틱이 평상시 물렁물렁한 재질이라고 하는 것은 이 고분자의 유리 전이 온도가 상온(18도이다.)보다 낮다는 것을 의미한다. 반대로 유리전이 온도가 상온보다 높으면 그 플라스틱은 딱딱한 성질을 가지고 있다고 말한다.

결론적으로 고분자의 온도를 올려서 유리전이 온도가 되면 그 고분자는 비 결정영역이 무너지면서 물렁해지고 융점에 이르면 결정영역도 붕괴되며 따라서 전체적으로 녹아 액체가 된다. 평소 물렁하다고 생각하는 재질도 겨울이 되면 딱딱하게 변한다. 기온이 그 고체의 유리전이 온도 이하로 내려가기 때문이다. 따라서 유리와 같이 전체가 비 결정영역으로만 이루어진 고체는 유리전이 온도만 있고 녹는점, 즉 융점은 존재하지 않는다.

지금까지의 이야기로 미루어 모든 액체는 비결정인 것 같다. 그러나 세상에는 액체이어서 흐르면서도 결정을 유지하는 물질이 있다. 그것이 바로 LCD 모니터의 화면을 구성하는 액정(Liquid Crystal)이라고 하는 물질이다. 더 이상 나가면 머리 아프니 이쯤 해 두자.

폴리에스터는 전혀 줄지 않는 것으로 알고 있지만 열 수축이라는 것이 있어서 정규의 PET는 뜨거운 물속에 넣으면 약 7% 정도 수축한다. 결정화도가 낮고 배향도가 클수록 열 수축은 더 심해지는데 이는 연신사를 가열하면 비 결정영역이 완화되면서 연신 했던 방향으로 수축이 일어나는 현상을 말한다. 이 현상은 물과 같이하면 더욱 더 심해진다. 이것을 막기 위해서는 160~180도 정도로 열고정(Heat Setting)을 하면 된다.

대략 결정화도에 대한 수치를 살펴보면 면이 70으로 셀룰로오스 섬유 중 가장 높고 Polynosic같은 고 강력 Rayon도 50 정도, 일반 Rayon은 35 정도가 된다.

면직물의 중량 구하기

아주 유용한 상식이 하나 있다. 반드시 암기하고 수시로 꺼내 쓸 수 있도록 연습해야 한다. 이런 지식은 어떤 자료를 뒤져보더라도 찾을 수 없을 것이다. 왜냐하면 여기서 나온 공식은 학교나 연구소가 아닌 영업의 현장에서 Salesman으로부터 나온 것이기 때문이다. 따라서 이 공식은 죽은 것이 아닌, 펄펄 살아 뛰는 공식이다.

우리가 취급하고 있는 원단의 諸元(제원)은 Specification으로 그 모습과 실체를 알 수 있다. 원단의 제원을 파악하는데 가장 중요한 포인트는 경사 번수, 위사 번수, 경사밀도, 위사밀도, 중량, 혼용율, 폭, 조직 그리고 두께 및 가공 상태이다. 하지만 직물에 따라 이런 정보가 모두 필요한 것은 아니다. 조직은 제직 원가에 영향을 미치는 요소가 미미하기 때문에 필요 없는 경우가 많고 생지와 가공지의 밀도가 워낙 차이가 많이 나는 직물처럼 처음부터 밀도에 그다지 예민하지 않는 아이템들도 있다.

전자거울

예컨대 방모 직물의 경우 혼용률과 중량 그리고 가공 상태의 3가지만 있으면 원가 계산이나 Offer하는 데 전혀 지장이 없다.

즉, 60% wool 16oz Melton 정도의 정보라면 방모를 하는 사람이라면 누구나 원가 계산이 가능하다. 물론 더 디테일하게 들어가면 Wool Portion에 Virgin Wool을 쓰느냐 재생모를 쓰느냐 또는 Others 부분의 화섬을 나일론으로 하느냐 아크릴으로 하느냐에 따라 조금씩 원가가 달라질 수는 있지만 밀도를 요구하는 경우는 전혀 없다. 그리고 때로는 아주 희귀하게 번수를 따질 때도 있다. 하지만 대부분의 경우, 이 3가지의 정보만 있으면 우리는 공장으로부터 가격Offer를 받을 수 있는 요건을 충족한다.

하지만 같은 모직물이라도 소모 직물은 밀도까지는 따지지 않더라도 번수는 대단히 중요한 요소가 된다. 따라서 소모 직물을 얘기할 때는 반드시 번수, 혼용율 그리고 중량이 따라가야 한다. 대부분의 소모직물은 조직도 같이 얘기하는 경우가 많다.

따라서 소모직물의 제원은 이렇게 된다. '100% wool 60수 Tropical 8oz.' 딱 4가지의 정보이다. 이것으로 우리는 소모 직물의 정확한 실체를 파악할 수 있다.

폴리에스터의 경우, 당연히 혼용률에 대한 내용은 필요 없지만 대신 원사의 종류는 대단히 중요하다. DTY냐 ITY냐 또는 Full dull이나 Semi dull이냐 몇 Fila냐? 등등 원사에 대한 디테일한 정보가 필요하다. 또, 경사 밀도보다는 위사 밀도가 중요해서 85T, 70T 등으로 이야기한다. T는 Threads를 나타내는 약자이다. 1인치당 위사 밀도를 나타낼 때 사용한다.(경위사의 합을 나타낼 때도 있다.) 그리고 경사 밀도도 가끔 사용하는데 같은 종류의 직물인 버전이 여러 개 일 경우, (같은 직물이지만 선진국의 봉제용 또는 Wholesaler용 등으로 구분할 때)사용된다. 이때는 보통 사용하는 인치당 밀도가 아니고 총 경사 본수를 말한다. 이상하지만 이때는 T를 쓰지 않고 일본에서 온 本(본)이라는 단위를 쓴다. 기술자들의 습관에 기인한 것이겠다. 즉 12,000본 15,000본 따위이다. 그러므로 경사 총 본수를 계산하려면 경사의 인치당 밀도에 폭을 곱하면 된다.

따라서 만약 12,000본일 때 60" 일 경우 폭으로 나누면 경사 밀도가 190 이라는 뜻이 된다. 물론 이때의 밀도는 생지일 때의 밀도를 말한다. 가공지일 때는 가공축을 많이 잡는 폴리에스터 감량물의 경우 생지와 가공지의 밀도 차이가 너무 커, 사실상 가공 밀도는 별로 중요하지 않으며 사용하지도 않는다.

면직물일 경우 위에서 열거한 모든 것들이 다 필요하다. 면직물에서는 모든 요소들이 다 중요하기 때문이다. 특히 위사 밀도는 생산량 및 제직료와 밀접한 관계가 있기 때문에 대단히 중요하다. 그런데 중량은 원가 계산을 하는 데 필요한 요소가 아니기 때문에 종종 빠져있는 경우가 많다. 하지만 중량은 면직물의 두께와 총 원가를 가늠할 수 있는 척도이기 때문에 실무를 하는 Merchandiser의 입장에서는 대단히 중요한 정보이다. 따라서 대부분의 면직물은 위에서 열거한 정보들을 모두 포함하고 있는 것이 상식이다. 그런데 중량은 빠져 있다고 하더라도 그 외 다른 정보가 있으면 원가를 정확하게 산출해 낼 수 있다. 중량을 알므로써 그 면직물에 대한 대강의 두께를 유추할 수 있게 되고 마음 속에 생각하고 있는 Garment의 용도에 맞는지 가늠할 수 있다. 또 때로 번수나 밀도에 맞지않게 모순되는 중량이 표시되는 경우도 일어나기 때문에 만약 번수나 밀도를 보고 중량을 계산할 수만 있다면 그런 오류를 미리 방지할 수도 있을 것이다.

그런데 Specification이라는 것이 가공 전의 밀도인지 혹은 가공 후의 밀도인지 알 수 없을 때가 있다. 기실, 가공 전과 후의 밀도는 상당히 많은 차이가 나기 때문에 이것을 혼동하면 절대로 안된다. 예를 들어서 63인치의 직물이 가공 후에 58인치로 바뀌었다면 경사 밀도는 상당히 늘어났을 것이다. 정확하게 8%만큼의 밀도가 늘어난다. 하지만 위사 밀도는 조금 다르다. 위사 밀도도 당연히 가공 후에 늘어나야 하지만 위사 밀도는 가공하면서 일어나는 수축을 공정 중간에 Tension을 줌으로써, 즉 장력을 주는 방법으로 다시 당겨 원래의 밀도로 맞출 수 있다. 따라서 경사 밀도와 달리 위사 밀도는 생지나 가공지나 똑같이 나와야 맞다.

때로 가공업자들이 장난을 하는 경우가 가끔 있다. 원래 당겨야 하는 Tension을 조금 더 크게 조정하면 Outcome이 Income보다 더 많아져 버리는 경우도 생긴다. 하지만 우리는 공장에서 속인 사실을 쉽게 알 수 있다. 가공 후의 위사 밀도를 확인해 보면 되기 때문이다.

만약 위사 밀도가 생지보다 더 적어졌다면 그것은 가공 공장에서 원단을 당겨서 자신들의 이득을 챙긴 경우가 된다. 당연히 이렇게 되었을 때는 원단이 처음 계약 때보다 더 얇아질 것이다. 경사 밀도는 폭이 줄어든 것과 비례해서 늘어나는 것이 맞다. 이건 누구도 속일 수 없는 부분이다. 따라서 이와 같이 면직물의 밀도는 가공 후 폭에 따라 달라지기 때문에 Spec상의 밀도는 항상 생지 밀도를 사용해야 한다. 또 이는 같은 직물이라도 생산된 폭에 따라 원단의 중량이 달라진다는 이야기가 된다.

일전에 어떤 공장은 주문 폭이 44인치인데 46인치가 나와서 교정을 요구했더니 직원이 억울한 표정을 지으며 이렇게 항변하는 것이다. "아니 폭이 더 나와도 문제가 되나요?" 이 사람의 얘기는 폭이 넓어졌으니 그만큼 쓸 수 있는 원단이 더 많아진 것 아니냐는 뜻으로 얘기한 것이지만 실제는 폭이 늘어난 만큼 원단이 원래보다 더 얇아졌다는 사실을 간과한 것이다.

그런데 중국에는 일부, 밀도가 원래보다 더 많이 나가는 것처럼 보이게 하기 위하여 속임수를 쓰는 사람들이 있기 때문에 가끔 면직물인데도 생지 밀도가 아닌 가공지 밀도를 표시해서 주는 경우가 있다. 그래서 실제 중량을 재어보았더니 차이가 많이 난다는 둥 소란이 일어난다. 면직물의 Solid물은 반드시 생지 밀도로 Spec을 나타내야 함을 잊지 말아야 한다.

다만 Y/D는 다르다. 이 경우는 생지가 수축되어 밀도가 늘어나면 생지 때와 Pattern의 크기가 달라지게 되므로 항상 가공 후의 밀도와 폭을 미리 예측하여 가공지 밀도로 표시하는 것이 상례이다. 공장에서 제직을 할 때 수축까지 감안해서 Pattern을 만들어야 한다는 것이다. 따라서 항상 가공 후의 정확한 밀도로 표시한다. 하지만 가공 후 폭은 일정하지 않고 어느 정도의 변동이 있으므로 그에 따라 밀도가 변할 수 있으며 패턴의 크기도 조금씩 달라지게 된다.

이제 실제로 중량을 한번 계산해 보기로 하겠다. 이런 계산은 사실 수학이라고도 할 수 없는 간단한 것이다. 직물은 경사와 위사 두 가지로 되어 있기 때문에 경사의 중량과 위사의 중량을 계산한 다음 둘을 합치면 되는 쉬운 작업이다.

먼저 경사의 중량을 한번 따져보기로 하겠다. 경사 중량은 경사의 번수와 밀도에 관계가 있다. 어떤 굵기의 실이 몇 개 있는지 계산하면 된다. 그러면 번수라는 정보를 가지고 어떻게 무게를 알 수 있을까? 번수라는, 굵기에 대한 단위는 중량과 길이에 대한 정보가 함께 들어 있다.

예컨대 1수는 840y가 1lb의 중량일 때의 굵기이다. 따라서 만약 어떤 실이 40수라면 840×40 즉, 33,600y 길이의 실이 1lb 중량이다. 이렇게 우리는 번수라는 정보로부터 중량을 유추해낼 수 있다. 따라서 40수라는 면사 1가닥의 1y길이에 대한 중량을 구할 수 있다. 40수는 33,600y가 1파운드라는 중량을 가지고 있으므로 40수 1y의 중량은 33,600/1파운드이다. 이 실 한 가닥의 중량에 전체 가닥 수를 곱하면 경사에 대한 중량 계산은 끝이다. 그런데 밀도라는 것은 1인치당 실의 가닥 수이다. 따라서 경사는 1y라는 길이를 가진 실이므로 거기에 인치로 표시되는 폭을 곱하면 직물 1y를 만드는 데 필요한 총 경사에 대한 중량이 나온다. 위사도 마찬가지 방법으로 계산하면 된다. 아주 쉽다. 위사는 위사 밀도에 36을 곱하면 원하는 총 위사의 가닥수가 나온다. 왜 36을 곱하냐고? 1y는 36인치이기 때문이다. 즉, 위사 밀도는 1인치 안에 들어있는 위사 수이기 때문에 1y에 들어 있는 위사의 수는 위사 밀도×36이 된다. 위사의 길이는 1y인 경사와 달리 폭에 해당된다.

여기에 위사 한 가닥의 중량을 구하면 총 위사의 중량이 나온다. (그런데 36은 분자와 분모 모두에 있으므로 결국 약분되어 없어진다.(약분이라니 실로 얼마 만에 들어 보는 대수의 용어인가….) 이 둘을 합치면 경위사 중량이 나오므로 계산은 끝이다.

그런데 여기서 한 가지 고려해야 할 사실이 있다. 우리가 한 계산은 경사와 위사가 직선일 때를 가정한 것이다. 하지만 과연 경사와 위사가 직선일까? 원단에서 실을 뽑아 본 사람이라면 그것이 직선이 아니라는 사실을 잘 알 것이다. 그것들은 각각 2차원이 아닌 3차원 입체상에서 서로를 타넘어 가야 하므로 스프링처럼 꼬불꼬불한 곡선이다. 그러므로 이것들을 쭉 펴서 직선으로 만들면 생각했던 것보다 훨씬 더 길어질 것이다.

따라서 원단 1y를 만드는데 필요한 경사는 1y가 더 된다. 이런 요인을 반영하지 않으면 중량 계산은 실제와 상당히 다른 결과를 만나게 된다. 그렇기 때문에 이같은 변수를 반드시 계산에 반영해야 한다. 이것을 '공축률' 이라는 어려운 말로 나타내는데 이런 말은 바로 잊어버려도 생활하는데 큰 지장은 없다.

물론 경사와 위사의 공축률은 다르다. 경사가 지나가야 하는 위사의 수가 위사가 경사를 지나가야 하는 경사의 수보다 더 많기 때문에 대부분의 위사는 경사보다 더 꼬불꼬불하고 공축률도 더 크다. 그리고 평직

이나 능직일 때와 같이 조직에 따라서도 달라진다. 그리고 당연히 번수, 즉 실의 굵기에 따라서도 달라진다. 실이 굵으면 공축률도 당연히 더 커진다.

　하지만 매번 이와 같은 것을 감안해서 계산을 하기에는 우리가 가진 제한된 시간이 그리 넉넉하지 않다. 따라서 이 부분을 한가지 상수로 처리하면 손쉽게 한 가지 간단한 공식으로 중량을 구하는 방법을 얻게 된다.

　이 공축률 부분을 약 12% 정도로 감안한 정수로 된 델타라는 상수를 도입할 것이다. (아인슈타인의 우주 상수인 람다는 대 실수인 것으로 밝혀졌지만 이 dj상수는 아직 생생하게 살아 움직이고 있다.)

　공식을 한번 정리 해 보겠다.

　경사 중량은 경사 밀도×폭÷840÷경사 번수이다.

　위사 중량은 위사 밀도×폭÷840÷위사 번수이다.

　이 둘을 합치면

$$\frac{(경사\ 번수 × 위사\ 밀도) + (위사\ 번수 × 경사\ 밀도) × 폭 × 1.12}{840 × 경사\ 번수 × 위사\ 번수}$$

이런 공식이 나오는데 여기에서 상수인 840과 dj상수 12%를 계산하면 750이 된다. 따라서 최종적으로 정리된 공식은 다음과 같다.

$$\frac{\{(경번 × 위밀) + (위번 × 경밀)\} × 폭}{750 × 경번 × 위번}$$

바로 이것이 면직물의 중량을 구하는 약식이다.

연습을 해 보자.

유명한 직물인 Chino 20×16,120×68 58" 이라는 직물의 중량을 구해 보겠다. 이 계산을 대입해서 해 보면

$$\frac{\{(20\times68)+(16\times120)\}\times58}{750\times20\times16} = \text{답은 } 0.7927\text{이 나온다.}$$

단위는 당연히 파운드이다. 따라서 이를 g으로 고치려면 ×453.592를 하면 된다. 답은 359g이다. 오차 범위는 최대 10% 정도 이다. 따라서 이 것으로 원가 계산을 하기는 어렵겠지만 대강의 두께를 가늠하는 데는 도움이 될 것이다. 물론 Spec만 있는 두 원단의 상대 중량을 구할 때는 오차 없는 정확한 값을 구할 수 있다.

그런데 최근에는 중량을 구할 때 SM당 중량을 구하는 경우가 많다. 이 경우는 폭이 1m로 이미 정해져 있기 때문에 훨씬 더 쉬운 공식이 나오게 된다. 폭을 1m로 고정시키면 39.4 인치가 된다. 따라서 폭과 dj 상수를 감안하면 39.4÷750이 된다. 이 식의 답은 0.0525인데 이것은 파운드 단위이다. 따라서 g으로 고치려면 여기에 453.592를 곱하면 된다. 답은 23.8이다. 이제 공식이 훨씬 더 간편해졌다.

단위는 g이 된다.

$$\frac{\{(\text{경번}\times\text{위밀})+(\text{위번}\times\text{경밀})\}\times23.8}{\text{경번}\times\text{위번}}$$

그런데 우리가 다루는 직물은 항상 생지가 아닌 가공지인데 그렇다면 생지 Spec으로 나타나있는 원단의 중량을 계산하면 가공지와는 달라지는 것이 아닐까? 당연히 그렇다. 가공지가 되면 원래의 Spec보다 수축되기 때문에 계산상으로는 약간의 중량이 늘어날 것이다. 하지만 실제로는

가공 중 직물에서 제거되어 사라지는 불순물이 중량에 상당히 반영되기 때문에 가공지는 항상 생지보다 더 가볍게 된다. 따라서 그냥 줄어든 폭으로 계산하면 큰 문제는 없다.

섬유의 비중

나무는 물에 뜬다. 그리고 철은 실험해 보지않아도 돌멩이처럼 물에 가라앉는다. 그것은 두 물질의 밀도차이 때문이다. 나무를 이루고있는 탄소, 수소 그리고 산소들의 분자 구조가 철의 그것보다 더 치밀하지 않기 때문에 같은 부피일 때의 철의 무게보다 더 가벼운 것이다. 즉, 철의 밀도는 물보다 크고 나무의 밀도는 물보다 더 작기 때문이다.

그렇다면 쇠로 만든 배가 물에 뜨는 이유는 뭘까? 그것은 배를 이루는 전체 부피 대 무게의 비율, 즉 전체의 평균 밀도가 실제로는 물보다 더 낮기 때문이다. 배에는 비어있는 공간이 대부분이고 그 공간들은 공기로 채워져 있으므로 전체 평균치를 깎아 먹게 되는 것이다. 여기까지가 중 2과학이다.

비중(Specific gravity)이란 대기압에서 물이 가장 밀도가 높을 때의 온도에서의 질량과 거기에 대비하는 물질의 질량 대비를 말한다. (알쏭달쏭한 말이다.) 쉽게 풀어쓰면 1기압에서 섭씨 4도 일 때 같은 부피의 물의 질량에 대비한 다른 물질의 질량이다. (쉽기는커녕 더 어려워진 것 같다.) 다시 쉽게 말하면 부피가 같을 때 무게가 더 나가는 것은 비중이 크다는 것이다.

비중과 밀도는 같은 의미로 생각하면

무난하다. 그런데 왜 '대기압', '섭씨 4도 일 때' 같은 까다로운 조건들이 붙는 것 일까. 그것은 물이 비중의 기준이 되는데 (즉, 물은 비중이 1) 물의 밀도가 늘 같은 것이 아니라는 사실 때문이다. 물은 압력에 따라서는 밀도가 크게 다르지 않지만 온도에 따라서는 많이 달라진다. 물은 4도에서 가장 밀도가 크며 온도가 높을 때 밀도가 작아진다. 하지만 온도가 낮아진다고 점점 밀도가 커지기만 하는 것은 아니다. 4도 이하가 되면 다시 밀도가 작아지기 시작한다. 따라서 얼음이 되면 4도일 때보다, 즉 액체일 때보다 더 밀도가 작아진다는 놀라운 사실이다. 대개 고체는 액체보다 밀도가 높다는 것이 상식이지만 물은 그렇지 않다. 복잡한 얘기 같지만 확실한 사실을 알기 위해서는 이처럼 복잡해 보이는 과정이 필요한 법이다.

이해를 돕기 위하여 주변에 있는 물질들의 비중을 대략 알아보는 것이 도움이 될 것 같다. 물론 우리는 그 물질들의 비중을 어느 정도 짐작하고 있지만 정확한 사실을 알게 되면 놀라게 될 것이다.

우리가 알고 있는 물질 중 가장 비중이 높은 물질이 무엇일까? 그것은 백금인데 비중이 21.4이다. 즉, 물보다 21배나 더 무겁다는 말이다. 세상에서 가장 무거운 물질은 사실 오스뮴(Osmium)이다. 하지만 주변에 있는 물질이 아니고 백금보다 그리 많이 무겁지 않기 때문에 배제한다. 금은 19.3이므로 백금과 거의 비슷하다. 은수저는 상당히 무거운 것 같지만 은의 비중은 금의 절반 밖에 되지 않는다. 하지만 7.8인 철보다는 무겁다. 가장 가벼운 금속이라고 생각하는 알루미늄은 2.7이다. 유리와 비슷한 수준이다. 비중이 낮은 쪽으로 가자면 물에 뜨는 금속인 리튬이나 나트륨도 있지만 대부분은 상온에서 액체가 된다. 물에 잘 뜨는 가벼운 고체의 대명사인 코르크(Cork)는 비중이 0.2 정도 이다.

이런 것들이 섬유와 무슨 관련이 있기에 이토록 장황하게 늘어놓고 있는 것일까? 분명히 관계가 있다. 그리고 이러한 기본 개념들을 충분하게 이해하고 있지 않으면 누구에게 건 이 일로 밥을 먹고 산다고 말할 수 없을 것이다.

이제 본론으로 들어가서 각종 섬유의 비중은 어떤지 알아 보기로 하겠다. 우선 물에 뜨는 고분자는 거의 없으므로 대부분의, 섬유를 이루는 고분자는 비중이 1이 더 될 것이다. 물에 뜨는 거의 유일한 고분자는 PP(Poly Propylene)*라고 불리는 Packing자재이다. 폴리끈이라고 하는 박스 포장할 때 쓰는 그 비닐처럼 생긴 물건이다. 이 섬유의 비중은 0.9 이다. 그리고 물과 같은 밀도를 가진 비중이 1인 섬유는 바로 Spandex이다. 따라서 우리가 일상적으로 사용하고 있는 섬유 중 가장 가벼운 섬유는 Spandex라고 할 수 있다.

다음이 나일론과 아크릴이다. 이들은 비중이 1.1이다. 요즘 30g짜리 나일론 잠바가 나오고 있다고 한다. 아크릴 담요는 모 담요보다 조금 가볍다. 실제로 Wool의 비중은 1.3이다. 같은 단백질 섬유인 실크와 당연히 비중이 같을 것이다. 아세테이트나 트

리 아세테이트도 같은 비중을 보이고 있다.

폴리에스터는 비중이 1.4로 합성 섬유 중에서는 가장 무겁다. 물론 비닐리덴이라는 1.7의 비중을 가진 섬유도 있으나 우리는 쓰지 않기 때문에 배제해도 좋을 것이다.

가장 비중이 높은 섬유는 1.5의 비중을 가진, 바로 면이다. 같은 셀룰

---

* 최근 PP를 염색 가능한 원사로 개발하여 판매 중이다.

로오스 섬유인 Rayon과 마 그리고 Modal 등도 같은 비중이다.

그런데 여기까지 우리가 본 것들은 고분자 물질 그 자체의 비중을 생각한 것이다. 그런데 그것들을 섬유 모양으로 변환시킨 다음, 실로 만들면 지금까지와는 전혀 다른 양상이 나타난다. 고분자물질 자체의 밀도와 실을 이루고있는 각 fiber들이 모여서 만든 실의 밀도는 완전히 다른 것이기 때문이다. 고분자의 밀도는 물질의 분자구조와 관련이 있지만 실 한 올의 밀도는 그 실을 이루는 각 Fiber들의 밀도와 관련이 있는 것이다.

여기서 含氣率 (함기율)이라는 개념을 알아보자. 함기율은 공기가 포함되어 있는 비율을 말한다. 따라서 함기율이 높으면 높을수록 그 실의 비중은 원래보다 낮게 나타난다. 그 때의 실의 비중을 겉보기 비중이라고 한다. 겉보기 비중은 각 실의 번수와 꼬임수에 따라서 달라진다. 예컨대 같은 면사라도 가장 굵은 면사라고 할 수 있는 4수 정도의 면사는 면의 비중 자체가 1.5인데도 불구하고 높은 함기율 때문에 겉보기 비중은 0.25밖에 되지 않는다. 꼬임이 그만큼 적기 때문이다. 하지만 많이 사용하는 40수 정도 면사의 겉보기 비중은 0.5 정도로 2배나 크다. 함기율이 그만큼 적어진 것이다. 만약 극단적으로 면사를 200/2까지 만들었다고 가정하면 이 때의 겉보기 비중은 1.13까지 올라간다. 거의 함기율이 없어진다.

이것은 면사가 표면에 모우를 많이 가지고 있다는 사실을 보여준다. 많은 모우들이 함기율이 많도록 밀도를 낮추는 역할을 하는 것이다. 반면에 Linen같은 원사는 대부분의 번수에서 1에 가까운 겉보기 비중을 나타낸다. 마직물이 탄력이 별로 없음을 나타내는 증거이다. Wool의 경우도 면만큼은 아니지만 70수 정도에서 0.7 정도를 보여준다.

실크는 filament일 경우와 Spun일 경우가 대조적으로 나타나는데 filament는 1 가까운 겉보기 비중을 나타내지만 방적사는 0.6 정도로 낮아진다. 짧은 섬유로 이루어진 방적사가 긴 섬유장을 가진 filament보다 함기율이 많다는 것을 말해준다. 즉, 방적사는 필라멘트사에 비해 탄력성이 있고 따뜻하다는 결론을 내릴 수 있다. 겉보기 비중이 높은 실은 Rayon Filament사로 1.2가 넘는다. 이것이 Rayon filament원사로 제직한 원단이 무겁고 Drape성이 좋은 이유이

북극곰의 털은 중공사

다. 같은 이유로 면사도 극한 세번수로 가면 Rayon처럼 Drape성을 나타낼 수 있다는 의미가 된다. 겉보기 비중은 함기율과 반비례 관계에 있다. 즉, 함기율이 많으면 겉보기 비중이 작다는 것이다. 또 함기율은 보온성과도 관계가 있다. 함기율이 많으면 보온성이 높다. 공기가 열의 전달을 막는 보온병의 구실을 하기 때문이다. 열의 이동인 전도(conduction)를 막는다. 북극곰의 털이 가운데가 비어있는 중공사인 까닭은 털 안쪽에 머물러 있는 공기가 단열재의 역할을 하므로 북극곰의 체온이 외부로 쉽게 이동하는 것을 막아줘 혹한에서 북극곰이 살아갈 수 있게 해주기 때문이다. 실제로 겉보기 비중이 0.08인 모포의 보온율은 52%인데 겉보기 비중이 1.07인 Rayon satin직물은 겨우 8.4%의 보온율을 나타낸다.

그런데 이쯤에서 한가지 의문이 생긴다. 나일론과 폴리에스터는 비중이 무려 30% 가까이 차이가 나는데 같은 항장식 번수인 Denier법을 쓴다. 그렇다면 둘 사이의 같은 번수는 똑 같은 굵기일까?

Denier를 쓰는 번수법은 9000m가 1g일 때가 기준이 된다. 9,000m는 여의도에서 방화동까지의 거리이다. 즉, 9,000m의 길이를 가진 섬유의 중량이 1g이 되면 그 실의 굵기는 1d가 된다. 9,000m의 길이를 가진 섬유의 중량이 2g이라면 그 섬유의 굵기는 2d이다.

그런데 비중이 다르다는 것이 어떤 작용을 하는 걸까?

폴리에스터는 나일론 보다 비중이 27%나 더 크다. 같은 부피일 때 27%나 더 무겁다는 말이다. 따라서 나일론이 1d일 때 같은 굵기의 폴리에스터는 1.27d가 된다는 것을 알 수 있다. 즉, 나일론 70d는 폴리에스터 89d와 굵기가 같다는 말이다.

우리는 나일론의 denier가 의미 하는 숫자와 Poly의 그것이 같다고 생각하지만 실제로는 다르다. 따라서 같은 번수의 나일론을 폴리에스터로 변환하려면 번수보다 더 굵은 원사를 사용해야 같은 외관을 갖게 될 것이다. 이런 사실을 얘기해 주는 사람이 아무도 없기 때문에 우리가 갖고 있는 섬유 지식에 대한 Infra는 열악하기 그지 없다. 다행인 것은 이런 현상이 미국에서도 만연된 사회현상이라는 것이다. 따라서 우리가 잘 몰라도 바이어들 또한 대부분 무식하기 때문에 지금까지 버틸 수 있었다. 하지만 앞으로 우리의 무서운 경쟁 상대가 될 인도나 터키의 장사꾼들은 대단히 영리하다. 공부도 열심히 한다. 그들은 바이어들에게 그 동안 몰랐던 많은 정보들을 전달/교육하면서 뿌리깊은 신뢰를 획득하고 있다. 그런 그들에게 뒤지지 않으려면 우리도 관심 이상의 욕심을 가져야 할 것이다. 섬유 지식은 이제 일부 MR들의 관심사항이 아닌 전체의 생존문제로 다가오고 있다.

06

Further Issues

4 Point system의 허와 실

봉제품의 소재인 원단은 구조상 처음부터 많은 문제를 안고 판매와 구매가 일어나게 된다. 전자제품 같은, 정상품과 불량품이 명확하게 구분되는 상품과 달리 섬유제품은 아무리 비싼 것이라도 어느 정도는 흠이 있기 마련이며 소비자가 클레임을 걸 수 있는 주관적이고 비 논리적인 불만에 대한 가능성이 항상 존재한다.

클레임을 제기할 수 있는 힘의 논리는 최후의 소비자를 제외하고는 누구든지 당할 수 있는 연쇄반응에 해당하기 때문에 중간에 있는 그 누구도 이의 책임을 지고 싶어하지 않는 것은 당연하다 할 것이다. 이런 불완전한 상태의 상품을 사고 팔다 보면 분쟁이나 시비를 막기 위해 누구나 인정할 수 있는 객관적인 표준이나 근거가 필요하게 된다. 즉, '정상품이다 아니다.' 라는 판정을 객관적으로 내릴 수 있는 자료와 근거가 필요하다.

이를 위한 가장 적절한 방법은 공신력을 갖춘 기관에서의 검사이다. 검사기관에서는 외관 검사(visual inspection)를 시행하고 이를 근거로 제품에 대한 세부 내용을 객관적인 점수로 나타낸다. 이 때 점수의 근거가 되는 방식이 대부분의 미국 바이어들이 채택하고 있는 4 포인트 시스템이다.

이 검사 방식은 전수검사가 아님에도 불구하고 검사원이 모든 절차와 규칙을 철저히 준수 하였을 때, 원단을 객관적으로 평가할 수 있는 신뢰성 있는 자료가 될 수 있다. 10% 내외의 random sampling으로서 전수검사 대비 95% 정도의 높은 신뢰를 가질 수 있는 좋은 검사법이다.

대통령 선거나 국회의원 선거 때 실시하는 방송사의 출구 조사 결과를 보면 겨우 1% 내외의 sampling으로 실제의 결과와 겨우 몇 퍼센트의 근소한 차이를 보이는 것을 알 수 있다. 그것이 바로 random sampling이 보여주는 놀라운 위력이다. 만약 정해진 절차를 밟아서 제대로 검사를 했다면 전수 검사의 결과와 random 검사의 결과와의 차이는 겨우 5% 정도라는 것이다. 그래서 바이어의 입장에서는 전수검사를 해보지 않고도 안심하고 물건을 구입할 수 있다.

제대로 된 검사의 절차와 규칙이라는 것은 어떤 것일까?

random 검사를 할 때는 가장 중요한 것이 정확한 random sampling을 하는 것이다. 즉, 검사하려는 모집단의 표본을 채취할 때 어느 한 쪽에서만 채취하게 되면 결코 신뢰할 수 있는 결과를 얻을 수 없다. 모집단 전체에서 정규 분포를 골고루 이루도록 채취해야 전수 검사와 비슷한 결과를 보이게 되는 것이다. 그렇다면 만약 표본 채취를 골고루 하지 않았을 경우는 결과가 어떻게 나올까? 실제로 이런 일은 비일비재하게 일어나고 있다.

하지만 다행스럽게도 그런 식으로 해이하게 Sampling했어도 결과는 큰 차이가 없었다는 것이다. 즉, 문제가 있는 물건이 어느 한 쪽에만 몰려 있는 경우는 극히 드물었다는 것이 지금까지 경험의 결과이다. 그러나 그렇다고 하더라도 여전히 제대로 Random sampling하는 정상적인 검사와는 본질적으로 다르다고 할 수 있으며 그 결과를 100% 신뢰하기 어렵기

때문이다. 즉, 작은 확률이라도 문제가 발생할 수 있는 소지를 안고 있으며 그 누구도 자신 소유 물건의 상태를 운에 맡기고 싶은 사람은 없을 것이다. 그런데 이런 사실을 잘 알고 있다 하더라도 원단의 경우는 제대로 된 sampling을 하기가 무척 어렵다는 데에 문제가 있다. 특히 작은 공장일수록 그렇다. 왜냐하면 창고의 협소함 때문에 물건은 항상 위에서 아래로 수직 적재가 되기 마련이며 아래에 있는 물건은 뽑기가 힘들어진다. 우리나라 사람의 정서와 인지상정상, 아래에 있는 물건을 힘들게 뽑으라는 강요를 하기 힘들기 때문에 (그렇게 했다가는 악덕 바이어 소리를 듣게 마련이다.) 정확한 random sampling이 어려워지게 되는 것이다. 그래서 검사원이 악질이 되어야만 제대로 된 random sampling을 할 수 있는 구조상의 문제점을 안고 있다.

또 다른 문제는 과연 검사원이 제대로 된 random sampling을 했는지에 대한 확인이 쉽지 않다는 것이다. 즉, 검사원의 양심에 맡길 수밖에 없다는 것이다. 이런 상황에서 우리가 할 수 있는 가장 단순하고도 확실한 방법은 염색 lot별로 표본을 채취하는 것이다. 염색 lot별로 표본을 채취하면 문제점이 어느 한 쪽으로 편향되는 경우가 생길 수 없고 검사원이 어떻게 검사했는지 확인도 가능하다. 다만 이 방법은 공장에서 Lot sample을 성실하고 정직하게 제출해야 한다는 대전제가 깔려있다. 단, 수량이 1 Lot 이하인 몇 천 단위로 작을 경우에는 다른 방법을 생각해야만 한다.

실제로 공장에서는 검사원이 도착하기 전에 Lot별로 Roll덩어리들을 미리 빼놓아 준비시켜 놓는 경우가 많고 검사원은 시간을 절약하기 위해서 그 Roll들을 검사하고 싶은 유혹에 빠지기 쉽다. 하지만 그것이야말로 제대로 된 Random sampling에 반하는 직무유기에 해당한다. 그렇게 공장에서 준비한 물건들은 대부분 미리 검사되어 좋은 것들로 구성되었으리라는 것은 불을 보듯 뻔한 일이기 때문이다. 물론 그런 작은 정성조차도 동원하지 않는 게으른 공장들이 많기는 하다. 하지만 그 조차도 역시 운에 맡길 수는 없는 법이다.

다음으로 주의해야 할 절차는 물건이 85% 이상 생산된 상태에서 검사를 해야 한다는 것이다. 물론 100% 완성되어있다면 더할 나위 없이 좋겠지만 오더의 대부분이 납기에 쫓기는 상황이므로 쉽지 않다. 따라서 대략 85% 정도 생산이 끝난 상태라면 전체 물건을 확인하는 데 어려움이 없다고 할 것이다.

마지막으로 검사는 되도록 현장에서 해서는 안 된다. 원단을 검사장으로 싣고 가서 검사하는 것이 정확하게 검사할 수 있는 방법이다. 각 염색 공장이 보유하고 있는 검단기는 편차가 클뿐더러 조명이 제대로 되어있는 기계를 찾아보기 힘들다. 또 검사자체가 공장의 효율을 저해하는 반 생산성 행위이기 때문에 검사원이 부담을 느끼게 되어 제대로 된 검사를 하기 어려워진다. 이런 문제를 피하기 위하여 FITI는 이미 몇 년 전부터 이런 검사방식을 운영해 오고 있는 것으로 알고 있다.

얼마나 검사 해야 할까?

원래 공식적인 Sampling 수량은 전체 수량에 Root한 결과에 10을 곱하는 것이다($\sqrt{x} \times 10$). 왜 이런 식으로 하는 것일까? 그냥 10% 정도로 정해서 하면 더 편하지 않을까? 그렇게 하는 특별한 이유가 있다. 만약 일률적으로 10%를 고집하면 전체 수량이 많아졌을 때는 Random Sampling 양만도 엄청난 수량이 되어 검사하는 데만 며칠이 걸릴 수도 있다. 또한 검사 비용이 과다하게 증가하게 된다. 예를 들면 오더 수량이 10만Y라면 10%는 10,000Y이다. 그러나 위의 방식으로 하면 3,162Y만 검사하면 된다. 그렇게 해도 신뢰할 만한 결과를 똑같이 얻을 수 있다. 즉, 10,000Y를 하나 3,162Y를 검사하나 그 결과는 마찬가지라는 것이다. 물론 검사 수량이 크면 클수록 숫자의 신뢰도는 높아지겠지만 Cost와 시간이 한정되어 있는 한, 위의 방식이 최적의 가성비이다.

각 Defect별 점수는 어떻게 될까?

공식적인 Defect별 점수는 Defect Size를 3인치, 6인치, 9인치로 구분하여 점수를 매기는 것이다. 즉, 3인치 미만이면 1점, 3에서 6인치 미만이라면 2점, 6인치에서 9인치 미만은 3점, 9인치 이상이면 4점이다. 여기에서 중요한 것이 단위이다. 각 점수의 단위는 100 Square yard당이다. 이것을 혼동하면 의도하는 바와 전혀 다른 결과가 나온다. 예컨대 만약 linear yard나 square meter로 했을 경우, 전혀 다른 결과가 나올 수 있으니 주의해야 한다.

특히, linear yard 당으로 했을 경우는 대폭일수록 불리한 결과가 나온다. (실제로 계산해 보면 알 수 있다.) 우리나라든 중국에서든 최근의 생산품은 대부분 36인치가 넘기 때문이다. 반대로 소폭일 경우는 유리한 결과가 나오게 되므로 반드시 이 부분을 확인해야 한다. 이 기준을 100 syd가 아닌 100 lyd로 책정해두고 있는 바이어가 있는데 이는 Mill로 하여금 대폭보다는 소폭을 공급하도록 권장하는 것이나 마찬가지이다. 기준을 반드시 square yard로 해야만이 폭에 관계없이 제대로 된 객관적인 결과를 얻을 수 있으며 다른 결과와의 비교도 가능하다.

몇 점이 나와야 합격 점이라고 할 수 있을까?

놀라운 것은 의외로 큰 바이어라도 이런 종류의 standard를 전혀 가지고 있지 않을 때가 있다는 것이다. 즉, 주먹구구식으로 일처리를 한다. 그들의 기준은 'Commercially acceptable' 이라는 것인데 그런것이 늘 나쁜것은 아니다. 반면에 Gap같은 대형 바이어들은 이에 대한 기준을 확실하게 가지고 있다. Gap같은 경우는 대단히 모범적이라고 할 수 있는, 놀랄만큼 객관적이고도 합리적인 기준을 가지고 있다. 그들은 원단의 종류에 따라서 standard를 다르게 적용한다. 만약 그렇게 하지 않으면 원단 업자와 쓸데없는 소모적인 분쟁을 자초하게 될 것이다. 예를 들면 velvet은 원래 많은 defect를 가지고 있으며 그 기준을 폴리에스터같은 합섬과 동일 선상에 놓게 되면 Vendor와 Mill간에 늘 불편한 마찰이 발생하게 된다. 바이어가 기준을 올린다고 해서 물건이 크게 좋아지는 것은 아닐 뿐, 쓸데없는 원가상승의 빌미가 된다. 소비자들은 검사원이 아니며 Perfect한 원단으로 만든 옷을 구하기 위하여 기꺼이 돈을 더 지불하고 싶은 마음을 갖고 있지도 않다.

보통 moderate 바이어의 경우 20점~30점 정도로 기준을 정하고 있다. 100syd당 20점이라면 44 "직물의 경우 약 82y안에 직단이나 위단 같은 9"가 넘는 큰 defect가 5개 있다는 뜻이다. 대부분의 폴리에스터를 비롯한 합섬 직물은 50y가 한 roll이므로 1roll에 큰 defect가 3개 정도 있다는 의미가 된다. 물론 실제로 작은 결점까지 감안하면 2개 정도라고 생각하면 될 것이다. 까다로운 바이어라면 15점 정도로 책정해도 된다. 그러나 그렇게 되면 당연히 단가가 올라가게 되므로 자신의 등급에 맞는 적당한 골디락스*의 영역을 찾아야 한다.

검사한 모든 roll이 기준인 20점을 초과하지 않으면 전체를 합격으로 봐도 좋을까?

---

* 골디락스(Goldilocks): 동화 곰 3마리에 나오는 금발소녀. 뜨겁지도 차갑지도 않은 적당한 스프, 딱딱하지도 물르지도 않은 침대 등 적당한 영역을 의미한다.

미안하지만 대답은 NO이다. 만약 기준이 그렇다면 다음과 같은 모순에 봉착하게 된다. A라는 Bulk의 모든 Roll이 20점이라는 결과가 나왔다하면 검사한 물건의 전체 평균은 20점이 되고 전체 roll은 단 한 개도 불합격이 없는 1st Quality가 된다. 그런데 B라는 물건을 검사했는데 반은 5점이 나오고 나머지 반은 21점이 나왔다. 그렇다면 이 물건은 절반이 2nd quality 라는 판정이 나오게 된다.

결국 이 물건은 객관적으로 A 보다 나쁜 물건일 뿐만 아니라 선적 자체를 불허해야 하는 것으로 보인다. 그러나 과연 그럴까?

사실 B라는 물건의 전체 평균은 13점으로 앞의 물건보다 확실히 더 좋으며 절반에 해당하는 불합격된 21점짜리 물건들도 A 라는 물건의 20점짜리 보다 그다지 나쁘지 않다. 아니 거의 같다. 만약 둘 중 하나를 고르라고 한다면 이 숫자들이 의미하는 바를 제대로 아는 사람은 누구나 B를 고를 것이다. 하지만 단순히 정해진 규칙만을 따르라고 하면 A를 고르게 되는 모순이 생기게 된다. 이와 같은 모순을 피하기 위해 또 다른 기준이 필요하다. 즉, 전체합격에 해당하는 전체 평균이 있어야 하며 그 평균의 기준은 당연히 각 roll의 기준 보다 낮아야 한다. 즉, roll당 합격점이 20점이라면 전체 평균은 15점 정도가 되어야 Fair한 물건이라고 할 수 있다. 그리고 대신에 20점을 약간 초과하는 roll이 10% 정도는 될 수 있도록 허용해 주면 합리적 일 것이다.

애매한 연속결점

검사를 하다 보면 경사방향으로의 연속결점이 나타나는 경우가 있다. 이런 경우 대부분의 검사원은 다른 결점은 확인하지 않은 채 연속결점에 대한 점수만을 부과하고 그 절에 대한 검사를 끝내버린다. 물론 그 절은 100점 가까운 높은 점수가 나오게 되며 2nd quality처리가 된다. 이런 Roll이 얼마 되지 않을 때는 별 문제가 없다. 그러나 문제는 이러한 roll

이 많이 나올 경우이고 또한 이러한 현상은 대부분 한 두 roll에 그치지 않는다.

그런데 검사 중에 발견되는 이러한 연속결점의 대부분은 그다지 치명적이지 않다. 왜냐하면 치명적이라면 이미 공장내부의 검사에 의해서 발견되고 불합격처리 되었을 것이기 때문이다.

그러나 제대로 된 검사원의 눈은 일반적인 관찰력을 가진 사람보다는 훨씬 결점을 더 잘 볼 수 있도록 훈련되어 있기 때문에 공장의 내부 검사를 통과한 이러한 애매한 결점이 문제가 되는 수가 많다. 이런 애매한 결점들은 경사 쪽으로의 streaky현상, 바디줄, 마찰흠, 또는 냉각 시와 등이다. 이런 결점을 발견한 검사원의 심리는 그것을 불합격 처리 하는 쪽으로 무게를 두게 된다. 그것이 자신에게 더 안전한 선택이기 때문이다.

하지만 옷을 구입하는 일반 소비자의 눈은 검사원의 그것보다는 훨씬 더 너그럽기 때문에 검사원이 발견한 애매한 연속결점은 acceptable한 경우가 많다. 따라서 이러한 연속결점은 바이어로부터 허용되기 마련이다. 물론 tight한 납기, 공급업체와의 분쟁 등 외부적인 압력도 작용할 수 있다. 그런데 문제는 바로 이때부터 발생한다.

만약 연속결점을 바이어가 허용했을 경우 그러한 절들은 검사를 다시 해야 한다. 왜냐하면 일단 연속결점이 나타나면 검사원은 다른 연속적이지 않은 일반결점들은 확인을 하지 않고 덮어버렸기 때문이다. 이는 죽은 사람의 충치는 치료할 필요가 없다고 생각하는 것과 같은 논리이다. 그런데 문제는 그 사람이 죽지 않았을지도 모른다는 사실을 검사원이 간과하는 데 있다. 따라서 이러한 애매한 연속결점이 있을 때라도 검사원은 반드시 다른 일반결점들의 검사도 게을리하지 말아야 한다. 그리고 그 연속결점을 바이어가 accept하는 경우의 점수를 따로 계산할 수 있도록 해야 한다. 그렇게 하지 않았을 경우 불필요한 검사를 한번 더 해야 하고 그로 인한 시간과 비용의 낭비는 고객인 원단업체의 막대한 비용의 낭비로 연결될 수 있다.

불량에 대한 Evidence는 반드시 확인한다.

검사원의 날카로운 눈으로 발견된 불량은 많은 경우에 있어서 일반적으로 허용할 수 있는 범위 안에 있을 때가 많다. 검사원은 다른 외부적인 요인은 생각하지 않고 오로지 검사를 위한 검사만 하기 때문에 이런 일은 곧잘 발생한다. 또 불량인지 아닌지 갈등해야 할 상황에서는 검사원은 전혀 망설임 없이 그것을 불량으로 판정한다. 그것이 그 자신을 보호할 수 있는 가장 안전한 선택이기 때문이다. 이럴 경우 검사원의 판단을 그대로 따르게 되면 공급업자와 바이어간에는 불필요한 분쟁과 unnecessary headache 그리고 갈등에 휘말리게 된다.

이런 일을 막기 위해서 검사원이 불량으로 판정한 내용에 대해서는 반드시 evidence를 제출하게 하여 그가 내린 판정이 fair한 것인지를 확인하는 것이 좋다.

4 포인트 system은 제직 defect만 검사한다.

이 검사의 점수는 오로지 제직 defect와 오염 정도만을 포함하고 있다. 그 밖에 원단의 shading이나 bowing/skewing 등의 문제는 포함하고 있지 않다. 따라서 이들의 검사는 별도로 해야 하며 계산된 점수와는 별개로 원단을 판정해야 한다. shading은 approved된 lab dip과의 비교, roll 간의 차이, lot간의 차이, 그리고 roll내에서의 차이를 확인하면 된다. 여기에서 주로 문제가 되는 것이 roll내에서의 차이인데 roll내에서의 차이는 ending과 listing의 차이가 있다. ending은 잘 발생하지 않지만 발생한다고 해도 큰 문제가 되지 않는데 listing은 많은 말썽의 소지를 안고 있다. 원래 모든 원단은 좌우 또는 중앙부와 변부의 shading이 존재한다. 염료의 분자는 원단의 고분자와 결합하는 과정에서 그 결합분포가 고르지 않기 때문이다.

분자의 이동은 분자의 속도와 관계가 있으며 표면의 온도는 분자의 밀도와 관계가 있다. 따라서 표면의 아주 작은 온도 차이로 인하여 분자의 운동이 상대적으로 더 활발해지는 부분이 생기고 염료 분자는 상대적으로 그곳으로 몰리게 되며 따라서 그 부분은 염료의 밀도가 많아지게 되어 결국 더 진해지게 된다. 원래 염욕(dyeing bath)내부의 온도가 고루 일정하지 않기 때문에 발생하는 현상이다. 통속에 있는 물이 끓는다는 것은 그 물이 담긴 통 속의 전체 온도가 고루 100도라는 것이 아니다. 평균온도가 그렇다는 것이다.

따라서 listing이 5급이라는 것은 있을 수 없다. 또 검사기관에서도 그 사실을 잘 알고 있으므로 전혀 listing이 없어 보이는 원단도 결코 5급을 판정하는 일은 없다. 따라서 이 경우는 4~5급이 best이다. 문제는 4급의 경우인데 국내산의 경우, 대폭이라면 약 50% 정도의 원단이 여기에 속한다. 특히 중국 원단은 소폭이라도 절반 정도는 그렇다고 보면 틀림없을 것이다. 중국공장은 염색 공정을 일정하게 통제할 수 있는 능력이 우리나라 보다는 떨어지기 때문일 것이다. 만약 4급을 문제 삼으면 봉제공장은 원단 공급업자와 싸우느라 제대로 일을 할 수가 없을 것이다. 다행이 대부분의 봉제공장은 4급의 원단으로 대부분의 봉제품을 문제없이 제대로 만들 수 있다. 그러나 때로, 만드는 garment의 성격에 따라서 피치 못하게 근접 마카를 해야 할 때도 나온다. 그 경우 10% 안팎의 loss를 요구하게 될 것이다. 중국원단이 대폭인 경우는 반드시 4급 acceptable 조건을 바이어가 marginally 수용할 수 있어야 한다. 그런 조건으로 오더를 해야 하고 미리 알려져야 한다.

Synthetic과 Artificial의 차이

살인적인 더위가 계속되고 있다.

일산의 일요일 밤 11시경 온도는 섭씨 29.5였다. 일요일 아침 7시에 운동하러 호수공원에 나갔다가 일사병으로 쓰러지는 줄 알았다. 정말 대단한 더위이다. 도대체 여름에 우리가 사는 북반구가 왜 이렇게 더운지를 이해하려면 지하주차장에 가 보면 된다. 지하로 내려가면 최소한 5도 정도는 더 기온이 낮다.

얼마나 서늘한지 모른다. 높은 산에 올라가도 시원하다. 결국 지표면의 온도는 태양의 복사열이 지표면에 부딪혀서 다시 공중을 향해 반사되는 과정에서 생기는 것이라는 것을 이 사실이 증명하고 있다.

태양의 복사열이 미치지 못하는 땅 속은 그래서 시원하고 역시 태양의 복사열이 너무 멀어 미치지 못하는 높은 산은 더 시원한 것이다. 이 과정에서 이산화 탄소나 수증기가 열을 빠져나가지 못하게

온실효과를 일으키기 때문에 지구가 따뜻하고 사람이 살 수 있게 되는 것이다. 만약 온실효과가 없어지면 지구의 온도는 30도나 낮아지게 되고 한 여름에도 겨우 0도 정도에 머무르게 되는 동토의 툰드라로 변하게 될 것이다. 물론 온실효과가 너무 심해지면 지구 대기 농도의 90배에 달하는 금성처럼 섭씨 480도의 초열 지옥이 될 것이다.

혹시 Synthetic과 Artificial의 차이를 아는가?

두 단어의 사전적 의미는 이미 짐작하고 있는 대로 합성과 인공이라는

뜻이다. 결국 합성은 사람이 아닌 다른 동물이 할 수 없기 때문에 둘은 같은 뜻이 된다. 물론 Artificial은 Natural이라는 뜻과 반대되는 개념으로 사용되고 있기도 하지만 Synthetic도 결국 크게 다르지는 않다. 따라서 같은 의미로 사용되어도 큰 탈은 없을 듯 하다.

이 두 단어는 하지만 미국 세관에서는 엄격하게 다르게 분류되고 있다. 따라서 우리는 이 사실을 간과하고 있으면 안된다. 미국의 HS분류를 보면 'Chapter 54 Man made filaments'의 분류에 Synthetic과 Artificial 이라는 두 의미가 다르게 해석되고 HS No도 다르게 분류되고 있다. 따라서 관세도 다르게 책정된다. 이것은 업무에 직접적으로 관계 되는 일 이므로 정확하게 차이점이 뭔지 알아보도록 하겠다.

두 단어의 각각의 HS분류에 의한 정의를 알아보면 5407 Synthetic은 유기 단량체를 중합하여 만든 고분자를 말하며 5408 Artificial은 천연의 유기 고분자를 화학적 변형을 통해서 만든 소재라고 정의되어 있다.

단량체, 즉 Monomer라는 것은 단일분자를 말하는 것으로 예를 들어 나일론6의 Monomer는 '카프로락탐'이라는 분자로 이것이 중합반응을 통해 수천, 수만 개가 연결되어 線狀(선상)의 고분자가 되는 것이다. 하지만 면의 원료가 되는 셀룰로오스분자는 천연의 유기 고분자이다. 사실 사람의 몸을 이루는 단백질이나 영양소인 탄수화물도 고분자에 해당된다. 물론 탄수화물보다 2배의 열량을 내는 지방도 당연히 고분자이다.

유기(Organic)라는 말이 자꾸 나와 몹시 거슬린다. 有機(유기)라는 말은 유기농법에서 말하는 그 유기와는 조금 의미가 다르다. 유기농법이란 농작물을 재배할 때 인산칼슘 같은 화학비료를 쓰지 않고 천연 유기비료를 쓴다는 의미에서 비롯된 것인데 여기서의 유기비료는 퇴비나 똥 같은 천연의 비료를 이야기하는 것이다. 유기비

Caprolactam

377

료를 쓰면 농작물이 병충해에 강해지기 때문에 농약을 쓰지 않아도 된다. 화학비료를 쓰는 농작물은 면역력이 약하기 때문에 반드시 농약을 살포해 줘야 한다. 하지만 그렇더라도 농약을 전혀 사용하지 않는 쪽이 사용하는 쪽 보다는 더 문제가 생길 확률이 크기 때문에 유기농산물은 가끔 벌레 먹거나 영양상태나 발육이 부족한 경우가 많다. 위의 사진은 Organic cotton으로 만든 곰 인형인데 인형을 빨아먹기도 하는 아기들을 위해 무해한 소재를 썼다는 것을 Appeal하기 위한 사기 마케팅이다. 왜냐하면 유기농이 아닌 일반 면도 가공 후 절대로 농약이 검출되는 일은 없기 때문이다.

원래 유기라는 말은 세상의 모든 물질을 유기물과 무기물 두 종류로 나누는 데서 비롯되었다. 유기물은 탄소를 포함하는 물질을 말한다. 하지만 아이러니 하게도 탄소 그 자체는 유기물이 아니다. 탄소화합물만이 유기물인 것이다. 따라서 몇 가지의 예외를 빼고는 탄소를 포함하는 모든 물질은 유기물이다. 인간을 포함한 모든 동물과 식물의 몸도 유기물이라는 것은 말할 것도 없다. 식물이 유기물이므로 당연히 면을 구성하는 셀룰로오스도 유기물이며 면은 탄소를 필두로 하여 수소와 산소를 곁 가지로 작은 분자들이 계속 연결되어 큰 분자를 형성하는 천연의 고분자이다. 그것이 선상의 모양으로 형성되어 있으면 섬유라고 부르는 것이다.

이제 정리를 해 본다.

Synthetic은 원래 Monomer였던 작은 분자들을 중합(Polymerization)이라는 화학반응을 통해 고분자로 만든 것으로 원래 세상에 없던 물질이다. Artificial은 원래부터 존재했던 천연의 고분자를 화학 처리하여 다시 재배열한 것이다. 따라서 물성이 변하게 되어 원래의 물질과 다르게 된 것이다. 즉, Synthetic은 신축 건물이고 Artificial은 Renovation한 건물과 비유할 수 있다. (비유가 부동산과 관련되어 좀 이상하지만 용서바란다.) 따라서 Synthetic에 해당하는 원단은 폴리에스터, 나일론, 아크릴, Polyurethane, PVC, PVA 등이 되고 Artificial은 재생섬유인 Rayon, Acetate, Cupra, Triacetate, Modal, Tencel 등이 된다.

이 두 가지의 차이를 섬유의 분류에서는 'Synthetic'과 'Regenerated'로 표시하므로 그것이 더 정확한 개념이 될 것이다.

다만 우리가 열심히 공부한 결과를 허망하게 만드는 일은 각각의 관세에 따른 차이점이 16%와 16.5%라는 미미한 차이에 불과하다는 것이다. 참 Artificial쪽이 16%라는 것을 말해야 겠다.

젖은 옷이 다림질이 잘 되는 이유

참 세상 복잡하게 산다.

젖은 옷이 다림질이 잘되는 이유를 구태여 알 필요가 있는가?라고 생각한다면 세상을 사는 재미가 없는 사람이라고 할 수 있다. *무지가 죄악은 아니지만 그로 인한 뻔뻔함은 이 시대를 살아가는 문명인으로서의 자격이 부족함을 나타내는 지표가 된다. 그런 사람과 같이 식사를 하며 음식 맛에 대한 대화는 나눌 수 있지만 그 이상의 정신적 교감을 나누기는 애초에 불가능해지는 것이다. 이런 식으로 독자들의 자존심을 부추기는 방법은 천박한 마키아벨리즘적인 수작이자만 가끔 효과는 있다. 내가 이 이야기를 시작하려는 이유는 전에 공부했던 많은 것들을 복습할 수 있기 때문이다. 두통을 유발하는 단어들도 가끔 나오지만 그런대로 참을 만 하다.

이 설명을 하기 위해서는 먼저 옷은 왜 구겨지나를 알아봐야 한다.

세상에 존재하는 섬유는 모두 고분자 물질이다. 그리고 고분자 물질은 예외 없이 결정영역과 비결정영역으로 이루어져 있다. (섬유의 결정영역과 비결정영역 참조) 결정영역은 밀도가 촘촘한 부분이고 비결정영역은 상대적으로 느슨한 부분이다. 따라서 결정화도가 높은 고분자는 결정영역이 많은 물질이다. 예를 들어 면의 결정화도는 70인데 같은 셀룰로오스 섬유인데도 고강력 레이온인 Modal은 50이고 비스코스레이온은 35

---

* 이제 무지가 죄악이 되는 세상이 되었다. 젖먹이 손자를 공항 검색대의 X-ray 기계 속에 밀어 넣은 할머니가 그런 예이다.

밖에 되지 않는다. 눈치가 빠른 사람은 여기서 왜 결정화도 애기가 나왔는지 알아차렸을 것이다. 결정화도가 높을수록 구김이 덜 가는 섬유이다. 즉, 구김은 바로 비결정영역에서 발생한다는 것이다.

지극히 당연한 얘기겠지만 강한 부분과 약한 부분이 혼재해있으면 약한 부분이 물리적 충격에 약할 것이다. 섬유의 인장강도를 시험할 때도 균제도, 즉 Evenness가 좋지 않은 섬유는 다시 말해서 굵기가 일정하지 않고 울퉁불퉁한 섬유는 인장강도가 약하다. 왜냐하면 인장강도 시험을 할 때 결과로 나타나는 시점은 바로 최초 한 개의 실이 끊어지는 순간이 되는데 그 후로는 다른 모든 실들도 연쇄적으로 끊어지게 되어서 결국 원단이 끊어지게 되는 것이다. (그 때의 힘이 시험결과가 된다.)

실이 최초로 끊어지는 부분은 그 원단을 이루는 부분 중 가장 가는 부분이기 때문에 아무리 두꺼운 원단이라도 가장 가는 부분이 그보다 더 얇은 원단보다 더 가늘다면 그 원단은 얇은 원단보다 인장강도가 더 낮게 나타날 것이다. (복잡한 얘기 같지만 아주 단순한 결론을 유도하고 있다.) 따라서 균제도가 나쁘면 인장강도가 좋지 않게 된다.

결론적으로 얘기해서 구김은 섬유의 비결정영역에서 발생한다. 실제로 구김을 결정하는 또 하나의 중요한 인자가 있는데 그것은 탄성 회복률이다. 탄성 회복률은 외력을 제거했을 때 원 상태로 복귀하려는 성질

이다. 면의 탄성 회복률은 70% 정도인데 비해 나일론이나 폴리는 100%이다. 즉, 면은 한번 구겨지면 원 상태로 복귀하려는 성질이 별로 없다는 뜻이 된다. 합성섬유인 나일론이나 폴리에스터도 결정화도가 나쁘기 때문에 구김이 잘 가야 한다. 하지만 합성섬유는 면처럼 방적

사가 아니고 필라멘트로 되어 있으며 탄성 회복률이 높기 때문에 실제로는 구김이 면보다 덜 생긴다. 구김이 발생하더라도 곧 다시 원상복귀 되어버리기 때문이다. 또 이들의 유리전이 온도가 낮다는 사실이 쉽게 구김이 펴질 수 있는 원인을 제공한다.

이제는 '유리 전이 온도'라는 생소한 개념을 이해할 때이다.

이 역시 전편에서 이미 설명이 된 용어이지만 여기서 다시 한번 언급하겠다.

이런 정 떨어지는 용어 같은 거 몰라도 우리는 잘 살 수 있지만, 알고 있다면 세상을 더욱 더 풍요롭게 살 수 있다. 밥이야 맛이 있든 없든, 위장에 들어가면 소화되어 열량으로 바뀌는 것은 마찬가지지만 맛있는 것을 즐기면서 먹느냐 맛없는 것을 살기 위해 먹느냐는 중대한 차이가 있다. 좋은 식당, 맛있는 식당에 가보면 희한하게도 손님의 대부분이 여자라는 것을 발견할 수 있다. (믿을 수 없다고? 정말이다. 적어도 남자들끼리 그런 식당에 가는 일은 드물다.) 대부분의 남자들은 한끼를 그저 때우는 것으로 만족하지만 여자들은 식사 그 자체를 즐기려고 하는 경향이 강하기 때문일 것이다. 그런 면에서 보면 여자들이 남자들보다 훨씬 더 문화적이라고 할 수 있다. 적어도 문화적으로 살고 있다고 할 수 있다. 하지만 지적인 풍요는 감각적인 그것보다 우리의 정신세계를 훨씬 더 향기 있고 감미롭게 만들어 준다.

눈의 결정

대부분의 모든 고체는 결정으로 되어있다. (눈 조차도 결정으로 되어있다) 그리고 결정을 이루고 있는 각 분자들의 결합은 단단한 형태를 이루고 있다. 그런데 여기에 열을 가하면 분자들의 운동이 점점 활발해진다. 실은 열이라는 개념 자체가 분자운동이 활발해짐을 의미한다. 분자들의 운동이 점점 활발해지다가 마침내 결합이 느슨해져서 서로 움직일 수 있는 상태가 되면 '그것이 액체로 변했다.' 라고 말한다. 우리는 학교에서 이것을 '용융' 이라고 배웠다. 그리고 더 열을 올려서 분자들의 결합을 끊으면 기체가 되어 하늘로 날아가는 것이다. 이것을 '기화' 라고 한다. 그런데 고체가 액체 상태를 거치지 않고 바로 기체가 되는 경우가 있는데 그것이 바로 '승화' (Sublimation)이다.

승화하는 대표적인 물질이 바로 좀약으로 쓰이는 나프탈렌인데, 예전에는 어느 집이나 옷장 속에 이것이 있었다. 옷장 속의 모든 옷에 이 냄새가 배어서 끔찍했었다. 같은 것을 화장실에서도 썼었는데 역시 코를 찌르는 냄새때문에 요즘에는 쓰지 않는다. 그런데 중국에 가면 남자 화장실의 변기에 아직도 나프탈렌을 두고있는 것을 볼 수 있다. 왕 사탕 만한 것이 대개 2~3개 정도가 놓여있는데 한참 지나서 왕 사탕들이 은행알 정도로 작아지면 그것들을 오줌발로 구슬처럼 이리 저리 때리면서 굴릴 수 있게 된다. 남자들은 화장실에서 오줌 누면서 그런 식으로 논다. 때로 그것들을 서로 부딪혀서 깨뜨릴 수 있다는 허풍을 떠는 인간들도 있다. (유치하기 이를 데 없는 남자들의 정신 세계……) 그런데 섬유를 이루는 고분자는 고체이기는 하지만 결정영역으로만 이루어진 쇠처럼 딱딱한 고체와는 달리 결정영역과 비결정영역이 혼재되어 있다. 이런 물질에 열을 가하면 바로 용융상태가 되지 않고 유리 전이점이라는 상태를 거치게 된다. 이 유리 전이점은 바로 비결정영역이 고무처럼 물렁물렁해지는 상태를 말한다. 물론 결정영역은 변하지 않고 그대로 있는 상태이다. 유리는 특이하게도 비결정영역으로만 되어있는 물질이다. 그래서 고체 상태로 있는 것 같아도 속도가 느리기는 하지만 늘 중력이 작용하는 방향으로 흐르고 있다. 따라서 유리에 열을 가하여 유리전이점이 되면 전체가 흐물흐물해지는 것이다.

다음은 가소제 이야기를 할 때이다. 이 얘기는 'PVC가 잉크와 만나면' 에서 다시 나온다. 가소제는 딱딱한 플라스틱을 부드럽게 만들어주

는 역할을 하는 물질이라고 했다. 염색공장이나 제직공장의 간이 문을 만드는데 쓰는 비닐처럼 투명한 PVC는 원래 딱딱한 물질인데 같은 재질인 PVC랩이 그토록 부드러운 것은 바로 가소제 때문이다.

가소제는 왜 어떻게 플라스틱을 부드럽게 만들어 주느냐? 바로 가소제가 유리전이온도를 낮춰주기 때문이다. 즉, 열을 얼마 가하지 않아도 상온 같은 낮은 온도에서 비결정영역을 흐물흐물하게 만들어주기 때문이다. 그런데 면에서 가소제 역할을 하는 것이 바로 물이다.

면의 유리 전이 온도는 섭씨 225도인데 가소제가 들어가면 더 낮은 온도에서 비결정영역이 흐물흐물해진다. 즉, 구김이 생겼던 비결정영역 부분이 흐물흐물해지면서 다리미가 지나간 자국 그대로 모양이 형성된다. 그리고 그 상태에서 열을 식히면 주름은 사라지고 새롭게 형성된 모양이 남게 된다. 하지만 그 후 다시 가소제를 만나면 즉 습기와 접촉하게 되면 다리미로 잡았던 주름이 다시 펴지고 다른 형태의 물리적 접촉에 따라 새로운 구김이 발생하게 되는 것이다.

나일론이나 폴리에스터를 저온에서 다림질해도 구김이 잘 펴지는 이유는 유리전이 온도가 낮기 때문이다. (겨우 50도 정도이다.) 실크나 Wool은 유리 전이점이 160도 정도이다.

껌도 과거에는 멕시코 산 천연치클을 사용하였는데 요즘은 고분자 플라스틱의 일종인 PVA(Poly Vinyl Alcohol)를 사용한다. 껌은 원래 고체이지만 입에 넣고 씹으면 유리전이 온도에 도달하여 물렁물렁해진다. 그래서 껌이 머리에 붙었을 때 껌을 다시 유리전이 온도 이하의 상태로 만들어주면 고체가 되면서 머리에서 떨어지게 된다. 어떻게 유리전이 온도 이하로 낮추느냐고? 얼음을 쓰면 된다.

Chivas 효과와 Chino 지수

　원단 세일즈맨들은 해외 출장이 잦은데 출장을 오가면서 누릴 수 있는 보이지 않는 작은 재미가 하나 있다. 그것은 바로 면세양주를 사서 모으는 일이다. 면세점에서 파는 양주는 싼 걸로 레미 마르땅 꼬냑이나 헤네시, 비싼 걸로는 조니 워커 블루나 시가가 160만원이나 하는 로얄 썰루트 30년 산 같은 것들이 있는데 공항에서는 모두 400불 이내로 살 수 있다.

　면세양주는 '酒 태백'이건 나처럼 알코올 분해 대사가 느려 조금만 마셔도 괴로운 'ADD족(Alcohol Dehydrogenase Deficit)이건 모두에게 괜찮은 선물로서의 내재가치가 상당하고 구매가 단 한 병으로 제한되어 있기 때문에 해외여행이 자유화된 요즘에도 아직 상당히 매력적으로 다가온다.

그런데 각국의 공항에 있는 면세점 양주가격은 동일할까?

아마도 그렇지 않을 것이다. 대체로 유럽이나 동경 공항의 면세점은 비싸다고 정평이 나있고 홍콩이나 싱가폴은 제법 싸다는 소문이다. 인천 공항도 대체적으로 싼 편에 속한다. 공항마다 가격이 다른 것은 각국의 공항에 수많은 면세점을 거느리고 있는 DFS같은 곳도 마찬가지이다. 그런데 우리 같이 노련한 꾼들은 굳이 여러 아이템들의 가격을 비교해 보지 않아도 그 공항면세점이 비싼 곳인지 저렴한 곳인지 금방 알 수 있다. 각 공항면세점의 이른바 빅맥 지수 같은 것이 존재하기 때문이다.

Chivas 지수는 바로 공항면세점의 빅맥 지수이다.

다른 것들은 제쳐두고 일단 먼저 면세점에서 가장 흔한 시바스 리갈의 가격만 알면 누구나 그 면세점의 물가를 쉽게 예측할 수 있다. 전 세계 어느 공항을 가도 예외 없이 판매되고 있는 인기 양주인 시바스 리갈은 사실 가장 싼 양주에 속한다. 따라서 이 시바스의 가격을 알아보면 다른 양주 가격을 대략 가늠해 볼 수 있는 것이다. 시바스의 대한항공 최근 기내판매 가격은 700cc짜리가 30불이다. 대한항공의 기내판매가 워낙 싸기 때문에(아마도 전 세계에서 가장 싸다고 생각된다.) 이보다 더 싼 공항면세점은 어디에도 없다. 따라서 이보다 1~2불 더 비싼 면세점이라도 비교적 싼 면세점에 속한다고 할 수 있다. 홍콩은 도시 전체가 면세지역이기 때문에 오히려 면세점이 더 비싸다. 이건 틀림없는 사실이다.

그렇다면 섬유에도 이런 시바스 지수나 빅맥지수 같은 것이 있을까?

당연히 있다. 처음 대면하는 바이어와의 상담에서 바이어는 상대가 어떤 Supplier인지 짐작하기 위해 부지런히 나름대로의 탐색전을 벌이게 마련이다.

이건 공급자측도 마찬가지여서 좋은 첫인상(First impression)을 만들기 위하여 공급업자(Supplier)는 공급업자대로 가능한 온갖 전략을 구사한다. 바로 이런 상황에서 바이어는 이른바 Chivas지수를 이용하여, 자신이 대면하고 있는 만면에 웃음이 가득한 공급업자가 바가지를 씌우려 하는 놈인지 아니면 경쟁력 있는 가격을 제시할 매력적인 분인지를 판별하려고 한다. 그 시바스지수에 해당하는 원단은 바이어가 바로 지난 시즌에 써서 친숙하거나 아니면 시바스처럼 아주 잘 알려진 Basic한 core 원단이 될 것이다.

이런 상황에서 눈치 없는 세일즈맨이 잔뜩 이익을 붙여 오퍼하면 재앙을 자초하게 되는 것이다. 그 Mill은 즉시 비싼 집으로 낙인 찍혀 바이어로부터 냉대를 받게 된다. 한마디로 첫인상은 완전히 구겼다고 보면 된다. 그 사람은 다음부터 이 바이어에게는 자신의 물건을 팔아먹겠다는 어설픈 시도를 아예 하지 않는 것이 좋다. 100% 시간낭비가 될 것임을 내가 보장한다. 왜냐하면 이 바이어는 앞으로 그 공급업자에게서는 단 1y의 원단도 사지 않겠다는 맹세를 바로 5분 전에 했었을 것이기 때문이다.

이것이 시바스 효과이다. 따라서 다소 무리가 따르더라도 바이어가 Chivas지수에 해당하는 원단의 가격을 물었을 때는 지체 없이 최소 마진을 붙인 가격을 내는 것이 현명하다. 아마도 매력적인 가격을 듣고 행복해진 바이어는 앞으로 어떤 일이 있어도 당신으로부터 물건을 사겠다고 그 자리에서 결심할 것이다.

그럼 어떤 원단이 시바스인지 알 수 있을까? 대부분 시바스 리갈처럼 어디에서나 생산하는 흔한 원단이 바로 시바스의 대상이다. 면으로 치면 20×16, 128×60의 Chino나 10×10, 65×42 Canvas 또는 30×30, 68×68 Shirting같은 것이 이에 해당할 것이다. 바이어가 상담 도중에 느닷없이 이런 Basic한 원단의 가격을 물어오면 지체 없이 원가나 그 이하에

Offer해야 한다. 따라서 섬유의 빅맥지수는 Chino지수 또는 Sheeting지수라고 부를 수 있을 것이다.

이 재미있는 아이디어는 Far East의 최창일 상무로부터 최초로 나왔으며 내가 그것을 이론으로 만들어 보았다.

은이온과 음이온에 대하여

조용한 일요일 아침에 부산한 아들녀석을 데리고 사무실에 앉았다. 가을이 점점 깊어가고 있다. 회사에 나오다가 책을 몇 권 빌리기 위해 남산도서관에 들렀더니, 어느 봄날 눈부시게 희고 아름다운 벚꽃으로 나를 즐겁게 해 주던 그 남산 자락의 풍경이 갑자기 화려하고도 고풍스러운 분위기로 바뀌어있다는 사실을 발견할 수 있었다. 이제는 샛노란 은행잎과 붉은 단풍 그리고 커피 향이 날것만 같은 친숙한, 마른 갈색의 잎사귀들이, 오가는 이 없는 길 바닥에 수북하게 쌓여있어서 가을냄새 물씬 나는 아름다운 정취를 보여준다. 저 잎사귀들을 모아서 태우면 매캐하고 구수한 냄새들이 그 옛날의 그리운, 아스라한 후각의 기억세포들을 자극할 것 같다. 가슴 속에 벅찬 카타르시스(Catharsis)의 파도가 밀려온다. 이런 잠깐의 행복을 위해 우리는 아침저녁으로 핏대를 세우고 골치를 썩여가며 아등바등 세상을 살아가나 보다. 한참을 그렇게 시간을 보내다 남산을 내려왔다.

은 나노며 은이온 또는 음이온이니 하는 광고들이 홈쇼핑 채널에 넘쳐나고 정체를 알 수 없는 괴상한 이름의 가공들을 드디어 원단에까지 적용한다고 법석이다. 이런 것들이 광고처럼 정말로 효과는 있는 것인지 그리고 이것들을 신제품으로 개발 할만한 가치가 있는 것인지 우연히 신문의 한 귀퉁이에서 본 기사를 보고 이 글을 써 내려가고 있다.

은(銀)은 박테리아를 죽일 수 있는 살균작용을 할 수 있다. 지상에 존재하는 거의 모든 단세포 생물은 은에 죽는다. 그래서 예로부터 고귀한 사람들은 은으로 식기를 만들어 썼다. 만약 음식에 나쁜 물질이 들어있으면 은의 색깔이 변한다고 한다. 여기서 나쁜 물질이란 말의 정의는 사실 애매하지만, 인간의 몸에 해가 되는 물질로 정의하자면 박테리아도 될 것이고 독극물도 해당될 것이다. 실제로 은의 색깔이 변하는 것은 은이 황과 결합하여 황화은(Ag_2S)으로 변하기 때문이다. 주변에 흔한 대표적인 오염물질인 이산화황을 만나면 은이 검게 변하기 때문에 이런 속설이 생긴 것일 것이다. 과거 연탄을 때던 시절, 우리가 연탄가스로 알고 있는 그 냄새도 황으로부터 비롯된 냄새이다. 따라서 연탄을 때는 집은 은수저가 까맣게 변했을 것이다.(연탄과 은수저는 서로 어울리는 아이템은 아닌것 같지만)

또 자외선을 막아주는 귀중한 오존도 주변에 가까이 있을 때는 독이다. 요즘의 도시는 대기 중의 오존농도를 측정해서 너무 많아지면 경보를 발하고 있다. 이런 오존도 은과 화합하면 과산화 은(Ag_2O_2)이 되면서 검게 변한다. 물론 느리지만 산소와도 반응한다. 따라서 은은 가만히 두기만 해도 결국 검게 변한다.

비싼 값의 은제(Sterling silver) 몽블랑 볼펜은 명성에 어울리지 않게 가만히 두어도 저절로 거무스름하게 변하는 화학반응이 일어난다. 그런 이유로 이런 볼펜을 사면 몽블랑 매장에서는 친절하게도 은을 닦을 수 있는 면포(Cloth)를 볼펜과 함께 준다. 은이 저절로 검게 변하는 것은 자연스러운 현상이다. 그러니 비싸게 주고 산 볼펜이 변했다며 화내지는 말기 바란다.

강한 독극물인 질산염도 은과 반응하고 유명한 독인 비소도 은과 반응하면 검게 변한다. 이처럼 은은 대표적인 독극물들과 잘 반응하여 검게 변한다. 물론 반응하지 않는 독극물이 훨씬 더 많겠지만 우리 주변에서 본다면 그렇다는 말이다. 유명한 마케도니아의 알렉산더 대왕이 먼 곳으

로 원정을 가면서도 병사들이 비교적 건강한 체력을 유지했던 이유가 마케도니아 군의 장교에게 은으로 된 스푼을 지급해서 물을 마셔 보기 전에 반드시 체크를 하게 했기 때문이라는 일화가 있다.

은은 단, 백만 분의 1g만 있어도 물을 1리터나 소독할 수 있다. 아무리 독한 균이라도 은에 6분 이상 노출되면 다 죽는다. 은의 이런 성질이 오늘날 은 기능성 제품들이 광고의 홍수에 넘쳐나게 만들고 있는 이유이다.

그 중 은 나노 제품이라는 광고가 특히 눈에 많이 띈다. 이건 또 무슨 소리일까. 나노 라는 것은 10억 분의 1m라는 크기이다. 따라서 어떤 물질을 이런 정도의 크기로 작게 만들었을 때는 어떤 곳이라도 침투할 수 있다는 말이 된다. 물론 은 나노라고 불리는 물질이 나노 미터의 크기라는 것은 아닐 것이다. 다만 그만큼 작은 입자라는 것을 강조한 것이다. 입자는 작을수록 표면에 잘 침투할 뿐만 아니라 오랫동안 표면에 흡착될 수 있기 때문에 그보다 훨씬 더 큰 입자인 물에 씻겨 내리지 않고 오랫동안 은으로서의 살균작용을 유지할 수 있다는 이론이다. 하지만 그 효용성은 물론 은 입자의 크기에 달려있다. 그런데 여기서 잠깐! 은이야 몸에 좋은 성분이니까 문제가 없다고 치지만 다른 나노제품들은 만약 그것이 몸에 나쁘다면 큰일이다. 몸에서 빠져나가지 못하고 서서히 축적될 터이니 말이다. 나노테크가 융성하려면 이 문제부터 해결해야 할 것 같다.

이 이야기는 다른 글에서 심도 있게 다루겠다. 우리는 숯으로 물을 정수한다는 말을 듣는다. 어떻게 작용하는 것일까? 숯은 탄소와 수소 그리고 산소로 되어 있는 나무의 리그닌과 셀룰로오스의 성분이 불로 인하여 모두 화학반응을 일으켜 대부분의 수소와 산소를 날려보내 버리고 거의 탄소만 남게 된 물질이다. 따라서 거의 대부분의 성분이 탄소인 숯이 까만 것은 당연한 일일 것이다. 산소와 수소가 날아간 빈 자리에 구멍이 남게 되는데 이 구멍들은 수백만 분의 1m의 크기가 되므로 어마어마하게 넓은 체표면적을 자랑하게 된다. 실제로 숯 1g안에 들어 있는 작은 공간이 무려 100평이나 된다. 따라서 물이 이 속으로 흘러들어가면 대부분의 불순물들이 작은 구멍에 걸려서 못 빠져 나오게 되고 물은 정화되는 것이다. 붉은 잉크를 숯에 거르면 놀라운 광경을 볼 수 있다. 피 빛의 붉은 잉크가 거의 투명한 색으로 빠져 나오는 것을 볼 수 있다.

대부분의 박테리아들은 산에 약하다. 그래서 먹는 음식을 소독하고 싶다면 식초를 약간 뿌리면 된다. 냉면을 먹을 때 식초를 뿌리는 이유, 그리고 자장면의 양파나 단무지에 식초를 뿌리는 이유가 바로 이것이다. 인체는 평균 7.3 정도의 중성 pH를 유지하고 있지만 피부는 5.5의 약산성을 띠고 있다. 그 이유가 바로 외기의 불순물들에 직접 노출되어 있는 피부를 박테리아들로부터 보호하기 위한 인체의 보호기능 때문이다. 외부의 물질들과 직접 통하는 입 속이나 위장도 산성이다. 그러니 식초를 통에 넣고 스프레이로 뿌리면 소독이 될 것이다. 단, 냄새는 책임 못진다.

그런데 이온은 뭘까?

모든 물질이 원자로 이루어졌다는 사실은 내 이야기에 너무도 많이 나와서 이제는 귀에 못이 박힐 정도가 되었다. 그런데 원자는 핵과 그 주위를 도는 핵 보다 10만 배나 더 작은 전자로 이루어져 있다. 이 이야기도 질리게 들었다. 질리는 이야기는 계속된다.

핵은 중성자와 양성자로 되어 있는데 중성자는 전기를 띠지 않고 양성자는 플러스 전기를 띤다. 그리고 전자는 마이너스 전기를 띤다. 양성자와 전자의 수는 항상 같으므로 원자 전체의 전기는 전체적으로 중성이 된다. 그런데 전자의 수는 그 원소의 성질에 따라서 달라진다. 가장 간단한 원소인 수소는 전자가 하나 밖에 없다. 우라늄 같은 무거운 원소는 무려 92개나 된다. 핵과 그 주위를 도는(옳은 표현은 아니다.) 전자가 무려 92개가 된다는 것이다.

그런데 어떤 원자가 다른 물질로부터 전자를 새롭게 받아들이거나 또는 다른 원소에게 전자를 빼앗기는 일이 생길 수 있다. 그것은 그 원자가 자신의 현재 상태로는 불안정하기 때문이다. 예를 들면 Na(나트륨)같은 원소는 항상 불안정하다. 왜냐하면 나트륨은 11개의 전자를 가지고 있는데 전자는 10개인 상태가 더 안정하기 때문에 항상 전자 한 개를 버리고 싶어한다. 반대로 염소(Cl)같은 원소는 전자가 17개인데 18개가 안정된 상태이기 때문에 한 개를 어디선가 가져오고 싶어한다. 이러한 서로의 요구가 맞아떨어져서 Na은 전자를 하나 버리는 상태가 되고 염소는 한 개를 얻어온다. 이렇게 전자를 버리거나 얻어온 상태가 된 것이 이온이다. 전자를 얻어온 측은 마이너스 전기를 가져왔으므로 음이온이 된다. 반대로 전자를 버린 측은 양이온이 된다. 나트륨과 염소는 서로 버리고 얻어서 각자 이온이 되면서 그 힘으로 둘이 결합을 하게 된다. 이것을 이온 결합이라고 한다. 이렇게 해서 만들어진 물질이 우리가 잘 아는 염화나트륨, 즉 소금이다.

이처럼 이온은 어떤 원자가 전자를 버리거나 받아들여서 플러스나 마이너스 전기를 띤 상태를 말한다. 은은 전자가 47개인데 전자는 46개일 때 안정하다. 따라서 은은 전자 한 개를 남에게 주고 싶어한다. 그래서 은은 전자 한 개를 버리고 쉽게 이온이 된다. 전자를 버리기 때문에 은은 양이온의 상태를 띤다. 이 양이온이 박테리아와 결합하여 무력화시킨다.

음이온과 헷갈리지 않아야 한다. 요즘 음이온을 방출한다는 기능을 하는 물건들이 많이 나와있다. 음이온이란 위에서 얘기했듯이 전자를 어디선가 받아온 원자이다. 공기 중에는 산소와 질소 외에도 눈에 잘 보이지 않는 작은 입자들이 떠 있는데 이 중에는 음이온을 띤 것도 있고 양이온을 띤 것도 있을 것이다. 공기를 이루는 산소와 질소보다 더 가벼운 원소의 입자들은 부력의 법칙에 의해 공기 중에 떠다닐 수 있다. 그런데 누군가 음이온을 띤 것이 몸에 좋은 작용을 한다는 학설을 내 놓은 모양이다. 어떤 이는 음이온 자체가 몸에 좋은 작용을 하는 것이 아니라 불순물들이 양이온을 띤 것이 많아 음 이온이 이 불순물들과 결합하여 침전 즉, 가라앉게 되므로 정화작용을 한다는 얘기도 있다. 또 공기 좋은 폭포나 산 속에 들어가면 음이온이 많이 있고 먼지 많은 도심근처는 양이온이 많다는 것이 그 증거라고 들고 있다. 심지어는 나무들이 음이온을 생성하기 때문에 그렇다는 얘기를 하기도 한다. 폭포 근처에서는 폭포가 일으키는 위치에너지가 산소분자에 전자를 하나 더 주게 되어서 산소분자가 음 이온으로 변하게 된다 라고 주장하는 사람도 있는 모양이다. 이 얘기를 모 신문의 기자가 이렇게 써 놓았다.

음이온이란=이온은 전기를 띤 눈에 보이지 않는 미립자를 말한다. 마이너스(-) 전기를 띤 게 음이온이다. 대기에는 언제나 양이온과 음이온이 떠다니고 있다. 특히 음이온은 가벼워 대기 속을 자유자재로 돌아다닌다. 우리가 음이온을 가장 몸으로 느낄 수 있는 곳은 폭포나 소나무 숲이다. 이곳에서 느껴지는 공기의 상쾌함은 바로 음이온에서 비롯된다. 비가 내린 뒤의 공원, 물살이 빠른 계곡, 파도 치는 해변가에서도 비슷하게 체험할 수 있다. 폭포나 숲에는 공기 1cc당 800~2,000개의 음이온이 들어 있다. 반대로 양이온은 오염된 건조한 공기에 많다. 순수한 공기가 안정된 상태일 때 음이온과 양이온의 비율은 약 1대 1.2이다.

그러면 폭포가에 왜 음이온이 많을까. 원자는 핵과 양이온, 음이온으로 구성돼 있다. 그런데 폭포에서는 물이 높은 곳에서 낮은 데로 떨어지면서 전기(위치에너지)가 발생한다. 이 때 전기가 원자에 작용하면서 음이온이 떨어져 나와 공기 속을 떠다닌다. 숲에서는 나무가 이산화탄소를 들이마시고 산소를 내뿜으면서 음이온이 쉽게 만들어진다.

이온은 원자나 분자이다. 미립자는 주로 원자보다 작은 물질을 말한다. 음이온이 양이온보다 더 가볍다는 말이 안 되는 얘기를 하고 있다.

물이 높은 곳에서 낮은 곳으로 떨어지면 전기가 발생한다?

그건 낙차를 이용하여 수차를 돌려서 수차가 발전기를 돌려야 되는 일이지 그냥 물이 폭포에서 떨어지기만 하면 전기가 생긴다고 생각하는 이 분의 발상이 흥미롭다. 아마 마찰전기 정도는 발생할 것이다. 물은 폭포에서 떨어지면 위치에너지가 운동에너지로 바뀌면서 물을 강력하게 아래로 흐르게 하고 어느 정도는 열 에너지로 바뀌기도 할 것이다.

음이온이 떨어져 나온다? 먼저 말했다시피 음이온은 어떤 물질의 원자나 분자가 전자를 주위에서 얻으면 그 자체가 이온이 된다. 전자를 뺏기면 즉 전자가 한 개 떨어져 나가면 이제는 양이온이 된다. 즉 공기의 주성분인 질소나 산소의 분자가 전자를 얻으면 발생할 것이다. 원자에 음이온이라는 것이 붙어있으며 그것이 전기에 의해서 떨어져 나온다 라고 생각하는 이 기자의 무지는 상상을 초월한다.

최근 음이온 방출을 하는 옷에서부터 전자 제품까지 홍수를 이루고 있지만, 나는 이것을 믿을 수가 없다. 음이온이 확실하게 몸에 좋은 것인지 확신도 안 설뿐 아니라 어떤 물질이 음이온이 많이 생기게 하는지, 얼마나 많은 음이온이 있어야 몸에 좋은 것인지, 지구 상에는 100가지가 넘는 원소가 있는데 그 중 어느 원소 또는 어느 분자의 음이온이 좋다는 건지, 아무 원소나 음이온이기만 하면 무조건 좋다는 건지 도저히 알 수가 없기 때문이다. 또 이온은 안정한 물질이 아니므로 계속해서 양이온이나 음이온과 반응하여 소멸된다. 그래서 양이온과 음이온은 늘 비슷한 양을 유지하며 평형을 이루고 있다. 그것이 자연계인 것이다. 음이온이 나오는 섬유나 의료기구 같은 것은 유럽이나 미국에서는 전혀 관심을 받지 못한다. 그들은 증거가 수반되지 않은 것은 믿지 않기 때문이다.

PU Coating인데 성분은 PA이라니?

Gap은 코팅물의 경우 코팅제에 대한 정확한 성분분석을 요구한다. 그런데 K사는 지난번의 오더에서 PU 코팅물의 성분분석 결과가 느닷없이 아크릴로 나왔다. 어떻게 이런 천인공로할 일이 생겼을까? 공장이 사기를 친 것일까? 분명히 PU 보다는 아크릴이 더 싼 수지이므로 그랬을 개연성도 존재한다.

면직물에서 우리가 PU 코팅이라고 알고 있는 코팅물의 성분은 실제로 100% PU가 아니다. 실은 PU와 *아크릴이 섞여있는 blending인 것이다. 아니 실제로는 아크릴과 PU의 2겹(2 layer)이다. 그렇다면 PU와 아크릴

을 왜 섞는 것일까? 그리고 반드시 섞어야만 하는 것일까?

면직물에서 코팅의 수지 성분으로 만약 100% PU만을 사용했을 경우에는 두 가지 문제가 발생한다.

첫째는 Hand feel이다. PU가 아크릴보다 더 딱딱하기 때문에 만약 바이어가 코팅 후에도 유연한 터치를 요구할 때는 반드시 아

---

* 여기서의 아크릴은 polyacrylate로 PA라고도 한다.

크릴이 일정량 섞어야 한다.

둘째는 가격이다. 순수한 PU만을 사용하면 현재의 코팅가격보다 심하면 30% 정도 더 비싸진다.

따라서 만약 바이어가 30% 정도는 수용할 정도로 가격에 너그럽다거나 Hand feel에 그다지 신경 쓰지 않는다면 100%를 써도 문제는 없다. 그리고 실제로 그렇게 했을 경우의 장점은 내구성(Durability)이다. 코팅은 보통, 세탁기와 같은 가혹한 환경을 잘 이겨내지 못한다. 따라서 수세를 거듭할수록 강한 물살과의 마찰 때문에 내수압은 점점 떨어지게 마련이다. 그런데 PU는 아크릴보다 粘着性(점착성)이 좋기 때문에 잘 떨어져나가지 않는다. 따라서 여러 번의 세탁 후에도 내수압이 별로 나빠지지 않는다. 하지만 세탁 후의 내수압이 떨어진다는 이유로 크레임을 청구하는 소비자는 거의 없기 때문에 실제로 판매 후 문제가 생기는 일은 없다.

다만 면직물이 아닌 나일론이나 폴리에스터 같은 박직의 화섬 같은 경우는 태생적으로 면직물보다 내수압이 좋고 소프트한 터치보다는 약간 심지가 있는 Hand feel을 원하기 때문에 아크릴을 Base로 깔 필요 없이 바로 PU를 바르면 된다. 이른바 PU 100%가 될 수 있는 것이다. 또 바르는 양이 코팅제가 스며드는 면처럼 많지 않으므로 가공료를 더 요구하지도 않는다.

그렇다면 드라이크리닝의 경우는 어떨까?

미안하지만 그 경우는 세탁기보다 더 나쁜 결과를 초래한다. 드라이크리닝의 용제인 석유나 퍼크로가 수지를 녹여버리기 때문이다. 코팅제인 PU나 아크릴은 원래 고체이다. 그것을 원단 위에 바르기 위해서는 액체 상태로 바꿔야 한다. 그때 휘발성 용제를 사용하여(보통 DMF 같은 것이 사용된다) 액상으로 바꾼다. 그리고 코팅 후 용제가 휘발되어 날아가면 다시 고체로 바뀌어 원단 위에 粘着(붙어있게) 되는 것이다. 따라서 이 고체가 용제와 만나면 다시 액체로 변하게 된다. 액체로 변하면 더 이상 원단 위에 붙어있지 못하게 되는 것이다.

문제는 바이어가 소프트한 터치를 좋아하는 경우이다.

바이어가 원하는 소프트 Hand feel을 맞추기 위해서는 코팅제에 아크릴을 피치 못하게 더 많이 사용하게 되고 결과적으로 내수압이 낮아지거나 점착성이 나빠져서 세탁 후의 내구성이 떨어지는 결과를 초래할 수 있다. 그런 문제를 막기 위해서는 hand feel을 어느 정도 포기하는 한이 있더라도 PU를 적정량 투여하여야 한다. 물론 가장 좋은 MR은 무조건적인 소프트 터치를 위해 기본 기능을 포기하는 우를 범하지 않는 사람이다. 기능도 살리고 핸드필도 좋은 골디락스의 영역을 찾아낼 수 있다. 물론 이런 사실을 바이어에게도 충분히 이해시켜야 선무당이 사람 잡는 고통을 주지 않게 된다.

보통 코팅과정은 아크릴과 PU를 섞은 다음 휘휘 저어 만든 액을 Knife로 바르는 것이 아니고 먼저 아크릴을 base로 깐 다음 그 위에 PU를 한 번 더 바르는 형식이 된다. 따라서 원사와 원사 사이에 마찰력이 상대적으로 적은, 부드러운 아크릴이 들어가서 윤활 작용을 하고 그 위에 다시 PU를 발라서 내수압을 달성하는, 고도로 진보된 방식이다.

즉, 코팅을 두 번 하는 것인데 요즘은 챔버(chamber)를 2개 사용하여 한번에 두 과정을 끝내는 것이 보통이다. 따라서 그런 과정 없이 바로 면직물에 PU를 바르면 원단이 딱딱해지는 것은 극히 당연하다 할 것이다.

그렇다면 PU와 아크릴을 과연 어느 정도의 비율로 넣게 될까?

보통은 PU/PA를 6 : 4 혹은 5.5 : 4.5 정도로 한다. 그렇게 하면 대부분 큰 문제없이 지나갈 수 있다. 그런데 가끔 Lab에서 문제가 발생한다. 실험실에서는 코팅제의 성분을 가려내는 방법으로 FTIR(Fourier Transform Infrared Spectrometry)이라는 기계를 사용한다. 이 기계는 적외선 영역에서의 Spectrum을 이용하여 신호를 주파수로 변환하여 각 물질의 분자 구조를 확인해준다. 우리는 고3 물리 시간에 푸리에 변환을 배웠었다.

실험실에서는 원단을 손바닥만하게 자르고 이 시료에서 코팅제를 녹여낸 다음 이것으로 분자구조를 확인한다. 이 과정에서 확인되는 그래프가 PU가 아닌 아크릴으로 나올 수 있다는 것이다. 물론 PU가 아크릴보다 많으면 그래프는 PU를 나타내야 옳지만 알 수 없는 이유로 PU의 분자 구조 특징인 N-H가 확인되지 않는 경우가 더러 생긴다. 이 기계는 아크릴과 PU의 성분비를 나타내는 것이 아니고 둘 중 더 지배적인 분자구조를 나타내는 것만 표시되므로 어떤 성분이 얼만큼 들어있는지는 알 길이 없다. 다만 기계는 그것이 PU가 아닌 아크릴이라고 읽는 것이다.

따라서 이 경우 재 검사를 위해 공장에 요청을 하면 공장에서는 단순하게 원단에 코팅을 한번 더 바르는 경우가 종종 있는데 이것은 아무런 소용도 없는 일이다.

두 번 아니라 수백 번을 바르더라도 PU와 아크릴의 성분 비는 처음과 같기 때문에 FTIR은 늘 같은 결과를 보여준다. 그래서 이 경우 원래보다 PU의 성분을 더 늘리는 것이 진정한 문제해결(Trouble shooting)이 된다. 그 때 발생하는 문제가 핸드필의 차이이다.

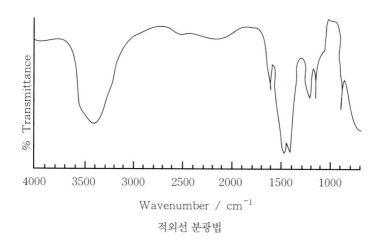

적외선 분광법

PU는 좋은 내수압과 좋은 점착성을 가지고 있어서 내 세탁성을 가지고 있지만 결정적으로 핸드필이 나쁘다는 단점이 있다. 소프트 터치와 내수도 및 내 세탁성을 요구하는 바이어의 요구는 서로 충돌할 수밖에 없다는 것이다. 따라서 둘 중 하나는 포기하도록 바이어를 양보시켜야 한다. PU의 성분은 7 : 3으로 하는 것이 검사를 통과하기 위해서 가장 적합하다고 생각된다. 바이어가 이 성분비의 핸드필을 별로 좋아하지는 않겠지만 말이다.

Acetate가 Viscose로 변했다

미국의 어느 바이어가 아세테이트에 Discharge print를 하는 과정에서 아세테이트가 비스코스로 변해버렸다고 하소연해왔다. 어떻게 이런 천인 공로할 일이 일어날 수 있었을까?

단서는 비스코스와 아세테이트가 원래는 같은 물질인 셀룰로오스로부터 출발한 섬유라는 것이다. 그 과정에 관여한 공정이 비누화 이른바 'Saponification'이다. 이게 무슨 소리인지 이해하려면 비스코스와 아세테이트의 차이가 뭔지부터 알아봐야 한다. 아래 글은 바이어가 보내온 메시지이다. 먼저 읽어봐야 전체내용을 이해할 수 있다.

Dear Xisa,

The issue we are having is, a factory submitted the fabric as Acetate/Spandex but because of the saponification process the fabric properties of the Acetate were changed and it is now rayon. We have done a great deal of research on this and the bottom line is, if you saponify Acetate it becomes rayon.

This came to light during testing here in the states. Three labs tested the same saponified Acetate/Spandex fabric, one (ITS) verified Acetate, and two (STR &SGS) reported that it was rayon. We have notified ITS that their findings were incorrect and to please check their procedures. Please check to see if we have used an Acetate (in Korea) that has been saponified? If we have, what was the fiber label verified by Kotiti? If it states Acetate the lab is not doing the proper testing to verify.

I realize that this may take some research on your part but I believe that this is an serious problem that must be cleared up ASAP. Having incorrect fiber labels on our garments is a serious issue.

Best regards, Xaren

비스코스는 레이온으로 부른다. 아세테이트도 정식이름은 아세테이트 레이온이다. 둘은 먼저 언급했다시피 같은 원료에서 출발하였다. 면과

나무로부터 비롯된 셀룰로오스가 바로 그것이다. 비스코스는 셀룰로오스를 알칼리에 노성시켜 녹인 다음 그것을 섬유로 만든 것으로, 원래의 셀룰로오스가 가지고 있는 성질을 그대로 가지고 있다. 다만 원래의 셀룰로오스보다 배향도만 적어진, 즉 결정화도가 적어진 약해진 셀룰로오스라고 보면 된다.

그러나 이에 비해 아세테이트는 초산에 셀룰로오스를 반응시켜서 초산 셀룰로오스라는 새로운 물질로 만든 것이다. 이 때 셀룰로오스가 갖고 있는 수산기(OH)에 초산이 달라붙어(치환이라고 한다.) 형성되는데 수산기의 62% 이상 치환된 것을 Tri- 아세테이트라고 하고 그 이하의 것을 Di- 아세테이트 또는 그냥 아세테이트라고 한다.

담배의 필터를 보면 솜 같은 것이 들어있다. 담배를 거꾸로 물고 불을 붙여본 사람은 잘 알겠지만 솜같이 생긴 이것은 불이 붙으면 신 냄새를

풍기며 까맣게 눌어붙는다. 아하! 이건 폴리에스터솜이구나 라고 생각했을 것이다. 하지만 이것이 바로 아세테이트 솜이다. 그것이 탈 때 신 냄새를 풍기는 이유는 초산 때문이다.

공정은 다음과 같다. 보통 공정까지 알 필

요는 없지만 이 경우는 비누화에 대한 이해를 돕기 위함이므로 조금만 참고 따라와 주기 바란다.

공정은 일단 먼저 트리 아세테이트를 만든 다음에 가수분해해서 즉, 그것에 물을 넣어 초산을 다시 어느 정도(절반 정도) 빼앗아 와서는 수산기로 바꾸는 과정을(이 과정이 비누화 과정이다) 거치면 그것이 디아세테이트가 되는 것이다. 이렇게 변성이 된 상태의 물질은 이른바 Ester가 되었다고 하는데 이 에스테르는 원래의 셀룰로오스와는 전혀 성질이 다른 새로운 합성섬유이다.

따라서 아세테이트는 불로 태워도 비스코스나 면 또는 마처럼 그을음 없이 타는 것이 아니고 폴리에스터처럼 검은 그을음을 내면서 용융된다. 그리고 수산기에 초산이 붙어 있어서 원래의 친수성에서 폴리처럼 소수성으로 변해서 반응성 염료가 수산기와 손 잡을 수가 없게 되고 당연히 반응성 염료나 직접염료로 염색도 되지 않는다. 따라서 폴리처럼 분산염료로 염색 해야 한다. 사실 분산염료는 원래 아세테이트섬유를 염색하기 위해서 발명된 염료였다. 그것이 지금은 용도가 바뀌어버린 것이다.

그런데 이 아세테이트에 알칼리인 가성소다(NAOH)같은 것을 반응시키면 수산기에 붙어 있던 초산 기가 다시 떨어져 나오는 가역 반응을 일으키게 된다. 위에서 말 했듯이 이런 반응을 비누화라고 한다. (이 과정에서 흥미롭게도 주머니 난로를 만드는 원료인 아세트산 나트륨이 나온다) 비누화 반응을 거쳐서 만들어진 새로운 물질은 셀룰로오스이다. 즉, 비스코스인 것이다.

아세테이트

아세테이트에 프린트를 하려고 했다면 아마도 분산염료로 했을 것이다. 그런데 프린트 공장에서는 아세테이트에 Discharge print를 하면서 알칼리 처리를 왜 했을까? 어느 공정에서 알칼리가 들어가 비누화 반응이 일어 났을까? 그건 이렇게 유추해 볼 수 있다. 아세테이트 원단을 전처리 하면서 정련과 호발을 하기 위해서는 사실 알칼리의 처리가 필요하다. 알칼리 처리를 하지 않으면 호발을 제대로 할 수 없기 때문이다. 이 전처리를 제대로 하지 못하면 원단에 부분적으로 비누화 반응이 일어나 버리게 될 것이다. 전처리에서 알칼리 처리를 할 때 pH를 9.5 정도의 약 알칼리로 유지한다면 문제가 없겠지만 이 이상으로 노출된다면 사고가 날 수도 있다. 이것을 확인 하는 방법은 전처리된 원단을 원래는 염색이 되지 않는 직접염료로 염색해 봐서 만약 염색이 된다면 그것은 비누화가 진행되어 버린 것이다. 따라서 만약 이 원단의 프린트가 얼룩 같은 것이 없이 제대로 되었다면 그건 프린트 후에 알칼리와 반응하여 비누화가 진행된 것이다. 그렇지 않다면 전 처리에서의 사고가 문제된 것이라고 보면 된다. 과거에 분산염료가 개발되기 전에는 아세테이트의 염색이 하도 어려워서 아세테이트의 표면을 일부 검화(비누화와 같은 소리이다) 시킨 다음 직접염료로 염색을 하던 시절도 있었다.

사실 비스코스에 비해서 조금은 핸드필이 뻣뻣한 아세테이트의 핸드필을 좋게 만들기 위해서 감량가공을 하기도 한다. 이 경우 강 알칼리인 수산화나트륨과 반응시키면 이른바 검화가 일어나서 아세테이트가 비스코스로 변하게 된다. 그러나 일부만 이렇게 해야 한다. 너무 많은 감량을 시키면 내부에서 경화수축이 일어나버리기 때문이다. 따라서 약 30% 정도로 비누화를 진행하면 비스코스와 아세테이트 2가지의 성질을 지니는 새로운 섬유로 태어나게 된다.

최근 유행하고 있는 아세테이트와 폴리에스터의 혼방이나 교직물을 감량할 때는 폴리에스터 부분의 감량을 위한 알칼리 처리로 아세테이트

전체에 검화가 일어나서 섬유 내부에 경화를 일으키는 수가 있으므로 비누화의 속도를 조절하는 소금 같은 금속염을 투여하여야 한다.

어쨌든 우리는 아세테이트에 가성소다 같은 알칼리를 넣으면 아세테이트가 비스코스로 변해버린다는 놀라운 사실을 알게 되었다. 물론 여기서 생성된 물질이 화학적으로는 비스코스와 같게된 것이지만 실제로 비스코스와 완전하게 같은 물질은 아니다. 왜냐하면 비스코스와 새롭게 생성된 이 물질은 배향도가 다르기 때문이다. 알다시피 비스코스는 배향도가 300 정도이지만 아세테이트는 그 반 정도 밖에 되지 않기 때문에 강력이 절반 밖에 되지 않는다. 그래서 이 상태로 약 150도 정도의 뜨거운 증기 안에서 10배 정도 연신하여 찌면 배향도가 좋아지면서 강력이 5배 정도 좋아지게 된다. 물론 탄성은 그만큼 줄어들 것이다. 따라서 실제로 옷으로 쓰기에는 그다지 적당하지 않게 되지만 이렇게 처리한 아세테이트는 셀룰로오스 섬유계 중에서는 가장 강력한 섬유가 된다. Modal보다도 2배 가까이 강력이 좋은 초강력 섬유이다.

그러나 어쨌든 문제의 아세테이트는 연신을 하지 않은 원사로 보이고 따라서 검화되었다면 비스코스 보다 적은 배향도를 가지게 되어 더 약한 비스코스로 변했을 것이다. 그렇다면 이 변화한 물질은 아세테이트일까? 비스코스일까?

전체의 아세테이트를 비누화해 버렸다면 원단 자체를 못 쓰는 것으로 만들게 되므로 사실 이 원단의 일부만, 즉 표면만 비누화가 진행되었을 것이다. 따라서 이 원단의 성분은 내부는 아세테이트이고 외부는 검화 아세테이트이다.

미국의 바이어는 이를 확인해 보기 위해서 ITS와 SGS 그리고 STR이라는 3곳에 시험을 의뢰한 결과 ITS는 아세테이트로 그리고 나머지 두 곳은 비스코스 레이온이라고 판정을 했다는 것이다. 바이어는 ITS가 틀렸다고 생각하고 있다. 과연 그럴까? 만약 셀룰로오스로 변화한 그 물질을 성분 분석한다면 어떤 결과를 만나게 될까?

만약 전체가 비누화 되어버린 원단이라고 가정해 본다.

이 물질은 셀룰로오스이지만 필라멘트이기 때문에 일단은 면은 아니라고 판정했을 것이다. 그렇다면 레이온 아니면 아세테이트 인데 아세테이트는 탈 때 용융하며 식초 냄새를 풍긴다. 그런데 이 물질은 셀룰로오스로 돌아왔기 때문에 종이처럼 탔을 것이다. 그래서 일단 비스코스처럼 보인다. 또 아세테이트는 아세톤에 녹지만 비스코스는 그렇지 않다. 따라서 실험실에서는 이 물질을 비스코스 레이온으로 판정했을 것이다.

그러나 과연 그것이 옳은 판단일까? 새로 생긴 물질은 먼저 얘기했듯이 실제로는 검화 아세테이트(Saponified 아세테이트)란 물질이다. 이 물질은 아세테이트지만 아세테이트의 성질을 전혀 가지고 있지 않은 아세테이트인 것이다. 따라서 아세테이트라고도 할 수 있고 약한 비스코스 레이온 이라고도 할 수 있다. 만약 ITS가 이 모든 사실을 알고 검화 아세테이트라고 판정해서 아세테이트 라고 했다면 ITS의 승리이다. 그렇지 않다면 ITS가 틀린 것이다. 그렇다면 우리나라의 FITI나 KOTITI는 어떻게 판정을 내릴까? 궁금하다.

물론 실제로는 원단 전체가 비누화가 진행된 것은 아니라고 생각되므로 각 시험실은 이 섬유의 일부분의 물성만을 확인하고 제각기 다른 결론을 내린 건지도 모른다.

물이 묻으면 진해진다?

금년 여름에는 눈부신 하얀색의 재킷이 유행이라고 한다.

유행에 꽤 민감한 나는 여름이 시작되자마자 좋아하는 '코모도'에서 하얀색의 재킷을 하나 사서 입고 다니고 있다. 덕분에 내 옷차림이 상당히 요란하다는 지인들의 야유가 여기저기에서 터져나온다. 평범한 재킷인데도 색깔이 희다는 이유 하나로 그렇게 생각한다는 게 신기하다. 어쨌든 주위에서 아무리 그래도 나는 아랑곳하지 않는다. 하지만 이 하얀색의 재킷은 멋있기는 하지만 관리가 힘들다는 단점이 있다. 뭔가 먹을 때마다 몹시 신경이 쓰인다. 혹시 김치 국물이라도 튄다면 눈부신 하얀색에는 그야말로 대재앙이다. 그런데 재킷은 아름다운 오렌지 색깔의 김치국물뿐 아니라 무색 투명한 물만 튀어도 오염된 것처럼 보인다. 사실 흰색뿐만 아니라 모든 색의 원단은 물이 묻으면 원래의 색보다 진해보인다. 왜 그럴까?

Colorist에게 초두분 bulk의 color를 confirm받으러 갈 때에 color가 조금 light하게 나온 경우 스프레이로 원단에 물을 약간 적시면 원래의 컬러보다

더 진해져서 confirm이 나올 수도 있다. 물론 Colorist가 젖은 원단을 눈치채지 못했을 경우이다. 하지만 마르면 원래의 컬러로 돌아온다. 그렇다면 마르지 않는 물을 적시면 계속 진한 컬러를 유지할 수도 있을 것이다. 그 '마르지 않는 물' 이란 바로 무색 코팅이다. 잘 증발되지 않는 기름도 해당된다. Coated back 원단은 앞 뒤의 컬러가 다르다는 것이 상식이다. 코팅이 된 뒷면이 더 진해진다.

원단이 우리에게 보여주고 있는 컬러는 태양광선의 가시광선 중 반사되는 색이다. 붉은색의 옷은 태양 광선의 스펙트럼 중 붉은 쪽이 반사되고 푸른 쪽의 가시광선은 흡수되어 버린 현상의 결과이다. 따라서 검은색은 모든 가시광선의 색이 흡수되어 버린 것이라는 것을 짐작할 수 있다. 반대로 재킷의 눈부신 흰색은 가시광선의 색이 하나도 흡수되지 않고 모두 반사해 버린 결과이다. 따라서 눈은 흰색을 볼 때 부시다.

그런데 물이 묻은 원단은 원단에 떨어진 작은 물방울들이 원단의 경사와 위사 속으로 흡수되어 머물러 있다. 이때 가시광선이 들어와서 부딪힌다. 물이 묻지않은 부분은 평소처럼 빛을 반사시키거나 흡수한다. 하지만 물이 묻은 부분은 조금 다른 물리적 현상이 일어난다.

여기까지 얘기했을 때, 즉각 굴절이라는 단어가 생각난 사람은 중학교 때 물상 시간에 졸지 않은 사람이다. 물속에 들어온 빛은 굴절한다. 즉, 꺾이게 된다. 그래서 원래대로 반사되지 못하고 원단의 더 깊은 곳으로 들어가서 흡수되어 버린다. 따라서 원단의 색은 물이 묻은 부분에서 원래보다 더 적은 양의 빛이 반사된다. 따라서 그 부분은 더 어둡게 보이는 것이다. 아예 물에다 푹 담가버리면 더욱 더 어두워진다. 코팅의 경우도 마찬가지이다.

무색의 코팅제가 원단 위에 얹혀있으면 빛은 물이 묻은 것과 마찬가지로 반사한다. 코팅은 고체이고 물은 액체인데도 같은 현상이 일어나느냐고? 빛은 액체인 물뿐만 아니라 고체인 유리처럼 투명한 물질을 통과할 때도 굴절한다. 빛이 유리를 통과해 굴절함으로 인해 우리는 안경이라는 편리한 물건을 만들 수 있었던 것이다.

여담이지만 빛이 물을 통과하면 빛의 속도는 33%나 감소된다. 유리 속에서는 더욱 감소하여 50%나 늦어진다. 그만큼 더 많이 굴절한다는 것인데 이렇게 빛이 굴절하는 정도를 굴절률이라고 한다. 세상에서 가장 굴절률이 높은 물건은 바로 다이아몬드이다. 다이아몬드의 굴절률은 2.42 즉 거의 250%가 되므로 대부분의 빛이 다이아몬드를 그대로 통과하지 못하게 되어 유리처럼 투명하게 보이지 않는다. 즉, 유리를 통해서는 바로 그

아래에 있는 글자를 볼 수 있지만 다이아몬드로는 불가능하다는 것이다. 안경도 유리의 굴절률을 이용한 물건이다. 안경을 쓰는 사람은 다 아는, 압축렌즈라는 것은 유리에 티탄이나 납을 첨가하여 유리의 굴절률을 원래보다 높인 것이다. 따라서 보통 유리로 된 렌즈보다 더 얇아도 더 잘 볼 수 있게 되는 것이다.

Buyer를 내치다니

회장이 술만 취하면 등에 업고 다녔던 I방직의 최고 엘리트 사원이었던 Mr. 리는 지금은 계열 회사인 (주)S의 대표로 일하고 있다. 대한 항공의 기내 와인을 공급하고 있는 S사는 우리나라의 3대 와인 수입 회사 중 하나이다.

S는 원래 봉제를 하던 회사이다. 내가 I 방직에 근무하고 있던 1987년 당시, 3천 만불 정도를 수출했던 잘 나가던 봉제 회사였다. 그런 탄탄했던 봉제 회사가 모기업이 건재하고 있음에도 불구하고, 또 새로 CEO로 취임한 이 사장이 섬유 전문가임에도 불구하고 봉제 사업을 아예 걷어버렸다.

이 사장이 봉제 간판을 내린 이유는 꼭 한가지였다. 너무 클레임이 잦다는 것이었다. '클레임이 많아서 수익을 내기 어렵다' 와는 다른 의미이다. 너무도 잦은 클레임이 자신에게 도대체 창조적인 생각을 할 여유를 주지 않는다는 것이다.

그래서 그는 수십 년 동안 I 방직의 간판 봉제 회사로 군림해 왔던 S사를 과감하게 와인 수입 회사로 바꿔버렸던 것이다. 그 결과 오랫동안 적자의 늪에 빠져있던 S사는 매출도 이익도 폭발적으로 성장하고 있다. 그는 멋진 제 2의 인생을 살고 있다.

그의 용기와 단안이 부러웠다. 그의 성공은 더 더욱 부러웠다.

섬유 비즈니스를 하고 있는 수십 년간, 늘 탈 섬유를 꿈꿔왔다. 하지만 우선 빼 먹기는 곶감이 달더라고, 변화의 고통과 불확실한 미래가 두려웠던 나는 차일피일 그 날을 미루어 오고만 있었다.

그래서 나는 아직도 이 지겨운 일에 홀로 매달려 있다. 배운 도둑질이 아깝다고 되뇌면서…… 이 사장은 과감하고 진취적인 기상이 넘치는 용장이었다.

논리와 합리적인 이성 그리고 과학적인 사고를 사랑했던 나는 비논리와 억지와 협박과 거짓이 난무하는 복마전에서 살아남기 위해 스스로 황폐하고 메마른 영혼으로 진화(퇴화)하였다. 결국 23년간의 비즈니스를 통해 적립해온 나의 소중한 경험이 부르짖는 하나의 진리는 '절대로 남을 믿지 말라'는 것이었다. 그 명제는 나로 하여금 '너의 운명을 남의 손에 맡기지 말라'는 단호한 경영 철학을 갖도록 만들었다. 그리고 그로 인하여 나는 지금까지 살아남았는지도 모를 일이다.

금년에 나는 처음으로 내 영업철학에 위배되는 결단을 내렸다. 나의 영업철학은 그 어떤 경우에도 고객을 내 쪽에서 스스로 저 버려서는 안 된다는 것이었고 23년 간 그 소중한 법칙을 말없이 지켜왔다. 2005년 10월 우리 회사는 역사상 처음으로 'Z'라는 바이어에게 앞으로 거래를 중지하자는 정식 통보를 했다. 그 이유는 매우 간단했다. 우리가 그들과 같이 거래를 해 온 7년 내내, 본사는 물론이고 뉴욕 지점, 중국 지점 심지어는 홍콩 지점까지 모든 Staff들에게 그들은 너무도 큰 고통과 괴로움을 주었다. 반논리와 비합리로 일관했고 건건이 협박을 일삼았다. 다 만들어 놓은 물건을 외눈 하나도 깜짝하지 않고 Cancel하는 만행도 서슴지 않았다. Liability라는 단어는 그들의 사전에는 아예 존재조차 하지 않는 것처럼 보였다. 단 하루의 선적 Delay로 수십만 불의 비용이 드는 Garment air를 아무렇지도 않게 요구했다.

검사의 기본도 모르는 사람이 Inspection팀장이었고 문제가 전혀없는 물건들조차 헐뜯었다. 그 결과로 많은 멀쩡한 물건들이 재생산 되어야 했고 비행기 멀미를 했다. 그로 인해 공급자(공급업자)는 많은 손실을

입었지만 바이어도 얻은 것은 하나도 없었다. 그녀는 여기저기서 뇌물을 받는다는 소문도 자자한 사람이었다. 마른 해삼이 비싸고 귀한 물건이라는 사실을 그들과 거래하면서 처음 알았다. 나는 참아야 한다며 7년 동안 직원들을 설득하고 달랬다. 하지만 더 이상 직원들을 절망과 악몽의 지옥 속에서 헤매도록 방치할 수 없었다. 그들로부터 오더를 받을 때마다 직원들의 정신세계는 피폐해지고 가슴은 황폐해져 갔다. 그들의 비명소리가 귀속에 메아리 쳤다.

그런 악덕 바이어는 비즈니스 세계에서 퇴출되어야 마땅하다. 하지만 만약 그들이 이런 식으로도 계속 잘 해나갈 수 있다면 섬유의 미래는 매우 어두울 것이다. 앞으로 탈 섬유의 행진은 계속될 것이고 '악화는 양화를 구축한다'는 그레샴의 법칙이 적용되어 결국 그들은 무례하기 이를 데 없고, 상도의는 눈을 씻고 찾아봐도 없으며, 철저하게 상식을 짓밟는 비 합리적인 공급업자들만 남은, 참혹하고 비정한 환경에서 일 하게 될 것이다.

"知之者, 不如好之者; 好之者, 不如樂之者."

공자님의 말씀이다. "아무리 지식이 많은 사람도 그 일을 좋아하는 사

람만 못하고 그 일을 좋아하는 사람
은 즐기는 사람만 못하다"고 했는
데 나는 '樂之者'는 커녕 '知之者'
에도 이르지 못하고 이 욕된 나이를
먹고 말았다.

모름지기 사업을 하는 사람은 돈
을 많이 만드는 것이 최선인데 이
업계에서 돈을 번다는 사실이 나에
게는 너무도 어렵고 생경한 일처럼
보이기까지 한다.

금년 우리는 그 어느 때보다 더

공 자

많은 매출을 올렸다. 그 어느 때보다 바쁘게 일했고 많은 오더를 챙겼고
수 많은 경쟁에서 이겼다. 하지만 고생한 Staff들에게 노고의 대가를 돌
려주기에는 그로 인한 소득이 터무니없이 적었다.

빈곤의 악순환, 그 쇠 심줄처럼 질긴 고리를 끊기 위해 나는 끊임없이
변하고 공부하며 스스로를 채찍질하고 거꾸로 매달린 티벳의 라마승처
럼 인내하고 있지만 아직도 갈 길은 멀기만 하다. 신앙처럼 믿고 있는 하
나의 신념만이 나를 지탱해주는 한 줄기 빛이다.

공장이 '한번 해 보겠다고 하는 것'의 의미

이 글은 직원들에게 교육 자료로 보낸 메시지이다.

이 얘기에 속아본 사람들이 많이 있을 것이다. 물리/화학적인 defect 에 대한 개선 같은 것이 그것인데 결과를 보면 날짜만 까먹고 결국 원점 으로 돌아오는 일이 허다한 것이 사실이다. 이 일은 끔찍한 결과를 가져 온다. 원단 air는 당연하고 cancel은 행복한 일이며 garment air에 Discount까지 당하는 재앙을 가져온다.

바쁜 사람은 누구나 현재 당면하고 있는 골치 아픈 문제를 일단은 나 중으로 미루려고 하는 압력이 작용한다. 그리고 그 '나중'이란 미래에 근거 없는 희망을 가지게 되기 쉽다. 즉, "어떻게 잘 되겠지"라고 생각하 는 낙천적인 기대감 그리고 그 근거 없는 기대감은 비약을 거듭하여 마 침내 상당한 시일을 투자해도 될 것 같은 잘못된 확신을 가지게 된다. 이 에는 오늘은 일진이 안 좋으니.. 라는 터무니 없는 징크스(jinx) 이론까지 도 가세한다. 그러나 결국 그 '나중'이란 말의 결과는 사건 당시의 절실 함과 긴박감만 사라진 나른함과 부풀려진 희망으로 인해 대부분 실패로 돌아가기 일쑤이다.

그리고 그 실패를 받아들이는 데 있어서는 자기 자신에게 너그러운 관 용과 동시에 나약한 자기 합리가 뒤따른다. "역시 어려운 일 이었어요."

우리가 공장 사람들의 이런 오판의 희생양이 되지 않으려면 그래서 우 리도 같이 바이어에게 거짓말쟁이가 되는 원치 않는 상황을 막으려면 이 들의 개선 근거를 확실히 물어보고 정말로 합당한지 냉정하게 알아보는 것이 좋다. 대부분의 사람들은 그것이 잘못되었는지 조차 알아보는 것마저 힘들지만 우리는 다행히 최소한 그 정도는 알 수 있는 능력을 갖추고 있다.

wet crocking을 개선한다고 한다. 어떻게? 염료를 바꿔서요. 그것이 쉽지 않다는 것은 품목 기술 정보나 그 뒤에 기술된 wet crocking에 대한 고찰을 살펴보면 누구나 쉽게 깨달을 수 있으며 따라서 의심을 가져야 한다. 지금 바로 확인해 보면 아마도 보름 이상의 시간을 절약할 수 있을 것이다.

그들이 개선하겠다고 하는 근거*를 알아보자.

아마도 그들이 갖고 있는 crocking에 대한 knowledge가 우리가 갖고 있는 그것보다 훨씬 더 빈약할지도 모른다는 사실을 알게 될지도 모른다. 근거 박약한 터무니 없는 희망이나 낙천적인 기대 외에도 책임감의 결여라는 치명적인 약점도 가지고 있는 것이 현장에 있는 테크니션들의 공통적인 성향이다.

단순히 염료를 바꿔서 개선해 보겠다고 하는 시도는 얼핏 들으면 간단하면서도 구세주 같은 좋은 방법이라는 생각이 들지만 그 새로운 염료라는 것이 어째서 더 좋은 마찰 견뢰도를 만들 수 있는지에 대한 설득력 있는 설명이 부족하다 보면 대부분의 그러한 시도는 실패로 끝나게 되고 그 결과로 늦어져 버린 납기라는 괴로운 부채만이 우리의 어깨를 짓누르게 된다.

---

* 모두가 그럴리가 없지만 그렇다고 믿어야 살아 남을 수 있다.

Refurbished 원단 이야기

파란 가을 하늘이 높은 월요일이다. 지난 주 나에게는 아주 재미있는 일이
하나 생겼다. 그것은 나에게 어떤 분들이 자신들의 결혼식 주례를 부탁했기 때
문이다. 나는 그 사실을 놓고 기뻐해야 할지 아니면 울어야 할지 모르는 복잡
한 심정이 되었다. 누군가가 나에게 일생에 한번 밖에 없는 소중한 혼사의 주
례를 부탁했다는 것은 몹시 영광된 일이고 마땅히 기뻐해야 하겠지만 내가 그
렇게나 나이를 먹었나 하는, 평소 의식하고 싶지 않아 외면해 왔던 현실을 절
감하고 당황했다. 하지만 어쨌든 나는 기뻐하기로 마음먹었다. 나이 먹었다고
누구나에게 주례를 부탁하지는 않을 것이기 때문이다. 나에게 첫 주례를 맡긴
예비 신랑 신부에게 미리 이 지면을 빌어 축복을 보낸다.

Basic → Moderate → Better → Bridge → Designer's
바이어의 가격 Zone에 따른 등급은 위와 같이 5단계로 나누어진다.
그것들의 차이는 당연히 Garment의 Retail Price이지만 공급업자가 생각
하는 등급의 개념은 조금 다르다. 공급업자로서는 늘 원가계산에 민감하
기 때문에 같은 물건이라도 다른 등급의 바이어에 따라서 각각 다른 가
격을 Offer하기 마련이다. 따라서 Mill들이 생각하는 등급은 Retailer들의
그것과는 다른 의미이다. 그 등급을 결정하는 요인은 물론 retail 가격이
아니라 Cost이다. 똑같은 원단이라도 바이어에 따라 Cost가 달라지기 때
문이다. 예를 들면 컬러의 재현에 대한 까다로움 같은 것이다.
디자이너들은 시즌이 시작되기 전, 유럽의 전시회나 시장에서 보고 느

낀 것들을 머리 속에서 구상하여 조합한 Trend 컬러를 그들이 발주한 원단에 그대로 재현되기를 원한다. 하지만 때로는 그를 위한 지나친 집착이 막대한 비용의 낭비로 이어질 수도 있다는 사실을 간과하고 있다.

Mill에서 바라보는 세상에는 5가지가 아닌 두 가지 종류의 바이어가 있다. 첫째는 컬러에 까다로운 바이어, 그리고 둘째는 컬러에 별로 까다롭지 않은 바이어. 첫 번째에 속하는 바이어는 사실, 자신도 모르게 많은 비용을 지불하고 있다. 자신이 원하는 컬러를 구현하기 위하여 사실상 막대한 대가를 치르고 있는 것이다. 하지만 그들은 그것을 피부로 느끼지 못한다. 보이지 않는 비용의 규모를 짐작하기 어렵기 때문이다. 다시 말하면 원하는 트렌드의 컬러 tone을 구현하기 위하여 지불하는 비용과 그렇게 까다롭게 지켜낸 소중한 컬러의 재현으로 인해 소비자로부터 획득한 이익의 손익 분기점을 계산하기란 결코 쉬운 일이 아니기 때문이다. '컬러의 재현'에 투자하는 자원에 대한 기회 손실의 비용도 만만치 않을 것이다.

만약 첫 번째 그룹과 두 번째 그룹의 바이어가 지불하는 비용이 같다면 자연도태 법칙에 따라서 두 번째 바이어는 시장에서 사라지게 된다. 같은 비용이라면 누구나 자신이 원하는 Trend의 컬러를 고집스럽게 원하는 것이 당연하기 때문이다.

하지만 세상에 두 가지의 바이어가 존재한다는 것 자체가 바로 각각의 Cost가 다르다는 것을 바이어들이 스스로 인식한다는 증거인 것이다.

그렇다면 첫 번째 바이어는 도대체 얼마나 많은 비용을 지불하고 있을까? 바이어가 보유하고 있는 정보 능력으로는 도저히 알 수 없지만 오늘은 약간의 천기누설을 할까 한다. 그것은 그 바이어가 얼마나 컬러에 까다롭게 구느냐에 따라 정확하게 비례한다. 원단 Mill들의 커뮤니티는 상당히 작고 소문이 빠르기 때문에 바이어에 대해 부여하는 평점은(실제로는 벌점이라고 할 수 있다.) 비교적 신속하게 형성된다. 미국 자동차 협회인 AAA가 부여하는 호텔 등급이 5단계까지 나누어지듯이 바이어들도 그렇게 나누어지고 있는지도 모른다.

광장동의 W호텔이 6성 이라는 것은 6성 급이라는 것이지 실제로 6성은 아니다. 6성이라는 등급 자체가 존재하지 않기 때문이다. 6성급이라는 것은 마케팅의 차원에서만 존재하는 허구인 것이다. 이건 수다이다.

AAA로부터 자신이 5성급 호텔로 분류되는 것은 상당히 기분 좋은 일이지만 봉제 바이어가 그런 식으로 구분되는 것이 달가워할만한 일은 아니다.

예컨대 컬러에 무척 까다로운 'A' 라는 브랜드가 있다. 그 바이어는 평소 선적 전, 각 Roll의 Shade band를 보고 그 자리에서 Ok와 Reject를 결정한다. 'Reject' 라는 바이어의 일갈에 어떤 원단은 졸지에 버림받는 운명에 처하게 된다. 그 순간, 생산되어 있는 원단들은 천국과 지옥의 문턱에 서있는 것이다. 이런 살생부가 난무하는 상황에서 Mill에서의 생존의 몸부림 또한 소리 없이 은밀하게 진행된다. Reject가 많으면 많을수록 그 브랜드의 등급은 자신도 모르는 사이에 상승하고 그 결과 이후, 그만큼 다른 브랜드보다 더 비싼 가격을 치뤄야 한다.

Reject의 악명은 업계전체에 새벽안개처럼 소리 없이 퍼지고 그 결과로 그 바이어의 Cost는 자신도 모르는 사이에 높아질 것이다. 일부, 미처 커뮤니티에 끼지 못한 얼치기 공장이 바이어의 등급을 모르고 쉽게 Offer했다가 된통 당하고 나면 그 원성은 더욱 더 빨리 업계에 퍼지고 가격은 더욱 급상승하게 된다. 이런 일이 반복되어, 어느 바이어처럼 심하면 업계로부터 보이코트(Boycott)를 당하게 되는 일조차 일어난다. 물론 어느 공장이든 오더를 받고자 하는 욕망이 원가 계산의 유혹을 물리치는 경우도 있지만 요즘은 그런 공장이 매우 드물기 때문에 많은 공장들이 경쟁하는 오더와 그렇지 않은 오더의 운명은 시작부터 다를 수밖에 없게 된다. 자신도 모르게 자신의 오더가 찬밥이 되는 것은 시간문제이다.

쉽게 말해서 공장입장에서는 똑 같은 물건이라도 'B'라는 Customer에게는 1.50에 팔 수 있지만 'A'라는 Customer에게는 오더를 포기하는 한이 있더라도 1.70 이하로는 도저히 팔수없는 경우가 생긴다. 공장들이 그 바이어의 컬러에 대한 까다로움을 원가에 산입하기 때문이다. 똑같은 원단을 사용한, 두 개의 비슷한 스타일의 Garment가 상당히 다른 소매 가격으로 시장에 나오는 중요한 이유 중의 하나가 바로 이것이다.

하지만 그런 원가 계산은 치밀하게 이루어지는 것이 아니라서 오차가 생기게 마련인데 예외 없이 적게 책정되는 일 보다는 실제보다 과다하게 계산되는 쪽이 더 빈번하다. 어차피 정확한 계산은 아니므로 가격을 offer하는 입장에서는 적은 쪽 보다는 많은 쪽으로 가는 것이 더 안전한 선택이기 때문이다. 그래서 결국 바이어는 거품 값까지 지불해야 할 판이다. 그렇게 많은 돈을 투자해서 지켜낸 컬러의 구현이 기회비용에 미치지 못하면 그 바이어는 장사에 실패한 것이다.

불이익은 거기에서 끝나지 않는다. 디자이너가 고집하는 아름다운 컬러의 구현을 위하여 지불해야 할 비용은 그것이 시작일 뿐이다.

일전에 뉴욕 출장을 갔을 때 중간에 주말이 끼게 되어서 뉴욕 근교에 있는 큰 아울렛 매장인 우드버리(Woodbury)라는 곳을 간 적이 있었는데 그 곳에서 Sony의 아울렛 매장이 있는 것을 발견했다. 전자 제품도 유행이 조금 지난 것들은 아울렛에서 싸게 팔리는구나 생각하고 들어가 봤는데, 역시 가격은 상당히 매력적이었다. 대략 시중가의 절반 정도 가격에 물건들이 전시되어 있었는데 제품마다 에

'Refurbished' *라고 써 있는 것을 발견했다. 처음 보는 단어였기 때문에 곧 사전을 찾아 보았다. 그리고는 찜찜한 기분이 들어 구매를 망설이다가 결국 그 곳을 나와버리고 말았다.

바이어가 Reject한 원단의 운명은 어떻게 될까?

공장은 그 원단들을 창고 한쪽 구석에 처박아놓고 대신 잘 개어놓은, 눈부시게 새하얀 새로운 생지를 꺼내어서 다시 염색을 할까? 혹시 그렇게 야무진 생각을 하시는 분이 있다면 빨리 꿈 깨라고 말해야 할 것 같다. 그 원단들은 예외 없이 대부분 재 생산(Refurbish) 과정을 밟게 된다. 만약 소니의 전자제품처럼 재염된 원단들이 Refurbished라는 표시를 달고 나온다면 그런 원단으로 만든 옷을 사고 싶은 소비자들은 별로 없을 것이다. 옷은 그런 게 없으니 천만 다행이다.

컬러가 조금 다르다는 이유로 매번 새로운 생지를 투입하여 염색을 다시 할 수도 없다. 만약 해야 한다면 그 감당하기 어려운 비용은 결국 바이어나 소비자가 지불해야 한다. 모든 염색 공장들이 컬러의 재현을 100% 충실하게 해내는 일이 가능하지 않는 한, 그런 일은 계속될 것이다. 또한 만약 모든 바이어들이 그런 정책을 고집한다면 원단들의 평균 가격은 지금보다 엄청나게 비싸질 것이다. 하지만 지금까지는 그런 일이 생기지 않았다. 이유는 세 가지이다. 컬러의 재현을 까다롭게 따지는 바이어들이 많지 않거나, 아니면 공장에서 생존방법을 터득한 것이거나 그것도 아니면 둘 다이다.

그 놀라운 생존방법이 바로 재염이라는 절차이다. 만약 재염(Redye)이라는 절차가 없었다면 원단들의 가격은 지금보다 훨씬 더 비싸게 형성 되었을 것이고 우리는 비싼 옷을 소비자들에게 판매하기 위해서 엄청난 고통을 겪고 있었을 지도 모른다. 또는 그런 일이 일어나는 것을

---

* 리퍼라고 부르는 재정비 제품과 같다.

막기 위해 Colorist들의 컬러를 보는 눈이 지금보다 훨씬 더 자비롭게 진화하였을지도 모른다. 결국 재염이 가능하다는 사실이 우리의 생산 원가를 상당히 낮춰주고 있다는 것이다. 종이에 잉크로 쓴 글씨가 오류였다면 우리는 할 수 없이 그 종이는 구겨서 버려야 한다. 그리고 다시 새로운 종이를 가져와서 처음부터 다시 써야 한다. 종이가 싸다면 별 문제가 되지 않겠지만 만약 비싼 종이라면? 아찔해진다. 다행히도 우리가 염료를 사용하여 원단에 물들인 불변 염색의 절차는 대개 취소(Abort)가 가능하다.

그렇다면 이제부터 컬러 Approval에 실패한 원단들의 행로는 어떻게 되나 한번 따라가 보기로 하겠다. 만약 그 원단의 컬러가 담색, 즉 파스텔(Patel)조의 연한 색이라면 토핑(Topping)을 생각해 볼만하다. Topping은 글자에서 짐작하다시피 염색된 상태 그대로 약간의 추가 염색을 진행하는 것이다. 기교를 잘만 부리면 완벽한 결과물을 얻을 수도 있다. 하지만 농색(濃色)에서는 Topping이 어렵다. 약간의 추가 염색으로 전체 톤을 돌리기 어렵기 때문이다. 이 경우는 피치 못하게 재염을 하게 된다.

재염이란 일단 염색한 원단의 컬러를 탈색(Stripping)시키고 다시 염색을 진행시키는 절차를 말한다. 비슷한 Tone은 물론이고 전혀 다른 컬러로 염색을 할 수도 있다. 그렇다고 아무 컬러나 다 가능한 것은 물론 아니다. 연한 컬러는 재염이 불가능하다. 왜냐하면 면의 반응성 염료는 쉽게 탈색이 가능하지만 그렇다고 처음의 상태처럼 완벽하게 새하얗게 만들 수는 없기 때문이다. 연한 색의 컬러는 White로부터 출발하지 않으면 도저히 만들 수가 없다. 따라서 Medium 컬러 이상의 색만 재염할 수 있다.

하지만 분산염료로 염색된 폴리에스터는 조금 까다롭다. 탈색이 어렵기 때문이다. 그렇다고 불가능한 것은 아니지만 면의 반응성 염료보다는 10~20% 정도 탈색이 덜 된다. 더구나 진한 색의 경우는 Black 컬러로의 재염 외는 쓸 수 없다. 어떤 경우이든 Black 컬러로 재염하는 것이 가장 쉽기 때문에 Black 컬러는 재염된 것들이 많을 것이다. 따라서 염색 공장에서는 만일의 경우를 생각하여 늘 Black 컬러 오더는 맨 나중에 투입한다.

그렇다면 재염된 컬러와 Fresh한 컬러를 구분하는 방법이 있을까? 재염한 컬러는 텐터(Tenter)기를 두 번 통과했을 것이므로 핀 자국이 두 개나 있을 것이다. 하지만 텐터를 다시 치는 일은 재염이 아니더라도 얼마든지 일어날 수 있는 일이기 때문에 잘못하면 생 사람 아니 생 원단 잡을 일이 생기게 된다. 사실 그 둘을 육안으로 구분할 수 있는 방법은 현재로서는 없다.

그렇다면 재염 후의 원단의 물성이 궁금해진다. 문제는 없을까?

결론부터 말하면 문제가 있지만 그것이 겉으로 드러나는 일은 별로 없다. 염색 절차를 두 번 진행함으로써 지극히 당연하게도 원단의 물성은 더 약해진다. 특히 인열(Tearing)이나 인장강도(Tensile strength)가 나빠지지만 그것이 실험실에서 확연하게 숫자로 드러나는 일은 별로 없다. 쉬운 말로 조용히 속으로 멍드는 것이다. 하지만 그렇다고 크게 걱정할 것은 없다. Sony의 전자제품과는 달리 원단의 Refur bished는 표시도 하지 않을 뿐 더러 소비자가 절대로 구분할 수도 없기 때문이다. 짧은 시간 내에 말이다.

따라서 아무리 바이어가 원한다고 해도 공장에서의 재염을 막을 길은 없다. 돈을 더 지불한다고 해도 마찬가지이다. 물건이 표준 품질을 유지하고 있는 한, 그런 요구는 할 수도 할 필요도 없다. 하지만 컬러의 재현에 너무 집착하면 자신의 물건이 조금씩 모르는 사이에 멍이 든다는 것은 돌이킬 수 없는 사실이다. 물론 요즘 Casual 시장의 트렌드는 원단을 일부러 멍들게 하는 것이 추세이기는 하다.

그런데 또 한가지 의문이 있다.

면직물은 대부분 방추성, 즉 잘 구겨지는 것을 막기 위해서 수지(Resin)가공한다. 그런데 면에 가장 많이 사용되는 글리옥살(Glyoxal) 수지는 염료와는 상극이므로 수지가 먹여져 있는 상태에서는 탈색이 어렵게 된다. 그렇다면 바이어가 컬러를 Confirm하는 시점은 수지가공이 되어 있는 상태일까?

수지 가공을 하면 컬러가 10% 정도 더 Dark해지기 때문에 수지 가공 전의 컬러를 Confirm받으면 나중에 선적 후에 낭패를 당하게 된다. 따라서 반드시 수지 가공 후의 컬러를 Confirm 받아야 한다. 그리고 각 염색의 Lot가 나오고 shade band가 존재한다는 것은 이미 수지 가공이 끝났다는 것을 의미한다.

그렇다면 이런 원단은 어떻게 해야 할까?

두말할 것도 없이 수지를 제거해야 한다. 하지만 그것이 쉬운 일은 아닐 것 같다. 과연 수지를 제거하고 탈색을 진행하는 공정에서는 많은 불량이 발생한다. 적으면 30%에서 많게는 50%까지도 못쓰는 원단이 발생한다. 엄청나게 큰 손실이 이어지는 것이다. 물론 이런 비용은 그것이 공장의 치명적인 실수가 아닌 한, 처음에는 염색공장에서 지불하지만 그 다음부터는 바이어가 지불해야 한다.

그렇다면 W/R가공을 하는 경우는 어떨까?

요즘의 발수가공은 발수는 물론 발유 까지도 Cover하는 초강력의 제품군이 많이 나와 있다. 당연히 발수제를 제거해야 재염을 할 수 있을 것이다. 그렇지만 발수제도 수지처럼 제거할 수 있을까? 안타깝게도 이 경우는 좀 더 어려울 것 같다. 아주 기본적인 싸구려 발수제라면 몰라도 근본적으로 불소계의 발수제나 3M의 Scotchgard, 듀폰의 테프론같은 강력한 발수제는 깨끗하게 제거하는 것이 불가능하다. 그리고 조금이라도 발수제가 남아있으면 그 부분의 염색이 방해되어 Spot으로 나타나게 되므로 결국 못쓰는 원단이 되어 버린다. 더불어 코팅까지 되어있다면 더 이상의 언급이 필요 없을 것이다. 따라서 W/R 이후의 컬러에 대한 Reject는 염색 공장에게는 심대한 타격이 된다.

컬러를 판정하는 기준은 인간의 망막에 존재하는 700만개의 원추세포가 컬러를 읽고 그것을 대뇌피질에서 인식하는 양상이 각각 조금씩 다르기 때문에 같은 컬러라도 보는 사람마다 모두 조금씩 다르게 인식된다. 심지어는 당시의 감정 상태가 판정에 영향을 미치는 수도 있다. 따라서 같은 컬러를 가지고도 때로는 아무런 문제가 없을 때도 있고 어떤 때는 끔찍한 대 학살이 자행될 때도 있다.

인체가 컬러를 확인하는 방식은 디지털이 아닌 아날로그 방식이므로 컬러를 카메라로 찍어서 계수화하는 것도 실제와는 동떨어진 결과가 나오기 때문에 현재까지는 신뢰할 수 없다. 언젠가 컬러를 정확한 척도로 판정하는 방법이 나올 때까지는 이런 혼란은 계속될 것이다. ('Spectrophotometer'에 대하여 참조)

Innovative한 원단을 추구한다고?

Tactel, Thermolite, Supplex, Coolmax, T400, Lastol, Sorona, Ingeo……

섬유를 취급하는 사람이라면 위와 같이 세련되고 참신한, 하이테크 (Hi-Tech)풍의 이름들을 한번쯤

은 들어보았을 것이다. 옛날이든 요즘이든 바이어들의 한결같은 바람은 새로운 원단의 발굴이다. 그것은 패션이라는, 어쩌면 살아 있는 유기체라고도 할 수 있는 개체가 늘 새로움을 추구하는 성질을 가졌기 때문이다. 따라서 새로움을 창조하는데 실패하거나 새로운 것을 따라가지 못하면 우리는 패션 Pool이라는 하나의 거대한 생태계에서 도태될 수밖에 없는 운명에 처해있다.

하지만 소재에서 새로운 것을 창조하는 일은 그 자체가 발명이라는 공학적 개념을 포괄하고 있기 때문에 쉽지 않은 것이 사실이다. 또 소재라는 가장 최상위의 Upstream에서는 대량생산이라는 부담이 늘 따라다니므로 막대한 자금과 설비를 가지고 있는 거대한 기업만이 이 경쟁에 참여할 수 있는 한계가 있다.

따라서 우리는 정말로 Innovative한 새로운 소재를 접하기가 그리 쉽

지만은 않은 실정이다. 그런 이유로 그 동안 볼 수 없었던 새로운 제직이나 가공이 나오면 그것이 혁신적이든 아니든 간에 우리는 기꺼이 Innovative라는 엠블렘(Emblem)을 달아주기에 급급하다.

하지만 그럼에도 불구하고 우리가 주위에서 혁신적인 소재를 발견하는 것은 정말로 어려운 일이다. 그 경계선을 개발이 상대적으로 쉬운 Knit를 제외하고 Woven으로 제한한다면 더 더욱 어려워진다. 그리고 다시 그 경계선을 천연 섬유로 한정한다면 이제는 '혁신'이라는 말은 불가능이라는 말과 대등한 의미로 다가온다. 그럼에도 불구하고 'Natural'이라는 최근의 건강 중시 풍조를 반영하여 '옥수수섬유'니 '콩섬유'니 '야자섬유'니 하는 새로운 소재들이 출시되고는 있지만 시장에 대한 파급효과는 아직 미미한 형편이다. (사실 'Natural'이라고 무조건 좋은 것은 아니다. 역사상 가장 강력한 마약인 아편도 천연 물질이며 담배도 농사를 지어야만 생산되는 순수한 천연 물질이다.)

하지만 어쨌든 원료가 안 된다면 제직에서라도, 제직이 어렵다면 후가공에서라도 소재 업체에서는 끊임없이 새로운 것을 내 놓기 위해 발버둥치고 있다. 그리고 1년에 두 번, 매 시즌마다 새로운 것들을 내 놓기는 한다. 그것이 혁신적이든 그렇지 않든 말이다.

그런데 한가지 재미있는 사실은 브랜드들이 소리 높여 Innovation의 기치를 올리고 있는 것과는 다르게, 정작 신소재 채택(Adoption)율이라는 것이 그다지 높지 않다는 것이다. 미국 바이어들은 새로운 시즌을 맞아 새로운 소재를 보여주기 보다는 그 동안 써 먹어왔던 구닥다리를 70% 이상이나 선택한다. 일부 천연소재를 지향하는 American style의 Polo나 Henry Cotton같은 보수적인 소매업체들은 90% 이상, 그 동안 써 왔던 소재를 사용한다. 따라서 그런 매장에서는 스타

일의 변화는 있으되 소재의 변화는 없다. 나처럼 꾸준히 시장조사를 해오고 있는 사람의 관점으로는 그런 숍은 일부러 시간을 들여 가볼만한 가치가 별로 없는 곳이다. 이런 숍은 3년에 한번만 가 보면 된다. 그리고 대개 단 3분이면 조사가 끝난다. 매장 전체를 덮고 있는 소재들이 몇 가지 되지 않기 때문이다.

반면 요즘 잘 나간다는 Zara나 Stone Island, A&F, Diesel 등을 가면 한 매장을 조사하는 데만 2시간씩 걸리기도 한다. 소재의 가짓수도 다양하고 못 보던 새로운 소재들도 대단히 많기 때문이다. 특히 Zara같은 경우는 다른 바이어들이 개발한 각종 아이템들의 재고를 수집해 놓은 것 마냥, 매장 전체가

새로운 소재들로 가득하다. 아마도 Polo의 20배 이상 될 것이라고 생각한다. 그 중에는 허술한 것들도 있고 만약 테스트를 해 보면 품질에 문제가 있어 보이는 제품들도 상당수 있다고 생각한다. 하지만 어쨌든 Zara라는 유명한 Fashion Pool에 가면 새롭고 재미있는 소재들을 많이 발견할 수 있다. 그것도 매 시즌 마다가 아닌 3~4주에 한번 정도로.

그런데 그들과 같은 방식으로 제품을 출시하면 요즘처럼 일관된 패션 트렌드를 따르지 않고 그 어느 때보다 다양성을 추구하는 까다로운 소비자들에게 훨씬 더 좋은 반응을 기대할 수 있다는 것은 명백해 보인다. 따라서 많은 바이어들이 그들을 벤치마킹(Benchmarking)하려고 한다. 하지만 쉽지 않다. 보수적인 그들은 아무리 매장을 새롭고 혁신적인 소재

로 채우고 싶어도 잘 되지 않는다. 그들이 Innovation! 을 외친지 6년이 지난 지금도 여전히 그들의 매장에 가서 3분 이내에 소재조사를 마치고 나온다. 왜일까?

그것은 '닫힌 방 먼지 털기 효과'(Shaking out at closed room) 때문이다. 집안의 먼지를 없애려면 먼저 창문을 연 다음 먼지를 털어야 한다. 그래야 먼지가 창문을 통해서 밖으로 나갈 수 있다. 하지만 밀폐된 방에서 먼지를 털면 먼지는 집안의 다른 곳으로 이동만 할 뿐 제거되지는 않는다. 먼지들이 공중에 떠 있는 동안은 보이지 않기 때문에 마음이 뿌듯하기는 하다.

단기간에 새로운 소재를 다량으로 출시하려면 그 새로운 소재들이 디자이너들에 의해 최종 선택되도록 하는 시스템을 갖추어야 한다. 하지만 지금의 실정은 그들로 하여금 채택하고 싶어도 할 수 없는 구조적인 문제를 지니고 있다.

1960년대 초, 유럽에서는 약품의 부작용 때문에 일어난 사상 초유의 끔찍한 재앙이 있었다. 이른바 '탈리도마이드(Thalidomide) 사건' 이라고 하는 이 미증유의 참사는 유럽의 임신부들이 입덧이나 임신 중 불면증을 줄이기 위하여 복용한 신경안정제 때문에 팔 다리가 없는 끔찍한 기형아를 수십 만이나 출산한 사건이다. 이 사고로 전 유럽이 충격에 빠졌었다. 이에 따라 지금은 새로운 약이 세상에 나오려면 최소한 3년 간의 임상 실험을 거쳐야만 한다. 대중들에게 적용시키기 전에 예측할 수 없는 부작용을 미리 알아야 하기 때문이다.

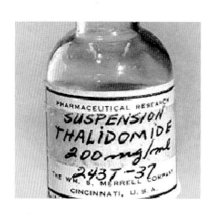

그런데 리테일러들은 자신들의 옷을 마치 대중들이 복용하는 약인

것으로 착각하는 것 같다. 그들이 정해놓은 잘 짜인 품질기준(QC Manual)은 많은 임상 실험을 거쳐 수없이 문제점들이 개선되어온, 거의 완벽한 원단들을 확인하는 데에 튜닝이 맞춰져 있다. 따라서 아직 사용되어보지 못한, 새롭게 개발된 원단들은 그 엄격한 스탠다드 안에서 불량품으로 판정되기 일쑤이다. 따라서 높은 벽을 넘기 어려운 혁신적인 원단들은 첫 걸음조차 떼어보지 못한 채, 그들의 포트폴리오 상에서 제외된다. '엄격한 Standard' 라는 '체' (sieve)가 혁신적인 원단들을 모두 걸러내(Screening) 버리고 결국 진부하고 안정적인 원단들만 골라내는 역할을 하는 것이다.

Strict한 QC Manual은 소비자들을 짜증나는 불량제품으로부터 자유롭게 하고 브랜드의 명성을 유지하는 좋은 기능을 가지고 있다. 하지만 'The tighter, The better' 는 여기에서 적용되는 법칙이 아니다. 이른바 '풍선 효과' 때문이다. 풍선의 한 쪽을 누르면 다른 쪽이 튀어 나오듯이 스탠다드를 엄격하게 적용할수록 구입하는 소재의 단가가 올라간다는 사실 때문이다.

우리는 Zara와 Wal-Mart 두 곳에 같은 원단을 판 적이 있는데 Zara에 더 싼 가격을 Offer했다. 그것은 Zara가 품질에 덜 엄격하기 때문이다. 확실히 Zara는 스탠다드에 그다지 집착하지 않는다. 오로지 아주 기본적인 제품의 사양만을 체크한다. 그들은 다른 리테일러들과 달리 '소비자의 눈' 으로 제품을 평가한다. 그리고 '소비자의 눈' 으로 문제가 없다면 그것으로 ok이다. 따라서 공급자의 입장으로는 문제가 더 적은 그 쪽으로 가격이 더 싸게 나가는 것은 지극히 당연하다고 할 것이다.

하지만 그렇다고 해서 Zara의 옷이 Wal-Mart의 옷보다 품질이 더 나쁘다고 얘기하는 소비자는 지구상에 단 한 사람도 없으며 그들은 오히려 Zara의 옷에 적게는 두 배에서 많게는 10배에 이르기까지 비싼 값을 기꺼이 지불하고 있다.

또 한가지는 그러한 Zara*의 정책이 새롭고 혁신적인 원단들을 대거 Fashion Pool로 유입시키는 통로의 역할을 한다는 것이다. 나쁘게 말하면 임상실험의 장소가 된다고 할 수도 있다. 하지만 그래서 어쨌다는 것인가? 누가 Zara 옷 잘못 입고 죽기라도 했는가? 패션계에 '탈리도마이드'와 같은 사건이 재현되지 않는 한, 즉 우리들이 옷을 먹지 않고 입기만 하는 한, 그들은 언제나 패션소재의 선구자가 될 수밖에 없다.

보수적인 경영진이 자신들의 잘 짜인, 굳게 닫혀진 Manual을 당장이라도 허물어뜨리지 않는 한, 그들과 Innovation사이에는 결코 건널 수 없는 깊고 푸른 강이 넘실거리고 있다는 사실을 직시해야 한다.

탈고를 진행중인 이 시간, 미국 출장을 마치고 태평양 상공을 날고 있다. 이번 시장조사 결과 Polo는 보수를 허물고 놀라운 혁신의 기치를 세우고 있다는 사실을 알려야 할 것 같다.

---

* 2015년 현재, Zara는 전 세계 어패럴 업계 1위를 기록하고 있다. Inditex 오너인 Amancio Ortega 회장은 세계에서 4번째 부자가 되었다.

Fabric Sales Tour

조급함은 늘 나쁜 것인가?

2006년 8월 10일 K과장은 LA국제공항의 Departure 대합실에서 항공편들의 출발시간 모니터를 열심히 보고 있었다. 그의 손에서 땀이 배어나고 있었다.

 한국사람들은 조급하기로 유명하다. 당최 느긋하게 기다리지를 못한다. 남에게 지는 것도 무척 싫어한다. 거리에서, 앞차가 신호등에 즉각 반응하지 않으면 울분을 터뜨리기 일쑤이다. 누가 자신을 추월하기라도 한다면, 즉석에서 목숨을 건 레이스를 펼치기도 한다. 나도 한국사람이고 조급함의 최전선에 서 있다. 결국 그런 조급함이 우리들을 과중한 스트레스에 빠지게 한다. 조급해 질 때마다 혈압이 오르고 아드레날린이 솟구치며 콜티졸이 강물처럼 흐른다. 대사가 빨라지고 활성산소가 급증한다. 그럴 때마다 몸에서는 급속하게 노화가 진행된다. 하지만 누가 말릴 것인가? 아무도 못 말린다. 우리의 조급증은.

K과장은 사람을 잘 믿지 않는다. 특히 비즈니스를 할 때에는 절대로 믿지 않는다. 세상에서 가장 믿을 수 없는 사람은 자신을 믿어달라고 외치는 사람이라고 그는 배웠다. 남을 믿으려면 그 사람에게 자신의 운명을 맡겨야 한다. 그는 그래서 남을 믿을 수 없다. 늘 의심하고 또 확인해

야 직성이 풀리는 것이다. 여행
을 가서도 다음 스케줄이 실행
될 때까지는 계속 걱정의 연속
이다. 하지만 사업에서의 조급
증은 필요할 때도 있다. 사업하
는 사람이 언제나 느긋하다면

예기치 못한 재앙에 부딪히게 될 수도 있다. 그리고 그 재앙은 필연적으
로 엄청난 금전적 손실과 직결될 것이다. 어차피 막을 수 없는 재난이었
다고 본인은 합리화 하겠지만 느긋하지 않았다면 충분히 막을 수도 있는
성격의 것이다. 그렇게 해서 느긋한 사람과 그렇지 않은 사람의 차이는
크게 벌어질 수도 있다.

K과장은 필라델피아에 있는 T사와의 중요한 미팅을 위해 서울을 출발
하였다. 미팅은 월요일 아침 9시였지만 일요일에 떠나는 비행기가 없어
서 할 수 없이 토요일에 떠날 수밖에 없었다.

필라델피아까지의 직항(Direct)노선이 없어서 LA에서 갈아타야만 했
는데 LA에서 필라델피아까지 가는 direct편도 자리가 없었다. 할 수 없이
Denver를 거쳐가는 우회로를 택했다.

K는 LA에서 잠깐 일을 보면서 하루를 묵은 다음, 일요일 3시에 덴버로
가는 UA비행기를 타기 위해 LAX(LA공항)로 갔다. 마침 UA는 아시아나
와 같은 '스타 얼라이언스' 그룹에 속해 있어서 마일리지 부여는 물론,
10Kg 정도의 Over weight charge를 면제 해주는 것도 모자라 비즈니스
라운지까지 내주는 친절을 베풀었다.

K는 이게 웬 떡이냐 싶었다. 비행기가 출발 하기까지는 3시간이나 남
아 있었고 K는 짐을 Check in 시키고 라운지에 가서 느긋하게 책이나 보
면 될 것이었다. 그는 라운지에서 뜨거운 카페 모카를 한잔 뽑은 다음,
서울에서 가져온 '악마는 프라다를 입는다' 라는 책을 보기 시작했다. 그

런데 K는 문득 자신이 느긋하다는 사실에 막연한 불안감을 느끼기 시작했다. 불안했다. 뭔가 빠져있는데…… 정체모를 불안감이 계속 그를 엄습하고 있었다. 마침내 K는 벌떡 일어나 모니터에서 자신이 타야 할 UA608의 출발 시간을 확인해 보았다. 예감이란 놀라운 것이다.

UA608에 '라이팅'이 깜박이고 있었다. 선명하게 Delay'라고 써있는 글자가 모니터에서 명멸하고 있었다. 30분 정도 지연된다는 표시였다. 잘못하면 덴버에서 연결편을 놓칠 수도 있다. K는 급히 카운터로 가서 사실 여부를 확인하였다. Delay는 사실이었지만 연결편에 영향을 미치지는 않으니 가서 느긋하게 차나 마시라고 직원이 웃으면서 얘기했다. 과연 연결편은 1시간 반의 여유가 있으므로 직원의 얘기는 사실이다.

K는 자리에 돌아와 다시 책을 읽기 시작했다. 하지만 곧 다시 불안감

이 밀려왔다. 'Delay는 항상 곧 추가 Delay를 부른다'라고 주장해왔던 A이사의 목소리가 귀에 울린 것이다. 지연은 예기치 않게 발생하는 것이므로 그 누구도 지연시간을 장담할 수는 없다. 더구나 항공사에서는 늘 지연을 축소하는 경향이 있다. 덴버에서 필라델피아로 가는 비행기는 그날의 마지막 편이므로 만약 놓치면 그 다음날 비행기를 타야 한다. 그렇게 되면 다음날 9시 약속에 맞춰갈 수 없다. 불안했다. 30분쯤 후 다시 모니터를 확인하였다. 그런데! 역시나 추가 delay가 표시되어있었다. 이제는 원래보다 45분이 늦어진다고 되어 있었다.

다시 카운터로 갔다. 연결편에 문제가 없는지 물어 보았다. 직원은 여전히 생글생글 웃으며 문제가 없다고 하였다. 출발이 45분 늦어도 그것이 45분 지연 도착을 의미하지는 않는다고 하였다. 그렇지…… 기장이

좀 밝으면 되니까…… K는 다시 자리로 돌아와서 책을 보기 시작했다. 하지만 여전히 불안감은 사라지지 않았다. 비행기가 Taxing*을 시작한 후에도 1시간 이상 이륙하지 못하고 Ramp에서 차례를 기다리는 경우가 미국에서는 비일비재하게 벌어지곤 하였다. 더구나 만약 미팅시간에 못 대어가면 다음 차례에 다른 회사들이 줄줄이 약속되어있고 한 사람만 만나는 스케줄도 아니므로 미팅을 다시 Arrange한다는 것은 불가능한 일이 될 것이었다. K는 반드시 그날 필라델피아에 가야만 했다.

이중에도 여러 사람들이 K처럼 연결편을 타야 할 것이다. 하지만 라운지에 있는 누구도 그처럼 조급해하거나 분주한 사람은 없었다. 다들 조용히 책을 보거나 TV를 보고 있었다. 15분 후, K는 다시 모니터를 확인하였다. 이럴 수가…… 다시 추가 delay가 있었다. 이제는 가만히 있을 때가 아니었다. 이미 상황이 늦었을지도 모른다. K의 심장이 고동치기 시작했다. K는 카운터 직원을 찾아갔다. 명찰에 코르테스(Cortez)라고 써 있는 상당히 경륜이 있어 보이는, 여직원이 자리를 지키고 있었다. 그녀는 얼굴을 찌푸리며 심각하게 얘기를 듣고 나더니 여기저기 전화를 하기 시작했다. 문제가 생긴 것이 틀림 없었다. 마침내 수화기를 내려놓은 그녀는 담담하게 K과장에게 다음과 같이 말하였다. "그가 예정대로 UA608을 타는 경우, 오늘 덴버에서 필라델피아로 가는 연결편을 탈 수 없으며, 그 연결편은 그날의 마지막 비행기이므로 오늘 절대로 필라델피아에 갈 수 없을 것이다." 청천벽력이었다. 하지만 K는 그런 사형선고를 듣고 절망하여 주저앉을 사람이 아니었다. 그는 즉시, 오늘 필라델피아에 가지 않으면 항공사는 매우 골치 아픈 소송에 휘말릴 것이라고 경고했다. 물론 허풍이었다. 그녀는 잠시 골똘하게 생각하더니 다시 여기저기로 전화를 하기 시작했다. 그리고 마침내 NW의, 필라델피아로 직접 가는 5시 12분 직

---

* Taxing: 항공기가 이륙을 위해 또는 착륙 후 공항의 Ramp를 이동하는 일

항 편 자리를 하나 얻어내는 데 성공하는 것 같았다.(그 비행기는 그가 타려고 했던 direct 항로의 비행기 였는데 만석(fully booked)이었었다.) 이제는 그대로 NW비행기를 탄다면 덴버에 가지 않아도 되어 오히려 필라델피아 도착시간이 40분이나 당겨지게 되었다. 하지만 이어지는 그녀의 다음 얘기는 그를 공포의 나락 속에 빠뜨리기 충분한 것이었다.

"짐은 이미 UA에 실었으므로 NW와 같이 갈 수 없습니다." 쿠궁……

그는 신제품 프레젠테이션을 하러 가는 길이었다. 스트립 쇼를 하러가는 것이 아닌 이상, sample 없이 바이어를 만나는 것은 아무 의미도 없는 일이었다. 드디어 분노가 폭발하고 말았다.

"짐이 가지 않으면 아무 소용이 없어요. 나는 지금 Presentation을 하러 간단 말이오." 라고 코르테즈에게 으르렁거렸다. 침착한 그녀는 즉시 다시 전화를 들고 여기저기 통화를 하였다. 그리고 그에게 다음과 같이 얘기했다.

"지금 짐을 UA에서 내려줄 겁니다. 즉시 한층 아래, 도착 층의 Baggage Claim에 가서 짐을 찾으세요. 1번 벨트에서 직원이 도와줄 겁니다. 짐을 찾으면 곧 바로 NW로 가서 처음부터 다시 수속하세요. 지금이 4시이니 시간이 충분하지는 않습니다. 여기는 7번 터미널이고 NW는 2번 터미널에 있으니 상당히 먼 거리입니다. 택시를 타거나 Shuttle bus를 타고 이동해야 할겁니다. 만약 NW를 놓치면 제게 다시 돌아오세요 다른 방법을 생각해 봅시다. 행운을 빕니다." 그녀는 냉정하고 명료하게 말했으나, 그보다 더 나은 대안은 없었다. 어쨌든 그는 오늘 필라델피아에 가야 했고 그가 그날 거기에 도착할 수 있는 방법은 그것뿐이었다.

그는 잽싸게 Baggage Claim으로 내려갔다. 도착한 비행기가 많아서 일대는 아수라장이었다. 짐들을 찾지않고 가버린 사람들이 많아, 엄청난 짐들이 벨트에서 내려와 있었고 벨트에서도 수 많은 짐들이 돌고있었다. 직원에게 부탁한다는 것은 엄두도 나지 않는 일이었다. 그 상황에서 과연 내 짐을 찾아서 1번 벨트로 보내줄까? 그는 의심이 되었다. 그래서 4개나 되는 벨트를 샅샅이 뒤지고 다녔다. 설상가상, 그의 가방은 파란 샘소나이트의 흔한 가방인 것이

다. 벨트 위에는 파란 가방이 100개도 넘었다. 시간은 계속 흐르고 있었고 짐은 보이지 않았다. 그는 등에서 진땀이 흘렀다. 그의 쿨맥스 피케 셔츠 아래로 땀이 굴러 내려가고 있었다. 바람이 불지 않으니 쿨맥스도 별 수 없었다. 짐을 기다리는 동안 공항 직원에게 2번 터미널로 가는 가장 빠른 길을 물어보았다. 시간은 속절없이 흐르고……결국 1번 벨트에서 짐을 발견하였다. 4시 17분이었다. 지금 바로 가도 받아 줄지 모르는 상황이었다. 국내선은 원래 1시간 전에 check in 하게 되어있었다. 암담하였다.

밖으로 나왔다. 다시 공항직원에게 2번 터미널이 어디냐고 물어 보았다. 완전히 반대편이었다. 도저히 걸을 수 있는 거리가 아니었고 택시를 잡는다는 것은 불가능해 보였다. 셔틀버스는 언제 올지도 모르고…. 그는 주차장으로 뛰어들었다. 짐을 카트에 싣고 정신없이 달렸다. 주차장을 관통해서 반대편으로 나올 생각이었다. 그러나 주차장 끝에 와 보니 주차장은 하나가 아니었고 반대편에 다시 길이 있고 길을 건너서 또 하나의 주차장을 통과해야 반대편 터미널이 나오게 되어있었다. 하지만 그 길은 사람이든 차든 건널 수 없는 길이었다. 이제는 다시 원래의 자리로 돌아가야만 하는 상황, 진퇴양난이었다. 돌아가면 절대로 시간을 맞추지 못한다. 그렇다고 카트를 몰고 길도 아닌 곳을 건너 갈수도 없었다. 시간은 계속 흐르고 있고 벌써 4시 25분 이었다.

그가 미팅에 가지 못하면 토요일에 서울에서 출발하여 12시간이나 비행기를 타고 주말을 LA에서 죽인, 그 모든 고생과 막대한 경비들이 완전히 수포로 돌아가는 것이다. 그보다 더 큰, 눈에 보이지 않는 손실은 짐작할 수도 없었다. 그는 어떤 일이 있어도 반드시 그 비행기를 타야만 했다. 그가 그토록 집착을 하는 이유는 회사에 대한 충성심이나 책임감이 결코 아니었다. 회사에 비행기가 Delay되어서 그랬었다고 보고만 하면 그만일 터였다. 아무도 문책할 사람은 없었다. 그건, 그냥 그 자신이 그런 상황을 그대로 느긋하게 방치할 수 없다는 조급함 때문이었다.

K는 카트를 몰고 차들이 달리는 4차선 도로로 뛰어들었다. 차들이 빵빵거리며 급정거를 했고 주차장 직원이 놀라서 뛰어 나왔다. 하지만 그는 뒤도 돌아보지 않고 뛰었다. 숨이 턱에 차고 하늘이 빙빙 돌기 시작했다. 거의 실신할 지경이었지만 그는 뛰고 또 뛰었다. 다행이 주차장 직원은 더 이상 쫓아오지 않았다. 마침내 반대편으로 나왔다. 그곳은 1번 터미널이었다. 다시 2번으로 뛰었다. 단 한 개의 터미널을 이동하는 거리도 상당했다. 그런데 2번은 하필이면 국제선 터미널이었다. 막 도착한 승객들이 쏟아져 나오고 있었다. 그의 인내가 한계에 도달해 있었다. 그는 뻗기 일보 직전이었다. 입에서 하얀 거품이 나오고 코에서 기관차처럼 김이 뿜어 나오고 있었다. 이제는 탈진하여 모든 것을 포기할 수밖에 없는 지경에 이르렀다. 그가 포기 하기 직전, 마침내 2번 터미널이 끝나는 지점에 NW의 선명한 로고가 나타났다.

카운터에 가보니 많은 사람들이 줄을 서 있었다. 다짜고짜로 직원에게

도움을 요청하였다. 시간은 4시 35분을 가리키고 있었다. 직원이 거부하면 비행기를 탈 수 없다. 더욱이나 지금 짐을 넣어서 비행기에 태울 수 있을까? 짐 때문에라도 안 된다고 할 것 같았다.

그는 카운터 직원에게 거품을 물고 호소하였다. 거의 죽을 듯한 얼굴을 하고 있는 그의 호소가 효력을 발휘하기를 빌며…. NW 직원인 곤잘레스는 시계를 보며 컴퓨터에 예약 번호를 집어넣고 있었다. 이제는 곤잘레스가 그의 운명을 쥐고 있는 판관이었다. 그의 말 한마디에 그의 운명이 결정지어질 상황이었다. 이 순간, 그는 곤잘레스가 하라면 무슨 짓이라도 할 준비가 되어 있었다. 발가벗고 그 자리에서 탱고, 차차차를 추라고 하여도, 비행기를 탈 수만 있다면 좋았을 것이다. 영혼이라도 팔 수 있을 것 같았다.

마침내 곤잘레스가 입을 열었다. "어…… 짐을 저울 위에 올려 놓으세요.", "그…… 그럼 된 겁니까? 비행기를 탈 수 있는 건가요?", "물론이지요 Mr. K." 하고 곤잘레스가 웃음을 띤 얼굴로 말했다. 드디어 승리의 여신이 그에게 미소를 보내고 있었다. 도파민이 강물처럼 흐르고 있었다. 그는 곤잘레스를 껴안고 춤이라고 추고싶은 기분이었다.

필라델피아로 향하는 NW비행기의 화장실 옆 맨 뒷자리에서, 그는 비행기의 소음과 함께 양 옆과 앞에 앉은 아이들의 울음소리로 귀가 멀 지경이었지만 마음만은 마냥 행복하였다.

샌프란시스코의 도로는 위험하다

8월 22일인데도 서울은 아직 더웠다. 낮에는 아직도 찌는 듯 무더웠고 밤에도 27도 가까운 열대야가 계속되었다. 미치기 일보직전, 나는 서울을 탈출하였다. 샌프란시스코에서 Old Navy와의 상담이 있었기 때문이다. 1년에 단 두 차례만 주어지는 중요한 상담이다. 이 상담을 위해 우리는 거의 4개월을 준비해야 한다.

샌프란시스코는 지금, 아마도 선선할 것이고 밤에는 춥기까지 할 것이다. 마크 트웨인(Mark Twain)은 자신의 일생 중 가장 사무치게 추웠던 날이 바로 샌프란시스코에서의 여름 밤이었다고 했다. 지금이 트웨인이 얘기했던 바로 그 때이다. 하지만 나는 어리석게도 긴 팔 옷을 준비하지 않았다. 서울이 너무도 더웠던 탓에 긴 팔 옷의 존재 같은 것이 말끔하게 대뇌피질의 기억 세포에서 지워져 버린 탓이었다.

마크 트웨인

비행기가 이륙하고 3만 피트의 고도로 올라가자 에어컨이 힘차게 돌아가기 시작했고 나는 그제서야 내가 샌프란시스코로 가고 있다는 사실을 생각해 냈다.

사실 비행기의 에어컨은 이상한 것이다. 비행기의 바깥 기온이 영하 50도가 넘는데 히터가 아닌 에어컨이 필요한 이유가 뭘까? 고도 3만 피트 상공은 공기가 희박하다. 따라서 바깥 공기가 그대로 비행기 안으로 유입되면 승객들이 산소부족으로 숨을 쉴 수 없게 된다. 하지만 제트기 엔진은 공기를 압축하여 사용하게 되므로 이렇게 압축된 공기는 사람이 숨을 쉴 수 있을 만큼 산소 농도가 충분하다. 따라서 엔

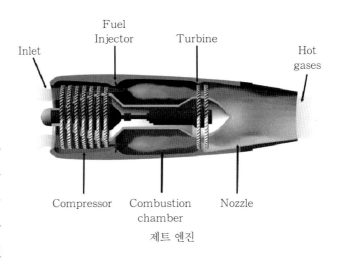

제트 엔진

진을 통과한 압축공기를 사용하면 된다. 그런데 엔진을 통과한 압축공기는 뜨겁다. 무려 180도에서 230도 정도이다. 물론 이것은 제트 분사열 때문이 아니라 공기를 압축하는 행위, 그 자체만으로도 공기가 뜨거워 지는 것이다. 자전거 타이어에 바람을 넣는 것은 바로 공기를 압축하는 것과 같은데, 과연 바람을 빵빵하게 넣은 후 타이어를 만져보면 놀랍게도 타이어가 상당히 뜨거워졌다는 것을 알 수 있다. 그런 이유로 기내에는 강력한 에어컨이 필요한 것이다.

우리는 4일 동안 미국에 머물기로 되어있었으므로 공항에서 차를 빌리는 것이 더 낫다고 판단하였다. 평소 할리 데이비슨을 동경하며 험비가 드림카인 C는 찝차를 빌리자고 고집하였다. 여행 중 비포장 도로를 달릴 계획이 전혀 없었으므로 나는 반대했지만 그의 쇠고집을 꺾을 수 없었다. 결과적으로, 우리는 험비보다 더 커 보이는 7인 승의 커맨더 찝을 타고 공항을 빠져 나왔다. 생긴 건 노르만디 상륙 작전에 투입되었던 미제 장갑차처럼 투박하게 생겼지만, 유명한 아우디 Q7, BMW X5, Lexus Rx400을 제치고 2007년 최고의 SUV로 뽑힌 바 있는 인기 모델이다. 모습과 걸맞게 강력한 8기통의 5700cc 가솔린 엔진을 갖추고 있는

Jeep commander

이 미제 머슬카는 부드럽게 움직였고 엔진 배기음도 비교적 조용했다. 샌프란시스코의 도로는 산 위에 형성된 것들이 대부분이어서 30도가 넘는 경사를 올라가거나 내려가야 할 때가 많았다. 집들은 마치 절벽 위에 세울 수 있는 건축물의 온갖 노하우를 보여 주기 위한 각축장 같았다.

가장 많이 알려진 곳이 바로 유명한 소살리토(Sausalito)이다. 금문교 다리를 지나 오른쪽의 작은 길로 내려가다 산 모퉁이를 돌면 돌연 나타나는 이 아름다운 마을은 깎아지른듯한 경사도 높은 산 속에 여기저기 지어놓은 그림 같은 집들로 사람들의 넋을 빼놓기 충분하다.

언덕 배기에 주차해 놓은 차들은 모두 핸들을 잔뜩 도로쪽으로 꺾어놓았다. 혹시라도 브레이크가 풀리면 그대로 언덕 아래까지 굴러 내려가지 않도록 한 배려이다. 하지만 그 잔인한, 경사각 급한 고갯길들을 올라가다 보면 마치 차가 그대로 뒤로 뒤집어질 것 같은 공포에 빠진다. 만약 엔진이 꺼지기라도 한다면……

그런데 대부분이 편도 2차선 정도의 좁은 1way인 도로들 중, 2way가 가끔가다 있는 것이 문제였다. 그래서 2way를 주행하다 보면 느닷없이 길 전체가 1way로 바뀌면서 그대로 역 주행이

444

되고 마는 어이없는 경우가 있었다. 하지만
그런 도로에 주의표시라고는 둥그렇고 빨간
원안에 하얀 선이 수평으로 가로질러 있는 진
입 금지표시판과 'Do not Enter' 라고 조그맣
게 써있는 문구가 전부였다. 위험천만한 일이
었다.

우리의 상식으로는 도저히 이해가 가지않는 일이어서 나는 그 표시를
보고도 믿어지지 않았다. 잘 진행하던 도로가 갑자기 1way, 역 방향으로
바뀌며, 그런 길에 신호등 표시도 없다니…. 이건 마치 누군가 일부러 교
통사고 건수를 높이기 위해 꾸민 악랄한 장난 같았다. 때문에 우리는 여
러 번 주의를 했건만 결국 C는 아침에 상담을 나서다 역주행을 하고 말
았다. 그건 정말 황당하고 충격적인 경험이다.

샌프란시스코의 도로에는 신호등이 귀하다. 10m에 교차로가 하나씩
나타날 정도로 워낙 교차로가 많아서인지도 모른다. 길 중앙에 신호등이
있는 곳도 있지만 대부분은 그냥 횡단보도 신호등 옆에 붙어있는 플래쉬
불빛만한 아주 작은 신호등에 의존한다. 처음에 우리는 아주 조심스럽게
살금살금 차를 몰고 다녔지만 며칠 지나니 교만한 마음이 생겨 주의력이
흩어지기 시작했다. 서울에서는 도저히 만져볼 수도 없는 강력한 엔진의
4륜 구동 찝을 살살 몬다는 것은 엄청난 고통이요 울분이었다. 우리는
곧 차를 거칠게 몰게 되었다. 그리고 그런 부주의에 대한 대가는 곧 우리
를 처절하게 응징하였던 것이다.

샌프란시스코에서의 마지막 날 밤, 미팅에 참석한 한국 Mill들과 바이
어들이 함께 모여 유명한 Tony's toy restaurant에서 저녁식사를 하기로
되어있었다. 음식은 최고였다. 랍스터와 북경오리가 포함된 6가지의 최고
급 코스요리가 제공되었는데 가격은 겨우 60불이었다. 서울이었다면 아
마 못 받아도 20만원은 받았을 것이다. 거기서 우리는 바이어로부터 우리

의 Presentation이 세계 최고였다는 칭찬을 듣고 몹시 기분이 좋았다.

마지막 날, 마지막 식사를 마치고 집에 돌아갈 일만 남자, 우리는 그동안 쌓였던 노독이 한꺼번에 밀려오는 것을 느낄 수 있었다. 미국에 온지 3일이 지났지만 아직 시차조정도 채 하지 못하고 있는 상태였다. 나이 탓에 멜라토닌이 고갈되었는지 하루에 3시간 정도 밖에 잘 수 없었다. 눈은 충혈되고 아랫도리가 물속에 잠겨있는 듯 무겁기만 하였다.

9시 반이 되어 아쉬운 자리를 마감하고 일어섰다. 레스토랑이 있던 몽고메리 스트리트에서 호텔이 있는 Sutter까지의 거리는 불과 3~4km, 나는 운전대를 잡고 Powell을 지나 Sutter를 향해 차를 몰았다. 피곤했다. 운전대를 잡고있는 눈꺼풀이 천근만근 이었다. 나의 자율 신경계는 아세틸콜린(Acetylcholine)이 분비되면서 서서히 부교감 신경의 지배 하로 들어가고있었다. 심장 박동이 느려지고 기도가 좁아지며 혈압이 하강하고 있었다.

사람은 낮에는 교감신경의 지배를 받아 노르아드레날린(Noradrenalin)이 분비되어 대사가 활발해지지만 밤이 되면 쉴 준비를 하게 되면서 부교감신경의 지배 하에 들어가게 된다.

교차로를 건너는데 갑자기 C가 외쳤다. "앗 빨간 불인데 그냥 가면 어떡해요." 그 소리를 듣는 순간, 섬뜩한 얼음 송곳이 뒷덜미에 꽂히는 느낌이 들었다. 오른쪽 창문으로 신호를 받고 고갯길에서 탄력을 받아 쏜살같이 내려오는 75년형 시보레가 보였다. 나는 순간, 이대로라면 틀림없이 내 차의 뒷 부분을 시보레에게 받힐 것 같다고 생각했다. 그 차는 바닥에 납작하게 엎드려 있어서 고도가 높은 우리 차를 받으면 차가 전복할지도 몰랐다.
구형차이므로 시
보레는 에어백도
없을 것이고 강력
한 찹을 들이받으
면 시보레 운전자
는 크게 다칠 것이

시보레

다. 뒤로 다른 차가 따라오는 것을 보지는 못했지만 또 다른 충돌이 있을
수도 있다. 엉망이 될 것이다. 우리 차를 얻어 탄 다른 두 사람도 무사하
기 힘들 것이다. 그 와중에 경비를 아끼기 위해 보험을 Basic으로 들었다
는 생각이 들었다. 발등을 찍고싶은 기분이었다.

이 모든 생각이 0.1초 사이에 이루어졌고 나의 자율 신경계는 급히 교
감 Mode로 변환되었다. 노르아드레날린이 분비되면서 두뇌 활동이 재
개되었다. 신경전달 물질의 속도는 시속 350km로 F1경주 자동차의 속도
와 맞먹는다. 대뇌의 종합 판단에 의해 나의 체성 신경계는 결국 브레이
크 대신 액셀레이터를 밟기로 최종 결정하였다. 나는 액셀을 힘껏 밟고
핸들을 왼쪽으로 꺾으면서 충돌에 대비했다. 끼이익~ 브레이크가 비명
을 토해내는 거친 마찰음이 들렸고, 뒷부분을 강하게 추돌 당한 내 찹은
곧 와장창 소리를 내면서 심하게 돌아갈 것이다. 전복이 될지도 모른다.
운전대를 잡은 손에 힘이 들어갔다. 하지만 브레이크의 파열음 뒤로 더
이상 아무 소리도 들리지 않았다. 내 차는 미꾸라지가 기름 묻은 손에서
빠져나가듯 미끄럽게, C의 표현대로라면 깻잎 한 장 차이로 시보레와의
충돌을 피했다. 사고는 면했다. 하지만 놀란 시보레는 계속 미끄러지고
있었다.

나는 그 자리에서 벗어나고 싶다는 생각에 더욱 더 세게 가속페달을
밟았다. 화가 잔뜩 난 시보레 운전자가 쫓아오는 것 같았다. 내 근육은

빠르게 움직이기 시작했고 근육에 많은 혈액을 퍼붓기 위해 심장이 기관차처럼 빨리 뛰기 시작했다. 교감 신경이 최대한으로 활성화 되면서 땀샘에서 땀이 나오는 것이 느껴졌다. 혈액에 더 많은 산소를 공급하기 위해 폐가 바쁘게 움직이고 있다. 호흡이 거칠어졌다.

다음 신호가 빨간 불로 바뀌어서 급히 우회전을 한 다음 다시 좌회전을 하였다. 그런데 좌측 길로 들어서자마자 경찰이 보였다. 빨간 플래쉬를 들고 있던 그는 차도에 서 있다가 나를 향해 1way! 라고 고함을 질렀다. 경찰차 옆에 시보레 한대가 엎어져 있었고 나는 순간, 사고 현장으로 다시 돌아왔다는 착각에 빠졌다. 길을 다시 돌아나오면 경찰과 마주쳐야 할 것이다. 나는 잠시 생각하다 그대로 역주행 하였다. 덕분에 심장은 폭발하기 일보 직전이었다. 경찰차가 싸이렌을 울리며 쫓아올 것이다. 샌프란시스코에서 경찰의 크라운 빅토리아와 추격전을 한판 벌이게 되었다. 하지만 다행히 경찰은 사고 난 차를 수습하느라 나를 쫓아오지 않는 것 같았다. 마주 오는 차도 없어서 위기를 모면할 수 있었다. 우리 4명은 한숨을 몰아 쉬고 호텔 로비에 들어섰다. 진정이 잘 되지 않았다. 경찰이 금방이라도 쫓아올 것 같았다. 그 시보레가 멈추면서 다른 충돌을 하지는 않았는지 뒷자리에 앉은 친구에게 물어보았다. 다른 사고는 없이 무

크라운 빅토리아

사히 정지했다고 말해주었다. 그래도 불안했다. 경찰차가 호텔 앞으로 금방이라도 들이닥칠 것 같다는 불안감에 사로잡혔다.

만약 그 사람이 다치기라도 했다면 나는 뺑소니가 되고 보석금을 10만 불은 내야 풀려날 수 있을 것이다.

망할 놈의 샌프란시스코 도로였다. 다시는 샌프란시스코에서 운전 하지않으리라 다짐했다.

시상하부에서 체온을 올리기 위해 피부의 혈관들을 최대한 수축시키며 한차례 진동을 지시하였다. 몸이 부르르 떨렸다.

샌프란시스코의 8월 밤은 염병나게 추웠다.

F/W Shanghai Intertextile 참관기

'대목' 이라는 순 우리말은 바로 이런 때 쓰는 것이다.

나는 전시회 이틀 전인 24일 오후에 상해에 도착하였는데 이미 상해의 푸동공항은 사람들로 인산인해였다. 공항측은 아예 통제 자체를 포기하고 있었다. 병목현상은 Immigration창구에서 일어났다. 창구 하나에 3줄 심지어는 4줄씩 줄을 서 있었는데 줄을 선 사람들은 자신이 1줄짜리에 섰는지 아니면 4줄짜리에 섰는지 조차도 모르고 있었다. 상해의 이민국 창구 앞은 사람들로 인해 까만 콩나물 시루를 방불케 했다. 해외출장 23년간 닦인 나의 줄서기 잔재주도 이 야만적인 공항에서는 무용지물이었다. 이곳을 빠져나가는데 3시간이 걸릴지 4시간이 걸릴지 아무도 모르는 일이었다. 이런 곳에서 가장 유용한 무기는 얼굴에 무쇠로 된 두꺼운 철판을 까는 일이지만 선진 대한민국의 시민인 내가, 많은 외국인들 앞에서 추태를 보일 수는 없었다. 그냥 물이 흘러가듯 내버려두기로 했다. 다

푸동공항

행히 우리는 한시간 반 만에 지긋지긋한 공항을 빠져나올 수 있었다.

이 전시회에 갈수록 백인 바이어들의 발길이 잦아지고 있다.

이제는 상해에서 전시회를 보러 온 바이어들과 여러 건

의 상담을 할 수 있을 정도이다. 이번에도 몇 건의 상담이 잡혀 있다. 이제 텍스월드(Texworld)는 점점 쇠퇴해 갈 운명에 처해 있다.

재미있는 것은 텍스월드에도 많은 중국 업체들이 대거 참가하고 있는데 바이어들은 거의 그들을 거들떠 보지 않는다는 것이다. 중국 업체는 중국에서만 보겠다는 것인지 그 깊은 속은 알 수 없지만 어쨌든 바이어들의 그런 행태에 따라 국제 섬유 전시회의 무게중심은 점차 유럽에서 아시아로 넘어올 전망이다.

상해 인터텍스타일은 과거 Messe Frankfurt가 독일의 프랑크푸르트에서 개최하였던 Interstoff를 중국 버전으로 옮겨놓은 것이다. 따라서 인터텍스타일의 규모는 텍스월드를 포함하여 세계 각국에서 열리고있는 그 어떤 전시회도 추종을 불허한다. 5개관으로 이루어진 전시관을 한바퀴 돌아보는 데만도 4시간 이상이 걸리는 이 거대한 섬유 전시회는 그러나 작년보다는 많이 퇴색해 있었다. 그 이유는 분명하다. 혹시나 뜨내기 바이어라도 잡아볼까 하고 적지 않은 돈을 투자하여 참가했던 하루살이 신출내기 공장들의 기대가 1년 사이에 여지없이 깨져버린 탓일 것이다.

Major 바이어들은(우리가 중요하다고 생각하는 그런) 미리 약속하지 않았던 부쓰에는 결코 들르지 않는다. 그곳이 황포강 위로 아름다운 유람선이 떠 다니는 머나먼 오리엔트의 이국적인 도시가 아니라 자기 동네의 채소가게 앞이라고 할지라도 만약 미리 약속을 하지 않았다면 눈길조차도 주지 않을 것이다. 하루 방값이 300불이 넘는 호화로운 샹그릴라 호텔에 묵는 부유한 선진 디자이너들이 약속도 없이 뜨내기 공장들을 호기심 하나로 찾아가는 법은 없다. 따라서 그런 허황된 기대를 가지고 참가했던 많은 순진한 공장들은 (놀랍게도 이 중 쓸만한 공장들이 많다.) 더 이상 이 전시회에 매력을 느끼기 어려운 것이다.

하지만 기실 바이어들이 찾는 것은 내실 다져진 양호한 Manufacturer 이지 겉 모습만 화려하게 치장하고 실속은 없는 진출구 공사(Trading

Shanghai Intertextile

co)는 아닌 것이다. 중국의 진출구 공사는 우리나라의 그것과는 사뭇 다르다. 우리나라의 무역회사가 자신의 물건에 책임을 지는 것처럼 중국의 진출구 공사가 비슷한

기능을 할 것이라고 추측하면 예상치 못했던 재앙에 직면할 수 있다. 그들은 전혀 '책임' 이라는 것을 지지 않는다. 따라서 보험 들었다고 생각하며 진출구 공사를 끼고 오더를 해보겠다는 시도는 시험 보기 전날, 밤 샜다고 뿌듯해 하는 수험생처럼 크나 큰 착각이다.

5개의 전시관 중 1관과 2관은 중국이 아닌 외국 회사들의 전시관이다. 즉 이곳은 중국의 수입업자들을 위한 전시관이다. 우리 같은 수출 꾼들은 볼일이 별로 없다. 우리나라와 대만 일본 그리고 이태리 회사들이 주종을 이루고 있으며 간간히 태국이나 인도 회사들도 발견된다.

따라서 발길은 3관부터 시작된다. 주최측이 의도한 바대로 1관부터 시작하면 일정을 하루 연장해야만 한다. 아무리 빠른 걸음으로 본다고 해도 나중에 4관이나 5관쯤 가면 발은 천근짜리 쇳덩어리를 달아맨듯하고 어깨는 지구의 중심으로부터 발생되는 중력을 관절 마디마다 느끼게 된다. 그런 지친 몸과 마음으로는 진흙 속에 숨어있는 보석 같은 공장을 발견하기 어렵다. 아예 포기하고 다음날 4관부터 시작하는 것이 좋다는 생각이 든다.

하지만 첫날인 Buyer's day와 아무나 들어올 수 있는 둘째 날은 분위기부터 다르다. 둘째 날부터 전시장은 완전히 복마전이 된다. 상담은 물론 불가능하다. 따라서 그것도 별로 좋은 생각은 아니다.

3관은 화려하다. 전시장에 돈 푼깨나 뿌린, 대기업으로 보이는 회사들의 전시관이다. 유럽의 텍스월드 보다 더 세련되고 화려하게 치장한 부쓰들을 이곳에서 볼 수 있다. 이곳은 돈 많기로 유명한 소모 공장들의 판이다.

그리고 소모의 중간 중간에 끼어있는 짝퉁인 T/R suiting을 생산하는 공장들, 그리고 그 틈바구니 곳곳에 독버섯처럼 암약하고있는, 공장은 커녕 드넓은 중국 땅에 송곳하나 꽂을 땅도 없는 진출구 공사들. 우리들 눈에는 그들의 정체가 한눈에 들어오지만 바이어들이 그런 옥석을 구분할 수 있을 리가 없다. 따라서 차라리 Agent의 손을 잡고 눈뜬 봉사마냥 따라다니는 것이 숫제 상책일 수도 있다.

직원 10명 밖에 없는 27살의 사장이 운영하는 조그만 진출구 공사가 1년에 1억불어치를 팔아 제끼는 공장보다 더 큰 부쓰를 들고 나오는 인간들을 흔하게 볼 수 있는 곳이 바로 이곳 중국이다. 역시 광활한 대륙에 사는 중국인들의 배짱은 우리가 가진 상식의 테두리를 넘어서는 것이다. 이렇게 크게 차리고 나오는 회사들의 부쓰는 많은 사람들로 붐비지만 실속은 별로 없는 편이다. 왜냐하면 정작 중요한 바이어들은 계획 없이 방문하는 일이 별로 없으며 중동과 남미의 뜨내기들만 들끓게 마련인 것이 이런 전시회의 속성이기 때문이다.

정작 볼만한 곳은 조그만 부쓰들이 많이 모여있는 4관과 5관에 있다. 실제의 Manufacturer들은 대부분 이곳에 모여있다. 물론 그 중에서도 옥석을 잘 구분해야 한다. 4,5관의 60% 이상이 진출구 공사이기 때문이다. 이들을 구분하는 방법은 나중에 따로 소개하기로 한다. 그런데 이번 전시회는, 결론부터 얘기하자면 작년에 비해서는 좋은 공장들이 별로 많이 나오지 않았다. 품질관리는 자신 있지만 마케팅에는 약한, 좋은 공장의 총경리들은 참을성이 별로 없는 것이다.

몇 개 건진 것은 없지만 이번에 발견한 몇몇 공장들의 새로운 제품들을 한번 훑어보는 것이 좋을 것 같다. 사실 이곳에서 건진 공장들을 실제로 방문해 보면 10개 중에 8개 정도는 완전히 허탕이라는 것을 알 수 있다. 실제로 20% 정도만이 그나마 실속있는 곳인 것이다. 마치 참빗으로 Cashmere의 털을 모으듯 그렇게 길고 험난한 과정을 거쳐야 만이 보석 같은 귀중한 알짜배기 공장을 챙길 수 있다. 하지만 그런 공장은 1년 내내 구두 뒤축이 닳게 발품을 팔아도, 18인치 타이어의 트레드가 다 마모되어 없어질 때까지 동부연해지역의 구석구석을 구름처럼 먼지를 일으키며 다녀도, 겨우 1년에 1개를 찾기도 힘들다.

늘 그렇듯이 이 개념 없는 장사꾼들이 내 놓은 물건들은 Season도 없는 SS용도의 물건들이 꽤 많다. 바이어들에게 지금 그것들을 보여주고 결과를 확인하려면 앞으로 1년은 기다려야 하는데 실상 그들은 그때까지 참고 기다려 줄만한 인내를 가지고 있지도 않다.

올해 특히 눈에 띈 아이템이 있는데 바로 스테인레스(Stainless)원단이다. 스테인레스로 어떻게 원단을 만드냐고? 그건 나중에 따로 설명을 하겠다. 이 아이템은 이미 지난 시즌부터 유럽에서 선풍적인 인기를 일으키고 있으므로 곧 미국으로 건너올 채비를 하고있는 Innovative한 아이템이다. 작년에 유행했던 Vintage Look의 Trend가 만들어낸 대단한 역작이요 발명품이다. 사실 천연 섬유인 면에 비해 화섬의 Vintage look은 만들기가 힘들다. 그 이유는 방추성과 관계 있는데 화섬은 잘 구겨지지 않기 때문이다. 화섬이 잘 구겨지지 않는 이유는 섬유의 비결정영역이 천연섬유에 비해 적어서 잘 구부러지지 않기 때문이다. 따라서 아무리 주름을 아름답게 잡아 놓아도 한번 빨래하고 나면 주름은 금방 원상복귀 되고 마는 것이다. 과거의 장점이 단점으로 변한 것이다. 또 이 물성을 깨려고 다른 후가공을 시도하면 원래의 소프트한 Hand feel이 손상되고 만다. 국내의 여러 업체가 이 원사를 이용하여 다양한 Vintage원단을 개발하였는데 가격이 5불에서 7불대로 매우 비싼 편이다. 불과 작년에 개발한 아이템인데 벌써 중국 시장에 나왔다. 역시 원사나 제직은 아무리 어려워 보여도 금방 도용 당하고 만다. 따라서 승부는 후가공이다. 중국 공장에서는 독일 산이나 일본 산의 원사를 사용했다고 주장하는데 대부분이 교직물이기 때문에 가격은 국산과 별 차이가 없다. 하지만 중국산 원사도 생산되기 때문에 빠른 시일에 경쟁력을 갖추는 것이 어려운 일은 아니다.

이번에 새로운 수팅(Suiting)용 직물을 발견하였는데 조금만 손을 보면 아주 쓸만한 물건으로 개발시킬 수 있을 것 같다는 생각이 들었다. Wool을 약간 넣을 수도 있다. 그 동안 볼 수 없었던 나일론 2way가 드디어 등장하였다. 그 동안 폴리에스터 2way원단은 흔했으나 나일론은 가공을 제대로 할 수 있는 공장이 아직 없었다.

우리는 그 동안 자카드(Jacquard)부분이 열악하여 대만산과 국내산으로 보충하고 있었는데 대부분 가격이 너무 비싸서 바이어의 입맛만 버려놓고 마는 악순환이 계속되고 있었다. 이참에 그 갈증을 해소해 줄 수 있는 좋은 공장을 하나 발견할 수 있었다. 싸고 멋진 자카드들을 보유 하고 있는 이 공장에 바로 사람을 보내볼 작정이다.

재미있는 아이디어를 들고 나온 공장이 있었다. 바로 코듀로이에 Burn out을 한 것인데 약간만 손대면 멋진 물건을 만들 수 있을 것 같다. 문제는 그것이 T/C 교직물의 코듀로이가 되므로 Hand feel이 좀 나쁘다는 단점이지만 그런대로 엘레강스 하고 독특한 맛이 난다.

놀라운 물건을 하나 발견하였다. 그것은 PP Micro에 전사 Print를 한 여름용 Swim 트렁크(Trunk) 원단이었는데 한동안 Gap에 수 백만y를 팔았던 우리의 주력 아이템이었다. 프린트가 너무 까다롭고 사고가 많이 나기 때문에 특정 공장에서만 프린트가 가능한 골치 아픈 아이템이었고 가격도 당시에는 3불 가까이 호가하였다. 중국에서는 당연히 스크린 프린트(Screen Print)로만 가능하였고 전사(Photo Print)는 생각도 못하던 아이템이다. 그런데 전사 프린트를 멋지게 해놓은 공장을 하나 발견하였다. 가격 또한 물론 환상이다. 전송사진처럼 원색 분해한 디자인도 가능하다. 품질만 제대로 유지된다면 이 시장을 석권할 수 있는 충격파를 던질 수도 있을 것이다.

방모에 프린트하는 일도 몹시 까다로운 작업인데 그것을 제대로 해낸 집을 발견하였다. 이번 시즌 방모에 프린트한 물건은 대단한 인기를 끌었는데 그 작업이 이제는 중국에서도 가능하게 된 것이다.

이번 시즌 우리가 내 놓았던 전략 아이템 중 하나가 면직물에 Novelty touch를 개발한 것이었다. 그 중 하나가 세라믹 피치(Ceramic peach)한 물건이었는데 사실상 대단한 인기를 끌었다. 우리는 그 기세에 힘입어 왁스 코팅(Wax coating)을 추가한 촉촉한 느낌을 만들어 이번 Holiday에 뿌리고 있는데 이곳에서 처음 보는 놀라운 hand feel들을 개발한 공장을 만날 수 있었다.

그 동안 면직물의 특수 후가공은 중국에서는 불가능한 것으로 인식되고 있었기 때문에 만약 일이 제대로 풀린다면 이번 Holiday에 바이어들을 깜짝 놀라게 할 수 있는 파격적인 물건들을 공개할 수 있을 것 같다.

그 외에도 많은 흥미로운 물건과 공장들을 발견하였고 다음 주부터 상해, 절강, 강소에 위치한 우리 중국 지점들에서 각 공장들을 방문하여 개발을 시작할 것이다.

전시회가 끝나고 객고를 풀기 위해 자주 가던 58원짜리 발 마사지 가게를 찾았다. 아무리 싸도 수출은 불가능한, 노동력을 파는 이런 종류의 상품이 바로 우리가 쇼핑할 수 있는 중국에서의 매력이다. 시원하게 족욕과 마사지를 받고, 가라앉은 발의 부기로 인하여 신발이 커졌음을 느끼며 잠시 화장실에 들렀는데 화장실의 벽에 이런 멋진 2행 시가 써있다.

'來也悤悤 去也沖沖'(래야총총 거야충충)

"오실 때 총총히 오시어서 가실 때는 충충하고 가시오소서" 이런 말이다. 총총과 충충의 발음이 우리에게는 다르지만 그들에게는 같은 총총이다. 따라서 음운이 딱 맞아 떨어지는 훌륭한 시인데 여기서 충충은 물을 뿌리는 것을 말한다. 즉 급해서 볼일 보셨으면 점잖게 물 내리고 가시라는 것이다.

화장실에 가서 볼 일 보고 물 내리라는 말을 이렇게 멋지고 우아하게 표현할 수 있는 것이 바로 한자의 매력이다. 요즘 같은 디지털 시대에는 환영 받지 못하는 어렵고 까다로운 한자이지만 그 속에 7000년 역사를 자랑하는 심오한 문화가 숨어있음을 우리는 부인하기 어렵다.

Spring PV(쁘리미에르 비종)와 Texworld

유럽 출장기를 쓰던 중, 내 PC에 바이러스가 침투하여 나의 많은 귀중한 File들을 날려보내 버렸고 그 중에 구렁이 알보다 더 소중한 주소록도 끼어있었다. 따라서 내 작업은 중단될 수밖에 없었고 '자빠진 김에 한숨 자고 간다' 고 그 동안 좀 쉬었다. 잃어버린 File들을 복구하는 데만 꼬박 한 달이 걸렸다. 돈도 많이 들었다. 하지만 다행히도 집 나간 제 주소록이 돌아왔다. 이제 바빠졌다. 쉬느라 10개 모두 엄지 손가락이 되어버린 무뎌진 손가락들을 재촉해본다.

지구 한 바퀴를 돌아서 딴 때보다 조금 이르게 미국 Presentation을 시작했다. 늘 그렇듯이 미국의 서부인 시애틀, 샌프란시스코, LA에서 시작하여 중부인 달라스(Dallas), 세인트 루이즈(St Louis)를 거쳐 동부인 뉴욕(NY), 보스톤(Boston)에서 끝나는 일정이다. 보통은 PV가 끝나고 바이어들이 Sourcing Idea정리를 끝내는 시점에서 Presentation을 하는 것이 가장 이상적인 타이밍이지만, 이번은 나도 Premier Vision을 참관해 보기 위해서 미리 앞당겨 실시하게 되었다.

미국 바이어들의 최근 경향은 Season start를 PV까지 기다리지 않고 한달 앞서 뉴욕에서 열리는 Preview in NY을 참고하여 실시하게 되었기 때문에, 최초의 아이디어는 뉴욕에서 비롯되고 PV는 트랜드를 최종 확인하고 빠진 것들을 추가하는 수단으로 서서히 바뀌어 가고 있는 추세인 것 같다. 따라서 처음에는 Concept 만으로 Software Sourcing을 시작하고, PV이후 Original Swatch들이 돌아다니는 Hardware sourcing이 시작된다. 따라서 우리도 추세에 발 맞춰 한달 먼저 움직이고 있다.

미국 Presentation을 마치고 뉴욕에서 유럽으로 넘어가는 여행은 갈 때는 태평양을 건너 미국으로 가게 되는 것이지만, 돌아올 때는 같은 경로로 오지 않고 유럽에서 지구 반대쪽으로, 대부분 러시아의 영토를 통해서 서울로 되돌아오게 된다. 둘레 4만km의 지구를 한 바퀴 도는 셈이 되는 것이다. 이른바 세계 일주코스이다. 물론 적도를 따라 돌아야 4만 km이지만 어쨌든 거의 지구 한 바퀴에 해당된다. 아시아나에서 제공하는 이 세계일주 비행기 표는 250만원이다.

지구는 서쪽에서 동쪽으로 돌기 때문에 지구를 한 바퀴 돌다 보면 지역에 따라서 해 뜨는 시각이 달라지게 된다. 따라서 재미있는 시간차를 만나게 된다. 그럼 어디가 세계에서 가장 먼저 해가 뜨는 곳일까? 즉, 세계에서 가장 먼저 새해를 맞는 지역이 어디일까? 당연히 지구의 동쪽 끝에 해당하는 곳일 것이다. 지구는 둥글기 때문에 시작점도 종점도 없지만 편의상 지구를 위도와 경도로 나누어서 지역을 정하게 된다. (경도는 360등분 위도는 180등분 한 것이다. 경도는 지구 한 바퀴가 되지만 위도는 지구 반 바퀴이기 때문이다.) 우리나라는 극동 지역이라고 불리기 때문에 당연히 동쪽 끝이라고 볼 수 있다. 하지만 실제로 동쪽 끝부분이지 아주 끝은 아니다. 우리보다 더 빨리 해가 뜨는 곳이 있기 때문이다. 그곳은 바로 뉴질랜드이다. 그렇다면 세계의 중심은 어디일까? 도대체 어떤 오만한 자들이 자기 나라를 세계의 중심이라고 감히 주장하고 있을까. 물론 그곳은 뉴턴과 다윈 그리고 세익스피어의 나라 영국이다. 영국에서도 그리니치 천문대가 바로 세계의 중심이다. 그곳이 바로 지구를 동 서로 180 등분하여 나누어져 있는 경도상 0도에 해당하는 곳

이기 때문이다. 따라서 시간은 그곳으로부터 시작된다. 즉, 그리니치 천문대의 시간은 GMT(Greenwich Mean Time)라고 표시한다.(Mean time이라는 말 자체에도 오만함이 묻어나지만.) 그곳으로부터 서쪽은 더 늦은 시간, 즉 해가 더 늦게 뜨는 곳으로 규정하

고, 동쪽은 해가 더 빨리 뜨는 곳으로 규정한다. 우리나라는 그리니치로부터 동쪽이며 9시간이 빠르기 때문에 GMT +9라고 쓴다. 그리고 우리보다 더 멀리 동쪽에 있는 호주의 시드니는 +10이고 +12에 해당하는 지구의 진짜 동쪽 끝이 바로 피지, 퉁가, 마샬군도를 포함하는 뉴질랜드이다. 따라서 날짜 변경선은 바로 그 섬들의 동쪽에 있다. 그 경계선 너머에 있는 섬들은 더 이상 동쪽의 끝이 아닌 서쪽의 끝이 된다. 즉 동쪽 끝과 서쪽 끝이 만나는 곳이 바로 날짜 변경선이 되는 것이다. 따라서 지구의 서쪽 끝인 사모아 제도는 세계에서 가장 늦게 해가 뜨는 곳이다. 시간은 GMT -11로 우리와는 무려 20시간이나 차이가 난다. 경도 상으로 이웃인, 근처에 있는 하와이와는 1시간 차이이지만, 보다 더 가까이 있는 지척에 있는 뉴질랜드와는 무려 23시간의 차이가 벌어지는 희한한 일이 발생하게 된다. 태평양을 넘어 미국의 서부로 가는 비행기는 날짜 변경선을 지나가게 되기 때문에 단숨에 24시간, 하루를 벌게 되는 것이다. 따라서 10시간을 날아가고도 오후 비행기가 아침에 도착하는 희한한 경험을 하게 된다. 이른바 과거로 시간 여행을 하게 되는 셈이다. 이런 것 말고 실제로 시간 여행은 가능한 것일까?

아인슈타인의 상대성 이론에 따르면 빛에 가까운 속도로 달리면 시간은 점점 느리게 흘러가고 마침내 광속에 도달하면 시간이 정지한다. 따라서 누군가 빛의 속도에 가까운 속도로 우주선을 타고 1년 간 우주를 여행하고 난 후 지구에 돌아오면 지구는 4~5년쯤 지나있게 된다. 우주선을 타고 간 사람은 1년 밖에 지나지 않았지만, 지구는 4~5년 후가 되어 있으므로 미래를 향한 시간여행이 되는 것이다. 즉, 우리는 실제로 미래여행을 할 수 있다. (물론 광속에 가까워야 몇 년을 뛰어넘는 시간여행이 가능하지만 그런 속도가 아니라도 다만 몇 분이나 몇 시간 정도의 시간여행은 실제로 가능하다.) 하지만 반대 방향인 과거로의 시간여행은 비행기로 태평양을 날아가기 전에는 불가능한 일이다. 따라서 미래로 시간여행을 떠난 사람은 다시는 과거로 돌아올 수 없기 때문에, 우리는 미래에서 온 시간 여행자를 만날 수 없게 된다. 그것이 바로 우리가 타임머신을 타고 미래로부터 온 사람들을 볼 수 없는 이유이다. 물론 몇 천 년이 지난 후에는 과거로부터 온 시간 여행자를 만날 수는 있겠지만 그 사람은 12 Monkeys의 브루스 윌리스처럼 자유자재로 자신의 세계로 돌아갈 수 없다. 머리 식히라고 썼는데 잘못하면 더 골치가 아플지도 모르겠다.

텍스 월드

뉴욕에서의 일정이 3월 4일 금요일에 끝남에 따라 우리는 3월 5일 대서양을 건너 파리로 날아가기로 하였다. 하지만 PV는 3월 9일에 시작되고, 그나마 그 날은 Buyer's day로 지정되어 우리 같은 Mill들은 아예 접근조차 하지 못하게 되어 있었다. 우리는 8일부터 시작하는 텍스월드를 먼저 참관하기로 했다.

파리의 외곽, 서울 같으면 강남 정도에 해당하는 신 도시인 라데팡스(La Defense) 지역에 텍스월드행사를 하는 전시관이 있었다. 텍스월드는 Frankfurt에서 열리던 Interstoff의 주관사인 Messe Frankfurt에서 주관하는 전시회이다. 최근 가장 중요한 전시회 중의 하나가 된 Intertextile은 상해와 북경에서 번갈아 열리는데 역시 Messe가 주관한다.

겉 모습은 훌륭했다. 라데팡스 자체가 워낙 예술적으로 지어진 곳이라 우아한 곡선미를 강조한 형태로 건축된 거대한 말 안장 모양의 둥근 지붕의 모습이 근처의 아름다운 구조물들, 특히 바로 옆의 그랑다슈(La Grande Arche)와 좋은 조화를 이루고 있었다.

그랑다슈와 전시관

하지만 진행은 매끄럽지 못했다. 방문자들은 우왕좌왕하고, 입장하는데 많은 시간을 허비해야만 했다. 갈 때마다 미숙하고 늦은 일 처리로 짜증을 유발하던 중국의 광동 Fair는 거기에 비하면 양호한 편일 정도로 일처리가 더뎠다. 이곳이 과연 선진국 프랑스가 맞나 의심이 들 정도로 미숙하고 얼빠진 진행을 하고 있었다. 데스크에 앉아서 Registration을 처리하는 아줌마 요원들은 PC앞에 고개를 처박고 열심히 두 검지 손가락만을 이용하여 타이핑하고 있었다. 고수들만이 가능하다는 가공할 타이핑······ '독수리 타법' ······

자유분방한 국민

300가지 치즈를 먹는 나라. 5700만 국민이 모두 대통령인 나라.

프랑스에서는 그 어떤 것도 미리 예측하는 것을 허용하지 않는다. 늘 Irregular가 발생하는 곳이므로 계획적인 일을 추진하기에는 적합하지 않은 곳이라는 생각이 들었다. 귀중한 시간이 한없이 길바닥에 버려지고 있었다. 무슨 수를 써야만 했다. 우리는 할 수 없이 참가 업체의 Admission card를 빌려서 먼저 입장하는 편법을 사용하기로 했다.

고지식한 사람들은 이 땅에서는 상당히 고생하게 될 것이다.(편법을 사용한데 대한 합리화)

전시 홀은 4개로 이루어져있었는데, 모두 4개 층으로 나누어져 있다. 43개국에서 650여 개의 업체가 참여하고 있는, 명색이 세계 최대의 원단 전시회 중 하나이지만 결국 잔치는 대부분 Major인 4개국에 의해서 치러지고 있는 것이 확실했다. 한국, 대만, 터키, 인도가 그것이다. 수십 개국이 참가 어쩌고 하지만 결국 나머지는 들러리에 불과했다.

이 전시회의 가장 중요한 기능은 우리가 생각하는 것처럼 Mill들이 자신들의 이름을 시장에 알리는 것이 아니다. 즉, 대기업이 아닌 이상 홍보 차원으로 이 전시회에 참가하는 회사는 뭔가를 착각하고 있는 것이다.

이 전시회가 성황을 이루고 있는 이유는 유럽의 바이어들이 이 전시회를 통해서 자신들의 Mill로부터 Seasonal Presentation을 받는 기회로 삼고 있기 때문이다. 따라서 대부분의 바이어들은 미리 약속한 자신들의 Mill만 방문하고, 그 외의 업체는 눈길 한번 주지 않고 지나친다. 따라서 여기에 참가하여 이름을 내 보려는 신생 업체들의 어설픈 시도는 귀중한 샘플의 낭비와 실속 없고 바쁘기만 한 Inquiry들의 허무한 잔치로 끝나기 마련이다.

우리의 관심은 단연 중국 업체였다. 대체 어떤 중국 업체들이 나왔는지 궁금했다. 중국 업체들은 지하 3층의 D홀에 몰려있었는데, 북적대는 A홀에 비해 상대적으로 한산하였다. 그리고 우리가 발견한 중요한 사실은 참가 업체의 대부분이 Manufacturer가 아닌 진출구 공사, 즉 무역 업체들이라는 것이다. 결과적으로 별로 건질만한 곳이 없었다. 중국의 진출구 공사들은 우리가 생각하는 그런 Trading이 아니다. 자신들의 제품에 전혀 책임을 지지 않기 때문이다. 그저 자기네 마진 붙여 수출권을 행사하기만 할 뿐이다. 따라서 유통과정만 길어지고, 가격은 더 비싸지는 낭비를 초래한다. 영리한 유럽바이어들은 그런 실상을 잘 파악하고 있는 것으로 보였다. 우왕좌왕하며 불필요한 시간낭비를 하고 있는 바이어는 거의 없었다.

전시장 한쪽에서 Big 4의 공세에 맞서 태국 업체들이 정부 차원으로

연합전선을 형성하며 적극적인 홍보를 하고 있었지만, 바이어들의 관심을 끄는 데는 실패하고 있는 것처럼 보였다. 인도는 대부분 Silk나 자수 또는 Novelty item을 통하여 독특한 틈새 시장을

노리고 있었다. 터키는 이태리 제품의 아류로 인식되는 제품들을 들고 나와 바이어들을 유혹하고 있었지만 높아진 유로화의 가치 때문에 고전을 면치 못하는 모습이다. 대만이나 한국의 참가 업체들은 대부분 우리가 파악하고 있는 수준을 넘지 못했다. 몇몇을 제외한 대부분이 그저 그런 원단을 그리 경쟁적이지 못한 가격에 들고 나와 시간을 때우고 있는 것처럼 보였다.

전시장의 전체적인 모습은 외관에 비해 그리 만족할만한 수준은 아니라는 것이 나의 첫 느낌이었다. 전반적으로 아직도 급조된 천막의 모습을 벗어나지 못하고 있었다. 적어도 인터스토프(Interstoff)보다는 덜 화려했고 내실은 상해의 Intertextil만도 못 하다는 인식을 주었다. 전시회가 열리는 일정도 그 동안은 PV와 같은 기간이어서 바이어들이 PV에서 Sourcing한 원단들을 Workable한 가격으로 텍스월드 현장에서 구할 수 있었지만, 이제는 이런 시도를 막기 위한 프랑스나 이태리 업체들의 로비가 작용했는지 PV가 텍스월드보다 더 늦게 시작되는 일정으로 바뀌어 있었다.

드디어 PV를 가다

우리는 하루를 건너뛰어 파리에 온지 나흘째나 되는 3월 10일에야 비로소 PV를 구경하러 갈 수 있게 되었다. 하지만 프랑스에서 미래를 예측하고 계획은 세우는 일은 아무런 의미가 없다는 사실을 다시 한번 깨닫게 해주는 사건이 발생했다. PV가 시작되는 바로 그날 지하철이 파업을 한다는 뉴스가 나왔다. 택시나 버스가 여의치 않은 파리에서 지하철이 움직이지 않으면 거의 발이 묶이게 되는 형편이라 우리는 당황하지 않을 수 없었다. 나는 400유로나 되는 살인적인 호텔비를 아끼기 위해 Green house라는 Guest house에 머물고 있었는데, Green house 주인은 우리 일행의 딱한 처지를 해결해주고자 자신이 직접 차를 몰고 우리를 전시장에 데려다 줄 것을 약속 했었다. 따라서 우리는 9일 밤, 걱정 없이 단잠에 빠질 수 있었다.

하지만 아침에 일어나보니 사정은 완전히 달라져 있었다. 우리의 예측은 또 다시 빗나갔다. 그린하우스 주인이 밤늦도록 술을 마셔 아침까지 골아 떨어져 있는 것이었다. 사실 그 때까지의 정황으로 보아 그 정도의 가능성은 미리 예측하고 대책을 세워뒀어야 옳았다. 리더가 칠칠치 못하면 따르는 사람이 고생이다. 할 수 없이 우리 일행은 전철역까지 걸어서 갔다. 하지만 전철은 모두 역에 서 있었고 운행을 중지한 상태였다. 버스로는 도저히 갈 수 없고, 버스 노선은 아예 지도에도 표시되어있지 않았다. 하지만 그나마 다행인 것은 국철인 RER만 파업이고 지하철인 Metro는 간간히 운행을 한다는 소식이었다. 할 수 없이 우리는 버스를 타고 아무데나 Metro가 서는 곳으로 가기로 했다. 그곳에서 시내 중심가로 가서 택시를 타 볼 생각이었다. 하지만 그나마 우리를 메트로로 데려다 줄 버스조차도, 아무리 기다려도 오지 않았다. 할 수 없이 우리는 다시 그린하우스에 전화를 해서 주인을 깨우기로 했다.

하지만 깨어난 주인은 자신이 언제 그런 약속을 했냐며 잡아떼는, 프랑스인다운 행동을 잊지 않았다. (한국 사람인데도 빠리에서 3년 살아 빠리쟁이 다 된 사람이다.) 오오~ 5명이나 되는 사람들이 모두 바보가 되는 순간이다. 막막해진 우리는 지나가는 버스는 아무거나 무조건 타기로 했다. 그나마

텍스월드로 가는 S 상사 일행은 Metro만 타면 어떻게든 전시장에 갈 수 있었지만, 드골 공항에서 한 정거장 거리에 있는 PV는 도저히 Metro로 접근이 불가능한 곳이었다. 우리는 발을 동동 굴러야만 했다.

텍스월드 일행이 떠나고 난 다음 우리는 아무 버스나 집어 타고 가장 가까운 메트로 정류장으로 향했다. 거기에서 메트로로 갈아타고 시내 중심가인 오페라 근처, 생 라자르로 갈 생각이었다. 시내 중심가인 그곳에서 우리는 드골 공항으로 가는 버스를 발견할 수 있을 것이고, 공항만 가면 택시를 타고 전시장으로 갈 수 있다고 생각했던 것이다. 그래서 오랜 기다림 끝에 생 라자르에 도착할 수 있었고 그곳에서 가까운 버스 정류장 근처의 안내소(Information desk)를 발견했다.

의자에 등을 기대어 아침부터 졸고있는 무심하게 생긴 프랑스인에게 공항 가는 버스를 어디서 탈 수 있는지 물어보았다. 하지만 이 거만하고 게으르게 생긴 프랑스인은 잘 할 줄도 모르는 영어로 "Impossible"만 외치는 것이었다. 시내 중심가에서 공항 가는 일이 불가능이라니, 세상 어디서나 통하는 모든 논리와 질서 그리고 상식은 유럽의 한복판, 파리에서는 통하지 않는 외계인의 문명이었다.

이제 남은 방법은 오직 하나, 택시를 잡는 일이었다. 하지만 지하철 파업을 하는 날 택시인들 있을까, 택시가 없으리라는 것 또한 상식이었고, 우리는 집 나온 올리버 트위스트마냥 찬 바람 쌩쌩 부는 생 라자르 부근을 이리저리 헤매는 수밖에 없었다. 그러다가 마침내 발견한 공항 가는 버스…… 우리는 그 버스가 Information desk의 창구에서 불과 20m 떨어진 오페라 앞에서 출발한다는 사실을 알게 되었다. 우리는 게을러 빠진 그 프랑스인을 저주하며 줄달음쳐 오페라 쪽으로 달렸다. 전시회는 이미 시작되었을 것이다.

하지만 그런 우리에게 또 하나의 깨진 상식이 우리 앞으로 다가왔다. 물에 빠진 사람 앞에 나타난 고마운 지푸라기처럼 느닷없이 빈 택시가 우리 앞에 선 것이다. 지하철 파업 날 손님을 찾지 못하고 길 가에 서 있던 얼빠진 택시로 인하여 우리는 드디어 PV에 갈 수 있게 되었다.

아침 8시 반에 나와서 PV에 도착한 시간은 11시 반. 무려 3시간을 헤맨 끝에 PV가 열리는 엑스뽀지숑에 간신히 도착할 수 있었다.

텍스월드에 실망한 우리는 잠시 한때, PV마저도 마찬가지가 아니겠냐며 미리 과소평가 하는 성급함을 보였지만, 다행히도 역사와 전통을 자랑하는 쁘리미에르 비죵은 우리를 실망시키지 않았다. 늘씬한 금발의 프랑스 미녀들로 구성된 도우미들이(특히 이 부분) Visitor들의 시간을 낭비하지 않도록 일사불란하게 움직이고 있었고, 덕분에 우리는 단 몇 분만에 바로 전시장으로 들어갈 수 있었다.

전시장은 만원이었지만 서로 부딪힐 정도는 아니었고 카펫이 깔린 바닥이며 고급스러운 파티션 등, 지금까지 한번도 보지 못한, 대단히 우아하고 사치스러운 전시회였다.

이곳을 방문한 사람들은 고통스럽게 절룩거리며 먼 길을 걷는 대신 자신이 좋아하는 부스에 들어가 참가 업체에서 마련한 치즈와 바게뜨 빵을 먹으며 맥주를 마시고 담소하며 즐기는 가운데 상담을 하고 있었다. 비즈니스는 곧 인내와 고통이라는 우리의 상식을 깨는 또 하나의 파격의 현장이었다. 프랑스는 계속 사람을 놀라게 하는 곳이다. 전 세계의 패션을 실질적으로 주도하는, 인간의 창의성이 살아 숨 쉬는 이곳 전시장에는 안마를 받는 곳(놀랍게도 많은 사람들이 줄을 서 있었다.), 누워서 TV를 보는 곳, 술을 파는 까페 등 인간의 상식이 존재하는 곳은 그 어느 곳 어떤 것이던 깨고야 말겠다는 프랑스인의 의지가 살아있는 곳이었다.

3개의 홀로 이루어진 전시장은 한쪽에서 다른 한 쪽 끝을 볼 수 없을 만큼 거대했고 소재의 다양성과는 별도로 원단을 어떻게 Display하는 것이 사람의 이목을 단번에 끌 수 있는 것인지에 대한 놀랍고도 생동감 넘치는 기발한 아이디어들이 저마다 경쟁하고 있는 곳이었다. 이곳은 바로

467

세계 패션의 중심지였고 오랜 역사와 그 명성만큼이나 우아하고 아름다우며 카리스마 넘치는 섬유 전시회였다. 이 전시회의 위용은 다른 모든 전시회들을 일거에 초라한 시골 장터로 만들어 버릴 정도로 대단한 것이었다.

대부분의 참가 업체들은 이태리였고 프랑스와 터키가 그 뒤를 따르고 있었다. 그 밖에 독일이나 스위스, 영국 등 유럽 여러 나라들이 참가하고 있었고, 몇 년 전인가부터 일본의 업체들도 참가가 허용되어 일본의 많은 섬유 업체들이 자신들의 제품을 출품하여 전시하고 있었다. 참가 업체들은 미리 약속된 바이어들 외의 접근을 금지하고 있었는데, 입구에 지키는 사람이 있어서 하나하나 신분을 확인하고 입장시키고 있었다. 따라서 우리들은 입구에서부터 제지를 당했는데 그렇다고 포기할 수는 없는 일, 할 수 없이 우리는 한국에서 온 Domestic retailer로 변신할 수밖에 없었다.

면직물 쪽의 제품들은 사실 깜짝 놀랄만한 제품을 기대하고 온 우리들에게는 약간은 실망스러운 것이었는데 대부분의 제품들이 보통의 면직물에 놀랍도록 단순하게 가공 처리한 것들이었기 때문이다. 특히 금년은 일명 쭈글이로 불리는 Washer가공이 인기였다. 마치 모든 원단을 쭈글

쭈글하게 만들기 위한 아이디어들이 동원된 전시장 같았다. 면직물에 있어서 washer가공을 Permanent하게 유지하는 일은 결코 쉽지 않다. 따라서 나름

대로의 Know how 를 동원해서 온갖 방법으로 원단들을 구겨놓았는데, Paper touch가 많은 것으로 보아서 실리콘계 수지(Resin)를 이용한 기법들이 주로 사용된 것으로 보였다.

아주 Slight하게 Buffing된 원단에 몹시 구겨진 외관, 그리고 Fade out 된 Vintage look, 탄성 있는 Crispy touch, 그것이 면직물 전체를 대변하는 Concept이라고 할 수 있었다. 얇은 top용 원단은 Pleat를 이용한 구김 가공도 많이 선 보이고 있다.

Hand feel은 아주 중요했다. Buffing이 된 듯 만듯한 Micro의 느낌이 나는 표면에 약간은 매끄러운 질감 그리고 Paper touch이다. 사실 이런 가공을 하려면 까다롭고 정밀한 기술 수준이 필요하게 된다. 따라서 중국에서는 이러한 Critical한 가공을 기대하기는 어렵다. 결국 선진국에서만 가능한 가공이라는 것이다. 이런 미묘한 가공을 통해 이들은 2불짜리 면직물을 5~6불에 팔고 있었다. 우리나라의 공장들이 이런 노력들을 하지 못하고 중국의 저가 공세에 모두 무릎을 꿇어버린 것이 안타깝다는 생각이 들었다. 우리나라 보다 훨씬 더 비싼 인건비와 Infra를 지불해야 하는 Italy이지만 이렇게 많은 업체들이 번창하고 있다는 사실이 우리에게 가능성을 보여주는 증거이다.

면직물은 실의 번수와 직물의 밀도 또는 조직에 따라서 Hand feel이 결정되는 물리적인 법칙이 있는 것이지만, 이들은 특유의 감성적인 본능과 뛰어난 직관, 그로부터 나온 아이디어를 집약하여 단순하고도 특수한 가공을 통하여 이런 물리적인 한계를 극복하고 그에 따른 대가를 지불 받고 있는 것이다.

트랜드를 정리 해 본다.

굵게 처리한 것들이 Concept이다.

- Rippling
- Printed lawn with embo or ripple finish
- Metallic
- Lustrous sparkling
- Crunch
- Supple
- Refined natural
- Sophisticated rawness
- Cotton moleskin Crush
- Sequin with Printed cotton
- Accentuated Jacquard like embroidery stitch jacquard
- HBT multi hbt
- Foam Print on the back of the cotton velvet that makes embossed effect on the face
- Batik Printed
- Airing(Gauze, Tracing paper effect)
- Multi check with ombre effect
- Strong washer on the velvet
- Iridescent linen plain weave
- Embroidery with eyelet
- Embroidery on canvas

- Cotton slubby

- Irregular natural

- Whitened Corduroy with acid finish

- Dense canvas

- Bedford cord

- Double weave cotton

- Dense lightness cotton

- Firmness Coated washer cotton

- Limp cotton canvas softened drill

- Condense bonded with light fleece

- Out sized Print

- Semi transparency

꼬박 이틀을 신발 뒤축이 닳도록 돌아다니면서 보고 확인한 것들이지만 글로 정리하니 별게 아닌 것 같다. 여기에서 빠진 주제도 일부 있지만 우리와 상관없는 Silk나 Knit 정도일 것이다. 우리는 트랜드들을 정리하여 개발할 것은 서둘러 개발하고 부족한 것들은 채워서 우리의 Collection 에 추가하였다. 다음에는 어떻게든 Buyer' s day에 입장할 수 있는 방법을 개발하여 다시 도전해 보기로 하였다.

Spring USA Tour

원래 3월에 열렸던 SS Mill fair가 이제 1월로, 그것도 末(말)이 아닌 중순에 시작됨은 경쟁이 갈수록 심화되는 척박한 시장 상황을 그대로 반영하고 있다. 1월 두 번째 주에만 Gap, Old Navy, Target, Eddie Bauer, Sears 에서 Mill week을 하거나 디자이너들이 출장을 오기로 했다. 결국 샌프란시스코, 미네아폴리스, 시카고, 홍콩 4군데에서 동시에 Mill week이 벌어지는 사상 초유의 사태가 벌어져 본사와 각 지점들이 동시에 출동하게 된 것이다.

나는 샌프란시스코와 미네아폴리스 2군데를 cover하기로 하고 3팀의 최 부장과 함께 16일 오후 아시아나 비행기에 올랐다. 월요일에는 샌프란시스코까지 직항편이 없어서 LA에서 3시간을 기다려야 하는 우회로를 선택할 수밖에 없었다. 인도 승객들이 눈에 많이 띈다는 것은 잘하면 공짜 업그레이드를 받을 수도 있다는 신호이다. 시작부터 운이 좋았다. 우리는 정말로 비즈니스 석으로 업그레이드 되었던 것이다. 그것도 자리만 비즈니스 석이 아닌 Service Meal까지도 진짜인…… 덕분에 미주 여행 최대의 난코스인 10시간짜리 태평양 횡단 비행을 별로 피곤한 줄 모르고 때울 수 있었다.

우리는 짐이 많았다. Smaple book, washing Panel, Garment Smaple, Map board, SI book, Trend card, signature sticker등 하나의 Performance를 위해 수많은 Tool을 활용하고 있기 때문이다. 무려 8개의 가방을 두 사람이 챙겨야 했다. 눈 하나에 가방을 2개씩 확인해야 한다.

우리는 서울 시간으로 새벽 1시에 일어나서 모래알같이 서걱거리는 껄끄러운 입으로 아침을 먹고 토끼처럼 벌건 눈으로 비행기에서 내려 4시 반에 다시 점심을 먹었다. 인체의 시계를 조절하는 송과선의 멜라토닌 덕분에 그렇게 할 수 있는 것이다. 몸이 새벽 1시라고 느낀다면 도저히 음식이 목구멍에 넘어갈 리가 없다. 도착하기도 전에 이미 몸은 시차의 간극 조정을 마친 것이다. 그런데 미국에 도착하자마자 Irregular가 발생하였다.

샌프란시스코 공항에서 우리 짐을 찾는데 중요한 가방 하나가 보이지 않는 것이다. 대부분의 짐들이 다 나왔는데 가방 한 개가 나오지 않았다. 불길한 생각이 들었다. 지난번 Target의 Mill Expo에 갔을 때에도 가방 한 개가 같은 비행기로 오지 않고 다음날 다른 비행기로 오는 바람에 혼비백산 한 적이 있었다. 미국에서는 이런 일이 잦고 공항 직원들도 대수롭지 않게 생각하기 때문에 잘못하면 중요한 상담을 망칠 수도 있는 일이었다. 미국 상담은 반드시 하루 정도는 여유를 두고 출발해야 한다. 그렇지 않으면 맨몸으로 상담을 하는 불상사가 발생할 수 있다.

그렇게 테러를 대비한 보안에 광분하는 사람들이, 짐을 주인과 같은 비행기에 태우지 않는 일이 자주 일어난다는 것은 아직도 보안이 구멍투성이라는 증거이다. 잃어버린 가방은 뜻밖의 곳에서 발견되었다. 가방 하나가 우리가 탄 비행기 보다 더 먼저 도착한 것이었다. 모골이 송연 하였다. 그나마 먼저 와서 다행이었지 만약 더 늦은 비행기에 실렸다면⋯⋯

호텔은 시내에 있는 Sir Francis Drake 호텔이었는데 하루에 140불이다. Post와 Powell이 만나는, 시내복판의 고풍스러운 호텔치고는 괜찮은 가격인 것 같다. 프랜시스 드레이크 경은 오합지졸로 스페인의 무적함대를 격파한 해적이자 영국의 제독이다. 호텔 로비가 바로크 스타일인 17세기의 프랑스 궁전을 닮았다. 바로 베르사이유 궁전이 바로크의 대표적 건축물이다. 로비 앞에 서 있는 도어맨의 복장도 당시 귀족의 복식이

다. 흥미로웠다. 엘리베이터의 단추도 황동 주물로 만들어진 고풍스러운 것이었다. 하지만 대부분 무거운 짐을 가진 지친 여행객들에게 붉은 카펫이 깔린 높은 대리석 계단은 불필요한 육체적 고통을 강요한다.

방은 깨끗하고 좋았다. 멍청하고 건방진 Front desk man의 터무니 없는 실수만 아니었으면 다 좋았을 것이다. 이 퉁명스러운 돌대가리는 이틀 치인 호텔 바우처를 하루로 처리해 놓아 일이 끝나고 돌아와 지친 우리를 문 앞에서 30분씩이나 기다리게 하였다. 자기 마음대로 Check out 시켜버린 것이다.

놀랍게도 고풍스러운 겉 모습과 달리 호텔의 무선 Lan은 특별한 Access code도 없이 아주 명쾌하게 작동하여 날 감동시키는 한편, 어떻게 해야 잠기는지 도저히 알길 없는 샤워 꼭지의 부러진 주석 손잡이는 급기야 최 부장의 손가락 2개에서 피가 철철 나게 만들었다.(파상풍주사는?) 들어가다가 입구에서 G&J 사람들을 만났다. 밥을 먹으러 가는 중이라고 했다.

우리는 챙겨간 Garment 샘플들을 다림질 하고 가져간 Book들을 정비하는 등 3시간 여를 보낸 다음 주린 배를 움켜쥐고 근처의 유일한 한국 식당인 '동백'을 찾기 위해 호텔을 나섰다. O' farell과 Leavenworth 가 만나는 지점에 있는 식당의 위치를 기억하지 못하여 1시간 여를 땀을 뻘뻘 흘리며 헤매었다. 마침내, 전에 묵은적이 있었던 샌프란시스코에서 가장 비싼 호텔인 클리프트(Clift)를 찾았고 이후의 공간 지각 메모리(Memory)를 더듬어 '동백'을 찾을 수 있었다. 식사를 하기도 전에 이미 700칼로리 이상을 소모하였다. 식당에는 벌써 많은 한국 손님들이 북적대고 있었고 그 주에 Gap의 컨벤션이 있다는 사실을 주인 아주머니도 알고 있을 정도로 많은 손님들이 Gap과 관련이 있는 사람들인 것 같았다.

돼지 불고기로 맛있게 저녁을 먹고 다음날의 실전을 대비해 'Unisom'(미국산 수면제)을 한 알씩 먹고 일찍 잠자리에 들었다. 그런데 자기 30분 전에 먹어야 한다고 써 있던 빌어먹을 화이자의 수면제는 빨리 가야 할 때 천천히 가고 천천히 가야 할 때는 빨리 가는 초보 운전자처럼 우리를 밤새 힘들게 만들었다. 새벽 1시에 잠을 깨워 3시까지 잠을 이루지 못해 비몽사몽 하게 만들더니 정작 일어나야 할 7시쯤에는 약효가 오히려 강력해져서 잠을 깨기 어렵게 만들었다.

우리는 시간을 절약하기 위하여 호텔 바로 앞의 Sears라는 레스토랑에서 아침으로 8불 50짜리 팬 케익(Pan cake)을 먹고 1 Harrison에 있는 Gap의 본사에 45분 전에 도착하였다. 그런데 Mill week으로 복잡해야 할 사무실이 너무나 조용한 것이 아닌가? 시간이 거의 다 되어가서야 Old Navy사무실은 1 Harrison이 아니라 근처의 Spear에 있다는 사실을 깨닫고 허둥지둥 자리를 옮겼다. (프로답지 못한……)

다행히 늦지않게 도착하여 FD의 예쁜 두 맥카시(McCarthy) 아가씨들과 상담을 시작하였다. 스코틀랜드 출신임이 분명한 두 금발 아가씨는

맥카시 상원의원

475

Gap 담당인 최이사

희한하게도 같은 성을 가졌다. 베이비 부머에게는 '매카시즘'으로 유명한, 미국의 상원의원이 McCarthy이다. 반응은 상당히 좋았다. 특히 맥라이언을 닮은 크리스는 T/R과 자수 Book에 관심이 많았고 밀라 요보비치를 닮은 디아드르는 면 쪽에 관심이 많았다.

이런 종류의 새로운 원단을 찾는 Presentation 자리에서는 두 가지 모순된 양식이 충돌한다. 새로운 것을 찾는 사람은 늘 파격적이고 Innovative한 것을 원하지만 정작 실제로 오더가 되는 것은 그런 쪽이 아니고 큰 변화없이 미세한 감성을 자극하는, 눈에 잘 보이지 않는 Subtle Strength를 갖고 있는 제품이다. 즉, soft innovation이 더 중요하다는 말이 된다. 너무 튀는 원단은 이런 자리에서는 각광받을 수 있지만 정작 오더를 수주하는 시점에서는 결국 Drop이 되어버리고 만다. Gap이라는 아메리칸 브랜드가 가진 보수성 때문이다. 따라서 칭찬 받는 Presentation은 의외로 나중에 실속이 적을 수도 있다.

이번에 우리는 야심차게 7가지의 알차고 견실한 주제를 개발하여 선보였는데 첫 반응은 폭발적이었다. 주어진 1 시간이 모자라 추가 약속을 해야만 했다.

Bottom을 책임지고 있는 메간을 두 번째로 만나고 Old Navy에서의 일정을 접었다. 오후에는 Gap의 새로운 brand인 Forth & Towne 상담에 들어갔다. 부드러운 인상의 쑤와 상담하고 3시쯤 그날 일정을 끝낼 수 있었다. 호텔로 돌아와 Selection된 것들을 정리하여 본사로 E mail을 보냈다. 그것만 하는 데도 꼬박 3시간이 걸렸다. 다음날은 미네아폴리스로 이동하기만 하면 되는 스케줄이었다. 그런데 추가 약속이 다음날 오후 6시에 생기는 바람에 갑자기 바쁘게 되었다.

거기에다 그날 저녁을 먹으면서 우리는 아침에도 약속이 하나 생겼다는 것을 알게 되었다. Gap의 Outlet Team이 그날 별도로 Mill fair를 가지고 있었는데 예정에 없던 우리를 끼워주기로 한 것이다. Outlet team이 초대한 supplier는 인도, 홍콩 Mill들이 대부분이고 한국 Mill은 우리밖에 없었다. Women's Top을 책임지고 있는 조와 신시아 그리고 Men's Boy's를 책임지고 있는 크리스토퍼 그리고 Bottom과 Maternity를 맡고 있는 데니스를 만나 상담하고 오전 일정을 접었다.

다음 약속이 있는 5시 반까지는 약 5시간의 공백이 있어서 그 사이에 차를 빌려 시내를 돌아보기로 했다. 마침 그날은 비가 와서 남아있는 차가 컨버터블 밖에 없었다. 우리는 팔자에 없는 지붕 없는 스포츠카를 몰고 비 오는 거리로 나섰다.

마땅히 갈 곳이 없어 시내를 한 바퀴 돌고 금문교에 가서 알카트라즈가 뒤로 보이는 배경으로 기념사진을 한방 찍고 Koret의 Peggie가 산다는 부자 동네인 소살리토(Sausalito)로 향했다. 영화 첨밀밀의 여 주인공인 장만옥의 Dream town이며 나의 Dream town이기도 한 이 동네는 여러 번 가 봐도 질리는 법이 없다. 집들은 모두 Ocean View로 지어져 있다. 깎아지른 듯한 절벽과 산 속에 자리 잡은 아름다운 집들이 무성한 벤자민 나무들 사이로 샌프란시스코만을 바라보고 있는 정경은 꿈 속에라도 나올 만 하다. 도대체 뭘 하는 사람들이 그런 곳에 살까? 주차장마다 포르쉐와 BMW들이 아무렇지 않게 서 있다. 틀림없이 원단 장사 하는 사람들은 아닐 것이다.

Koret이 있는 Oakland를 미리 가보기 위해 Bay bridge를 한번 왕복하는 것으로 반나절의 드라이빙을 끝냈다. 5시 반에 다시 McCarthy들을 만나 개발을 위한 Duplicate숙제들을 잔뜩 안고 미네아폴리스로 가기 위해 101번 South 국도를 이용하여 공항으로 길을 재촉 하였다.

새벽 12시 45분에 출발하여 아침 6시 30분에 도착하는 'Red eye' 비행기를 타고 가야 한다. 강행군이지만 별 수 없다. 그렇게 가는 것이 경비가 훨씬 싸기 때문이다. 사실 비행기 삯이 1,000불이나 차이 난다. 작

최 이사

은 돈을 아끼기 위해 그런 체력 싸움을 언제까지 견딜 수 있을지 모르지만 50이 되기 전까지는 어쨌든 오기로 버티고 있다.

비행시간은 3시간이 채 못 되는 2시간 50분인데 시차 때문에 미네아폴리스에는 6시가 조금 못 되어 도착하였다. 이곳의 1월 연평균 기온은 영하 10도를 밑돈다. 서부와는 무려 25도 이상이나 차이가 나는 것이다. 갑자기 북극에라도 온 것 같았다. 사방은 최근에 내렸을 눈으로 하얗게 뒤덮여 있었다. 혹시 눈이 또 온다면 돌아갈 일이 걱정이었다. 그래서 택시 운전사에게 지나가는 말로 일기를 물었더니 그날 3인치에서 5인치 가량의 눈이 온다는 예보가 있다고 했다. 다음날 아침 바로 Gap상담이 있기 때문에 샌프란시스코로 다시 돌아가야 하는 우리는 몹시 걱정이 되었다. 아닌게아니라 어느새 인가부터 눈발이 흩날리고 있었다.

약속 시간이 11시부터 오후 5시 반까지 4차례나 연이어서 있기 때문에 호텔에 도착 하자마자 눈을 조금 붙이고 나가기로 했다. 호텔에는 겨우 4시간 남짓 머물 수 있지만 하루치를 다 내야 한다. 아깝다……

미네아폴리스의 Down town은 아주 조그맣기 때문에 그저 Down town안에 아무 호텔이나 예약하였는데 믿을 수 없는 일이 일어났다. 우리가 예약한 'Double Tree Suite' 가 바로 Target Center의 코 앞, 자빠지

Double Tree Suites

면 바로 이마가 정문에 닿는 길 건너에 있었다. 참 우연치고는 희한한 행운이다. 살면서 좀처럼 그런 행운을 맛 볼 수 없었던 내게는 이 두 번째 행운이 오래도록 기억에 남을만한 사건이 될 것이다.

우리는 약속 시간에 1분도 오차 없이 도착하여 상담을 시작하였다.

Fabric team의 스테이시가 문 앞에서 기다리고 있다가 우리를 반갑게 맞이해 준다. 상담실에 들어가보니 벌써 많은 디자이너들이 회의실 안에 정좌해서 우리를 기다리고 있었다. 이런 방식의 Preview는 처음이고 Target은 새로운 아이템의 개발과 Library의 Organization에 상당한 시간과 노력을 투자하고 있는 중이다. 상대는 RTW 메로나와 'Black BM' 두 브랜드였으며 상대적으로 수량이 큰 메로나가 보수적으로 고르는 듯 했다.

실제로 오더를 많이 하는 디자이너나 mr들이 상대적으로 개발을 할 때 Selection을 남발하는 경향이 없다. 꼭 자신들이 필요한 것만 찍는다. 오더가 적고 Buying power가 적은 바이어들은 되도록 많은 아이템을 개발하려는 경향이 발견된다. 그건 시간의 부족함과 여유의 차이 일수도 있겠지만 때로는 성숙과 미성숙의 차이일 수도 있다.

우리는 kids와도 상담을 했는데 유명한 수다장이인 로버트의 입담이 어쩐지 그날은 침묵을 지키고 있는 듯 했다. 그건 좋은 반응이었다. 그날 로버트는 상당히 많이 고른 것으로 확인 되었다.

마지막으로 메로나의 Big size 브랜드인 Plus의 얼음 공주인 케이와의 상담을 마치고 스테이시와 함께 보충해야 하거나 미진한 아이템에 관한 협의를 했다.

4시부터 5시 반까지 Standard Manager인 Jalaj와 함께 청문회 수준 비슷한, 일종의 자격 요건에 관한 질문 공세를 받았다. 인도의 섬유 공학과를 졸업하고 필라델피아, 텔아비브와 독일에서도 공부하여 학위를 땄다는 이 젊은 엘리트는 놀라울 정도로 박식하였다. 아마도 많은 사람들의

그의 질문에 곤혹스러워 했을 것이다. 다행히 우리는 그의 시험을 통과한 것 같았다.

　나로서도 바이어측과 섬유에 관하여 이런 종류의 수준 높은 대화를 해보기는 이번이 처음이었다. 코듀로이에 Silicone washing을 하는데 들어가는 formula 가 Micro size인지 아닌지 물어 보는 사람이 있다는 사실이 놀랍기도 하고 반갑기도 하였다.

　그는 Nano Technology를 비롯한 첨단의 섬유공학을 공부한 것 같았다. 워낙 일정이 빡빡하여 시차조차 느낄 여유도 없었다. 지난 36시간 동안에 겨우 3~4시간을 잔 게 고작이었다. 우리는 다음날의 상담을 위하여 다시 공항으로 갔고 9시 35분 비행기로 샌프란시스코로 돌아왔다. 그런데 희한한 것은 왕복 비행시간의 차이였다. 갈 때는 3시간이 안 되었는데 올 때는 거의 4시간이 걸렸다. 항로가 다른 것일까? 맞바람 때문일까? 어쨌든 좌석이 뒤로 넘어가지도 않는 좁은 로칼 비행기의 4시간 가까운 비행은 국제선 비행기 10시간 이상의 괴로움에 필적하였다.

　샌프란시스코로 돌아와 공항에서 클라이슬러 300을 빌려 드레이크경 호텔에 돌아온 것은 새벽 2시가 넘은 시각이었다. 아침 일찍 상담을 위해 잠을 푹 자야만 했지만 비행기에서의 쪽 잠 때문인지 눈이 말똥말똥하였다. 최 부장은 배고파서 못 자겠다고 하고…… 결국 두어 시간 밖에 못 자고 빨간 토끼 눈으로 아침 일찍 다시 상담에 들어갈 수밖에 없었다.

하지만 둘 다 몽롱했던 탓인지 불과 며칠 전 가 봤던 길을 찾지 못하고 엉뚱한 곳에서 헤매다가 결국 약속시간에 늦고 말았다. 지금 생각해 봐도 도저히 이해할 수 없는 일이다.

Gap과의 상담은 별로 좋지 않았다. 늦어서 바이어들을 화나게 한데다 윌리엄과 제인은 3일째 Mill들과 상담을 하고 있었고 그날 오후 2시 비행기로 뉴욕에 돌아가기로 되어있었다. 피곤했을 것이다. Jane은 어렵게 만든 수 많은 Washing Panel들을 만져보지도 않았다. 역시 너무 무리한 일정이었던 것일까? 마음이 몹시 쓸쓸하였다.

우리는 남는 시간을 때우기 위해 Koret에 전화 했다. 그런데 뜻밖의 비보를 접하게 되었다. 우리와 15년 동안이나 같이 손발 맞추어 일하던 디자이너인 Peggie Westgard가 병으로 죽었다는 것이다. Fabric팀의 부사장 바니도 회사를 그만두었고 부엉이 이름을 26개 국어로 외고 있었던 모야도 회사를 떠났다고 했다. Koret과 Communication이 없었던 지난 1년 사이 모든 것이 변해있었다.

특히 Peggie의 죽음은 충격이었다. 큰 키와 가냘픈 몸매에 보헤미안 스타일의 주렁주렁 매다는 액세서리를 좋아하던 그녀는 시집도 안 간 처녀였는데…… 나이도 이제 50을 갓 넘었을 것이다.

우리 샘플실에서 카펫도 아닌 리놀륨 바닥에 주저앉아 원단을 고르고 있었던 열정적인 그녀의 젊었을 때 모습이 떠올랐다. 갑자기 우울한 기분이 되었다. 이제 그녀는 더 이상 소살리토에 살고 있지 않은 것이다. Carole little시절, 자신의 Boss였던 네덜란드 사람 마인더트(Mein dert)의 죽음을 몹시 안타까워했던 그녀였는데 몇 년 사이에 그의 뒤를 따른 것이다. 비통한 기분이 들었다. 묘지가 어디인지 알았다면 가서 꽃이라도 놓고 올 것을.

시내의 스토어로 시장조사를 하기로 했다. Gap은 벌써 봄 상품이 대

Old Navy Flagship Store   Anthropology

거 Display 되어 있었다. Old navy는 마무리 세일에 들어가 있었다. 많은 스토어들이 세일을 하고 있었다. Union square앞의 Saks 5th Ave에서 좋은 아이디어를 많이 얻을 수 있었다. 이번 시즌에 곧 추가로 개발할 소재들이 될 것이다. Anthropology에서 멋진 프린트 디자인을 발견하고 사진에 담아두었다. 늦은 점심을 하고 상담을 끝낸 다른 Mill들과 Wine 공장들로 유명한 관광지인 나파벨리(Napa Valley)에 다녀오기로 했다.

이번 일정 중 처음으로 내보는 휴식시간이다. Tour내내 고생만 시킨 최 부장에게 몹시 미안하였다. 내가 직접 차를 운전하여 Bay bridge를 건너 80번 North를 타고 북서쪽으로 가다가 29번 캘리포니아 도로를 탔다. 30분쯤 가다 보니 양쪽에 끝도 없는 포도밭들이 전개되어 있고 길 옆으로 수 많은 와이너리(Winery)들이 즐비하게 도열하고 있었다. 날씨는 아주 좋았다. 먼지 하나 없는 투명한 햇살이 낮은 산 구릉들과 낮게 깔린 구름들 사이로 환상적인 분위기를 연출하고 있었다.

우리말로 술 도가가 되는 이들 Winery들은 자신만의 상표를 단 California Wine들을 시음과 더불어 관광객들에게 팔고 있었다. 시음도 공짜는 아니고 7불을 내면 5~6가지의 Wine을 조금씩 맛 볼 수 있게 해주는 방식이었는데 나처럼 술에 약한 사람은 7불짜리 시음에 취할 수도 있었다.

시음은 하나마나 이다. 싼 것이 더 맛이 있을 수는 없는 법. 역시 와인의 맛은 정확하게 가격에 비례한다. 늘 좋은 공기를 마시고 멋진 자연과 더불어 우아하게 와인을 마시며 사는 이곳 사람들의 삶은 어떤 것일까?

"그런 것도 하루 이틀 이제" 일행 중 누군가 내뱉은 말이다.

우리는 돌아오는 길에 보아 두었던 아울렛에서 옷 가지 몇 개를 사 들고 시내로 돌아왔다. Japan town에 있는 고려정에서 저녁을 맛있게 먹고 G&J 김진범 차장의 푸짐한 입담 덕에 실컷 웃으며 피로를 잊을 수 있었다. 다른 일행들은 다음날 비행기로 예정되어 있어서 나와 최 부장만 식사 후 바로 공항으로 향했다.

공항에서 작은 소동이 있었다. 받아 든 보딩패스의 자리가 '12D'로 확인되어, 돌아가는 비행기도 비즈니스로 업그레이드된 줄 알고 잠시 흥분하였다. 하지만 우리가 탈 비행기를 확인하는 순간 환희는 순식간에 물거품이 되고 말았다. 그 비행기는 10번부터 이코노미인 작은 비행기였던 것이다. 그 사단에 분비된 아드레날린 때문인지 아니면 좁아진 좌석 때문인지 잠은 잘 오지 않았다.

서울로 돌아 오는 아시아나의 작은 보잉727 비행기는 역풍을 안고 날아 시속 800km를 넘지 못하며 헐떡거렸다. 덕분에 태평양을 건너는데 무려 14시간이나 걸렸지만 집에 오는 길이라서 좋았다.

■ 저 / 자 / 소 / 개

■ 안 동 진

• 1983년 인하공대 섬유공학과 졸업
• 2004년 Far East Corp. CEO
• 2009년 서울대학교 AFB 8기 수료
• 2009년 (주)영텍스타일 전무이사
• 2015년 연세대학교 생활환경대학원 졸업
• 2015년 안동진의 소재과학연구소

◆ 저 서
• 2004년 섬유지식 1, 2, 3
• 2008년 Texfile Science 4.1 영문판(섬유개발연구원)
• 2008년 Merchandiser를 위한 섬유지식(한올)
• 2009년 과학에 미치다(한올)

Merchandiser에게 꼭 필요한

섬유지식

2007년 10월 5일 초판1쇄 발행
2019년   6월 20일 2판3쇄 발행

저   자 안동진
펴낸이 임순재
펴낸곳 (주)한올출판사
        등록 제11-403호
        주   소   서울특별시 마포구 모래내로 83(한올빌딩 3층)
        전   화   (02)376-4298(대표)
        팩   스   (02)302-8073
        홈페이지   www.hanol.co.kr
        e-메일   hanol@hanol.co.kr
        정   가   26,000원